# 物聯網與智慧電網關鍵技術

曾憲武，包淑萍　著

# 目　　錄

# 第1章

# 概述

## 1.1 物聯網的基本概念

物聯網是一種新資訊技術的範例，為資訊技術創新提供了一系列新服務。物聯網應用幾乎是無限的，它實現了網路世界與物理世界的無縫集成[1]。物聯網將所有物理實體與虛擬實體的「物」連接到互聯網，以商定的協議交換資訊並進行互動，從而實現智慧辨識、定位、追蹤、監控和管理「物」的目標[2]。它是基於互聯網的擴展，擴展了人與人之間以及人或物與物之間的通訊。在物聯網範例中，許多物將以某種形式連接到網路。射頻辨識（RFID）、感測器技術和其他智慧技術將嵌入到各種應用中。

### 1.1.1 物聯網的願景與定義

物聯網作為一種新興的資訊技術，目前還沒有一個公認定義。但物聯網背後有各種定義、前景。

IoT（Internet of Things，物聯網），IoE（Internet of Everything，萬物互聯），M2M（Machine to Machine，機器到機器），CoT（Cloud of Things，物聯雲端），WoT（Web of Things，物聯網路）是不同作者，標準化機構（ITU、ETSI、IETF、OneM2M、OASIS、W3C、NIST 等），聯盟（IERC、IoT-i、IoT-SRA、MCMC、UK FISG 等），專案（IoT-A、iCore、CASAGRAS、ETP EPoSS、CERP 等），行業（CISCO、IBM、Gartner、IDC、Bosch 等）採用的具有相同或不同含義的相關術語。

IoE 是 CISCO 的術語，它建立在包括人、物、資料和處理在內的含義上，而 IoT 僅由物構成。WoT 被認為具有與 IoT 類似的含義，而 M2M 指的是對象（設備）之間沒有人為介入的直接通訊。

物聯網被認為是從兩個[3]或三個[4]主要觀點來定義的，即面向互聯網、面向物和面向語義的觀點。

（1）面向互聯網定義

根據面向互聯網的觀點，物聯網被視為一種全球基礎設施，可實現虛擬和物

理對象之間的連接。ITU-T Y. 2060 建議書將物聯網定義為資訊社會的全球基礎設施，通過現有的和不斷發展的可互操作的資訊和通訊技術互聯物理的或虛擬的「物」來實現高級服務[5]。

ISO/IEC JTC 也給出類似的定義，將物聯網定義為互聯物的基礎設施，是人、系統和資訊資源以及智慧服務，使它們能夠處理物理和虛擬世界的資訊並做出反應[6]。

（2）面向物定義

面向物的觀點將物視為物理實體或虛擬實體。Al-Fuqaha[7] 等人將物聯網視為一種技術，使物理對象能夠看到、聽到、思考、共享資訊、協調決策和執行工作。

在 IEEE 的特別報告中，物聯網被定義為「物品網路——每個物品都嵌入了感測器並連接到互聯網」。OASIS 使用類似的方法將物聯網描述為「互聯網通過無處不在的感測器連接物理世界的系統」。與此觀點相關的大多數定義是指術語 M2M。ETSI 將名為 M2M 的通訊定義為兩個或更多實體之間的通訊，這些實體不一定需要任何直接的人為介入。

（3）面向語義定義

利用適當的建模解決方案，對物體進行描述，對物聯網產生的資料進行推理，適應物聯網需要的語義執行環境和架構、可擴展性記憶體和通訊基礎設施。

面向語義的定義來源於 IPSO（IP for Smart Objects）聯盟。根據 IPSO 觀點，IP 協議棧是一種高級協議，它連接大量的通訊設施，在微小的、電池供電的嵌入式設備上運行。面向語義的物聯網理念產生於該事實：物聯網的物體數量極多，因此有關如何表徵、記憶體、相互連接、搜尋和組織物聯網產生的資訊將變得很有挑戰性[8]。在這種情況下，語義技術將起重要作用。與物聯網相關的更遠的構想被稱為「物網」（Web of Things），根據其定義，網路標準被重新連接和整合到包含嵌入式設備或電腦的網路日常生活中。

基於上述定義，我們可以將物聯網定義為基於互聯網的運算範例，它提供物理和虛擬對象之間的無縫連接，提供自適應功能配置和智慧服務與應用。

## 1.1.2 物聯網的主要特徵與面向服務的物聯網功能願景

物聯網應該具有以下三個特徵[9]。

（1）綜合感知

應用包括 RFID、感測器等技術在內的感知設備隨時隨地獲取「物」的資訊，並應用所獲取的資訊，同時將資訊和通訊系統嵌入我們周圍的環境中。感知設備所構成的感測器網路能夠使人們與現實世界進行遠端互動。

（2）可靠的傳輸

通過各種可用的無線電網路、電信網路和互聯網，可以隨時獲得物的資訊。這裡的通訊技術包括各種有線和無線傳輸技術、交換技術、網路技術和閘道器技術。

（3）智慧處理

將物聯網獲取的資料以合理的方式進行智慧處理，為人們及時提供所需的資訊服務。智慧處理可以集中的方式在雲端技術中進行，也可以分布的方式在霧端運算中進行。

由於物聯網定義多樣，目前難以給出一種具有普適性的定義，因此需要考慮物聯網的共性。文獻［1］從服務的角度描述了物聯網所具有的共性。這些共性如下。

（1）全球性的物聯網基礎設施

物聯網提供了全球性的基礎設施。由於互聯網為全球性的資訊互動提供了強大而堅實的基礎，因此，構建於互聯網基礎上的物聯網也是全球性的基礎設施。這些設施提供了比互聯網更加廣泛、更加多樣、更加複雜的資訊和服務。

（2）無縫互聯

物聯網擴展了互聯網的功能和特性，尤其是其提供的無縫互聯。這種無縫互聯體現在四個 any 上，即 anytime、anywhere、anyone 和 anything。這意味著人與人、人與物、物與人可以在任何時空維度上進行互聯。

（3）異構的、互動性的網路

物聯網是一個異構性的、互動性的網路。異構性體現在許多方面和層次，如感知與執行設備的多樣化、短距離通訊技術的多樣化、標準與協議的多樣化等均導致了物聯網的異構性。

物聯網不但需要提供獲取的資訊服務，而且還需要依據所獲取的資訊進行決策，同時還需要將決策回饋到執行實體（這個實體可以是人、虛擬的實體或物理性執行機構），因此，物聯網是互動性網。這種互動性可以是一對一的、一對多的或多對多的。

（4）智慧服務

物聯網提供了基於辨識、感知、聯網與處理功能的智慧服務。目前物聯網所應用的 RFID 技術就是基於辨識而提供的智慧服務。無線感測器網路就是集感知、聯網與處理功能於一體的智慧服務的範例。

（5）物理的與虛擬的「物」具有唯一的身分與位址

物聯網能夠提供廣泛服務的基本要求就是物聯網中物理的與虛擬的「物」應

具有唯一的身分與位址。身分可以表示「物」的本體屬性，而位址則表示「物」的空間屬性。雖然物聯網中的「物」是資訊的源和宿，但從時空的維度來看，「物」在時空空間中是唯一的，而表徵這種唯一性的特徵就是其身分與位址。

（6）具有智慧介面的自配置的智慧體

物聯網中存在大量的智慧體，這些智慧體是具有記憶體、運算、通訊和互動功能的實體。面對不同的服務需要，智慧體應根據服務需要的變化進行自我功能配置，同時應具有有互動能力的智慧介面來滿足通訊、互動等服務需要。

（7）開放的、可互動性的標準

物聯網的構建需要標準，這些標準應是開放的、可互動性的。開放性可保證物聯網持續演進，而可互動性是提供物聯網服務的必要條件。

（8）集成了多種新興技術的堆棧

物聯網是新興的資訊技術，它必然是包括了多種新興資訊技術的有機組合體，因此各種新興技術在物聯網中的應用便構成了多種新興技術的堆棧。

## 1.1.3 物聯網機遇

基於物聯網服務的經濟成長對企業來說也是相當大的。醫療保健應用和相關的基於物聯網的服務，如移動健康和遠端護理所提供的醫療保健、預防、診斷、治療和監測服務，其創造約 1.1 萬億至 2.5 萬億美元的商業機會。物聯網產生的年度經濟影響估計在 2.7 萬億到 6.2 萬億美元之間[14]。

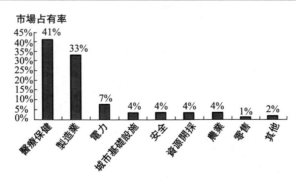

圖 1.1　預計 2025 年占主導地位的物聯網應用的市場占有率[14]

Wikibon[15]曾預測，2020 年工業互聯網創造的價值約為 12,790 億美元，投資報酬率（Return on Investment，RoI）成長至 149％，而 2012 年為 13％。所有這些統計資料都表明在不久的將來，物聯網相關行業和服務可能會出現大幅且快速的

成長。這一進程為傳統設備製造商提供了將其產品轉變為「智慧產品」的獨特機會。預計 2025 年占主導地位的物聯網應用的市場占有率將如圖 1.1 所示。

# 1.2 物聯網架構、元素與標準

## 1.2.1 物聯網架構

物聯網應該能夠通過包括互聯網在內的通訊網連接海量的（數十億或數萬億）異構對象，因此需要靈活的分層架構。

在提出的眾多模型中，最基本的模型採用了三層架構[8,15-17]，包括應用層、網路層和感知層。然而，最近的文獻提出了一些其他模型，它們為物聯網架構增加了更多的抽象層[18-20]。圖 1.2 給出了一些常見的架構，其中，五層架構採用了五層。下面，我們將簡要地討論這五個層次。

圖 1.2　物聯網架構

（1）對象層

物聯網架構的第一層為對象（感知）層，表示獲取並處理資訊的物理感知設備。該層包括感測器和執行器，它們執行不同的功能，如定位，溫濕度採集，秤重，運動、振動、加速度、電流、電壓、頻率檢測等。對象（感知）層需要採用標準化的即插即用機制來配置異構對象[15,16]。對象（感知）層通過通訊頻道將獲取的資訊資料數位化並傳輸到對象抽象層。該層將生成海量的物聯網資料，這些資料具有大數據的特徵，即容量大、種類多、速度快並具有較大的應用價值。

（2）對象抽象層

對象抽象層是將對象（感知）層獲取的資料通過短距離通訊頻道傳送給服務管理層。可以通過諸如 RFID、行動網路通訊（2G/3G/4G）、無線區域網路、藍牙、紅外、無線感測器網路（如 ZigBee）等技術傳送給服務管理層。如雲端運算與邊緣技術、資料管理與處理等功能也可以包括在對象抽象層[16]。

（3）服務管理層

服務管理或中間件層根據位址和名稱將服務與其請求進行配對。該層使物聯網能夠應用異構對象，而無須考慮特定的硬體平台。此外，該層處理接收的資料，做出決策，並通過網路協議提供所需的服務[20,21]。

（4）應用層

應用層為客戶的服務請求提供服務。例如，服務層可以向使用者提供所處位置的各種氣象資料，如溫濕度、空氣汙染參數等。該層對於物聯網的重要性在於：它能夠為使用者提供高品質的智慧服務以滿足使用者所需。應用層涵蓋了許多應用領域，如智慧家居、智慧建築、運輸、工業自動化和智慧醫療等[17,19]。

（5）業務層

業務層管理整個物聯網系統的活動和服務。該層的職責是基於從應用層接收的資料構建業務模型和流程圖等。它還應能設計、分析、實施、評估、監控和開發與物聯網系統相關的元素。業務層使支援基於大數據分析的決策流程成為可能。此外，該層實現了對底層四層的監視和管理，並且該層將每層的輸出與預期輸出進行比較，以增強服務並維護使用者的隱私[18]。

三層架構模型不適用實際物聯網環境，如網路層未涵蓋將資料傳輸到物聯網平台的所有基礎技術。此外，這些模型旨在解決特定類型的通訊媒體，如無線感測器網路。更重要的是，這些層應該在資源受限的設備上運行，而在基於 SOA（Service-Oriented Architecture，面向服務的架構）的架構中具有類似服務組合的層需要相當多的時間和能量來與其他設備通訊並集成所需服務[10]。

在五層模型中，應用層是最終使用者與物聯網系統互動的介面。它還為業務層提供了一個介面，可以生成高級分析和報告。該層也處理訪問應用層資料的控制機制。因此五層架構是物聯網應用最適用的模型。

# 1.2.2　物聯網元素

整個物聯網系統由若干個類別模組有機構成。文獻［10］將整個物聯網系統分為了六個主要的元素，它們是標識、感知、通訊、運算、服務和語義，如表 1.1 所示。

表 1.1　物聯網元素與常用技術

| 物聯網元素 | | 常用技術 |
|---|---|---|
| 標識 | 命名 | EPC、uCode |
| | 尋址 | IPv4、IPv6 |
| 感知 | | 智慧感測器、可穿戴設備、感測設備、嵌入式感測器、RFID 標籤 |
| 通訊 | | RFID、NFC、UWB、藍牙、IEEE 802.15.4、WiFi、行動網路 |
| 運算 | 硬體 | 智慧體、Arduino、Phidgets、Intel Galileo、Raspberry PI、Gadgeteer、Beagle-Bone、Cubieboard、智慧型手機 |
| | 軟體 | OS(Contiki、TinyOS、LiteOS、Riot OS、Android)，雲端運算等 |
| 服務 | | 身分相關的服務(電子商務)、資訊聚合(智慧電網)、協同感知服務(智慧家居)、普世服務(智慧城市) |
| 語義 | | RDF、OWL、EXI |

（1）標識

標識對於物聯網根據需要的命名和服務匹配非常重要。物聯網有許多命名方法，如電子產品代碼（Electronic Product Code，EPC）和普世代碼（ubiquitous Code，uCode)[22]。此外，對物聯網對象進行尋址對於區分對象 ID 及其位址也非常重要。物聯網對象的尋址方法包括 IPv6 和 IPv4。6LoWPAN[23,24] 提供了一種基於 IPv6 報頭的壓縮機制，使 IPv6 尋址適用於低功耗無線網路。區分對象的標識和位址是必要的，因為標識方法不是全局唯一的，因此尋址有助於唯一地標識對象。此外，網路中的對象可能使用公共 IP 而不是私有 IP。標識方法用於為網路中的每個對象提供清晰的標誌。

（2）感知

感知是從物聯網中的相關對象採集資料並將其發送給資料記憶體系統，同時分析所獲取的資料，並根據服務所需進行特定的操作。物聯網的感測器可以是智慧感測器、執行器或可穿戴感測設備。

（3）通訊

在物聯網中，各種異構對象通過通訊互聯在一起，以此提供特定的智慧服務。通常，物聯網對象（節點）運行在複雜環境中，其通訊鏈路是有噪、有損的，並以低功耗運行。常用的物聯網通訊技術有無線區域網路（WiFi）、藍牙、IEEE 802.15.4 和行動網路。另外，RFID、近場通訊（Near Field Communication，NFC）和超寬頻（ultra-wide bandwidth，UWB）也是物聯網中特定應用的通訊技術。

（4）運算

具有處理和運算能力的微控制器、微處理器、SOC、FPGA 等處理單元和軟體是物聯網的重要元素。目前已開發了各種硬體平台來運行物聯網應用，如 Arduino、UDOO、Friendly ARM、Intel Galileo、Raspberry PI、Gadgeteer、BeagleBone、Cubieboard、Z1、WiSense、Mulle 和 T-Mote Sky[10]。

此外，許多軟體平台用於提供物聯網功能。在這些平台中，非常重要的軟體是操作系統，它是整個運算系統運行的核心和基礎。一些即時操作系統（Real-Time Operating Systems，RTOS）被用於開發物聯網應用。例如，Contiki RTOS 已廣泛用於物聯網。研發人員用 Contiki 中的 Cooja 模擬器模擬物聯網和無線感測器網路（WSN）應用[25]。TinyOS[26]、LiteOS[27] 和 RiotOS[28] 也是為物聯網環境設計的輕量級操作系統。此外，Google 的一些汽車行業領導者建立了開放式汽車聯盟（Open Auto Alliance，OAA），並計劃為 Android 平台帶來新功能，以加速車載互聯網（Internet of Vehicles，IoV）的應用[29]。表 1.2 比較了這些操作系統的一些功能。

表 1.2 物聯網環境常用操作系統的功能

| 操作系統 | 支援的語言 | 最小記憶體/KB | 基於事件編程 | 多線程 | 動態記憶體 |
|---|---|---|---|---|---|
| TinyOS | nesC | 1 | √ | 部分 | √ |
| Contiki | C | 2 | √ | √ | √ |
| LiteOS | C | 4 | √ | √ | √ |
| RiotOS | C/C++ | 1.5 | × | √ | √ |
| Android | Java | — | √ | √ | √ |

雲端平台是物聯網的另一個重要運算部分。這些平台為智慧對象提供設施，以便將資料發送到雲端，即時處理大數據，並將大數據中提取的知識提供給使用者。

（5）服務

物聯網服務可分為四類[30]：身分相關服務（Identity-related Service）、資訊聚合服務（Information Aggregation Service）、協同感知服務（Collaborative-Aware Service）和普適服務（Ubiquitous Service）。相比於其他服務類型，身分相關服務是最基本和最重要的服務。

每個需要將現實世界對象轉換為虛擬世界對象的應用都必須能辨識這些對象。資訊聚合服務收集和彙總需要處理並報告給物聯網應用的原始感知度量。協同感知服務在資訊聚合服務基礎上，利用獲得的資料做出決策並做出相應的反應。然而，無處不在的服務旨在隨時隨地為任何需要服務的人提供協同感知服務。

所有物聯網應用的最終目標是實現無處不在的服務。然而，由於存在許多必

須要解決的困難和挑戰，因此無法輕易實現這一目標。大多數現有應用提供身分相關、資訊聚合和協同感知服務。智慧醫療和智慧電網屬於資訊聚合類別，智慧家居、智慧建築、智慧交通系統和工業自動化更接近協同感知類別。

（6）語義

物聯網中的語義是指通過不同的機制智慧地提取知識以提供所需服務的能力。知識提取包括發現和應用資源與建模資訊。此外，它還包括辨識和分析資料，以便了解提供準確服務的正確決策[31]。語義 Web 技術（如 Resource Description Framework，RDF）和 Web 本體語言（Web Ontology Language，OWL）支援物聯網語義。2011 年起，萬維網聯盟（World Wide Web Consortium，W3C）採用了高效 XML 交換（Efficient XML Interchange，EXI）格式作為互聯網架構的建議[32]。

EXI 在物聯網環境中非常重要，它旨在優化資源受限環境中的 XML 應用。此外，它還可以減少頻寬需要，而不會影響相關資源。EXI 將 XML 消息轉換為二進制檔案，以減少所需的頻寬並最小化所需的記憶體。

這些元素中的各種標準和技術以及互操作性是物聯網應用與發展的主要挑戰。物聯網元素的異構性需要可行的完整解決方案，這樣才能實現無處不在的物聯網服務。

# 1.2.3　物聯網標準

目前已提出了許多物聯網標準，其目的是促進和簡化物聯網應用者和服務提供商的工作。目前各種組織和機構創建了不同的小組來研究並提供支援物聯網發展的協議，主要包括萬維網聯盟，互聯網工程任務組（Internet Engineering Task Force，IETF），EPCglobal，電氣和電子工程師協會（Institute of Electrical and Electronics Engineers，IEEE）以及歐洲電信標準學會（European Telecommunications Standards Institute，ETSI），中國通信標準化協會（China Communications Standards Association，CCSA），中國傳感器網絡標準化工作組（Working Group on Sensor Networks，WGSN），電子標籤標準技術委員會等。表 1.3 提供了這些小組定義的最具代表性協議的摘要。以下我們將物聯網協議分為四大類，即應用協議、服務發現協議、基礎設施協議和其他協議。本小節僅給予簡要介紹，在第 4 章中進行詳細介紹。

**表 1.3　常用的物聯網標準協議**[10]

| 應用協議 | DDS | CoAP | AMQP | MQTT | MQTT-SN | XMPP | HTTP REST |
|---|---|---|---|---|---|---|---|
| 服務發現協議 | mDNS | | | | DNS-SD | | |

續表

| 應用協議 | DDS | CoAP | AMQP | MQTT | MQTT-SN | XMPP | HTTP REST |
|---|---|---|---|---|---|---|---|
| 基礎設施協議 路由協議 | PRL | | | | | | |
| 基礎設施協議 網路層 | 6LoWPAN | | | | | IPv4/IPv6 | |
| 基礎設施協議 鏈路層 | IEEE 802.15.4 | | | | | | |
| 基礎設施協議 物理/設備層 | LTE | EPCglobal | | IEEE 802.15.4 | | | Z-Wave |
| 其他協議 | IEEE 1888.3，IPSec | | | | | | IEEE 1905.1 |

## （1）應用協議

約束應用協議（Constrained Application Protocol，CoAP）為 IETF 的 CoRE（Constrained RESTful Environments）工作組創建的一個用於物聯網應用的應用層協議[33,34]。CoAP 在 HTTP 功能之上定義了基於 REST（REpresentational State Transfer）的 Web 傳輸協議。REST 是一種通過 HTTP 在客戶端和伺服器之間交換資料的簡單方法。REST 使客戶端和伺服器能夠公開並採用簡單對象訪問協議（Simple Object Access Protocol，SOAP）等 Web 服務。與 REST 不同，CoAP 默認綁定 UDP（而不是 TCP），這使其更適合物聯網應用。

消息隊列遙測傳輸（Message Queue Telemetry Transport，MQTT）是一種消息傳遞協議，由 IBM 的 Andy Stanford-Clark 和 Arcom 的 Arlen Nipper（現為 Eurotech）於 1999 年推出，並於 2013 年在 OASIS[35]進行了標準化。MQTT 旨在連接嵌入式的具有應用程式和中間件的設備與網路。連接操作使用路由機制，MQTT 成為物聯網和 M2M 的最佳連接協議[36]。

可擴展消息傳遞和線上協議（Extensible Messaging and Presence Protocol，XMPP）是一種 IETF 即時消息（instant messaging，IM）標準，用於多方聊天、語音和影片呼叫以及遠端呈現[37]。XMPP 允許使用者通過在 Internet 上發送即時消息來相互通訊，獨立於操作系統。XMPP 允許 IM 應用實現身分驗證、訪問控制、隱私測量、逐跳和端到端加密以及與其他協議的兼容性。

高級消息隊列協議（Advanced Message Queuing Protocol，AMQP）[38]是用於物聯網的開放標準應用層協議，側重於面向消息的環境。它通過消息傳遞保證原語支援可靠的通訊，包括最多一次（at most once）、至少一次（at least once）和一次傳送（exactly once delivery）。AMQP 需要 TCP 這樣的可靠傳輸協議來交換消息。

資料分發服務（Data Distribution Service，DDS）是由對象管理組（Object Management Group，OMG）[39,40]開發的用於即時 M2M 通訊的發布-訂閱協議。與其他發布-訂閱應用程式協議（如 MQTT 或 AMQP）相比，DDS 依賴於無代理架構，並使用多播為其應用帶來優質的服務和高可靠性[41]。DDS 無須代理的

發布-訂閱架構，非常適合物聯網和 M2M 通訊。DDS 支援 23 種 QoS 策略，通過這些策略，開發人員可以解決各種通訊標準，如安全性、緊急性、優先級、持久性和可靠性等。

表 1.4 簡要比較了常見物聯網應用協議。表中的最後一列表示每個協議所需的最小標頭大小。

**表 1.4　物聯網應用協議的簡單比較[10]**

| 協議 | RESTful | 傳輸 | 發布/訂閱 | 請求/響應 | 安全 | QoS | 最小標頭大小（Byte） |
|------|---------|------|-----------|-----------|------|-----|----------------------|
| COAP | √ | UDP | √ | √ | DTLS | √ | 4 |
| MQTT | × | TCP | √ | × | SSL | √ | 2 |
| MQTT-SN | × | TCP | √ | × | SSL | √ | 2 |
| XMPP | × | TCP | √ | √ | SSL | × | — |
| AMQP | × | TCP | √ | × | SSL | √ | 8 |
| DDS | × | TCP UDP | √ | × | SSL DTLS | √ | — |
| HTTP | √ | TCP | × | √ | SSL | × | — |

（2）服務發現協議

物聯網的高可擴展性需要一種資源管理機制，能夠以自配置、高效和動態的方式註冊和發現資源和服務。該方面最主要的協議是多播 DNS（multicast DNS，mDNS）和 DNS 服務發現（DNS Service Discovery，DNS-SD），它們可以發現物聯網設備提供的資源和服務。雖然這兩個協議最初是為資源豐富的設備而設計的，但可以為物聯網環境修訂為輕量級版本[42-45]。

（3）基礎設施協議

1）RPL　低功耗和有損網路（Routing Protocol for Low Power and Lossy Networks，RPL）的路由協議是其相關工作組的 IETF 路由標準化協議，它是 IPv6 的鏈路無關的路由協議，用於資源受限節點，稱為 RPL[46,47]。創建 RPL 是為了在有損鏈路上構建健壯的拓撲來支援最小的路由要求。該路由協議支援簡單和複雜的流量模型，如多點對點、點對多點和點對點。

2）6LoWPAN　許多物聯網通訊依賴的低功率無線個域網（Low power Wireless Personal Area Networks，LoWPAN）具有一些不同於以前的鏈路層技術的特殊特性，例如有限的分組大小（如 IEEE 802.15.4 的最大 127 字節）、各種位址長度和低頻寬[48-51]。因此，需要構建適合 IPv6 資料包符合 IEEE 802.15.4 規範的適配層。IETF 6LoWPAN 工作組在 2007 年制定了這樣一個標準。6LoWPAN 是 IPv6 在低功率 WPAN 上所需的映射服務規範，用於維護 IPv6 網路[49]。該標準提供報頭壓縮以減少傳輸開銷、碎片，以滿足 IPv6 最大

傳輸單元（Maximum Transmission Unit，MTU）要求，並轉發到鏈路層以支援多跳傳輸[51]。

3）IEEE 802.15.4  IEEE 802.15.4 協議用於媒體訪問控制（Medium Access Control，MAC）的子層以及低速率無線專用區域網路（Low-Rate Wireless Private Area Networks，LR-WPAN）的物理層（Physical Layer，PHY）[52-56]。由於其低功耗、低資料速率、低成本和高吞吐量的特性，被 IoT、M2M 和 WSN 廣泛應用。它在不同平台上提供了可靠的通訊、可操作性，並且可以處理大量節點。它還提供高級別的安全性、加密和身分驗證服務，但是不提供 QoS 保證。該協議是 ZigBee 協議的基礎，為 WSN 構建完整的網路協議棧。

4）BLE  藍牙低功耗（Bluetooth Low-Energy，BLE）或藍牙智慧使用短距離無線技術。與以前的藍牙協議版本相比，可以運行更長時間。它的覆蓋範圍（約 100m）是傳統藍牙的 10 倍，而其延遲則縮短了 15 倍[57]。BLE 可以通過 0.01mW 至 10mW 的傳輸功率運行。因此，BLE 就是物聯網應用的理想選擇[58]。與 ZigBee 相比，BLE 在能量消耗和每個傳輸比特的傳輸能量比方面更有效[59,60]。

5）EPCglobal  電子產品代碼主要用於辨識物品，是物品唯一的標識碼，記憶體在 RFID 標籤上。EPCglobal 作為負責 EPC 開發的原始組織，管理 EPC 和 RFID 技術和標準。它的底層架構使用基於互聯網的 RFID 技術以及廉價的 RFID 標籤和閱讀器來共享產品資訊[61-63]。由於其開放性、可擴展性、互操作性和可靠性，在物聯網中得到廣泛應用。

6）LTE-A  LTE-A 包含一組適用於機器類型通訊（MTC）和物聯網基礎設施的蜂巢式通訊協議，尤其適用於長期發展的智慧城市[64]。此外，它在服務成本和可擴展性方面優於其他蜂巢式解決方案。

7）Z-Wave  Z-Wave 作為家庭自動化網路（Home Automation Network，HAN）的低功耗無線通訊協議，已廣泛應用於智慧家居和小型商業領域的遠端控制應用[65]。該協議最初由 ZenSys（目前為 Sigma Designs）開發，後來由 Z-Wave Alliance 使用和改進。Z-Wave 覆蓋約 30m 的點對點通訊，適用於需要微小資料傳輸的應用，如燈光控制、家用電器控制、智慧能源和 HVAC、門禁控制、可穿戴式醫療控制和火災探測。

# 1.3  物聯網關鍵技術

物聯網是一個龐大的複雜系統，它由一系列功能塊組成，通過這些功能塊有機合理的組合來實現各種應用。而構成這些功能塊的關鍵技術可歸納為以下幾

類：感測技術、辨識和辨識技術、硬體、軟體和雲端平台、通訊技術和網路、軟體和演算法、定位技術、資料處理解決方案和安全機制等。

上述的各種關鍵技術可分為四個主要網域。這些域包括具有特定功能和能力的各種硬體、軟體和技術。將這些域合併到基於 IP 資訊架構中，以此實現物聯網技術的全面部署。

物聯網平台應能輕鬆集成各種物聯網關鍵技術。該平台可以將物（對象）連接到網路，從而實現物聯網服務[66]。

# 1.3.1 應用域、中間件域、網路域和對象域技術

### （1）應用域技術

物聯網應用提供了一系列功能，根據應用域可將其分為四個方面：監控（設備狀況、環境狀態、通知、警報等），控制（設備功能控制），優化（設備性能、診斷、修復等）和自治（自主營運）[67]。

應用域管理通常通過物聯網中間件層提供應用服務。因此，可以將軟體和 API 映射到應用或中間件域。為了實現應用域的功能，通常應用一些常用的嵌入式操作系統，如 TinyOS、Contiki、LiteOS、Android，Riot OS 等。這些系統支援低功耗 Internet 通訊，不需要較高的運算資源。這些操作系統的 SDK（Software Development Kit，軟體開發工具包）為各種微控制器固件提供了一個軟體框架，可以在物聯網設備上運行。SDK 框架使用各種編程語言（如 C、C＋＋、C＃、Java 等）支援應用程式編程。物聯網系統的另一個重要組成部分是軟體平台，它使用各種通訊協議實現物聯網對象與網路技術的集成。此外，還有一些平台提供其他功能，例如獨立於硬體、資料記憶體和分析等的服務開發。

開發物聯網應用的關鍵問題涉及各種用例的部署，可用性，管理，可靠性，互操作性，可擴展性（大規模部署和集成），安全性（身分驗證、訪問控制、配置管理、防病毒保護、加密等）和隱私。

### （2）中間件域技術

物聯網中間件被認為是一個受軟體和基礎設施約束的系統，它被設計為物聯網對象和應用層之間的仲介。中間件域提供了多種功能性的技術支援，如聚合、過濾和處理來自物聯網設備的接收資料、資訊發現、機器學習、預測建模以及為應用設備提供訪問控制。許多物聯網中間件提供了操作系統和 API 管理，使物聯網應用能夠通過異構介面進行通訊。

物聯網中，其中間件功能的實現常常依賴於雲端運算技術。雲端平台支援獨立於硬體平台的物聯網服務開發和資料處理。物聯網中間件可以部署在諸如 Apache Hadoop、Apache Spark、Apache Kafka、Apache Storm、Apache

Ambari、Apache HBase、Spark Streaming、Druid、Open TSDB 等平台，以構建高效且可擴展的物聯網平台[68]。

此外，霧端運算，MEC（Mobile Edge Computing，行動邊緣運算），MCC（Mobile Cloud Computing，移動雲端運算）和 Cloudlet 也是最新研究和發展的物聯網中間件。這些中間件的運算系統將一些資源、處理和服務分配給更靠近網路邊緣的資料中心，以改善響應時間、吞吐量、能效等物聯網系統性能，並可提供更好的安全性和隱私。

（3）網路域技術

網路域包括支援對象之間以及對象和全局基礎設施（如 Internet）之間連接的硬體、軟體、技術和協議。IETF RFC 7452[69]描述了物聯網通訊模型的框架，其中包括設備到設備（Device-to-Device）通訊、設備到雲端（Device-to-Cloud）通訊、設備到閘道器模型（Device-to-Gateway Model）、後端資料共享模型（Back-End Data-Sharing Model）。ITU-R M.2083-0 建議書[70]強調了不同使用場景中關鍵能力的重要性。物聯網系統使用極其多樣化的通訊技術，這些技術需要互操作才能滿足物聯網要求。而且，當流量增加時，滿足流量要求越來越困難。ITU-T Y.2060 建議書[71]強調了支援物聯網的網路的一些高級要求，例如基於身分的連接、自主網路、自主服務供給、基於位置的能力、安全性、隱私、品質、即插即用、可管理性。與該領域相關的其他開放性問題包括互操作性、可擴展性、可靠性、移動性管理、路由、覆蓋範圍、資源使用控制和管理、自配置、能效、頻譜靈活性、頻寬、延遲等。

（4）對象域技術

對象域表示端點層，其包括物理的物（真實世界實體）和虛擬的物（虛擬實體）。這些對象具有各種功能，例如感測、動作、辨識、資料記憶體和處理、與其他對象連接和集成到通訊網路等。物聯網對象包括嵌入式軟體（操作系統、板載應用程式等）和硬體（具有嵌入式感測器、處理器、連接天線等的電氣和機械組件）。

# 1.3.2　互操作性和集成技術

互操作性是指多個設備和系統部署的硬體和軟體互操作的能力。用於物聯網開發的各種標準和技術以及來自不同供應商的各種解決方案導致巨大的異構性，從而導致互操作性問題。所有層都要考慮物聯網互操作性問題。要解決這個問題，需要使用具有標準化架構的分層框架。因此，ETSI 第 3 號白皮書[72]提出了技術、語法、語義和組織四個互操作性級別。

技術互操作性通常與通訊基礎設施和協議相關。物聯網系統需要提供異構設備、網路和各種通訊協議的互操作性，如 IPv6、IPv4、6LoWPAN/RPL，

CoAP/CoRE、ZigBee、GSM/GPRS、WiFi、藍牙和 RFID 等[73-75]。現有的 Internet 體系結構不支援異構設備的完全連接，將會產生複雜的集成問題[76]。這是因為在物聯網系統中部署的某些技術不是基於 IP。因此，為了實現無處不在的連接，必須開發支援不同 MAC/PHY 的 HetNet（Heterogeneous Networking，異構網路）範例。此外，還需要管理和協調機制。IEEE 1905.1 標準[77]旨在提供互操作性支援，並提供廣泛部署在家庭網路技術中的通用介面（隱藏 MAC 多樣性的抽象層）。它提供互操作性以及安全連接、設施網路管理、路徑選擇、自動配置、擴展網路覆蓋，並支援端到端 QoS。互操作性問題的解決通常採用基於 API、閘道器利用虛擬網路將智慧資源約束對象集成到 Internet[78]，以及基於 SDN（software defined networking）的方法[79]等。

閘道器提供多種解決方案，如協議轉換或集中遠端連接，具體取決於實現它們的目的層。對象層的互操作閘道器支援多個介面，使設備能夠通過不同類型的 AN（Access Networks，接入網路）連接，而它們在網路層的實現完成了各種網路技術（包括 AN 和 CN）之間的連接。

基於 API 的互操作性解決方案可用於各種應用協議之間的自動轉換。API 可以在不同的軟體和雲端平台中實現。一些操作系統，如 Contiki、Riot OS、Android、TinyOS、LiteOS 等，可實現模組化設計，並提供應用互操作性所必需的開放 API。

物聯網平台改善了異構環境中的互操作性，並提供了諸如使用通訊技術的各種對象的連接、設備管理、資料處理、資料視覺化等功能。根據其功能，物聯網平台可以分為硬體平台、軟體平台和雲端平台。這些平台可以包括各種解決方案，例如不同的網路介面、閘道器、API 等。物聯網硬體平台支援設備連接以及資料中心外的資料處理。它們提供閘道器，以實現具有各種網路技術的設備的連接。物聯網硬體平台通過開發部署各種設備和網路的物聯網產品，提供技術互操作性。硬體平台有 Arduino、Raspberry PI、Gadgeteer、pcDuino 等。

還有一些解決方案可以在不同層面提供技術互操作性，從而提供動態、靈活和自動化的網路管理和重新配置。其目的是通過解決一些技術互操作性問題來簡化網路設計和管理。P. Vlacheas[80]等人提出了物聯網的認知管理框架，以解決設備和相關服務之間的異構性問題。另一種解決方案是基於集線器的方法，它提供可擴展和可靠的通訊並改善一些互操作性問題[81,82]。此外，SOA 等軟體架構減少了系統集成問題，提高了網路中異構物聯網設備之間的互操作性[83]。它通過提供強大的框架來完成，該框架支援物聯網系統中的連接和組件集成。該架構的主要目標是增強服務和應用層的物聯網應用互操作性和可擴展性。儘管此框架提供了靈活性，但仍存在一些與 SOA 體系結構相關的問題，例如缺乏支援互操作性的智慧和連接感知框架。

語法互操作性與理解內容（資訊）有關，並且涉及資料格式、語法和編碼，如 XML 和 HTML。物聯網應用需要整合不同來源的資料。新的軟體架構必須能夠搜尋、聚合和處理異構設備生成的資料。為此，必須使用標準化的資料格式、語法和編碼。物聯網中間件需要包括 API 解決方案等機制，以支援各種應用、服務和資料格式中的互操作性。

語義互操作性使內容的解釋（資訊的含義）能夠被通訊方共享[84]。物聯網中的術語「語義」指的是從感測器收集的原始資料中提取知識的可能性。這種「知識」能夠根據分析的資料提供有用的服務和報告。語義技術的發展實現了某種程度的資料互操作性以及高級決策。語義互操作性使物聯網對象能夠學習、思考和理解社會和物理世界。需要具有適當架構的通用高級框架以及諸如資料探勘的新技術來提取元資訊（將原始資料轉換為知識）。物聯網的一些語義技術包括 JSON，W3C，OWL（Web Ontology Language），RDF（Resource Description Framework，資源描述框架），EXI（Efficient XML Interchange，高效 XML 交換）和 WSDL（Web Services Description Language，Web 服務描述語言）[85]。這些技術導致語義層面的異構性，解決方案之一是使用 XML 和本體的語義模型[86,87]。

SDN 是近年來非常引人關注的研究領域，被認為是新興的網路技術，它提供了建立和管理虛擬化資源的能力，以及在不部署新硬體的情況下提供某種程度的互操作性，是解決互操作性和集成問題的一種潛在技術。

## 1.3.3　可用性與可靠性技術

物聯網服務的可用性是妥善管理物聯網系統動態關鍵問題之一。可用性意味著物聯網應用應該隨時隨地用於每個授權實體（對象）。要連接的實體（或對象）應該是自適應和智慧的，以支援無縫連接和所需的可用性。

無論移動性、網路拓撲的動態變化或當前使用的技術如何，網路及其覆蓋區域的可用性必須能夠實現服務的連續性。所有這些都需要在某些無人值守操作的情況下實現互操作性、切換和恢復的機制。需要部署適當的監控系統、協議和自我修復機制以實現系統的健壯性。某些通訊技術易出現間歇性問題，這可能導致服務中斷。因此，必須採用諸如資料收集、處理、控制等使能運算技術，該運算技術獨立於因特網或其他網路向運算基礎設施發送資料。MCC、MEC、Cloudlet 和 Fog 運算是為解決這些問題而提出的。

可移動的物聯網設備可實現頻繁的拓撲改變。儘管產生動態變化，但仍然可以創建一個穩健的物聯網系統，為此需要一個有效的移動性管理機制[88]。MIPv6（移動 IPv6）是為支援 IPv6 網路中的移動性而開發的協議。IPSec

（Internet 協議安全）對於 MIPv6 是強制性的，以支援本地代理和行動設備之間的信任。此外，物聯網系統的某些部署意味著設備需要知道其位置並了解其環境。

多跳網狀拓撲中存在調度和路由問題，路由問題對於可靠性非常重要。路由過程需要支援動態拓撲變化、多跳路由、可擴展性、情景感知安全機制和 QoS等。此外，路由協議需要情景文感知和能量感知（綠色路由協議）。Huang 等人[89]提出了用於建立多播路由樹的演算法。資源預留協議（Resource Reservation Protocol，RSVP）和多協議標籤交換（Multi-Protocol Label Switching，MPLS）解決了幾個路由問題。

可用性與可靠性的另一個挑戰是在可靠性和能耗之間進行權衡，這是採用 UDP 作為傳輸協議的原因。因此，必須部署有效的上層協議（傳輸和應用），以提供端到端的可靠性。針對這些問題的另一個解決方案是開發新的協議擴展，例如用於低功率無線感測器網路的新移動性支援層（MoMoRo)[90]。

## 1.3.4 資料記憶體、處理與視覺化技術

連接對象和資料流量的大量增加使新的校準和分析技術的需要不斷增加。物聯網系統需要一個通用的分析平台來支援物聯網應用所產生的大數據。各種資料探勘方法，如 AI（人工智慧）、機器學習和其他智慧決策演算法，使運算處理能夠發現大型資料集中的模式。這些技術可用於組織原始資料並從中提取可用資訊和知識。

要處理的資料量不斷增加，只有雲端技術才能有效地滿足這些要求。但是，將大數據從邊緣設備（如感測器、智慧型手機等）傳輸到雲端基礎設施會帶來以下問題：網路性能（如延遲、頻寬、擁塞、可靠性、可用性等），資料傳輸的成本，雲端伺服器上記憶體資料的成本，資料傳輸和記憶體的安全性，隱私等。通過開發可擴展的高性能混合雲端平台可以有效地解決上述問題[10]。此外，還需要開發用於原始資料過濾、選擇、抽象和聚合的新演算法[91,92]。

雲端運算並不總是必要的，例如在本地基礎設施資源足以進行資料記憶體和處理的情況下。在本地部署的節點處理原始資料可以減少通過 Internet 傳輸的資料量。這減少了資料擁塞與延遲，降低了成本並改善了一些其他性能。新的運算範例（如 MCC、MEC、Cloudlet 和霧端運算）將基於規則的系統應用於本地基礎架構，以提供雲端運算的擴展。這些系統改善了一些物聯網性能，如 QoS、可靠性、移動性、安全性和隱私性。例如，霧端運算可以部署在智慧型手機和家庭閘道器等智慧設備中，用於預處理資料和情景感知運算。但是，由於缺乏複雜分析和記憶體大量資料的能力，這些平台並非在所有用例中都適用。這些功能與

雲端運算相輔相成。因此，只能在邊緣層完成一些基本的運算過程。為了克服本地基礎架構的資源限制，需要將資料轉發到雲端。此問題與部署某些運算系統的時間和位置有關。此外，物聯網和邊緣運算系統的集成必須面對靜態和動態物聯網設備，以提供移動性支援。低功耗的要求會導致服務遷移挑戰和運算問題。與移動性相關的另一個重要問題是邊緣節點之間的合作和同步。可以在閘道器處實現聚合資料的機制以管理資料流，但是該解決方案意味著要部署適當的軟體。因此，物聯網和邊緣運算的集成並不能解決邊緣設備上的移動性、複雜分析、安全性和資料隱私等問題[93]。

資料視覺化為使用者與物聯網環境的互動提供工具。物聯網應用需要連接到基礎設施（例如雲端和網路），並且它們必須支援使用者友好的介面，以實現對各種設備的安全和遠端控制。

從感測器收集的資料的視覺化包括圖表、動畫、地圖、地圖上的追蹤位置等。GUI（圖形使用者介面）提供執行測量的視覺化，並能夠執行不同的控制操作。HTML 5 等 Web 技術為物聯網應用的視覺化提供了良好的解決方案。觸摸屏技術、3D 螢幕等新興技術可以提供一種有效的方式來導航資料以及從原始資料中提取有用的資訊。

# 1.3.5　可擴展性技術

可擴展性是指在不降低現有服務性能的情況下向物聯網系統添加新設備和服務的能力。與可擴展性相關的一個關鍵技術是支援大量具有記憶體、處理、頻寬和其他資源限制的各種設備[94]。必須部署可擴展機制以有效發現設備，同時還要實現其互操作性。要實現可擴展性和互操作性，必須採用分層框架和架構[95]。具有框架和架構性能的、高度可擴展的雲端運算是一種可行的解決方案，它可以記憶體大量收集到的資料並對其進行處理。因此，物聯網可以用作擴展雲端運算的全球架構。另一種方案是將雲端服務擴展到邊緣設備的邊緣運算系統。該技術在設備和雲端基礎架構之間提供記憶體、運算和一些網路服務。邊緣運算系統無法進行複雜分析，而將雲端運算與邊緣運算相結合可以有效地解決該問題。

與可擴展性相關的主要問題是能提供無縫連接，以便輕鬆實現向物聯網系統添加新組件和對象並支援拓撲更改。為了在分布可擴展性、移動性和安全性的背景下解決這些問題，提出了一個 CCN 對下一代網路架構的願景[96]。無論它是否位於網路中，均可以在記憶體中的任何位置自動啟用和應用程式無關的緩存，但這種研究仍處於初期階段。

# 1.3.6　管理與自配置技術

　　物聯網應用和設備管理是成功部署物聯網的關鍵。由於物聯網的複雜性、異構性及大量部署的設備和流量需要，使監控、控制和配置等管理功能成為一項重大挑戰。物聯網軟體必須能夠辨識各種智慧對象並與之互動，以提供有效的管理和自配置功能。自配置意味著物聯網系統具有動態適應環境變化的能力。例如，設備在沒有活動時關閉將提高能耗效率。

　　資料管理機制需要提供各種功能，如原始資料聚合、資料分析、資料恢復和安全性。它們需要啟用不同類型的報告，包括描述性（如產品條件）、診斷（如失敗原因）、預測性（如預期事件）等。文獻［97］提出的物聯網資料管理框架包括應用（分析）層、查詢層、聯合層、源層、通訊層、物層。此外，這些機制需要具有自適應性、可擴展性和可信賴性[98]。這意味著要使用新方法進行資料聚合和複雜運算，來提供有效和即時的決策。另一個挑戰是在複雜、集成和開放的物聯網系統中提供自動決策和自配置操作。對象需要從收集的資料中獲取一些知識及執行某些情景感知操作的知識。

　　網路管理功能需要提供網路拓撲管理、設備同步以及流量和擁塞控制管理。新網路的設計需要部署有效的管理機制來管理大規模連接的設備、大量資料（流量負載）和具有不同 QoS 要求的各種服務。監控網路基礎架構可以檢測影響網路資源使用和安全性的任何變更和事件。需要具有資源分配方案的動態資源管理解決方案，且該方案在物聯網環境的不確定性下將是有效的。已經開發了各種協議來監視和控制諸如設備、閘道器、終端伺服器等網路元件。LNMP（LoWPAN Network Management Protocol，LoWPAN 網路管理協議）和 SNMP（Simple Network Management Protocol，簡單網路管理協議）是用於執行基於 IPv6 網路的某些網路管理功能的現有管理協議。此外，TSMP（Time Synchronized Mesh Protocol，時間同步網格協議）是一種通訊協議，可在自組織無線網路中同步設備。SDN 是 5G 系統的一種支援技術[99]，它被開發用於提供動態、靈活和自動化的網路管理和重新配置，並簡化網路設計和管理[100]。SDN 實現了物聯網服務所需的經濟高效的擴展。SDN 和 NFV（Network Function Virtualization，網路功能虛擬化）通過提供所需軟體管理的一些網路功能的虛擬化實現網路管理。此外，這些範例提供了管理具有各種部署和用例的異構設備的功能[101]。

　　設備管理機制需要提供監控和遠端控制功能，包括遠端設備的激活或停用、固件更新等。但是對於遠端控制，必須部署其他機制，包括設備和服務管理協議。管理設備並實現各種網路的無縫集成是各種硬體和軟體部署的挑戰，同時要

提供諸如架構和協議級別的尋址和優化等操作[102]。物聯網系統的一個主要問題是設備的身分管理以及環境的可信賴性。OMA（Open Mobile Alliance，開放移動聯盟）及其設備管理工作組為資源受限環境［如 LWM2M[103]（The Lightweight M2M，輕量級 M2M）］中的設備和服務管理指定了一些協議和機制，還有一些用於設備管理的輕型協議，如 NETCONF Light 協議[104]。由於設備和相關服務之間的異構性，設備管理的挑戰尤其明顯。認知管理框架解決方案[105]和硬體平台可以實現具有一些管理功能的對象和網路的集成。

## 1.3.7 建模與仿真

開發物聯網服務的主要挑戰在於其系統架構各個部分的複雜性和異構性。應用、設備、介面、無線技術等的異構性導致了物聯網系統建模問題。目前還沒有標準的方法用於物聯網系統的建模[106]。文獻［107-109］提出了基於邊緣運算的物聯網建模理論，但是基於物聯網集成、運算系統和物聯網系統架構的其他部分缺乏系統數學公式。該公式可以根據具體要求，使用最合適的技術幫助設計物聯網系統。Opnet、NS-3、Cloudsim 等仿真工具可用於理解物聯網系統並對其建模。然而，物聯網場景的複雜性和異構性使這些過程複雜化[110]導致不得不使用複雜的、混合的和多層次的建模和模擬技術[111]。文獻［112］仲介紹了一些其他建模和模擬挑戰的概述。例如，現有仿真工具面臨的一個主要問題是缺乏模擬網路和雲端基礎設施的集成選項，難以獲得物聯網系統的整體性能。另一個重要問題是能夠模擬物聯網場景，其中包括大量具有各種流量負載和類型的異構設備。這意味著模擬物聯網場景的問題不僅與軟體工具有關，而且要求硬體也必須能提供巨大的資源，如 CPU、RAM 等。仿真和建模工具需要支援物聯網的動態特性、即時要求、不斷增加的處理要求和異構技術的部署。

## 1.3.8 標識的唯一性

每個物聯網對象都需要有一個唯一的標識符，如 IP 位址或 URI（Uniform Resource Identifier，統一資源標識符），這是物聯網成功的最關鍵因素之一。文獻［113,114］強調了具有唯一標識符和有效密鑰分發方案的適當身分管理問題。如果每個對象都具有唯一標識符並且連接到 Internet，則可以在整個生命週期中監視、控制和管理該對象。

物聯網對象有許多辨識方法和技術，如 EPC，uCode，QR（Quick Response，快速響應）或矩陣條形碼等。EPCglobal 是一種標準化、集成 EPC 與 RFID 的技術。

IPv4 已經用盡，為所有對象提供唯一的網路位址成為一項挑戰。這個問題

的解決方案是使用 128 位位址的 IPv6，它提供了大量的位址。IPv6 被認為是物聯網的關鍵推動因素之一。

由於可擴展性問題，系統資源的手動和靜態管理不是合適的解決方案。為了解決這個問題，可以使用一些服務發現協議，如 DNS-SD、SSDP、SLP、mDNS、APIPA 等。然而，由於需要自主註冊，因此將這些協議用於物聯網服務存在挑戰[115]，需要動態調整發現功能，並在網路中包含新的物聯網設備。因此，物聯網架構應該使設備能夠加入或離開物聯網平台而不影響所有物聯網系統。

## 1.3.9 安全與隱私

安全和隱私問題被認為是物聯網的關鍵技術之一[116]，物聯網中存在許多威脅、漏洞和風險[117]。目前已經提出了用於物聯網系統的若干安全模型和威脅分類模型[118,119]。根據 Hewlett Packard Enterprise Research 的研究[120]，大多數設備的隱私問題都是由於認證和授權不足、缺乏傳輸加密、不安全的 Web 介面、不安全的軟體和固件等造成的。

為了加強物聯網的安全性，需要從法律、社會和文化等各個方面考慮安全性和隱私。需要在物聯網架構的每個級別嵌入安全功能，並且必須部署有效的信任管理[121,122]。這就需要為提高物聯網安全性和隱私而開發的各種機制。安全機制應提供身分驗證、訪問控制、資料完整性和隱私、加密和其他功能，同時根據使用者配置的策略和規則啟用自動資料處理。這些機制必須即時運行，並且需要有成本效益和可擴展性，以最大限度地降低複雜性並最大限度地提高可用性。

大多數安全問題都與通訊威脅有關，如惡意代碼注入（Malicious Code Injection），嗅探攻擊（Sniffing Attack），魚叉式網路釣魚攻擊（Spear-Phishing Attack），DoS（Denial-of-Service Attack，拒絕服務攻擊），Sybil 攻擊，代理攻擊，睡眠剝奪攻擊（Sleep Deprivation attack）等。由於存在這些攻擊，必須部署各種機制，如授權、身分驗證、加密、防病毒保護等。雖然這些機制提高了物聯網系統的安全級別，但仍有許多問題需要考慮。例如，無論發送的訊號是否加密，都可能發生代理攻擊或中間攻擊。

物聯網系統的所有協議棧層都需要可靠和安全的通訊協議。在應用層確保安全性有三種主要方案：在應用層可使用某些標準和協議［如 OTrP（Open Trust Protocol，開放信任協議）[123]］來安裝、更新和刪除應用程式以及管理安全配置；另一種增強安全性的方案是使用 IPSec（Internet Protocol Security，Internet 協議安全性），但它不適用於所有物聯網應用，而通過 TLS（Transport Layer Security，傳輸層安全性）[124]運行協議更加容易，它提供了透明的面向連

接的頻道。一些物聯網應用協議使用其他特定方法來增強安全性，但大多數安全解決方案依賴於加密協議，如 SSL（Secure Sockets Layer，安全套接字層）和 DTLS（Datagram Transport Layer Security，資料報傳輸層安全性）。這些協議在應用層和 TCP/IP 協議棧的傳輸層之間實現。TLS 必須在可靠的傳輸頻道（通常是 TCP）上運行。因此，需要與資料報兼容的 TLS 變體。DTLS[125] 是一種基於 TLS 的協議，它為資料報協議提供了等效的安全保證。安全協議使用各種機制和標準，如 X.509，用於管理 TLS 中的數位證書和公鑰加密。CoAP 使用 DTLS，而 DTLS 的壓縮版本用於物聯網的輕量級安全 CoAP。出於安全目的，XMPP 和 AMQP 使用 TLS 和 SASL（簡單身分驗證和安全層）。MQTT 應用協議主要基於利用 TLS/SSL，但還有一些其他解決方案，如使用網路安全框架的 OASIS MQTT 或名為 AUPS 的新安全 MQTT 機制（Authenticated Publish&Subscribe)[126]。

當物聯網系統使用無線通訊技術時，由於系統具有開放性及對感測器等某些組件的物理可訪問性，使安全風險更大，應該部署惡意活動檢測機制和恢復機制。IPSec 在網路層提供了端到端安全性，可以與各種傳輸協議一起使用。應在設備之間提供安全通訊以保證鏈路層的安全性，同時還必須使用有效的加密演算法。加密是確保資訊安全的關鍵要素之一，但加密大量即時資料需要傳輸大量的資料，是一個非常具有挑戰性的問題；另外加密演算法需要大量的運算資源與功耗。目前正在研究可互操作的輕量級協議和加密演算法，以提高物聯網環境的安全性。除了各種機制之外，還需要適當的策略來保護隱私，以確保物聯網的安全性。

由於物聯網環境的變化，隱私政策需要允許一些動態變化。其中一個主要挑戰是儘管系統與其他系統有開放性和互操作性，但每個系統都有自己的隱私策略。在共享資料之前，物聯網系統中的每個對象都應該能夠檢查對方的隱私策略的兼容性。基礎架構和應用的隱私策略必須由使用者（人實體——資料所有者或物理實體——物）指定。

# 1.4　物聯網在中國的應用與發展

2018 年以來，全球物聯網應用持續拓展，安全意識不斷增強。中國物聯網產業保持高速成長，正邁入「跨界融合、集成創新、規模化發展」新階段。隨著技術融合加快，物聯網發展呈現一些新的特點與趨勢[127]。

全球物聯網行業滲透率持續提高，聯網設備安全性備受關注。2018 年以來，全球物聯網設備連接數保持強勁增勢，設備接入量超 70 億，行業滲透率持續提

高，智慧城市、工業物聯網應用場景快速拓展。美國、日本等已開發國家和地區更加重視物聯網設備的安全性。

中國政策聚焦重點應用和產業生態，物聯網產業規模已達萬億元。2018～2019 年，中國加大 IPv6、NB-IOT、5G 等基礎設施投資，政策聚焦車聯網、工業物聯網等重點領域應用，生態布局進一步優化。資料顯示，2018 年中國物聯網產業規模已超 1.2 萬億元，物聯網業務收入較上年成長 72.9%。

物聯網應用走向開放、規模化，5G 等新技術加速整合，開啟「萬物智聯」新時代。2018～2019 年，物聯網應用從閉環、碎片化走向開放、規模化，智慧城市、工業物聯網、車聯網等率先突破。5G、人工智慧、區塊鏈等新一代資訊技術與物聯網加速融合，開啟了「萬物智聯」、「人機深度」的新時代。

# 1.4.1 物聯網在中國的主要應用領域

在中國，物聯網應用主要在九個領域，包括智慧工業、智慧農業、智慧物流、智慧運輸、智慧電網、智慧環保、智慧安防、智慧醫療、智慧家居，如表 1.5 所示。

表 1.5　物聯網在中國的主要應用領域

| 領域 | 典型應用 |
| --- | --- |
| 智慧工業 | 生產過程控制、工業環境監視、製造供應鏈追蹤、產品生命週期監視（PLM）、製造中的安全、節能與汙染控制 |
| 智慧農業 | 農業資源利用、農產品生產過程中的品質管理、生產和種植環境監測、品質管理、農產品的安全與可追溯性 |
| 智慧物流 | 庫存控制、配送管理、可追溯性與其他現代物流系統、涵蓋不同區域和領域的公共物流服務平台、智慧電子商務與智慧物流 |
| 智慧運輸 | 交通狀態感知與通知、交通指南與智慧控制、車輛定位與調度、遠端車輛監視與服務、車輛與道路協同、集成化的智慧交通平台 |
| 智慧電網 | 電力公用設施的監視、智慧變電站、自動電力調度、智慧電力、智慧調度、遠端抄表 |
| 智慧環保 | 汙染源監測、水質監測、空氣品質監測、環境資訊採集網路及其資訊平台 |
| 智慧安防 | 社會安全監視、危化品運輸、食品安全監測、主要橋梁、建築物、鐵路、供排水與管道網路的早期預警和應急響應 |
| 智慧醫療 | 智慧藥品控制、醫院管理、採集人的生理與醫學參數、家庭與社區的遠端醫療服務 |
| 智慧家居 | 家庭區域網、家庭安全、家用電器智慧控制、智慧抄表、節能與低碳、遠端學習 |

# 1.4.2 物聯網在中國的發展

（1）政府對物聯網發展的推動

物聯網感測網路研究於 1999 年在中國啟動。物聯網被定位為策略性新興產

業之一，並於 2010 年 3 月寫入政府工作報告。2010 年 11 月國務院決定加快策略性新興產業的孵化和發展，明確表示將推動物聯網研究和應用示範。

「十三五」規劃（2016～2020)[128]是中國政府第二個詳細公布物聯網發展的計劃。該計劃明確提出了 2016～2020 年期間物聯網的發展目標。到 2020 年，具有國際競爭力的物聯網產業體系基本形成，包含感知製造、網路傳輸、智慧資訊服務在內的總體產業規模突破 1.5 萬億元，智慧資訊服務的比重大幅提升。推進物聯網感知設施規劃布局，公眾網路 M2M 連接數突破 17 億。物聯網技術研發水準和創新能力顯著提高，適應產業發展的標準體系初步形成，物聯網規模應用不斷拓展，泛在安全的物聯網體系基本成型。

該計劃提出了 6 個主要任務，包括：強化產業生態布局；完善技術創新體系；構建完善標準體系；推動物聯網規模應用；完善公共服務體系；提升安全保護能力。主要的技術突破包括：核心敏感元件，感測器集成化、微型化、低功耗化；體系架構共性技術；物聯網操作系統；物聯網與移動互聯網、大數據融合關鍵技術。

為了解決突發問題，考慮物聯網的長期發展，國務院發布了「關於物聯網發展的追蹤和訂購指南」[129]，確定了物聯網的發展目標和線索。2013 年，中國 14 個部門召開了物聯網發展聯席會議，並組織了物聯網發展專家諮詢委員會。物聯網的 10 個特殊發展行動計劃[130]，包括頂層設計、標準制定、技術開發、申請推廣、行業支援、商業模式、安全、政府支援、法律法規保障、人員培訓，由聯席會議發布。作為行動計劃的一部分，物聯網產業技術創新策略聯盟於 2013 年 10 月成立[131]。

（2）研發計劃

在中國，中央人民政府設立了示範專案和研究專案專項資金，以支援物聯網的發展。2011 年，為了支援物聯網在中國的發展，物聯網相關領域投入了約 5 億元人民幣的特殊物聯網資金，其中 2/3 的資金用於研發和應用；自 2011 年以來，該基金已經為 381 家相關公司提供了支援。中國政府也已經支援了 22 個國家重大物聯網應用示範專案，並於 2013 年 10 月由中國國家發展和改革委員會發布公告。這是關於組織和實施國家物聯網 2014～2016 年特殊區域試點主要應用示範專案。

在研發領域，中國工業和資訊化部在「新一代移動寬頻」專案下建立了一系列關於智慧交通系統（intelligent transport system，ITS）和電子衛生等架構和應用的關鍵技術研究專案。中國科技部還根據 973 專案框架（國家重點基礎研究發展規劃）在物聯網建設、基礎理論和設計等方面開展了一系列基礎研究。

國家級物聯網研發分布在：營運商和供應商等企業提供物聯網的營運和系統

開發，大學和研究機構專注於關鍵技術研究，標準組織負責物聯網的標準化。目前，物聯網相關產業基本形成，主要分布在渤海灣地區、長江三角洲、珠江三角洲、中西部地區。

（3）標準化

物聯網標準系統包含架構標準、應用需要標準、通訊協議標準、標識標準、安全標準、應用標準、資料標準、資訊處理標準和公共服務平台標準。

物聯網標準集相對複雜。在中國，標準化工作始於 2010 年。中國物聯網的主要標準組織是中國通信標準化協會（China Communications Standards Association，CCSA）、中國傳感器網絡標準化工作組（Working Group on Sensor Networks，WGSN）、電子標籤標準技術委員會等。這些標準組織引導中國物聯網的標準化進程。作為特殊物聯網行動計劃的一部分，物聯網標準化的行動包括建立標準系統，制定通用標準、關鍵技術標準和緊急行業標準，積極參與國際標準化進程，進行標準驗證和服務，改善組織結構。

在標準化過程中，中國許多研究機構和企業也參與了國際標準化組織/國際電工委員會（ISO/IEC）、國際電聯電信標準化部門（ITU-T）第三代 M2M 的國際標準化工作。中國是 ITU-T 和 ISO 無線感測器網路（WSN）工作組的主要國家之一。CCSA 是 One M2M 的贊助組織之一，許多企業都在深入參與合作夥伴計劃（3GPP）與 MTC 相關的標準開發。

# 1.5　物聯網與智慧電網

電力系統正在進行轉型，為可持續的全球經濟成長提供清潔的分布式能源，物聯網處於這種轉型的最尖端。對電力系統的即時監控、態勢感知、智慧控制以及提升電網的安全，將使現有的傳統電力系統轉變為智慧的電力系統，使電力系統更高效、更安全、可靠、富有彈性、可持續發展[132]。物聯網在電力能源系統中的廣泛應用優化了分布式發電管理、消除了能源浪費並節約了成本，為電力企業的發展提供了多種機會。

智慧的概念是由 EPRI（Electric Power Research Institute）在 2002 年提出的，智慧電網的全球研究和建設過程已經開展，許多國家已經建立了自己的綜合策略、目標和發展途徑[133]。在美國，智慧電網計劃致力於在老化的電力基礎設施背景下開發安全、可靠和現代的電網，提高需要方效率和降低電力供應成本；在歐盟各國，超級智慧電網計劃旨在互補地協調可再生能源發展，即大規模集中式和小型、本地、分散式對應，以實現向完全脫碳電力系統的過渡；在澳洲，可再生能源和能源效率是智慧電網發展的目標，重點是智慧電表和智慧需要側管

理；在日本，智慧電網的重點是建設適應大規模太陽能發電的可再生能源電網，以解決小地區能源短缺與經濟發展之間的矛盾；在韓國，智慧電網研究的重點是電力系統與智慧綠色城市的整合。

# 1.5.1　智慧電網的基本概念

傳統電網專注於電力、輸電、配電和控制，儘管現有的電網具有機電結構、單向通訊、集中發電、少量感測器、手動恢復、手動檢查/測試、一定程度的控制和較少的客戶選擇，但是智慧電網通過使電網可觀察、可控、自動化和完全集成來提高電氣系統的效率、可持續性、靈活性、可靠性和安全性。與現有的電網相比，智慧電網具有數位結構、雙向通訊、分布式發電、多感測器、自我監控、自我修復、遠端檢查/測試、普適控制以及眾多客戶選擇等特點。此外，智慧電網為具有深遠影響的新應用打開了大門：提供更多可再生能源；電動汽車和分布式發電機安全地集成到網路中；通過需要響應和全面的控制與監控功能，更高效、更可靠地提供電力；使用自動電網重新配置來防止或恢復中斷；使消費者能夠更好地控制電力消耗並積極參與電力市場。

智慧電網目前還沒有一個被普遍接受的定義。它是一種願景，是現代電氣系統中最受關注的話題之一。簡而言之，智慧電網是一個智慧的電力系統、是智慧的電網。與傳統電網的輸電及配電功能相比，智慧電網不但繼承了傳統電網的功能，而且能夠記憶體電能、進行通訊以及做出決策。智慧電網將傳統電網轉換為功能更強大、響應更即時和有機運行的電網[134]。根據歐洲未來電力網路的策略部署檔案（Strategic Deployment Document for Europe's Electricity Networks of the Future），智慧電網是一個電網，能夠智慧地整合與其相關的所有使用者的行為，即發電機、消費者和那些兩者兼而有之的，以便有效地提供可持續的、經濟和安全的電力供應[135]。韓國智慧電網路線圖 2030 指出，智慧電網是指下一代電網，它將資訊技術集成到現有電網中，通過供應商和消費者之間的雙向電力資訊即時交換來優化能源效率[136]。根據美國國家標準與技術研究院（NIST）的說法，智慧電網是一種將多種數位運算和通訊技術與服務集成到電力系統基礎設施中的電網系統。它超越了家庭和企業的智慧電表，因為雙向能量流和雙向通訊和控制能力可以帶來新的功能[137]。中國國家電網公司電力研究院給出了智慧電網的概念，將其定義為「一種新型高度集成電網，它是現代先進感測測量技術、資訊技術、通訊技術、控制技術和物理電力結合的系統」，具有很強的自癒性、兼容性、經濟性和綜合性[138]。

智慧電網可以提供平台，以最大限度地提高可靠性、可用性、效率、經濟性能以及安全性，防止攻擊和自然發生的電力中斷[139]。當與傳統電網對比時，可

以更好地理解智慧電網。Yu[140]等人對兩種結構進行了很好的比較。表 1.6 列出了兩個電網的特徵。

表 1.6 傳統電網與智慧電網[141]

| 傳統電網 | 智慧電網 |
| --- | --- |
| 機械化 | 數位化 |
| 一種通訊方式 | 兩種即時通訊方式 |
| 集中式發電 | 分布式發電 |
| 徑向電網 | 分散式電網 |
| 涉及少量的資料 | 涉及大容量的資料 |
| 少量的感測器 | 大量的感測器和監視器 |
| 少量或沒有自動監測 | 大量的自動監測 |
| 手動控制恢復 | 自動控制恢復 |
| 較少涉及安全和隱私 | 易於涉及安全和隱私問題 |
| 人們關注系統中斷 | 自適應保護 |
| 電能同時生產同時消耗 | 使用電能記憶體系統 |
| 有限的控制 | 廣泛的控制系統 |
| 緊急情況下響應緩慢,使用者選擇度小 | 緊急情況下響應快,使用者選擇度大 |

本書內容傾向於中國國家電網公司電力研究院給出的概念,即智慧電網是一個集成了感測測量技術、資訊技術、通訊技術、控制技術的,具有很強的自癒性、兼容性、經濟性和綜合性的電力系統。

## 1.5.2 智慧電網中的物聯網

電力系統由發電、輸電、配電網及用電網組成,是一個單向向使用者用電網輸送電能的系統。目前傳統電力系統面臨諸如平衡燃料組合、輸電和可靠性、資產水準可見性、確定新的收入來源、老齡化勞動力和知識獲取以及技術整合等諸多挑戰[132,142]。

為了克服這些困難,現有的單向電力系統正在轉變為雙向智慧電網。而智慧電網是一個自動化的、靈活的、智慧的、強大的且以消費者為中心的電網,它支援雙向電力和資料流。其中,能量記憶體在雙向電力流動方面起著關鍵作用,使得客戶參與銷售/購買電力。智慧電網是將電網安全技術、智慧設備通訊和高滲透分布式能源發電集成到發電、輸電、配電和用電的所有要素中,創造出靈活、可靠、安全和可持續的能源輸送網路。智慧電網具有提高能源效率,降低成本,提供更好的需要供應響應以及減少輸配電損失的優勢[143]。

物聯網已成為智慧電網轉型的重要組成部分。目前在智慧電網中應用物聯網技術的典型案例包括高級計量基礎設施和監控控制以及資料採集[144,145]。在智慧電網中應用物聯網技術將帶來以下益處[132]：①提高可靠性、彈性、適應性和能效；②減少通訊協議的數量；③網路化運行和增強的資訊操作能力[146]；④改善對家用電器的控制；⑤按需資訊訪問和端到端服務配置；⑥改進感知能力；⑦增強的可擴展性和互操作性[147]；⑧減少自然災害造成的損害；⑨通過持續即時監控電網的物理資產，減少對電力系統的物理攻擊。在智慧電網中應用物聯網技術可以實現發電、輸配電、用電的智慧化。

（1）數位化、智慧化發電

分布式電源將成為新的發電基礎設施，將分布式電源與電廠進行優化組合，優化營運和維護，並在此中部署物聯網，可以提高總體發電效率[142]。

為了實現發電優化組合和最佳運行，必須從輸電和配電網中即時收集資料，並對其進行分析，以執行電力系統的負荷預測、狀態預測和分布式控制。這些資料可以使用物聯網設備收集，如智慧電表、智慧饋線、微相量測量單元（PMU）[148]。

對於新能源來說，發電廠的位置尤其重要，其中發電輸出會根據諸如雲端相關的太陽能強度波動（太陽能發電廠）和風模式（風力發電廠）的參數而波動。包括雲端運算、高級負載和天氣模擬演算法等在內的物聯網解決方案將有助於新能源的營運。

（2）輸配電網的數位化、智慧化

現有的輸配電網面臨許多挑戰，包括延遲停電響應時間、功率損耗、資料竊取和分布式新能源的集成。利用物聯網對現有的輸配電網進行數位化可以緩解這些挑戰。物聯網為現有的輸配電網提供智慧監控和控制功能，使輸配電營運商能夠主動響應停電，解決客戶關注問題，並更好地進行分布式新能源的集成。此外，物聯網可以通過即時調整電氣參數（電壓、電流、功率和相位）和追蹤盜竊來源，幫助減少輸配電過程中的功率損耗和資料竊取，使輸配電網可以更高效、更可靠地確保最佳供電。輸配電網中的物聯網設備和技術的範例包括智慧電表、智慧逆變器、ADMS（Advanced Distribution Management System，高級配電管理系統）和配電網感測器[142]。

（3）用電的數位化與智慧化

諸如感測器等物聯網設備和技術是促進微電網（microgrids）/奈米電網（nanogrids）、智慧家居負載、輸電和分布式能量記憶體系統發展的關鍵驅動力。由於這種發展，作為電能消費者的用電方也發生了變化。用電方既能從本地的分布式新能源中獲得電能，又能從電網中獲得電能，滿足其電力需要，並且還可以

參與與電網的電力交換。

智慧負載利用物聯網感測器為用電方提供有意義的發電和用電資訊，幫助他們更有效地利用電力，減少電力浪費並控制成本。

分布式能量記憶體系統優於集中式記憶體系統，具有更大的靈活性、更好的控制、可擴展性和增強的可靠性[149]。分布式能量記憶體系統，如電池和電動汽車，對解決可再生能源發電的波動至關重要。如果發電量低於需要，電池/電動汽車可以彌補短缺，或者來自可再生資源的過量發電可以記憶體在電池/電動汽車中，或者可以將其供應給電網。

（4）物聯網智慧家居電力監視器

物聯網智慧家居電力監視器可以記錄每個家用電器或房屋內任何其他設備所使用的電量[150]。使用電力監視器，房主可以知道他們的能源使用，調整他們的能源使用行為以降低成本並減少能源浪費，並確保所有家用電器和其他設備有效運行而不消耗太多電力。功率監視器主要有四種類型，包括讀出和歷史監視器（如 Wattvision 功率監視器）、即時讀出監視器（如 Blue Line PowerCost 監視器）、插入式監視器（如 Kill a Watt EZ 電力監視器）和具有歷史追蹤和即時讀出功能的測量的電路監視器（如 eMonitor）[151]。

# 1.6　智慧電網中的物聯網關鍵技術

智慧電網是傳統電網數位化與智慧化的發展與轉型，其中以物聯網為代表的新興資訊技術起著至關重要的作用。對智慧電網的轉型與演進也應按照物聯網的架構進行。Rekaa[152]等人針對智慧電網提出了應用層、管理服務層、網路（包括閘道器）層和感知層的物聯網架構。該架構中涉及了眾多的物聯網技術，成為構建智慧電網的關鍵技術。

## 1.6.1　基於智慧電網的物聯網架構層次

基於智慧電網的物聯網架構層次如圖 1.3 所示。

（1）應用層

應用層包含對智慧電網的各種應用，包括智慧抄表、智慧家居、電動汽車、可再生能源、需要側管理、需要側響應建模、故障監控等。

（2）管理服務層

管理服務層提供了各種智慧電網的服務功能，包括安全控制、用電設備管

應用層
智慧抄表、需求側管理等

管理服務層
安全控制、監控與定價等

網路層
6LoWPAN、PLC等

感知層
感測器、RFID等

圖 1.3　基於智慧電網的物聯網架構層次

理、負載資料流管理、系統監控資料管理、分布式資料處理管理、計劃管理、定價管理、電力市場管理、使用者檔案管理等。

（3）網路層

網路層是構建物聯網資訊資料傳輸與互動的基礎設施，包括現有的 Internet，接入 Internet 的閘道器，短距離無線通訊技術（藍牙、WiFi、WiMAX 等），行動網路通訊（3G/4G/5G），6LoWPAN，Z-wave，PLC 等。

（4）感知層

感知層為智慧電網的運行、監測、控制等提供了基礎資料，包括各種感測器、無線感測器網路（WSN）、RFID、影片監控、條碼等。

## 1.6.2　智慧電網中的物聯網關鍵技術

為了實現智慧電網的主要功能，即可靠性、雙向電能交換、安全性，並提高電能品質，需要物聯網技術。這些關鍵技術主要有：

（1）雲端運算

雲端運算為智慧電網提供了非常好的運算資源。智慧電網的各種高級應用可以在雲端運算中執行，如能量管理、配電管理、設備管理、資產管理、計劃管理、需要側管理、電力市場、故障管理等。

對於中小規模的電網，雲端運算可以按需提供靈活的運算資源，包括資訊系統的硬體資源，平台資源（如操作系統、資料庫等），通用應用服務（如 SCADA、DMS、抄表資料分析統計等）。

智慧電網的運行會產生大量的資料，包括即時採集的電網運行資料、電網資產資料等，這些資料需要大容量的記憶體系統和運算資源，而雲端運算所提供的具有大容量、彈性、可擴展、冗餘備份等功能的雲端記憶體與處理能力是滿足資料記憶體與處理的最佳平台。

（2）大數據

大數據，即大數據系統，包括了結構化、半結構化及無結構化的海量處理的記憶體、處理、分析、探勘等功能。大數據具有數量大、種類多、產生速度快的

特點。對於智慧電網來說，其運行資料包括了即時採集的靜態的（或歷史的）電網資產資料、處理與分析過程中產生的過程資料等，均具有顯著的大數據特徵，因此需要大數據系統來支援智慧電網。

（3）M2M

機器到機器（M2M）通訊也是智慧電網所需的關鍵技術。在智慧電網中，電網需要即時調整其運行狀態，這就需要電網中的相關智慧設備進行資訊互動，以完成決策行動及狀態調整。典型的例子如加裝智慧設備的重合閘系統的運行、自動抄表中的關口表與分表間的互動。

（4）邊緣運算（或霧端運算）

智慧電網面臨局部決策與控制、雙向電能交換與資訊雙向互動的挑戰。傳統電網的局部控制需要通過全局決策來完成，這就給通訊帶來巨大的挑戰。而在智慧電網中，這些局部決策可以通過邊緣運算（霧端運算）來完成，即將決策的運算交由離需要執行決策與控制最近的邊緣運算資源來完成（如閘道器、資料集中器、路由器、無線感測器網路的協調器等）。通過邊緣運算（霧端運算），降低了對通訊的需要，提高了執行的響應速度。

（5）中間件

中間件是一個軟體系統，其功能是將異構的系統或設備連接起來，使其相互間能夠進行資訊互動。在智慧電網中，存在大量的異構設備與系統，需要通過中間件將其相互連接起來，使得整個系統能夠互動與通訊。

（6）智慧感測器與執行器

智慧感測器主要提供電網運行狀態的資料採集、資料處理和通訊。目前，已將智慧感測器與執行器結合到一起，其典型代表就是智慧設備[153]。

（7）無線區域網和廣域網路

無線區域網和廣域網路技術主要包括 NB-IoT、LoRa、行動網路技術（4G/5G）等。

（8）智慧電網的安全

隨著智慧電網的發展與應用，其潛在安全問題也日益呈現。物理攻擊、網路攻擊或自然災害是對智慧電網的主要威脅形式，可導致基礎設施故障、停電、能源盜竊、客戶隱私泄露、操作人員的危險安全等。因此，需要強有力的安全技術確保電網的安全。智慧電網的安全技術應能對抗基礎設施、技術操作安全和系統資料管理這三個關鍵方面的威脅，確保其安全。

# 1.7　智慧電網誕生與政策推動

## 1.7.1　智慧電網的誕生

　　智慧電網的實際誕生時間尚未定論[141]。這是一個演進的進程，幾乎在電網開始進行配電時就開始了。隨著輸電與配電的發展，需要對電能消費、價格和服務、可靠性和能效的即時狀況進行了解，這是電網的基本要求。此外，世界各國正在向可再生能源過渡，以減少溫室氣體排放、緩解氣候變化並確保未來的可持續能源供給。電網的現代化是應對氣候變化與能源可持續性發展的努力方向。

　　智慧電網專案通常與智慧電表相關聯。在 1970 年代[154]向電力公用事業公司提供資訊的智慧電表，在 1980 年代被廣泛使用。而太平洋天然氣和電力公司則允許客戶之間進行雙向通訊，從而使客戶能夠查看他們的消費[155]。

　　另一個與智慧電網相關的是感測器和控制技術。雖然感測器和控制器已經在1930 年代引入，但第一個與現代無線感測器網路（Wireless Sensor Network，WSN）真正相似的無線網路是美國軍方在 1950 年代開發的聲音監視系統（Sound Surveillance System）。這為在專業工廠自動化、廢水處理和配電應用中使用 WSN 鋪平了道路[156]。Enel 在義大利的 Telegestore 專案被認為是智慧電網技術首次在家中的商業化應用。Enel 是義大利最大的電力公司，也是歐洲第二家按裝機容量上市的電力公司。Telegestore 專案是國際背景下的領跑者智慧計量應用程式。它是一個由 3200 萬個電表組成的系統，有超過 350,000 個資料集中器和數千米的二級變電站[157]。

## 1.7.2　主要國家對智慧電網的政策推動

### （1）美國

　　美國政府的能源政策旨在通過提高能源效率，增加國內傳統能源生產，開發新能源，特別是可再生能源和可再生燃料能源，實現安全的能源供應，保持低能源成本，保護環境。美國對可再生能源進行了投資，並啟動了其能源基礎設施的現代化建設。雖然美國不是《京都議定書》的成員，但確實有減碳目標。2012 年全球智慧電網聯合會報告提到，根據《哥本哈根協議》，到 2020 年，美國的非約束性目標比 2005 年低約 17％。應注意的是，2010 年，美國有 663 家電力公司安裝了20,334,525 臺智慧計量基礎設施，因此智慧電表的國家普及率年成長率達到 14％。

　　美國能源部成立了電力輸送和能源可靠性辦公室，用於電網現代化和能源基

礎設施的發展。該辦公室制訂了「GRID 2030」計劃，闡明了電力第二個 100 年的國家願景。

## （2）韓國

在國家安全和經濟成長的推動下，韓國制定了與可持續發展相關的能源政策。為了提高國家的自給自足能力和能源供應結構的多樣化，韓國已經通過了促進低碳成長和綠色能源倡議的法律。它已承諾到 2020 年實現 30％的自願減排目標，並在 2020 年之前更換所有舊電表[158]。2010 年《低碳成長和綠色成長基本法》保留了該國用於綠色商業和專案以及降低溫室氣體排放的國內生產總值的 2％。根據韓國的可再生能源組合標準，從 2012 年開始，總產量的 2％將來自大型發電機的可再生能源[159]。

韓國試圖改善其能源自給自足的狀況，它出口綠色技術並提供發展援助以換取能源資源。韓國智慧電網促進法案為可持續智慧電網專案的開發、部署和商業化提供了框架。韓國是智慧電網的領導者，其典型案例是濟州智慧電網示範專案。政府與行業在實現韓國綠色創新目標方面的協調能力非常顯著，此外還有韓國智慧電網協會在各方之間進行調解，有助於智慧電網的開發、標準化和有價值的研發。

## （3）歐盟各國

歐盟的目標是到 2020 年從可再生能源中獲取 20％的能源，以減少溫室氣體排放，並降低對進口能源的依賴[160]。2007 年，歐洲理事會通過了 20：20：20 的目標，即將溫室氣體排放量減少 20％，即將可再生能源增加到 20％，到 2020 年提高 20％的能源效率。

電力指令 2009/752/EC 要求歐盟各國到 2020 年在 80％的家庭中實施智慧計量。然而，這需要進行積極的成本效益分析。成員國的電力部門各不相同，因此必須單獨制訂推進計劃並處理成本。歐盟委員會還建立了歐洲電網計劃，這是一項為期九年的智慧電網技術和市場創新研發計劃[161]。

## （4）澳洲

澳洲的目標是到 2020 年整合 20％的可再生能源。由於澳洲是一個擁有州和地區的聯邦議會民主國家，政策雖然在全國範圍內協調，但仍屬於州管轄範圍。澳洲政府理事會（COAG）為其能源政策制定了框架。儘管成本高昂，但在 2006 年和 2007 年的能源短缺之後，它致力於智慧電表的推出。新南威爾斯州和維多利亞州繼續進行智慧電表部署。澳洲對智慧電網的興趣體現在智慧電網澳洲，這是一個無黨派組織，率先實現電氣系統的現代化，並協助政府實施智慧電網計劃，其中之一就是智慧電網、智慧城市計劃。澳洲還在努力提升對智慧電網投資的激勵措施，並制定措施以解決需要方監管和使用時的關稅問題。需要管理、能源安全和能源效率是首要任務。

### （5）加拿大

儘管加拿大在 2011 年退出了《京都議定書》，但它仍是《哥本哈根協議》的締約國。它的目標是到 2020 年溫室氣體排放量比 2005 年低 17％，但這不是一項義務。聯邦政府資助綠色倡議，如清潔能源基金和生態能源創新倡議。它一直在接受綠色能源。魁北克省、安大略省和其他省份都有智慧電網試點。公用事業公司也正在進行電網現代化專案。Smart Grid Canada 是一個由不同利益相關者和學術界組成的協會，旨在提高智慧電網意識，促進新能源技術的研究和開發，並推薦支援智慧電網發展的政策[162]。

加拿大政府通過以下實體支援智慧電網的發展：加拿大自然資源部，旨在監督能源部門；國家能源委員會——一個獨立的聯邦機構，旨在管理石油、天然氣和電力公用事業的國際和省際方面；國家智慧電網技術和標準特別工作組，旨在協調智慧電網發展的各個方面的實體。省政府也參與支援智慧電網的發展[163]。

### （6）日本

日本 2010 年策略能源計劃強調能源安全環境保護、有效供應、經濟成長和能源產業結構改革。2030 年雄心勃勃的目標包括：將其能源獨立比率提高到70％，將零排放電源比率提高到 70％左右，將住宅部門的二氧化碳排放量減半，維持和提高工業部門的能源效率最高的世界水準，維持或獲得能源相關產品和系統全球市場的頂級份額[164]。

日本政府在福島核災難後採用智慧計量作為需要側管理的輔助手段。東京電力公司（Tokyo Electric Power Co., TEPCO）是日本最大的公用事業公司，已宣布在 2014 年為客戶安裝約 2700 萬套住宅智慧電表。使用智慧電表的服務於2015 年 7 月推出，以實現遠端計量，並為使用者提供電力使用的詳細資料[165]。負責在日本製定能源政策的經濟產業省（METI）推動智慧電網的建設及其在海外的部署，以支援日本成為全球能源大國。日本推廣了「生態模型城市」，這是使用低碳技術的下一代能源和社會系統。例如，關西市專注於家用電動汽車（EV）和太陽能發電；橫濱集成了太陽能裝置和電動汽車，以及家庭和建築物的即時能源管理系統；豐田市還集成了電動汽車和需要響應中心。

### （7）中國

中國能源政策的基本內容是「優先保護，依靠國內資源，鼓勵多樣化發展，保護環境，促進科技創新，深化改革，擴大國際合作，改善民生[166]」。

中國智慧電網的發展已納入中國的能源優先事項，其中包括提高能源效率、增加可再生能源組合和降低碳強度。中國政府已委託國家發展和改革委員會等機構監督智慧電網發展計劃、控制電價並獲得智慧電網專案審批的授權，國家能源局制定並實施國家能源政策和發展計劃，國家電力監管委員會監督日常運作發電

公司和電力公司，中國電力企業聯合會協助制定電力政策和遊說國家智慧電網計劃，科技部負責研發工作，智慧電網技術是國家科技發展第十二個五年計劃的重點之一[167]。中國對智慧電網的出現和發展給予了極大的關注。

# 1.8 智慧電網面臨的挑戰

隨著對智慧電網的研究、部署和應用，智慧電網需要面對諸多方面的關鍵性挑戰，主要包括資訊和通訊、感知、測量、控制、電力電子與電能記憶體等。

## 1.8.1 資訊和通訊

從感測器到智慧電表的資料流以及智慧電表和資料中心之間的資料流都需要資訊和通訊基礎設施。集成的、靈活的、可互操作的、可靠的、可擴展的且安全的雙向通訊骨幹網需要優化延遲、頻率範圍、資料速率和吞吐量規範，以滿足每個智慧電網組件的通訊要求[168]。特別是，為了避免網路攻擊，以安全的方式確保資訊傳輸和記憶體。許多加密協議和演算法、隱私保護計費協議、加密、解密、認證和密鑰管理方案被作為網路安全解決方案來保護智慧電網網路和設備[169]。根據覆蓋的地理區域，智慧電網通訊分為家庭區域網路、鄰域區域網路和廣域網路。電力線通訊、無線通訊、蜂巢式通訊和基於互聯網的虛擬專用網路是用於智慧電網的基礎設施。這些技術在智慧電網中的應用存在挑戰。

（1）電力線通訊（PLC）

電力線通訊（PLC）主要用於資料傳輸，通過現有的電力電纜進行載波通訊。它的工作頻率範圍中，$0.3 \sim 3\text{kHz}$ 用於超窄頻；$3 \sim 500\text{kHz}$ 用於窄頻；$1.8 \sim 250\text{MHz}$ 用於寬頻[170]。頻道的時變性、開路端的通訊中斷、不連續時阻抗失配引起的反射、通訊頻道的強低通性、訊號衰減和失真、頻道擁塞、干擾和噪音等問題是 PLC 遇到的主要問題[171]。此外，PLC 技術還需要提供即時通訊、高速率資料通訊、高效的共存機制、持久的安全機制以及智慧電網建立的 IP 協議支援[172]。這都是其面臨的挑戰。

（2）無線通訊技術

ZigBee（IEEE 802.15.4）、WiFi（IEEE 802.11）和 WiMAX（IEEE 802.16）是智慧電網中廣泛使用的無線通訊技術[173]。ZigBee、WiFi 和 WiMAX 覆蓋的區域分別為 50m、100m 和 100km，資料速率分別為 250Kbps、150Mbps 和 288.8Mbps[53]。通常，無線通訊會受工業、科學和醫療頻寬引起的干擾的影響。它的頻寬低於有線通訊技術，除非消耗大量的發射功率，否則其穿透範圍有

限。同樣，無線通訊也受到下行鏈路通訊、QoS 區分和配置、自我修復功能、多播、基於群集的路由和網路設計問題的困擾。此外，高壓電氣設備可以減弱無線通訊甚至完全消除訊號。因此，無線通訊技術也面臨著挑戰。

對於蜂巢式通訊技術，當小區的基站損壞時，由於蜂巢式網路的樹狀拓撲結構，該小區中部分或全部服務丟失。由於蜂巢式網路中的小區間干擾引起的性能限制，僅通過簡單地增加訊號功率不能面對智慧電網大數據、高速率的傳輸需要[174]。此外，智慧天線配置、跨層優化、信令協議和開銷、多小區環境和協同通訊也是需要面對的挑戰，尤其是應用 M2M 技術時[175]。

（3）Internet

基於 Internet 的虛擬專用網路（VPN）將已建立的公共網路轉換為高速專用網路，以便承載其流量。IPSec 和 MPLS 技術均基於覆蓋和對等的 VPN 架構。其缺點是：覆蓋模型需要全網狀電路以實現最佳路由，並且它難以確定區間電路容量的大小；對等模型還需要複雜的過濾器，所有 VPN 路由都在服務提供商 IGP 中傳輸；與 MPLS 不同，IPSec 在管理大型 VPN 的階段遇到可擴展性問題，並且由於互聯網上可預測的通訊性能不足而無法提供穩健的連接。因此，在 VPN 中會出現覆蓋的頻道障礙問題[176]。

（4）安全

除了通訊技術不斷發展的問題之外，智慧電網還面臨著威脅攻擊，以及由於使用者錯誤和設備故障導致的無意中的威脅[177]。因此，智慧電網中的資訊安全被認為是發電機、變電站、客戶和電力設備之間雙向通訊的關鍵問題[178]。用於辨識 DoS 攻擊的「profile-then-detect」方法增加了檢測時間。通訊頻道的時變特性導致物理層認證發生錯誤[179]。另外，由於公鑰加密中的密鑰長度較長，資料傳輸的延遲性能惡化。密鑰分發過程還揭示了由於對稱密鑰加密中的短壽命密鑰而導致的密鑰泄露風險[180]。PLC、RTU、IED 等的主機安全性通常取決於設備製造商，最終使用者無法安裝安全軟體。大數據分析引擎中使用的公開應用程式編程介面會導致許多可能的安全漏洞，例如包裝攻擊、網路釣魚攻擊、元資料欺騙和注入攻擊[181]。

# 1.8.2　感知、測量、控制

（1）智慧電表

智慧電表是一種先進的電能表，可通過雙向通訊和遠端連接/斷開功能即時顯示能源使用、價格資訊和動態資費。它可以實現電器的自動控制、電能品質測量、負荷管理、需要側集成、停電通知和電力盜竊檢測[182]。智慧電表網路中的所有組件和設備都需要特定的 ID，因此隨著客戶數量的增加，新設備的集成變

得更加複雜。此外，用於記憶體資料日誌的補充記憶體器的集成增加了智慧電表的部署成本[183]。用電資料揭示了客戶的某些重要資訊，例如他們何時在家以及哪些設備在使用。智慧抄表、操縱電能成本和獲得智慧電表控制也代表了智慧抄表的脆弱性[184]。此外，攻擊者可以對截獲的資料進行編程以操縱所有運算，竊取軟體以克隆儀表並共享祕密加密密鑰，濫用主機介面執行未經授權的程式代碼並控制安全應用程式。因此具有感知與測量功能的智慧電表也需面對安全性的挑戰。

（2）需要側管理

需要側管理（Demand side management，DSM）允許客戶在用電方面做出明智的決策，幫助能源供應商降低峰值負荷需要並平滑負荷分布[185]。DSM 通過需要任務調度、記憶體電能的使用和即時定價來實現。DSM 技術增加了電力系統的運行複雜性，重新分配負荷，但不會降低用電總能量[186]。在以最大容量加載系統的情況下，DSM 的值很高。否則，具有備用容量的系統較低。因此，電網發電容量是 DSM 面臨的主要挑戰[187]。一些國家，由於 DSM 的區域發展不平衡，很難建立統一的標準政策體系[188]。此外，高價訊號後，能源使用的反彈可能導致 DSM 的更大峰值[189]。

（3）測量誤差

電流和電壓互感器、智慧電子設備、遠端終端設備（RTU）和機架控制器是智慧電網中變電站自動化系統的典型設備。然而，由於存在磁化電流、磁通泄漏、磁飽和和渦流加熱，鐵芯電流互感器會產生測量誤差。漏電抗、繞組電阻、磁芯磁導率和磁芯損耗也會影響電磁式電壓互感器的測量精度[190]。智慧電子設備（intelligent electronic device，IED）獨立執行保護、控制、監視、計量、故障記錄和通訊的所有功能。但是，IED 產生的過載資料壓倒了實用程式，幾乎不可能對所有資料進行常規分析，並且需要自動分析工具來進行決策支援。IED 的處理能力也有限，需要使用簡單且不安全的服務協議，這限制基於主機和分布式入侵檢測系統[191]。此外，由於供應商特定的硬體和硬體相關軟體，IED 的靈活性有限。

（4）控制

所有分布式能源（distributed energy resources，DER）都需要由智慧配電管理系統（smart distribution management system，SDMS）控制。然而，DER 的互聯增加了 SDMS 的智慧控制功能的複雜性。此外，雙向通訊網路和遠端命令功能在小規模 DER[192,193]中變得不可用。客戶方的小發電負荷也使 SDMS 中的潮流分析、應急分析和應急控制變得複雜。SDMS 中的絕大多數問題都是由電網和分布式發電電源之間所有波形參數的匹配引發的。SDMS 中使用的紋波控制

系統在峰值負載期間切入或切出分布式發電源，但它可能導致訊號傳播延遲，並且可能使配電網的設備受損[194]。大多數能量管理系統（energy management systems，EMS）專注於讓消費者了解其電力使用情況，並與能量供應商共享此資訊。EMS 在實施能源管理策略期間忽略了活躍的使用者參與，並且不考慮使用者自動控制家用電器功耗的需要。在微電網中，集中控制與即插即用功能不兼容，並且需要高運算成本，而分散控制需要同步，並且本地代理要達成一致可能更耗時[195]。

(5) PMU

相位測量單元（Phasor measurement units，PMU）補償由抗混疊濾波器引起的相位延遲，並在電力系統內同時測量相位，以改善對電網的監控、保護和控制[196]。然而，PMU 資料無法捕獲電磁瞬變，並且 GPS 欺騙器可以通過將偽造的 GPS 訊號注入 PMU 的時間參考接收器的天線來操縱 PMU 時間戳[197]。

智慧故障診斷是停電管理和服務恢復的重要功能。傳輸線中的每種故障定位方法都需要來自線路一端或多端的測量資料。然而，數位故障記錄器通常放置在關鍵變電站中，因此，如果使用該資料源，則不可能從故障線路的任何一端獲得記錄的測量值。另一方面，配電饋線中的故障定位方法受到線路的不均勻性、橫向的存在、負載抽頭以及配電系統中低檔儀表的影響[198]。

# 1.8.3　電力電子與電量記憶體

## (1) 電力電子介面設備

電力電子介面設備通常用於控制分布式和微型發電機中的有功功率、無功功率和端電壓；在太陽能和能量記憶體系統的電網連接中，用於將 DC 轉換為 AC。電力電子介面使用廣泛，但需要安裝 FACT（Flexible AC Transmission，柔性交流變速器）和 HVDC（High Voltage DC，高壓直流）設備來構建智慧電力網[199]。FACT 和 HVDC 裝置提高了現有線路的功率傳輸能力，並控制穩態和動態功率流。電流源逆變器、電壓源逆變器、多電平逆變器和多模組逆變器是電力網路中的基本 HVDC 控制器。靜止無功補償器（Static VAR Compensator，SVC），靜態同步補償器（Static Synchronous Compensator，STATCOM），晶閘管控制串聯補償器（Thyristor-Controlled Series Compensator，TCSC），晶閘管開關串聯補償器（Thyristor-Switched Series Compensator，TSSC），靜態同步串聯補償器（Static Synchronous Series Compensator，SSSC），統一功率流控制器（Unified Power Flow Controller，UPFC），線間電源流量控制器（Interline Power Flow Controller，IPFC）和靜態移相器（Static Phase Shifter，SPS）是電網中主要使用的 FACT 控制器。

電力電子設備將諧波注入電網可能出現電壓失真問題[200]。具有分離 DC 鏈路的多電平逆變器在其集成的電容器間具有電壓不平衡的特性。此外，用於變速風力渦輪機的強制換向逆變器會產生內部諧波[201]。與電壓源逆變器中的直流鏈路電容器相比，用於記憶體的電流源逆變器中的電感器具有更高的傳導損耗和更低的儲能效率[202]。通過 LCL 濾波器連接到公用事業的標準電壓源 PWM 逆變器的壽命受到 PV 模組和公用設施之間的電力去耦所使用的電解電容器的影響[203]。在用於高功率應用的兩級三相電壓源 PWM 逆變器中，由於串聯連接的開關，會出現大的開關損耗和不平衡電壓。具有中心抽頭電流互感器的多脈衝二極管整流器確保兩個整流器具有相等的紋波電流，但是出現了由兩個整流器的不相等的直流電壓輸出引起不均等電流問題[204]。

DC/DC 轉換器的硬切換需要非常精確的雙極波形或電流模式控制，否則它的變壓器可能會飽和並造成額外的損失。此外，用於保護的基於電壓源轉換器的多端直流系統的轉換器阻斷技術可以線上路換向轉換器中斷開故障電流，但電壓源轉換器可能失去其控制。電力電子設備的故障診斷非常困難，因為故障出現到災難性故障之間的時間非常短[205]。

在傳統的 HVDC 系統中，無功功率無法脫離有功功率的控制。然而，基於電壓源轉換器的 HVDC 系統能夠獨立控制有功和無功功率，並將多個轉換器連接到公共直流總線上。但是，VSC-HVDC 系統還向它的發電系統提供非線性阻抗，產生具有低功率因數、更多電磁干擾和更多電壓失真等不利影響的諧波電流[206]。特別是 VSC-HVDC 系統使用交流側斷路器清除故障。對於多終端系統，這會消耗相當長的時間，並且不適合傳統的保護方法。另一方面，由於沒有電流和電壓的零點，使用直流斷路器來斷開電流也更具挑戰性。此外，直流故障期間的保護問題需要根據多端 VSC-HVDC 系統中的電力電子變換器拓撲來解決[207]。由於一些缺點，基於電流源轉換器的 HVDC 系統主要使用晶閘管技術，因此晶閘管不能直接關閉柵極訊號和轉換器中晶閘管閥所需的無功功率。

晶閘管控制電抗器和晶閘管開關電容器分別只允許連續電感補償和不連續電容補償。SVC 在電感和電容連續補償中均可工作，但 SVC 的電流補償能力在低於額定電壓的電壓下變小，並產生進入電源系統的三次、五次和七次諧波電流[208]。STATCOM 在穩定裕度和響應時間方面優於 SVC，然而，它受高成本、高損失和複雜的控制策略的影響。TCSC、TSSC 和 SSSC 可有效控制線路中的功率流並改善電力系統的動態特性。但是，傳輸角度問題不能通過串聯補償來處理。例如，主要的傳輸角度可能與給定線路的傳輸要求不兼容，並且可能隨日常或季節性系統負載變化[209]。UPFC 只能控制一條傳輸線的功率流。另一方面，IPFC 具有更靈活的拓撲結構，可用於控制一組線路的功率流[210]。相角調節器（Phase angle regulator，PAR）和正交升壓變壓器（quadrature boosting transformer，QBT）是兩種典型的晶閘管控制靜態移相器（thyristor-controlled static phase shifters，TCPS）。PAR 是對稱設備，其位置對傳輸（功率流）特性沒有任何影響。而 QBT 是一種對稱設備，其位置影響傳輸特性。功率振盪阻尼控制器可以連接到無功功率控制回路，以克服有功功率調變和軸扭轉模式振盪之間的干擾。它們在端子電壓消失之前會對端子電壓產生一段時間的振盪[211]。此外，建立適當的無功功率定價方法正成為在當今競爭激烈的電力市場中提供電壓控制輔助服務的關鍵問題[212]。

（2）電量記憶體

電力系統中的電量記憶體應用旨在為電能品質、電壓和頻率提供短期電力補償，並在更長的時間內為可再生發電提供平滑、電能時移和為最終使用者能源管理提供能源。

這些儲能技術各有優缺點[213]。與液流電池相比，鋰離子電池在更寬的溫度範圍內工作。SMES 系統需要低溫，而 NaS 電池應保持較高的溫度。飛輪、EDLC、NaS、NaNiCl 和 SMES 系統具有相當大的自放電率，而鋰離子和鉛酸電池具有最低的每日自放電率。PHES 系統的運行效率高於 CAES 系統。PHES 和 CAES 系統的壽命最長，而鉛酸、NiMH 和 ZnBr 的壽命有限。在涉及功率容量成本的情況下，PHES 系統和鋰離子電池是最昂貴的技術，而 NaNiCl、SMES 和 EDLC 系統被認為是低價選擇。在考慮能量容量成本的情況下，飛輪、SMES 和 EDLC 系統具有最高的投資成本，而氫記憶體和 CAES 系統是價格最低的選擇。PHES 和 CAES 系統用於消耗能量密度低的大區域。然而，鋰離子電池具有小體積、高能量和高功率密度。PHES、CAES、鉛酸、NiCd 和 ZnBr 電池具有最大的環境影響和危害，而飛輪表現最小。鋰離子電池需要最短的充電時間，而鉛酸和鈉鹽電池的充電時間最長。鉛酸、NaS、NaNiCl 和 ZnBr 電池具有非常高的可回收性，而氫氣記憶體被認為是最低的可回收性。

# 1.9 小結

本章首先介紹了物聯網的基本概念，包括物聯網的多個層面的定義與願景，以及物聯網帶來的機遇。並預計到 2025 年，物聯網將在 8 個主導領域創造出巨大的商業機遇。

其次，介紹並討論了物聯網架構、元素與標準。物聯網的架構主要有 4 種結構，包括三層架構、基於中間件架構、基於 SOA 架構和五層架構，這些架構都有特定的背景和應用環境。物聯網的元素主要包括標識、感知、通訊、運算、服務和語義這 6 個元素。物聯網目前還尚未有一系列公認的標準，現有的標準都是

　　由一些機構提出的，應用於特定的環境。物聯網的標準可以分為應用協議、服務發現協議、基礎設施協議和其他協議。

　　從物聯網的層次結構出發歸納出了物聯網的關鍵技術域，包括應用域、中間件域、網路域和對象域技術，包括互操作性和集成技術，包括可用性與可靠性技術以及資料記憶體、處理與視覺化技術、可擴展性技術、管理與自配置技術、建模與仿真，包括標識的唯一性與安全與隱私技術。

　　物聯網在中國發展非常迅速，在政府、社會和企業的推動下，中國的物聯網研究與應用主要有 9 個方面，包括：智慧工業、智慧農業、智慧物流、智慧運輸、智慧電網、智慧環保、智慧安防、智慧醫療和智慧家居。

　　智慧電網是物聯網的一個非常重要的領域。物聯網是傳統電力系統向數位化、智慧化發展的基礎。在智慧電網中應用物聯網技術可以實現發電、輸配電、用電的智慧化。

　　基於智慧電網的物聯網由應用層、管理服務層、網路（包括閘道器）層和感知層構成。基於智慧電網的物聯網中的關鍵技術包括雲端運算、大數據、M2M、邊緣運算（或霧端運算）、中間件、智慧感測器與執行器、無線區域網和廣域網路和智慧電網安全技術。

　　智慧電網的出現是一個演進的過程。目前世界主要國家都制訂了推進智慧電網發展與部署的政策，主要目標是節能減排與能源的可持續性發展。

　　智慧電網面臨著許多關鍵性挑戰，主要體現在資訊和通訊、感知、測量、控制、電力電子與電量記憶體等諸多領域。

# 參考文獻

[1] COLAKOVIC A, HADŽIALIC M. Internet of Things (IoT) : A review of enabling technologies, challenges, and open research issues[J]. Computer Networks, 2018, 144:17-39.

[2] STANKOVIC J A. Research directions for the Internet of Things [J] . IEEE Internet of Things Journal, 2014, 1 (1) :3-9.

[3] ATZORI L, IERA A, MORABITO G. The Internet of Things:a survey[J] . Comput. Netw. , 2010, 54 (15) : 2787-2805.

[4] GUBBI J, et al. Internet of Things (IoT) : a vision, architectural elements, and future directions[J]. Future Gener. Comput. Syst. , 2013, 29 (7) :1645-660.

[5] Global Information Infrastructure, Internet protocol aspects and next-generation networks, Next Generation

Networks-Frameworks and Functional Architecture Models: Overview of the Internet of Things. ITU-T Recommendation Y. 2060 Series Y, 2012.

[6] Internet of Things[R]. ISO/IEC JTC 1 Information Technology, 2014.

[7] Al-FUQAHA A, et al. Internet of Things: a survey on enabling technologies, protocols, and applications, IEEE Commun. Surv. Tutorials, 2015, 17 (4): 2347-2376.

[8] 曾憲武, 包淑萍. 物聯網導論[M]. 北京: 電子工業出版社, 2016.

[9] LIU T, LU D. The application and development of IoT[J]. Proc. Int. Symp. Inf. Technol. Med. Educ. (ITME), 2012, 2: 991-994.

[10] AL-FUQAHA, et al. IoT: Survey on Enabling Technologies, Protocols, and Applications[J]. IEEE COMMUNICATION SURVEYS & TUTORIALS, 2015, 17 (4): 2347-2379.

[11] GANTZ J, REINSEL D. The digital universe in 2020: Big data, bigger digital shadows, and biggest growth in the far east [R]. IDC iView, 2012, IDC Anal. Future, 2007, 1-16.

[12] EVANS D. The Internet of things: How the next evolution of the Internet is changing everything[M]. CISCO, San Jose, CA, USA, White Paper, 2011.

[13] TAYLOR S. The next generation of the Internet revolutionizing the way we work, live, play, and learn[M]. CISCO, San Francisco, CA, USA, CISCO Point of View, 2013.

[14] MANYIKA J, et al. Disruptive Technologies: Advances that Will Transform Life, Business, and the Global Economy[M]. San Francisco: McKinsey Global Instit., 2013.

[15] KHAN R, et al. Future Internet: The Internet of Things architecture, possible applications and key challenges[C]. Proc. 10th Int. Conf. FIT, 2012, 257-260.

[16] YANG Z, et al. Study and application on the architecture and key technologies for IOT[C]. Proc. ICMT, 2011, 747-751.

[17] WU M, et al. Research on the architecture of Internet of Things[C]. Proc. 3rd ICACTE, 2010, 5: 484-487.

[18] ATZORI L, et al. The Internet of Things: A survey[J]. Comput. Netw., 2010, 54 (15): 2787-2805.

[19] TAN L, WANG N. Future Internet: The Internet of Things[C]. Proc. 3rd ICACTE, 2010, 5: 376-380.

[20] CHAQFEH M A, MOHAMED N. Challenges in middleware solutions for the Internet of Things[C]. Proc. Int. Conf. CTS, 2012, 21-26.

[21] ROALTER L, KRANZ M. A middleware for intelligent environments and the internet of things[C]. Ubiquitous Intelligence and Computing, 2010, 267-281.

[22] KOSHIZUKA N, SAKAMURA K. Ubiquitous ID: Standards for Ubiquitous computing and the Internet of Things[J]. IEEE Pervasive Comput., 2010, 9 (4): 98-101.

[23] KUSHALNAGAR N, et al. IPv6 over Low-Power Wireless Personal Area Networks (6LoWPANs): Overview, assumptions, problem statement, and goals[R]. Internet Eng. Task Force (IETF), Fremont, CA, USA, RFC4919, 2007, 10.

[24] MONTENEGRO G, et al. Transmission of IPv6 packets over IEEE 802.15.4 networks[D]. Internet Eng. Task Force

(IETF), Fremont, CA, USA, Internet Proposed Std. RFC 4944, 2007.

[25] DUNKELS A, et al. Contiki—A lightweight and flexible operating system for tiny networked sensors[C]. Proc. 29th Annu. IEEE Int. Conf. Local Comput. Netw., 2004, 455-462.

[26] LEVIS P, et al. TinyOS: An operating system for sensor networks[C]. Ambient Intelligence. New York, NY, USA: Springer-Verlag, 2005, 115-148.

[27] CAO Q, et al. The Lite OS operating system: Towards Unix-like abstractions for wireless sensor networks [C]. Proc. Int. Conf. IPSN, 2008, 233-244.

[28] BACCELLI E, et al. RIOT OS: Towards an OS for the Internet of Things[C]. Proc. IEEE Conf. INFOCOM WKSHPS, 2013, 79-80.

[29] Open Auto Alliance [OL]. http://www. openautoalliance. net/

[30] GIGLI M, KOO S. Internet of Things: Services and applications categorization [J]. Adv. Internet Things, 2011, 1 (2) :27-31.

[31] BARNAGHI P, et al. Semantics for the Internet of Things: Early progress and back to the future[J]. Proc. IJSWIS, 2012, 8 (1) :1-21.

[32] KAMIYA T, SCHNEIDER J. Efficient XML Interchange (EXI) Format 1.0 [R]. World Wide Web Consortium, Cambridge, MA, USA, Recommend. REC-Exi-20110310, 2011.

[33] BORMANN C, et al. CoAP: An application protocol for billions of tiny Internet nodes[J]. IEEE Internet Comput., 2012, 16 (2) :62-67.

[34] LERCHE C, et al. Industry adoption of the Internet of Things: A constrained application protocol survey[C]. Proc. IEEE 17th Conf. ETFA, 2012, 1-6.

[35] LOCKE D. MQ telemetry transport (MQTT) v3.1 protocol specification, IBM developer Works, Markham, ON, Canada, Tech. Lib., 2010[OL]. Http://Www. Ibm. Com/Developerworks/Webservices/Library/Ws-Mqtt/Index. Html

[36] HUNKELER U, et al. MQTT-S—A publish/subscribe protocol for wireless sensor networks [C]. Proc. 3rd Int. Conf. COMSWARE, 2008, 791-798.

[37] SAINT-ANDRE P. Extensible messaging and presence protocol (XMPP) : Core, Internet Eng. Task Force (IETF), Fremont, CA, USA, Request for Comments: 6120, 2011.

[38] OASIS Advanced Message Queuing Protocol (AMQP) Version 1.0 [R]. Adv. Open Std. Inf. Soc. (OASIS), Burlington, MA, USA, 2012.

[39] Data distribution services specification, V1.2, Object Manage. Group (OMG), Needham, MA, USA, Apr. 2, 2015. [OL]. http://www. omg. org/spec/DDS/1. 2/

[40] ESPOSITO C, et al. Performance assessment of OMG compliant data distribution middleware [C]. Proc. IEEE IPDPS, 2008, 1-8.

[41] THANGAVEL D, et al. Performance evaluation of MQTT and CoAP via a common middleware[C]. Proc. IEEE 9th Int. Conf. ISSNIP, 2014, 1-6.

[42] JARA A J, et al. Light-weight multicast DNS and DNS-SD (lmDNS-SD) : IPv6-based resource and service discovery for the web of things[C]. Proc. 6th Int. Conf. IMIS Ubiquitous

Comput. , 2012, 731-738.

[43] KLAUCK R, KIRSCHE M. Chatty things—Making the Internet of Things readily usable for the masses with XMPP[C]. Proc. 8th Int. Conf. CollaborateCom, 2012, 60-69.

[44] CHESHIRE S, KROCHMAL M. Multicast DNS, Internet Eng. Task Force (IETF), Fremont, CA, USA, Request for Comments:6762, 2013.

[45] KROCHMAL M, CHESHIRE S. DNS-based service discovery, Internet Eng. Task Force (IETF), Fremont, CA, USA, Request for Comments:6763, 2013.

[46] VASSEUR J, et al. RPL: The IP routing protocol designed for low power and lossy networks[M]. Internet Protocol for Smart Objects (IPSO) Alliance, San Jose, CA, USA, 2011.

[47] WINTER T, et al. RPL: IPv6 routing protocol for low-power and lossy net-works[R]. Internet Eng. Task Force (IETF), Fremont, CA, USA, Request for Comments:6550, 2012.

[48] CLAUSEN T, et al. A critical evaluation of the IPv6 routing protocol for low power and lossy networks (RPL) [C]. Proc. IEEE 7th Int. Conf. WiMob, 2011, 365-372.

[49] PALATTELLA M R, et al. Standardized protocol stack for the Internet of (impor tant) things[J]. IEEE Commun. Surveys Tuts. , 2013, 15 (3) :1389-1406.

[50] KO J, et al. Connecting low-power and lossy networks to the Internet [J]. IEEE Commun. Mag. , 2011, 49 (4) :96-101.

[51] HUI J W, CULLER D E. Extending IP to low-power, wireless personal area networks [J]. IEEE Internet Comput. , 2008, 12 (4) :37-45.

[52] BAGCI I, et al. Codo: Confidential data storage for wireless sensor networks[C]. Proc. IEEE 9th Int. Conf. MASS, 2012, 1-6.

[53] RAZA S, et al. Secure communication for the Internet of Things—A comparison of link-layer security and IPsec for 6LoWPAN[J]. Security Commun. Netw. , 2012, 7 (12) :2654-2668.

[54] RAZA S, et al. Securing communication in 6LoWPAN with compressed IPsec[C]. Proc. Int. Conf. DCOSS, 2011, 1-8.

[55] SRIVATSA M, LIU L. Securing publish-subscribe overlay services with EventGuard [C]. Proc. 12th ACM Conf. Comput. Commun. Security, 2005, 289-298.

[56] CORMAN A B, et al. QUIP: A protocol for securing content in peer-to-peer publish/subscribe overlay networks[C]. Proc. 13th Australasian Conf. Comput. Sci. , 2007, vol. 62, 35-40.

[57] FRANK R, et al. Bluetooth low energy:An alternative technology for VANET applications[C]. Proc. 11th Annu. Conf. WONS, 2014, 104-107.

[58] DECUIR J. Introducing Bluetooth smart: Part 1:A look at both classic and new technologies[J]. IEEE Consum. Electron. Mag. , 2014, 3 (1) :12-18.

[59] MACKENSEN E, et al. Bluetooth low energy (BLE) based wireless sensors[C]. IEEE Sens. , 2012, 1-4.

[60] SIEKKINEN M, et al. How low energy is Bluetooth low energy? Comparative measurements with ZigBee/802. 15. 4[C]. Proc. IEEE WCNCW, 2012, 232-237.

[61] JONES E C, CHUNG C A. RFID and Auto-ID in Planning and Logistics: A Practical Guide for Military UID Appli-

cations［M］. Boca Raton, FL, USA: CRC Press, 2011.

[62] MINOLI D. Building the Internet of Things With IPv6 and MIPv6: The Evolving World of M2M Communications［M］. New York, NY, USA: Wiley, 2013.

[63] GRASSO J. The EPCglobal network: Overview of design, benefits, and security［R］. EPCglobal Inc, Position Paper, 2004, 24.

[64] HASAN M, et al. Random access for machine-to-machine communication in LTE-Advanced networks: Issues and approaches［J］. IEEE Commun. Mag., 2013, 51 (6) :86-93.

[65] GOMEZ C, PARADELLS J. Wireless home automation networks: A survey of architectures and technologies［J］. IEEE Commun. Mag., 2010, 48 (6) : 92-101.

[66] H2020-UNIFY IoT Project. Supporting Internet of Things Activities on Innovation Ecosystems, 2016 Report on IoT platform activities, October［OL］. http://www. unify-iot. eu/wp-content/ uploads/2016/10/D03 _ 01 _ WP02 _ H2020_UNIFY-IoT_Final. pdf.

[67] GLUHAK A, et al. A survey on facilities for experimental Internet of Things research ［J］. IEEE Commun. Mag., 2011, 49 (11) :58-67.

[68] DIAZ M, et al. challenges, and open issues in the integration of Internet of Things and cloud computing［J］. J. Netw. Comput. Appl., 2016, 67 (C) :99-117.

[69] Architectural Considerations in Smart Object Networking［D］. IETF RFC 7452, 2015.

[70] MT Vision. Framework and overall objectives of the future development of IMT for 2020 and beyond［R］. ITU-R Recommendation M. 2083-0, 2015.

[71] Global Information Infrastructure, Internet protocol aspects and next-generation networks, Next Generation Networks-Frameworks and Functional Architecture Models: Overview of the Internet of Things［R］. ITU-T Recommendation Y. 2060 Series Y, 2012.

[72] van der VEER H, WILES A. Achieving Technical, Interoperability-the ETSI Approach, April 2008 ETSI White Paper No. 3 ［OL］. http://www. etsi. org/ images/files/ETSIWhitePapers/IOP% 20 whitepaper% 20Edition% 203% 20final. pdf.

[73] RAZA S, et al. Lithe: Lightweight secure CoAP for the Internet of Things［J］ . IEEE Sens. J., 2013, 13 (10) : 3711-3720.

[74] MQTT NIST Cyber Security Framework ［OL］. https://www. oasis-open. org/ committees/download. php/52641/mqtt-nist-cybersecurity-v1. 0-wd02. doc

[75] IEEE Standard for a Convergent Digital Home Network for Heterogeneous Technologies, IEEE Std. 1905. 1-2013, 1-93.

[76] UPADHYAYA B, et al. Migration of SOAP-based services to RESTful services ［C］. Proc. 13th IEEE International Symposium on Web Systems Evolution, 2011, 105-114.

[77] NGU A H H, et al. IoT middleware: a survey on issues and enabling technologies［J］. IEEE Internet Things J., 2016, PP (99) :1.

[78] ISHAQ I, et al. Internet of Things virtual networks: bringing network virtualization to resource-constrained devices［C］. Proc. IEEE International

Conference on Green Computing and Communications, 2012, 293-300.

[79] QIN Z, et al. A software defined networking architecture for the Internet-of-Things[C]. Proc. IEEE Network Operations and Management Symposium, 2014, 1-9.

[80] VLACHEAS P, et al. Enabling smart cities through a cognitive management framework for the Internet of Things [J]. IEEE Commun. Mag., 2013, 51 (6):102-111.

[81] BLACKSTOCK M, LEA R. IoT interoperability:a hub-based approach[C]. Proc. International Conference on the Internet of Things, 2014, 79-84.

[82] TALAVERA L E, et al. The mobile hub concept:enabling applications for the Internet of Mobile Things [C]. Proc. IEEE International Conference on Pervasive Computing and Communication Workshops, 2015, 123-128.

[83] CHEN I R, GUO J, BAO F. Trust management for SOA-based IoT and its application to service composition[C]. IEEE Trans. Serv. Comput., 2016, 9 (3):482-495.

[84] KILJANDER J, et al. Semantic interoperability architecture for pervasive computing and Internet of Things[J]. IEEE Access, 2014, 2:856-873.

[85] GANZHA M, et al. Semantic technologies for the IoT—an inter-IoT perspective[C]. Proc. IEEE First International Conference on Internet-of-Things Design and Implementation (IoTDI), 2016, 271-276.

[86] HUANG Y, LI G. A semantic analysis for Internet of Things[C]. Proc. International Conference on Intelligent Computation Technology and Automation, 1,

2010, 336-339.

[87] SONG Z, et al. Semantic middleware for the Internet of Things[C]. Proc. IoT, 2010, 1-8.

[88] CHOI S I, KOH S J. Use of proxy mobile IPv6 for mobility management in CoAP-based Internet-of-Things networks [J]. IEEE Commun. Lett., 2016, 20 (11):2284-2287.

[89] HUANG J, et al. Multicast routing for multimedia communications in the Internet of Things [J]. IEEE Internet Things J., 2017, (99):1.

[90] LAMAAZI H, et al. RPL-based networks in static and mobile environment:a performance assessment analysis[J]. J. King Saud Univ. Comput. Inf. Sci., 2017, 1-14.

[91] ABDELWAHAB S, et al. Cloud of things for sensing-as-a-service:architecture, algorithms, and use case [J]. IEEE Internet Things J., 2016, 3 (6): 1099-1112.

[92] ROOPAEI M, et al. Cloud of Things in smart agriculture:intelligent irrigation monitoring by thermal imaging[J]. IEEE Cloud Comput., 2017, 4 (1).

[93] CHIANG M, T. Zhang. Fog and IoT:an overview of research opportunities[J]. IEEE Internet Things J., 2016, 3 (6): 854-864.

[94] PEREIRA C, AGUIAR A. Towards efficient mobile M2M communications: survey and open challenges[J]. Sensors, 2014, 14 (10):19582-19608.

[95] SARKAR C, et al. DIAT:a scalable distributed architecture for IoT, IEEE Internet Things J., 2014, 2 (3):230-239.

[96] MOSKO M, et al. CCNx 1.0 Protocol Architecture, A Xerox Company, Computing Science Labaratory PARC

[OL]. http://www.ccnx.org/pubs/CCNxProtocolArchitecture.pdf.

[97] ABU-ELKHEIR M, et al. Data management for the Internet of Things: design primitives and solution [J]. Sensors, 2013, 13:15582-15612.

[98] CHEN I R, et al. Trust management for SOA-based IoT and its application to service composition[J]. IEEE Trans. Serv. Comput., 2016, 9 (3) :482-495.

[99] CHO H H, et al. Integration of SDR and SDN for 5G[J]. IEEE Access, 2014, 2: 1196-1204.

[100] SANTOS M A S, et al. Decentralizing SDN's control plane [C]. Proc. 39th Annual IEEE Conference on Local Computer Networks, 2014, 402-405.

[101] BIZANIS N, KUIPERS F A. SDN and virtualization solutions for the Internet of Things: a survey[J]. IEEE Access, 2016, 4:5591 5606.

[102] BANDYOPADHYAY D, SEN J. Internet of Things: applications and challenges in technology and standardization [J]. Wirel. Pers. Commun., 2011, 58 (1) : 49-69.

[103] OMA LightweightM2M (LWM2M), OMA (Open Mobile Alliance) Specification[OL]. http://technical.openmobilealliance.org/Technical/technical-information/release-program/current-releases/oma-lightweightm2m-v1-0-2.

[104] PERELMAN V, et al. Network configuration protocol light (NETCONF Light), IETF Network Working Group [OL]. https://tools.ietf.org/html/draft-schoenw-netconf-light-01.

[105] VLACHEAS P, et al. Enabling smart cities through a cognitive management framework for the Internet of Things[J]. IEEE Commun. Mag., 2013, 51 (6) :

102-111.

[106] BATOOL K, NIAZ M A. Modeling the Internet of Things: a hybrid modeling approach using complex networks and agent-based models [J]. Complex Adapt. Syst. Model., 2017, 5 (4) :1-19.

[107] LI W, et al. System modelling and performance evaluation of a three-tier cloud of things [J]. Future Gener. Comput. Syst., 2017, 70:104-125.

[108] SARKAR S, MISRA S. Theoretical modelling of fog computing: a green computing paradigm to support IoT applications [J]. IET Netw., 2016, 5 (2) :1-7.

[109] FORTINO G, et al. Modeling and simulating Internet-of-Things systems: a hybrid agent-oriented approach[J]. Comput. Sci. Eng., 2017, 19 (5) :68-76.

[110] FORTINO G, et al. Modeling and simulating Internet-of-Things systems: a hybrid agent-oriented approach [J]. Comput. Sci. Eng., 2017, 19 (5) : 68-76.

[111] D'ANGELO G, et al. Modeling the Internet of Things: a simulation perspective[C]. Proc. High Performance Computing & Simulation (HPCS), September, 2017, 18-27.

[112] KECSKEMETI G, et al. Modelling and simulation challenges in Internet of Things [J]. IEEE Cloud Comput., 2017, 4 (1) :62-69.

[113] TRNKA M, CERNY T. Identity management of devices in Internet of Things environment [C]. Proc. 6th International Conference on IT Convergence and Security (ICITCS), 2016, 1-4.

[114] ROMAN R, NAJERA P, LOPEZ J. Securing the Internet of Things[J]. Computer, 2011, 44 (9) :51-58.

[115]　JARA A J, et al. Light-weight multicast DNS and DNS-SD (lmDNS-SD) : IPv6-based resource and service discovery for the web of things[C]. Proc. Sixth International Conference on Innovative Mobile and Internet Services in Ubiquitous Computing, 2012, 731-738.

[116]　BABOVIC Z B, et al. Web performance evaluation for Internet of Things applications[J]. IEEE Access, 2016, 4: 6974-6992.

[117]　QI J, et al. Security of the Internet of Things: perspectives and challenges[J]. Wirel. Netw., 2014, 20 (8) : 2481-2501.

[118]　BABAR S, et al. Proposed security model and threat taxonomy for the Internet of Things (IoT) [C]. Proc. Communications in Computer and Information Science, 2010, 420-429.

[119]　KALRA S, SOOD S K. Secure authentication scheme for IoT and cloud servers[J]. Pervasive Mob. Comput., 2015, 24:210-223.

[120]　Internet of Things research study, Hewlett Packard Enterprise Report, 2015 [OL]. http://www8. hp. com/us/en/hp-news/press-release. html? id =1909050#. WPoNH6KxWUk.

[121]　YAN Z, ZHANG P, VASILAKOS A V. A survey on trust management for Internet of Things[J]. J. Netw. Comput. Appl., 2014, 42:120-134.

[122]　KANG K, et al. An interactive trust model for application market of the Internet of Things[J]. IEEE Trans. Ind. Inf., 2014, 10 (2) :1516-1526.

[123]　PEI M, et al. The open trust protocol (OTrP), IETF (2016) [OL]. https://tools. ietf. org/html/draft-pei-opentrustprotocol-00.

[124]　DIERKS T, et al. The TLS protocol version 1. 0, IETF RFC 2246[OL]. https://www. ietf. org/rfc/rfc2246. txt.

[125]　RESCORLA E, MODADUGU N. Datagram transport layer security, IETF RFC 4347 (2006) [OL]. https://tools. ietf. org/html/rfc4347.

[126]　RIZZARDI A, et al. AUPS: an Open Source AUthenticated Publish/Subscribe system for the Internet of Things[J]. Inf. Syst., 2016, 62:29-41.

[127]　2018-2019 中國物聯網發展年度報告 [OL]. http://baijiahao. baidu. com/s? id =16440703709787236558&wfr = spider&for = pc

[128]　"十三五計劃" (信息通信行業發展規劃物聯網分冊 (2016-2020 年)) [OL]. https://wenku. baidu. com/view/b3b09-ac4fc0a79563c1ec5da50e2524de518-d0a3. html

[129]　State Council of China (2013, Feb.). Guidance on Tracking and Ordering for Promoting the Development of IoT[OL]. http://www. gov. cn/zwgk/2013-02/17/content 2333141. htm

[130]　Ministry of Industry and Information Technology of China (2013, Oct.). Special Development Action Plans for IoT [OL]. http://www. miit. gov. cn/n11293472/n11293832/n11293907/n11368223/15649701. html

[131]　Ministry of Science and Technology of China (2013, Sep.). The Strategic Alliance for Industrial Technology Innovations of IoT [OL]. http://www. most. gov. cn/kjbgz/201309/t20130904 109120. htm

[132]　BEDI G, et al. Review of Internet of Things (IoT) in Electric Power and Energy Systems[J]. IEEE INTERNET OF

THINGS J. , 2018, 5 (2) :847-870.

[133] SGCC. The roadmaps for smart grids of developed countries[J]. J SGCC, 2012, 2:73-75.

[134] Litos Strategic Communication. The smart grid: an introduction ［M］. Washington D. C. , 2008.

[135] The European Technology Platform Smart Grids. Smart grids: strategic deployment document for Europe's electricity networks of the future[OL] . http://www. smartgrids. eu/documents/SmartGrids_SDD_FINAL_APRIL2010. pdf.

[136] Korean Smart Grid Institute. Korea's smart grid roadmap2030. ［OL］. www. smartgrid. or. kr/Ebook/KoreasSmartGridRoadmap. pdf.

[137] Office of the National Coordinator for Smart Grid Interoperability. NIST framework and road map for smart grid interoperability standards, 2012.

[138] HU X H. Smart grid－a development trend of future power grid[J]. Power Syst Technol, 2009, 33 (14) :1-5.

[139] KEYHANI A. Design of smart power grid renewable energy systems[M]. Hoboken, NJ, USA:John Wiley &. Sons, Inc, 2011.

[140] YU Y, YANG J, Chen B. Smart grids in China-a review[J]. Energies, 2012, 5 (13) :21-38.

[141] TUBALLA M L, et al. A review of the development of Smart Grid technologies ［J］. Renewable and Sustainable Energy Reviews, 2016, 59:710-725.

[142] ANNUNZIATA M, et al. Powering the Future:Leading the Digital Transformation of the Power Industry, GE Power Digit. Solutions, Boston, MA, USA ［OL］. https://www. gepower. com/content/dam/gepowerpw/global/en＿US/documents/industrial％ 20internet％ 20and％ 20big％ 20data/powering-the-future-whitepaper. pdf.

[143] FANG X, et al. Smart grid－The new and improved power grid:A survey[J]. IEEE Commun. Surveys Tuts. , 2012, 14 (4) :944-980.

[144] JAIN S, et al. Survey on smart grid technologies-smart metering, IoT and EMS[C]. Proc. IEEE Stud. Conf. Elect. Electron. Comput. Sci. （SCEECS）, Bhopal, India, 2014, 1-6.

[145] YOUNG R, et al. The power is on: How IoT technology is driving energy innovation, Deloitte Center Energy Solutions, Houston, TX, USA, Rep. ［OL］. http://dupress. com/articles/internet-of-things-iot-in-electricpower-industry/

[146] MIAO Y, BU Y X. Research on the architecture and key technology of Internet of Things （IoT） applied on smart grid［C］. Proc. Int. Conf. Adv. Energy Eng. （ICAEE）, Beijing, China, 2010, 69-72.

[147] BUI N, et al. The Internet of energy:A Web-enabled smart grid system[J]. IEEE Netw. , 2012, 26 (4) :39-45.

[148] GORE R, VALSAN S P. Big data challenges in smart grid IoT (WAMS) deployment ［C］. Proc. 8th Int. Conf. Commun. Syst. Netw. （COMSNETS）, Bengaluru, India, 2016, 1-6.

[149] LOUNSBURY D. Weighing the Advantages of Distributed and Centralized Energy Storage. ［OL］. http://www. renewableenergyworld. com/articles/2015/04/weighing-theadvantages-of-distributed-energy-storage-and-centralized-energy-stora ge. html.

[150]　　LEE W, et al. Automatic agent generation for IoT-based smart house simulator[J]. Neurocomputing, 2016, 209 (Oct.) :14-24.

[151]　Energy Monitoring, Green Step, Gaithersburg, MD, USA[OL]. http://www. greensteptoday. com/energy-monitoring.

[152]　REKAA S S, et al. Future effectual role of energy delivery: A comprehensive review of Internet of Things and smart grid[J]. Renew. Sustain. Energy Rev., 2018, 91:90-108.

[153]　GERARDO S A, et al. Current trends on applications of PMUs in distribution systems[C]. Innovative Smart Grid Technologies (ISGT), 2013 IEEEPES, IEEE, 2013, 1-6.

[154]　　IEEE Global History Network. The history of making the grid smart[OL]. http://www. ieeeghn. org/wiki/ index. php/The_History_of_Making_the_ Grid_Smart.

[155]　Pacific Gas &. Electric Company. Understanding radio frequency (RF) [OL]. http://www. pge. com/en/safety/systemworks/rf/index. page.

[156]　Silicon Laboratories Inc. The evolution of wireless sensor networks[OL]. http:// www. silabs. com/Support Documents/ TechnicalDocs/evolution-of-wireless sensor-networks. pdf.

[157]　International Confederation of Energy Regulators. Experiences on the regulatory approaches to the implementation of smart meters [R]. annex4- smart meters in Italy, 2012.

[158]　Smart Grid Canada[D]. Global smart grid federation report, 2012.

[159]　US Energy Information Administration. Independent statistics and analysis [OL]. http://www. eia. gov/countries/ analysisbriefs/South_Korea/south_korea. pdf.

[160]　The Worldwatch Institute. Vital signs, volume 20[OL]. http://books. google. com. ph/books? /ElectricityDirective 2009/75.

[161]　POPESCU S, ROBERTS C, BENTO J. Canada- Smart grid developments [OL]. http://www. smartgridscre. fr/media/documents/Canada_ SmartGridDevelopments. pdf.

[162]　FLOYER D. Defining and sizing the industrial Internet[R]. Wikibon, Marlborough, MA, USA, 2013.

[163]　Cornmercial buibling automation systems [R]. Navigant Consulting Res., Boulder, CO, USA, 2013.

[164]　Ministry of Economy Trade and Industry Japan. The strategic energy plan of Japan, 2010.

[165]　WATANABE C. TEPCO aims to install smart meters 3 years earlier than planned. Bloomberg. [OL]. http:// www. bloomberg. com/news/2013-10-28/ tepco-aims-to-install-smart-meters-3- years-earlier-than-planned. html, 2013.

[166]　China Internet Information Center. Policies and goals of energy development [OL] . http://www. china. org. cn/ government/whitepaper/201210/24/ content_26893107. html.

[167]　Innovation Center Denmark Shanghai. Smart grid in China-a R &. Dperspective, 2013.

[168]　　ANCILLOTTI E, BRUNO R, CONTI M. The role of communication systems in smart grids: architectures, technical solutions and research challenges [J]. Comput Commun, 2013, 36 (17-18) :1665-1697.

[169]　LI W, ZHANG X. Simulation of the smart

grid communications: challenges, techniques, and future trends [J]. Comput Electr Eng, 2014, 40 (1) :270-288.

[170] GALLI S, SCAGLIONE A, WANG Z. For the grid and through the grid: the role of power line communications in the smart grid[C]. Proc IEEE 2011, 2011, 99 (6) :998-1027.

[171] USMAN A, SHAMI SH. Evolution of communication technologies for smart grid applications[J]. Renew Sustain Energy, Rev, 2013, 19:191-209.

[172] YIGIT M, et al. Power line communication technologies for smart grid applications: a review of advances and challenges[J]. Comput Netw, 2014, 70:366-383.

[173] SU H, QIU M, WANG H. Secure wireless communication system for smart grid with rechargeable electric vehicles [J]. IEEE Commun Mag, 2012, 50 (8) :62-68.

[174] AKYILDIZ I F, ESTEVEZ D M G, REYES E C. The evolution to 4G cellular systems: LTE-advanced [J]. Phys Commun, 2010, 3 (4) : 217-244.

[175] MUMTAZ S, et al. Smart Direct-LTE communication: an energy saving perspective[J]. Ad Hoc Netw, 2014, 13: 296-311.

[176] ROSSBERG M, SCHAEFER G. A survey on automatic configuration of virtual private networks [J]. Comput Netw 2011, 55 (8) :1684-1699.

[177] National Institute of Standards and Technology. NIST Framework and Roadmap for Smart Grid Interoperability Standards, January [OL]. http://www. nist. gov/public_affairs/releases/upload/smartgrid _

interoper ability_final. pdf.

[178] METKE A R, EKL R L. Security technology for smart grid networks [J] . IEEE Trans Smart Grid, 2010, 1 (1) : 99-107.

[179] WANG W, LU Z. Cyber security in the smart grid: survey and challenges[J]. Comput Netw, 2013, 57 (5) : 1344-1371.

[180] Cyber Security Working Group. (September) . Introductionto NISTIR 7628 Guidelines for Smart Grid Cyber Security [OL] . http://csrc. nist. gov/publications/nistir/ir7628/introduction-to-nistir-7628. pdf, 2010.

[181] SCHUELKE-LEECH B A, et al. Big data issues and opportunities for electric utilities [J] . Renew Sustain Energy Rev, 2015, 52:937-947.

[182] BENZI F, ANGLANI N, BASSI E, et al. Electricity smart meters interfacing the households[J]. IEEE Trans Ind Electron, 2011, 58 (10) :4487-4494.

[183] KANTARCI M E, MOUFTAH H T. Smart grid forensic science: applications, challenges, and openissues[J] . IEEE Commun Mag, 2013, 51 (1) : 68-74.

[184] AMIN S M. Smart grid: overview, issues and opportunities. Advances and challenges in sensing, modeling, simulation, optimization and control[J]. Eur J Control, 2011, 17 (5-6) :547-567.

[185] LOGENTHIRAN T, SRINIVASAN D, SHUN TZ. Demand side management in smart grid using heuristic optimization [J]. IEEE Trans Smart Grid, 2012, 3 (3) :1244-1252.

[186] KHODAYAR M E, WU H. Demand forecasting in the smart grid paradigm: features and challenges [J] . Electr J,

2015, 28 (6) :51-62.

[187] SAAD W, HAN Z, POOR H V, et al. Game-theoretic methods for the smart grid: an overview of microgrid systems, demand-side management, and smart grid communications[J]. IEEE Signal Process Mag, 2012, 29 (5) :86-105.

[188] ZENG M, SHI L, HE Y Y. Status, challenges and countermeasures of demand-side management development direction[J]. Sustain Cities Soc, 2014, 11:22-30.

[189] GELAZANSKAS L, GAMAGE KAA. Demand side management in smart grid: a review and proposals for future in China[J]. Renew Sustain Energy Rev, 2015, 47: 284-294.

[190] BAYLISS C R, HARDY B J. Current and voltage transformers (Transmission and distribution electrical engineering, 3rd ed) [M]. Massachusetts: Newnes, 2012, 157-159.

[191] PREMARATNE U K, et al. An intrusion detection system for IEC 61850 automated substations[J]. IEEE Trans Power Deliv, 2010, 25 (4) :2376-2383.

[192] SONG I K, et al. Operation schemes of smart distribution networks with distributed energy resources for loss reduction and service restoration[J]. IEEE Trans Smart Grid, 2013, 4 (1) :367-74.

[193] SONG I K, YUN S Y, Kwon SC, et al. Design of smart distribution management system for obtaining real-time security analysis and predictive operation in Korea[J]. IEEE Trans Smart Grid, 2013, 4 (1) :375-382.

[194] MUTTAQI K M, NEZHAD AE, AGHAEI J, et al. Control issues of distribution system automation in smart grids[J]. Renew Sustain Energy Rev,

2014, 37:386-96.

[195] SU W, WANG J. Energy management systems in micro-grid operations[J]. Electr J, 2012, 25 (8) :45-60.

[196] REE JDL, CENTENO V, THORP JS, PHADKE AG. Synchronised phasor measurement applications in power systems[J]. IEEE Trans Smart Grid, 2010, 1 (1) :20-27.

[197] SHEPARD D P, HUMPHREYS T E, FANSLER AA. Evaluation of the vulnerability of phasor measurement units to GPS spoofing attacks[J]. Int J Crit Infrastruct Prot, 2012, 5 (3-4) :146-153.

[198] KEZUNOVIC M. Smart fault location for smart grids [J]. IEEE Trans Smart Grid, 2011, 2 (1) :11-22.

[199] BENYSEK G, STRZELECKI R. Modern power-electronics installations in the Polish electrical power network [J]. Renew Sustain Energy Rev, 2011, 15 (1) : 236-251.

[200] SHAFIULLAH G M, AMANULLAH M T O, Shawkat Ali ABM, et al. Potential challenges of integrating large-scale wind energy into the power grid — a review [J]. Renew Sustain Energy Rev, 2013, 20:306-321.

[201] CARRASCO J M, FRANQUELO L G, BIALASIEWICZ J T, et al. Power-electronic systems for the grid integration of renewable energy sources: a survey[J]. IEEE Trans Ind Electron, 2006, 53 (4) :1002-1016.

[202] HOSSEINI S H, KANGARLU M F, SADIGH A K. A new topology for multilevel current source inverter with reduced number of switches[C]. Proceedings of ELECO, Turkey, Bursa, 2009, 273-277.

[203] BLAABJERG F, CHEN Z, KJAER S

B. Power electronics as efficient interface in dispersed power generation systems[J]. IEEE Trans Power Electron, 2004, 19 (5) :1184-94.

[204] HANSEN S, NIELSEN P. Power quality and adjustable speed drives, Control in power electronics:selected problems[M] . California: AcademicPress, 2002, 461-482.

[205] COLAK I, FULLI G, BAYHAN S, et al. Critical aspects of wind energy systems in smart grid applications[J]. Renew Sustain Energy Rev, 2015, 52: 155-71.

[206] HAJIBEIGY M, FARSADI M, ASL K B. A modified structure of hybrid active dc filter in HVDC system[J]. Int J Tech Phys Probl Eng, 2012, 4 (10) :11-16.

[207] XU L, YAO L. DC voltage control and power dispatch of a multi-terminal HVDC system for integrating large offshore wind farms[J]. IET Renew Power Gener, 2011, 5 (3) :223-233.

[208] KULKARNI D B, UDUPI G R. ANN-based SVC switching at distribution level for minimal-injected harmonics [J]. IEEE Trans Power Deliv, 2010,

25 (3) :1978-1985.

[209] GAVRILOVIC A, WILLIAMS WP, THANAWALA H L, et al. Reactive power plant and FACTS controllers [ M ] . Massachusetts: Newnes, 2003.

[210] JIANG S, GOLE A M, ANNAKKAGE U D, et al. Damping performance analysis of IPFC and UPFC controllers using validated small-signal models[J]. IEEE Trans Power Deliv, 2011, 26 (1) :446-454.

[211] ELTIGANI D, MASRI S. Challenges of integrating renewable energy sources to smart grids: a review[J]. Renew Sustain Energy Rev, 2015, 52:770-80.

[212] KOLENC M, PAPIC I, BLAZIC B. Co-ordinated reactive power control to achieve minimal operating costs[J]. Int J Electr Power Energy Syst, 2014, 63: 1000-1007.

[213] PALIZBAN O, et al. Microgrids inactive network management- Part 1: hierarchical control, energy storage, virtual power plants, and market participation[J]. Renew Sustain Energy Rev, 2014, 36:428-39.

# 第2章

# 智慧電網基礎

　　智慧電網是依託於現有的電力系統及其監測、控制與管理技術發展而成的。依據國際能源署的《智慧電網技術路線圖》[1] 的「更加智慧的電力系統」的遠景，智慧電網是現有的輸電控制中心與配電控制中心的發展與演進。因此，構成智慧電網基礎的電力系統及其自動化系統對於智慧電網的演進至關重要。

## 2.1　電力系統構成

### 2.1.1　電力系統結構

　　發電機將包括石化能、水能、核能、風能、太陽能等在內的一次能源轉化為電能，電能經變壓器、變換器、電力線將電能輸送並分配給使用者使用。產生、變換、輸送、分配、消費電能的發電機、變壓器、變換器、電力線路及各種用電設備等連繫在一起組成的統一整體稱為電力系統[2]，其結構如圖 2.1 所示。

　　電力系統從發電到用電分為四個系統，即發電、輸電、配電和用電。隨著風能、太陽能等綠色再生能源的發展，再生能源發電也成為電力系統的主要部分。隨著儲能技術的發展，傳統的單向電能生產、輸送、分配和使用的方式向著雙向電能交換的方式轉變，這也是智慧電網有別於傳統電網的一個顯著特點。另外，為了使整個電力系統安全、有效地運行，還需要對其進行監控，因而也需要諸如發電機組控制、輸配電自動化、用電管理系統等電力自動化系統對電網進行安全、高效、科學的控制、調度和管理。

### 2.1.2　發電與電網結構

（1）發電

　　發電系統是電能的產生部分，使用者所用的電能均由發電系統產生，按一次能源發電的方式分為火電、水電、核電、地熱電、風電、潮汐發電和太陽能（太陽能）發電等。

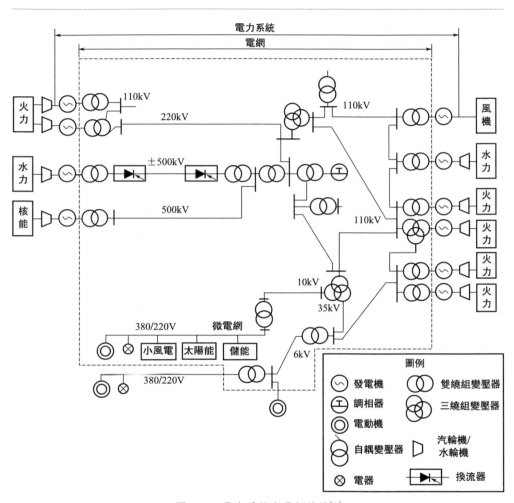

圖 2.1　電力系統與電網結構[1]

　　火電是採用煤炭、石油、天然氣等燃料的熱能推動汽輪機、帶動發電機來進行發電的。燃氣輪機和柴油發電機也屬於火力發電機。它們啟動快，可滿足尖峰負荷的需要。

　　水電是利用水能進行發電的，水力發電功率與流量和落差產生的勢能成正比。水力發電廠（系統）有徑流式電廠、水壩電廠和抽水蓄能發電廠。

　　核電是利用核能進行發電的，核電是一種清潔能源。為了提高核電的經濟性和安全性，核能發電一般按恆定功率負荷運行。

　　風電是利用自然的風力進行發電。

　　潮汐發電與波浪發電也是水力發電。潮汐發電廠一般通過在海灣或河口修建堤壩來蓄水，漲潮時將海水引入，利用壩內的水位差進行發電；當落潮時，利用

壩內與壩外的水位差放水發電。波浪發電是將海浪轉換為電能的發電方式。這兩種發電方式穩定性較差。

太陽能發電有兩種方式，一種是熱/電轉換方式，是將太陽能所收集的熱能轉換為蒸汽以此推動汽輪發電機；另一種是將光轉換為電能即太陽能。目前常用的太陽能發電是指太陽能發電，其最主要的裝置是太陽能電池。太陽能是目前最為清潔和廣為採用的綠色能源。

（2）電網結構

一般一個大型電網是由多個子電網互聯與發展而成的。電網是一個分層的結構，一般可劃分為一級輸電網、二級輸電網、高中壓配電網和低壓配電網。如圖 2.2 所示。

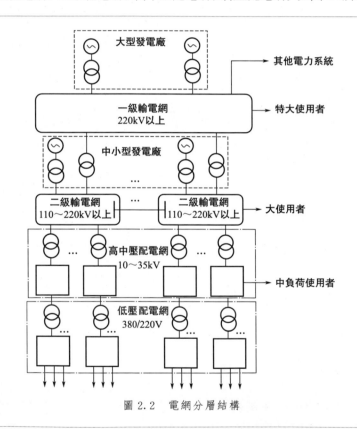

圖 2.2　電網分層結構

輸電網一般由高電壓（如 220kV 以上）的主幹電力線路組成，稱為一級輸電網，它與大型發電廠、大負荷容量使用者以及相鄰電網連接。二級輸電網的電壓低於一級輸電網，一般為 110～220kV，它對上連接一級輸電網，對下連接高中壓配電網，是一個區域電網，並且連接區域性的發電廠和大使用者。配電網是向中等負荷使用者和小負荷使用者供電的電網，10～35kV 的輸電網稱為配電

網，1kV 以下的稱為低壓配電網，直接為使用者提供動力能源。

# 2.2　電力自動化系統

## 2.2.1　電力自動化的目標、新技術與內容

### (1) 電力自動化的目標與新技術

電力自動化系統是對電網進行控制和管理的系統，其目標是保持整個電力系統的正常運行，安全經濟地向使用者提供品質有保證的電能；當電力系統出現故障時，能夠迅速地隔離故障，盡快恢復電力系統的正常運行。

電力自動化系統對電網的正常運行非常重要。在電力系統中，發電、輸電、變電與配電的設備非常多，且這些設備通過不同電壓等級的電力線路連接成網路，從而形成一個非常龐大、複雜的系統，控制和管理這些複雜系統使之安全、優質和經濟地運行將是巨大的挑戰。因此，監視和控制電力系統，必須採用自動監控裝置和自動化系統來完成。

電力系統的自動化是指使用各種具有自動檢測、決策和控制功能的裝置或系統，通過訊號系統和資料傳輸系統對電力系統的各元件、局部系統或全系統就地或遠端地自動監視、調節和控制，保證電力系統安全、可靠、經濟運行以及向使用者提供合格的電能[3]。

管理電力系統需要監視和調節多種參數，包括系統頻率、節點電壓、線路電流、功率等。由於整個電力系統是相互連接的複雜系統，因此僅對電力設備（元件）進行調節還不夠，還須對整個系統或局部系統進行調節，通過資訊互動和功能互補與優化實現電力系統的運行管理。

電力系統發生故障是隨機的，因此對故障的隔離（切除）也是隨機的，從而將導致系統的結構發生隨機變化，這使對電力系統的控制變得更加複雜。當發生致使系統失去穩定的故障時，整個電力系統將會出現災難性後果。因此必須採用自動化系統對電力系統的運行進行即時監控、精確測量。當電力系統發生擾動故障時，可以快速控制與調節，防止系統的穩定性被破壞，即使系統出現故障而造成停電時，自動化系統也能較快地恢復電力系統的正常運行。

目前電力自動化系統的特點主要包括：變電站中的綜合自動化系統得到廣泛應用，一套自動化系統或裝置可以完成以往兩臺或多臺單一功能的自動化系統或裝置所完成的工作；調度中心的各類涉及電力系統即時線上分析功能的軟體得到應用；調度系統可以完成遙測、遙信、遙控與遙調功能；應用新的資訊、通訊技術實現了各級調度中心的資訊共享。

當前電力自動化技術快速發展，新技術不斷湧現，主要體現在如下幾個方面。

1) 智慧控制　電力系統的控制由基於傳遞函數的單輸入、單輸出控制，線性最佳控制，非線性控制及多機系統協調控制已發展到智慧控制階段，智慧控制的特點為：非線性、變參數的動態大系統；多目標優化和多種運行方式及故障方式下的魯棒性要求；不僅需要本地不同控制器間的協調控制，也需要異地不同控制器間的協調控制。

智慧控制主要用來解決那些用傳統方法難以解決的複雜控制問題，特別適用於那些具有模型不確定、非線性強、要求高度適應性和魯棒性的複雜系統。智慧控制具有自適應、自學習和自組織功能等。智慧控制的主要設計方法包括專家系統、人工智慧、模糊控制、機器學習與自主控制等。

2) FACTS 與 DFACTS　FACTS（Flexible Alternative Current Transmission System，柔性交流輸電系統）是輸電系統的重要部分，它採用具有單獨或綜合功能的電力電子裝置，對輸電系統的主要參數（如電壓、相位差、電抗等）進行調節控制，使輸電更加可靠，並具有更大的可控性和更高的效率。它是一種將電力電子、微處理器與控制技術等應用於高壓輸電系統以提高系統的可靠性、改善電能品質等的綜合性技術。現有的 FACTS 主要有：高級靜態無功發生器（Advanced Static Var Generator）、可控串聯電容補償器（Thyristor Controlled Series Compensation）、UPFC 綜合潮流控制器（Unified Power Flow Controller）、SVC 靜態無功補償器（Static Var Compensator）、TCPR 可控移相器（Thyristor Controlled Phase Angle Regulator）、SSCB 固態斷路器（Solid-State Circuit Breaker）、NCH-SSR Damper 次同步振盪阻尼器（Narain C. Hingorani Subsynchronous Resonance）、超導儲能器（Superconducting Magnetic Storage System）、BESS 電池儲能系統（Battery Energy Storage System）等。

DFACTS 是用於配電系統中的 FACTS 技術。該技術提供了電能品質的多種綜合解決方案，可應用於高中壓配電網和低壓配電網（用電網）中。

3) 統一時鐘的 EMS 與動態安全監控系統　傳統的 EMS（Energy Management System，能量管理系統）中的時鐘依賴於 EMS 系統主站的主機時鐘，主站的時鐘定期與各 RTU 進行對鐘，由於通訊網路的時延等因素，使各 RTU 的時鐘與 EMS 主站的主機時鐘產生誤差。當採用諸如 GSP 授時等時鐘技術時，各 RTU 與 EMS 主站的主機將保持較高的時鐘同步，這對保障電力系統的高效運行起著較大的促進作用，尤其是體現在並網時的頻率同步上。

傳統的電網安全監控是靜態的，即基於歷史資料而做出的安全調度策略具有滯後性，不能及時消除電網的安全隱患。而採用動態安全監控系統則可以根據當前的即時資料和電網的當前安全狀態及時調整安全策略，最大限度地保障電網運行的安全。

（2）電力自動化的內容

電力自動化是電力系統的二次系統，一般指對電力設備及系統（或局部系統）的自動監控與調度，由多個子系統組成。每個子系統完成一項或若干項功能。從電力系統運行管理來分，可將電力自動化系統分為電力調度自動化、發電廠綜合自動化、變電站綜合自動化和配電網綜合自動化。

1）電力調度自動化系統　其功能可以概括為：調度整個電力系統的運行方式，使電力系統在正常狀態下安全、優質、經濟地向使用者提供電能。當缺電時進行負荷管理，在故障狀態下快速排除故障並恢復正常供電。電力調度自動化的任務是實現電力調度的自動化、有效地完成調度任務。電力調度自動化系統主要由安裝在調度中心的主站（MS）系統、安裝在發電廠和變電站的遠端單元（RTU）構成。其基本結構如圖 2.3 所示。

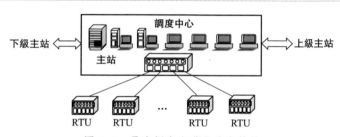

圖 2.3　電力調度自動化基本結構

RTU 實現電廠與變電站現場資料的採集並執行主站下達的命令。採集的場站電力設備運行狀態和運行參數包括電壓、電流、有功與無功功率、頻率、斷路器狀態（開/閉）資訊、繼電器保護資訊等，並將這些資訊發送到主站。RTU 接收主站發送來的調度命令，如斷路器控制訊號、功率調節訊號、設置設備整定值的訊號及返回給主站的執行調度命令後的操作資訊。

2）變電站綜合自動化系統　變電站綜合自動化系統包括變電站監控、保護、電壓與無功等綜合控制子系統。變電站監控系統的功能包括變電站模擬量、狀態量（開關量）、電能量等資料採集，事故順序記錄（SOE）、故障錄波和測距、諧波分析與監測、變電站操作控制、人機會話、通訊與調度系統交換資料等。保護系統對變電站的變壓器、母線等設備進行保護。電壓與無功綜合控制系統實現對變電站的電壓和無功進行自動控制，主要是自動調節有載調壓變壓器的分接頭位置和自動控制無功補償設備的投、切或控制其工況。

3）配電網綜合自動化系統　配電網綜合自動化系統主要包括配電網調度自動化、變電站（所）自動化、饋線自動化（FA）、設備管理、地理資訊系統、用電管理自動化、配電系統管理及配電網分析等。

## 2.2.2 變電站綜合自動化系統

變電站是電力系統的重要環節，其作用是變換電壓、交換功率、彙集與分配電能。變電站中的電氣部分分為一次設備和二次設備。一次設備主要包括電力變壓器、母線、斷路器、隔離開關、電壓與電流互感器等。為了滿足無功平衡、系統穩定和限制過壓等要求，變電站的一次設備還包括了同步調相機、並聯電抗器、靜態補償器、串聯補償器等。二次設備包括監測儀表、控制及訊號設備、繼電保護裝置等。變電站自動化系統包括了綜合自動化、遠端測控、繼電保護及其他智慧技術等。

變電站綜合自動化系統是將變電站的二次設備經過功能性的組合和優化設計，應用電腦技術、電子技術、通訊技術與訊號處理技術，實現對整個變電站的一次設備和輸、配電線路的自動監視、測量、控制與保護以及與調度中心進行資訊互動等功能。

變電站綜合自動化系統就是通過監控系統構成的區域網路或總線將保護、自動化裝置、原點設備（RTU）採集的模擬量、狀態量（開關量）、脈衝量及一些非電量訊號經資料處理及功能優化重新組合，並按照預定的程式與要求實現變電站的綜合監控與調度。它是一個綜合的資訊處理系統與自動控制系統，具有功能綜合化、結構分布分層化、操作監視電腦化、資訊通訊網路化、運行管理智慧化、測量資訊數位化的特點。

(1) 變電站綜合自動化系統的功能

變電站綜合自動化系統的功能一般包括變電站電氣量的採集和電氣設備的狀態監視、控制與調節，從而保障變電站的正常安全運行。若發生故障，則繼電保護與故障錄波等裝置完成瞬態電氣量的採集、監控，並迅速隔離故障，完成事故後的恢復操作。變電站綜合自動化系統具有如下功能。

1）繼電保護　主要保護輸電線路、電力變壓器、母線、電容器、小電流接地系統自動選線、自動重合閘等。

2）監控　即時資料採集與處理，包括模擬量、狀態量（開關量）、脈衝及數位量等。

需要採集的模擬量主要有：各段母線的電壓、線路電壓、電流、有功功率、無功功率；主變壓器的電流、有功與無功功率；電容器電流、無功功率；饋出線電流、電壓、功率、頻率、相位、功率因數等；主變壓器的油溫、直流電源、站用變壓器電壓等。

採集的狀態量（開關量）有變電站斷路器位置狀態、隔離開關位置狀態、繼電保護動作狀態、同期檢測狀態、有載變壓器分接頭位置狀態、一次設備運行告

警訊號、接地訊號等。

監控的目的主要是實現以下幾種功能。

① 運行監視功能　主要是對變電站的運行工況和設備狀態進行自動監視，也就是對變電站的各種開關量變位情況和各種模擬量進行監視。通過開關量變位監視可監視變電站中的斷路器、隔離開關、接地開關、變壓器分接頭的位置和動作狀況，監視繼電保護和自動裝置的動作狀態以及它們的動作順序等。模擬量監視分為正常的測量和越限警報、事故時模擬量變化的追憶等。

② 故障錄波與測距功能　由於輸電線路的電壓等級高、輸電線路長、故障影響面大，當出現線路故障時，需要盡快查出故障點，以便縮短維修時間，盡快恢復供電，減少損失，因此需要採用故障錄波和故障測距來解決故障查找與處理問題。

③ 事故順序記錄與事故追憶功能　事故順序記錄即對變電站內的繼電保護、字段裝置、斷路器等在事故發生時的動作先後順序的記錄。記錄事件發生的時間應非常精確，常為毫秒級。事故順序記錄對分析事故、評估繼電保護和自動裝置以及斷路器的動作狀況非常重要。事故追憶是對變電站中的一些主要模擬量（如線路、主變壓器各側的電流、有功功率、主要母線電壓等）在事故前後一段時間內連續測量並記錄，通過該記錄可了解系統或某一回路在事故前後所處的狀況，對事故的分析和處理造成非常重要的輔助作用。

④ 控制與安全操作閉鎖功能　本地或遠端對斷路器、隔離開關進行分/合閘操作，對變壓器分接頭進行調節，對電容器組進行投/切操作，所有上述操作均可通過本地或遠端進行互操作、閉鎖。

⑤ 資料處理與記錄功能　歷史資料的產生與記憶體是資料處理的主要內容。為了滿足繼電保護和變電站管理還必須對主變壓器、母線、斷路器動作控制操作與修訂值等記錄進行統計和處理。

3）自動控制　變電站綜合自動化系統配置了相應的自動控制裝置，主要有電壓與無功綜合控制裝置、低頻率負荷控制裝置、備用電源自投控制裝置、小電流接地選線裝置。

變電站電壓、無功綜合控制是採用有載變壓器、母線無功補償電容器和電抗器進行局部電壓與無功補償自動調節，使負荷側母線電壓偏差在限定範圍內。

當電力系統因事故導致有功功率缺額而產生頻率下降時，低頻率減負荷裝置應能即時自動斷開一部分負荷以防止頻率進一步降低，保證電力系統穩定運行。

當工作電源因故障不能供電時，自動裝置應能迅速將備用電源自動投入或將使用者切換到備用電源。典型的備用自動投入裝置有單母線進線備投、分段斷路器備投、變壓器備投、進線和橋斷路器備投。

小電流接地系統中發生單相接地時，接地保護應能正確地選出接地線路或母線及接地相，並及時警報。

4）RTU 及資料通訊　變電站綜合自動化的通訊功能包括內部的現場通訊和自動化系統與上級調度的通訊。綜合自動化系統必須具有 RTU 的全部功能，能將所採集的模擬量和狀態量、事故順序記錄等資訊傳送到調度中心，同時也能接收調度中心下達的各種操作、控制、修改定值等命令。

（2）變電站綜合自動化系統的構成

從結構上來看，變電站綜合自動化系統的發展經歷了集中式、分層分布式、分散集中相結合式、完全分散分布式的過程。

1）集中式　集中式結構是按照變電站規模配置相應容量、功能的保護裝置和監控主機與資料採集系統，安裝在變電站主控制室內。主變壓器、各種進出線和站內所有電氣設備的運行狀態由電纜傳送到主控制室的保護裝置或監控主機上，並與調度中心的主機進行資料通訊。變電站的本地主機完成當地顯示、控制等功能。集中式綜合自動化系統的缺點是：雙機冗餘配置；集中式功能結構，軟體複雜，軟體修改升級、除錯難度大；軟體的組態不靈活，特定設計、通用性差；僅適合中小變電站。

2）分層分布式　根據 IEC61850 變電站通訊網路與系統協議，變電站通訊體系分為三層，即變電站層、間隔層和設備層。在變電站綜合自動化系統中，通常將繼電保護、重合閘、故障錄波、故障測距等功能綜合在一起構成保護單元。將測量和控制功能綜合在一起構成控制單元。保護單元與控制單元稱為隔離層單元。圖 2.4 給出了分層分布式的結構圖。

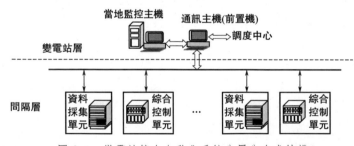

圖 2.4　變電站綜合自動化系統分層分布式結構

設備層主要是指變電站內的變壓器、斷路器、隔離開關及其輔助觸點、電壓電流互感器等一次設備。

間隔層按一次設備組織，一般按斷路器的間隔區分，包括測量、控制和繼電保護部分。測量、控制部分負責其範圍內的測量、監視、斷路器操作與連鎖及事故順序記錄等。保護部分負責其範圍內的變壓器、電容器的保護、錄波等功能。間隔層內的不同單元通過通訊總線連接到變電站層。

變電站層由一臺或多臺主機組成，進行監視、控制等操作。

3）分散集中相結合式　該結構方式採用了面向電氣一次回路或面向諸如一條出線、一臺變壓器等的電氣間隔方法而設計的。間隔層中各種資料採集、監控單元和保護集成到一起，安裝到同一個機箱中，並將其用於附近的一次設備。這樣各間隔單元設備相互獨立，可通過線纜與主機進行通訊。通常這種結構可以在間隔層內完成功能，一般不依賴於通訊網路，即形成分散結構。分散集中相結合式結構如圖 2.5 所示。其優點主要是：簡化了變電站二次部分的配置；減少了施工、安裝與除錯工作量；簡化了二次設備間的連線；可靠性高、組態靈活、便於維護與改造。

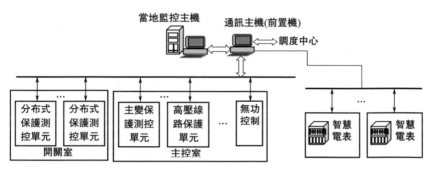

圖 2.5　變電站綜合自動化系統分散集中相結合式結構[3]

4）完全分散分布式　硬體結構為完全分散式的系統是指以變壓器、斷路器、母線等一次主設備為安裝單位，將保護、控制、輸入/輸出、閉鎖等單元就地分散安裝在一次主設備的開關櫃上。安裝在主控室的主控單元通過現場總線與分散的單元進行通訊，主控單元通過網路與監測主機相連。此完全分散結構的綜合自動化系統在實現上存在兩種模式，其一是保護相對獨立，其二是測量與控制合二為一。

（3）通訊規約

變電站綜合自動化系統中的通訊需要通訊規約，常用的規約可分為循環式遠動規約和問答式遠動規約。

目前 IEC 制定了變電站通訊網路和系統標準 IEC61850，該標準對變電站自動化系統的通訊網路和通訊規約給出了嚴格的規定，中國也執行該標準。

對於變電站自動化系統，IEC 公布了變電站保護裝置通訊規約，即 IEC60870-5-103 規約，除此之外，IEC 還頒布了 IEC6087-5-101 和 IEC6087-5-104 兩個遠動通訊規約，中國也有了對應的相關標準，這些標準已得到廣泛應用。

## 2.2.3 電力調度自動化系統

電力調度是指負責組織電力系統內的發電、輸電、變電和配電的設備的運行，執行電力系統內重要的操作和故障處理，保障電力系統安全經濟運行，連續向使用者提供符合品質標準的電能。

電力調度的任務可概括為：監視、控制整個電力系統的運行方式，使電力系統在正常的狀況下滿足安全、優質和經濟地向使用者供電的要求；在缺電的情況下進行有效的負荷管理；在事故狀況下迅速排除故障並快速恢復供電。電力調度自動化系統是綜合應用電腦、測控與通訊技術，實現電力系統調度管理的自動化，完成調度任務。電力調度主要完成負荷預測、制訂發電計劃、倒閘操作、事故處理與經濟調度等基本任務。電力調度採用分層調度控制策略。

(1) 電力調度自動化系統的功能

電力調度自動化是針對電網進行調度、控制與管理的。根據電網的具體構成與狀況不同，可以採用不同規格、不同功能的電力調度自動化系統。電力調度自動化系統的主要功能如下。

① 監視控制與資料採集 (Supervisory Control and Data Acquisition，SCADA)。
② 狀態估計 (State Estimation)。
③ 網路拓撲分析 (Network Topology Analysis)。
④ 負荷預測 (Load Forecast)。
⑤ 潮流優化 (Load Flow Optimum)。
⑥ 安全分析 (Security Analysis)。
⑦ 無功/電壓控制 (Var/Voltage Control)。
⑧ 自動發電控制 (Automatic Generation Control)。
⑨ 經濟調度 (Economical Dispatching)。
⑩ 調度員仿真培訓 (Dispatcher Training Simulator)。

以上功能是通過軟體實現的，電力調度自動化系統主站的軟體如表 2.1 所示。

表 2.1　電力調度自動化系統主站軟體

| 能量管理系統(EMS) | 其他高級應用(PAS) |
| --- | --- |
| | 網路拓撲分析 |
| | 狀態估計(SE) |
| | SCADA |
| 支援軟體(資料庫、人機介面、API) | |
| 系統軟體(操作系統、軟體運行環境) | |

（2）電力調度自動化系統的配置與結構

　　電力調度自動化系統的核心是電腦資訊系統，其典型系統的構成如圖2.6所示。它由三大部分構成，即電腦資訊系統構成的主站系統、通訊系統和遠端單元（RTU）。電力系統的工況和運行參數獲取由RTU完成，通訊系統完成主站系統與RTU間的資料通訊，主站系統完成各種調度功能的資訊處理。

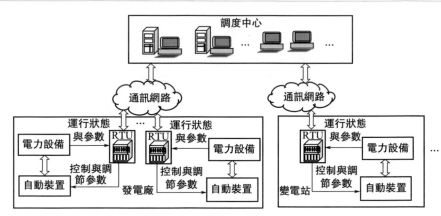

圖2.6　電力調度自動化系統配置結構

　　在傳統的電力調度自動化系統中，通訊網路一般由專用通訊系統構成，能夠進行包括電力設備運行狀態與參數以及控制與調節參數的資料通訊，也能夠進行語音與圖像通訊。應注意的是，變電站與發電廠所採用的通訊網路同屬於電力系統專用通訊網。

（3）調度中心

　　調度中心也稱為主站系統，主要由電腦系統與資料通訊系統構成。通常，發電廠、變電站中的RTU通過點對點的通訊方式與電腦主站進行雙向資料通訊。主站系統一般由多臺電腦組成進行監視、控制與調度的專用電腦網路系統。隨著技術的發展，主站系統已由原來的單機、雙機構成的集中式系統發展到了多機的分布式系統。主站系統的多個電腦執行不同的功能，包括資料記憶體與處理的資料伺服器系統，執行諸如負荷預測、潮流運算以及執行控制、監視與控制調節功能的各種工作站。另外為了實現電網的時間統一性，主站系統一般需要配置GPS（或北斗）系統。

（4）RTU

　　RTU是電力系統中對發電廠與變電站中的電力設備進行監視與控制的自動化裝置。它採集所在發電廠或變電站表徵電力系統運行狀態的各種參數，並將所

採集的這些資料發送給主站，同時執行主站向發電廠或變電站發送控制與調節命令。目前 RTU 是一個典型的電腦測控裝置，具有多輸入/多輸出通道，能夠執行內置軟體功能，具有較強的資料處理能力，可以通過本地或遠端對其進行維護、設置參數、調整功能。RTU 是電力系統中不可缺少的自動化裝置。從硬體的角度來看，RTU 已從單 CPU 向多 CPU 的分布式功能方向發展。RTU 具有如下功能。

1）四遙功能。

遙測（Tele-measurement），也稱為 YC，即進行遠端測量，採集發電廠或變電站的各種模擬量運行參數；

遙信（Tele-indication），也稱為 YX，即遠端進行狀態量資訊測量。包括發電廠或變電站的設備的狀態訊號、開關與斷路器狀態、保護繼電器動作狀態、自動裝置的動作狀態等。一般一臺 RTU 可以採集多個（幾百個甚至上千個）狀態量。

遙控（Tele-command），也稱為 YK，即執行遠端命令。根據收到的主站調度命令，執行改變設備狀態的命令，如設備的啟停、開關/斷路器的分合等。

遙調（Tele-adjusting），也稱為 YT，即遠端調節。根據收到的主站調度命令，執行改變運行設備參數的命令，如改變變壓器分接頭位置等。

2）資料通訊　依據通訊規約，與主站進行資料通訊。

3）本地功能、自診斷功能等。

## 2.2.4　配電網綜合自動化系統

在電力系統中，配電網是發、輸、變和配電的最後一個環節，通過配電網向使用者直接提供電能。配電系統是將所發的電能直接輸送給使用者的最後重要環節。配電系統由饋線、降壓變壓器、斷路器、各種開關等配電一次設備，以及保護、自動化裝置、測量與計量儀表、通訊與控制等二次設備構成。對於中國的電力系統而言，配電網的電壓等級一般為 110kV 以下。通常將 35kV 電壓等級以上的配電網稱為高壓配電網，將 10kV 電壓等級的配電網稱為中壓配電網，將 0.4kV（380/220V）電壓等級的配電網稱為低壓配電網。

由於城鄉地域間存在著各種差異，使得城鄉間的配電網容量、變壓器數量、負荷分布、供電的可靠性以及故障後的恢復時間等均存在較大的差異。因此需要採用配電自動化的手段來提高供電的可靠性與供電品質。

提高供電品質需要通過改善整個電力系統的裝備和運行來實現。合理完善的配電網結構可以提高供電的可靠性和供電品質，與此同時，配電網的保護、監測和控制的自動化對於配電網的安全經濟運行和提高供電品質也非常重要。因此，改善配電網結構與強健配電網建設，以及採用資訊通訊技術實現對配電網的監控

與管理是提高供電可靠性與供電品質的關鍵。

　　配電網綜合自動化系統是指利用電子技術、通訊技術與資訊技術實現對配電系統正常運行及故障情況下的監測、保護、控制、用電和配電管理的自動化系統，通常稱該系統為配電管理系統（Distribution Management System，DMS）。DMS 系統的基本結構與 EMS 系統非常相似，不同之處在於該系統不對發電廠進行監控與管理。DMS 具有以下基本功能。

　　（1）SCADA

　　配電網的 SCADA 是通過監測裝置來採集配電網的即時資料，進行資料處理以及對配電網進行監視與控制。監測裝置一般包括變電站內的 RTU、監測配電變壓器運行狀態的 TTU、饋線終端裝置 FTU 等。配電網 SCADA 系統的主要功能包括資料採集、遙測、遙信、遙控、遙調、警報、事故順序記錄、統計運算和報表等。

　　（2）配電變電站自動化

　　配電變電站自動化實現對配電所的即時資料採集、監視、控制及與配電調度中心的 SCADC 通訊等功能。

　　（3）饋線自動化

　　饋線自動化是指配電線路的自動化。在正常運行狀態下，即時監視饋線的分段開關與聯絡開關的狀態、饋線電流與電壓，實現線路開關的遠端或本地開/合操作。故障時，記錄故障資訊，並能自動判別和隔離饋線故障區間，能迅速對非故障區域恢復供電。

　　（4）使用者自動化

　　使用者自動化主要包括負荷管理和用電管理。負荷管理是根據需要來控制使用者負荷，並幫助調度人員制定負荷控制策略與計劃。用電管理主要包括自動計量計費等。

　　（5）配電高級應用

　　配電高級應用主要包括負荷預測、網路拓撲分析、狀態估計、潮流運算、線損分析運算、電壓/無功優化等。

　　（6）配電網地理資訊系統

　　配電網地理資訊系統也是配電自動化系統中常用的功能，這主要由於配電網具有點多面廣、設備分散，其運行、管理與地理位置有關的特點。配電網地理資訊系統一般應包括自動繪圖（Automatic Mapping，AM）、設備管理（Facility Management，FM）和地理資訊系統（Geographic Information System，GIS）。

## 2.2.5 電能自動抄表系統

電力系統中的電能自動抄表系統（Automatic Meter Reading，ARM）是採用通訊技術和資訊技術，將安裝在使用者處的電能表所記錄的用電量等資料通過通訊系統傳輸並彙總到營業部分的一種技術。

自動抄表系統提高了用電管理水準。採用自動抄表技術的系統不但能夠提高勞動生產效率，而且還能提高抄表的準確性，為使用者和營業部門提供了即時準確的用電資料。隨著整個社會資訊集成度的提高，使用者可以通過更加便捷的方式繳納用電費用，並且隨著電力市場的發展，可以實現階梯電價，從而提高了用電水準，平滑了峰谷負荷，降低了整體能量成本。

自動抄表具有本地自動抄表、移動自動抄表、預付費自動抄表和遠端自動抄表等方式。其中遠端自動抄表是目前自動抄表的主流方式，該方式可以採用低壓配電線、電話網、無線及多種串行總線和現場總線的通訊方式將電能資料上傳到電能計費資訊系統中，從而實現了遠端用電資料的度量與計費。

（1）遠端自動抄表系統

遠端自動抄表系統主要由具有自動抄表功能的電能表、抄表集中器、抄表交換機和抄表資訊處理系統組成。抄表集中器將多臺電能表連接成局部網路，並將多臺電能表所採集的資料進行集中處理，它具有通訊功能和資料處理功能。多臺抄表集中器可以通過抄表交換機進行組網，抄表交換機可以與其他資訊系統或公用資訊系統介面。有時抄表集中器可以和抄表交換機集成在一起。抄表資訊處理系統一般由電腦系統組成，可以對用電資料進行處理、統計和記憶體。

（2）電能表

能用於遠端自動抄表系統的電能表有脈衝電能表和智慧電能表兩大類。

脈衝電能表根據輸出脈衝方式的不同可分為電壓型和電流型脈衝電能表兩種。電壓型表的輸出脈衝是電平訊號，採用三線傳輸方式，傳輸距離較短。電流型表的輸出脈衝是電流訊號，採用兩線傳輸方式，傳輸距離較遠。

智慧電能表通過通訊介面以編碼的方式進行遠端傳輸，具有準確性和可靠性的特點。按照通訊介面的方式，智慧電表可以分為 RS-485 介面型和低壓配電線載波介面型兩類。

（3）抄表集中器和抄表交換機

抄表集中器是將遠端自動抄表系統中的電能表的資料進行彙集的一次集中設備，對資料進行彙集後，抄表集中器再通過總線、電力線載波等方式將資料上傳。抄表集中器能處理脈衝電能表的脈衝輸出訊號，也可以通過 RS-485 通訊總

線讀取智慧電表的資料，它通常具有多種通訊介面，能與外部交換資料。

抄表交換機是遠端抄表系統的二次集中設備。它彙集抄表集中器的資料，並通過不同的通訊方式將彙集後的資料傳輸到抄表資訊處理系統。抄表交換機可以通過不同的通訊介面或電力線載波與抄表集中器通訊，也可以通過通訊介面與外部進行資料交換。

(4) 抄表資訊處理系統

抄表資訊處理也稱為電能計費中心，由電腦網路與相關的資訊處理軟體組成。實現使用者的用電計費、統計、收費等功能。

(5) 通訊方式

遠端自動抄表系統的通訊方式非常靈活，可以採用有線（如光纖、電纜）、無線、電信網路（如電話網路、行動通訊網路）等通訊方式。

# 2.3　新資訊通訊技術在電力系統中的應用

從傳統電網到智慧電網的變革正在進行中，智慧電網與傳統電網的最大不同之一是分布式能源電源的引入[4]，這就要求電力系統營運商重新思考電網的管理方式，以便面對意外和快速的動態變化[5]。為了滿足這些需要，電力系統營運商正在部署越來越多的新的測量設備，例如相量測量單元（PMU）和智慧儀表（SM）。這些設備允許收集資訊以監測電網的運行參數或對電網進行控制。

對傳統電網以及智慧電網的管理和控制均需要一個有效且面向未來的資訊和通訊系統，能夠滿足電網營運商的需要[6-8]。由於新的測控裝置不斷加入，使得對電網的測量頻率不斷提高，由此導致了大量資料的產生，並且在不久的將來，這個速率將顯著增加。因此，資訊通訊基礎設施需要能夠以可擴展的方式處理由此產生的高速測量資料流，以滿足預期的智慧電網的廣泛部署。這不僅僅是傳輸容量的問題，因為資訊通訊基礎設施應該能夠自適應地感知電網的狀態，了解發送和記憶體資料的位置，並使這些資料可用於不同的應用。

因此，這就要求電力系統的資訊通訊基礎設施應具有如下特性[4]。

① 可擴展性與彈性，能適應大數據流及其相關的記憶體和運算。

② 靈活性，能用於在運行時分配和重新分配電網功能和資料流控制策略。

③ 可以情景感知方式虛擬化來自底層物理設備的測量資料組成的資訊池，以使它們可重複用於多個應用，並獨立於底層通訊和電氣細節。

④ 面向未來，以便能夠以模組化方式添加、刪除或替換新功能和設備，而

無須從頭開始重新思考整個資訊通訊基礎設施。

　　對於其中一些特性，雲端運算是滿足這些特性的關鍵技術。傳統的雲端運算和邊緣運算模型都可以在這種情況下使用，後者代表電網邊緣設備演變為微雲端伺服器的配置，使其不僅能夠管理某些電網功能，而且還能夠管理一些應用模組，能夠更好地適應預期水準的服務品質和工作負載/流量，更靠近使用者或客戶端。此外，由大規模部署的邊緣節點組成的分布式體系結構相對於雲端運算更具可擴展性。基於雲端的解決方案可以解決與記憶體、即時運算和預期的大量資料優化相關的重要任務。使用物聯網中[9]的技術，在虛擬化環境中結合雲端和邊緣屬性，能夠滿足其餘要求。通過資源虛擬化[10]，可以適當地解決智慧電網的關鍵資料處理和通訊需要，這是最近物聯網架構解決方案的共同特徵。以下給出兩個相關的應用案例。

## 2.3.1　雲端運算與邊緣運算的狀態估計架構

　　歐盟各國和美國等主要的智慧電網國家正在進行將資訊通訊基礎設施與智慧電網有機融合的研究，其中關鍵研究是資訊通訊基礎設施如何彈性地滿足智慧電網的需要，而將雲端運算作為虛擬解決方案則是滿足這一需要的關鍵[10-12]。這樣來自智慧電網的所有節點的資料可以在任何時間和任何地點進行解析和分發，以此實現對電網的管理和控制。為此，需要將連接電網組件與參與者進行抽象，以確保多樣化應用的互操作性和集成。

　　由於對電網的狀態估計需要大量的資料，而這些資料一般是由諸如 PMU 等智慧儀表高速產生的，因此需要大量的資訊通訊基礎設施的支援（如高速運算能力、大容量的記憶體以及低時延的傳輸通訊等資源）。另外，在某些情況下（如故障狀態時），狀態估計需要對局部電網進行快速運算以此進行快速控制，這就需要在局部執行資料量不大但需要快速響應的運算。對於這兩種情況就需要動態地調整資訊通訊資源來滿足全局與局部狀態估計對資源的需要。而雲端運算可以滿足全局性的需要，邊緣運算則可以滿足局部性的需要。文獻 [4] 從雲端運算、虛擬化、邊緣運算、自適應頻寬策略和 PMU 等方面給出了基於雲端的邊緣運算框架，對 IEEE 34 總線進行了狀態估計，同時給出了性能估計。其給出的框架如圖 2.7 所示。

　　上述框架包括從物理設備到應用的整個通訊鏈路。此外，還給出了考慮虛擬化實體位置的兩個選項。為了完整起見，物理設備已經分為 ICT（資訊通訊）和兼容的非 ICT。事實上，雖然智慧電網的一些組件本身配備有某種通訊能力（例如 PMU），但是諸如機電開關或傳統風力渦輪機的其他電網組件需要 ICT 介面來與網路的其餘部分通訊。

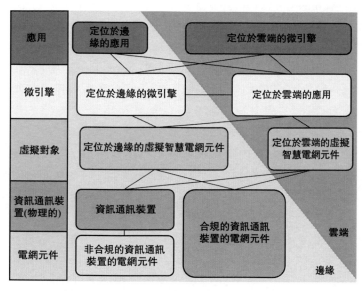

圖 2.7　基於雲端的邊緣運算的狀態估計框架

　　物理設備與稱為虛擬對象（Virtual Object，VO）的虛擬對設備相關聯。VO 是虛擬化和充滿一個或多個物理設備特徵的實體。此外，它使授權使用者能夠以可重用且可互操作的方式訪問和請求資源與功能，而無須了解從物理對象到達和檢索資訊所需的裝置（設備）和協議。例如，PMU 可以管理直到傳輸級的通訊，並且通常建立到單個主機的連接。使用 VO 可以豐富通訊功能，並使資料可用於多個主機。VO 可以以物理實體放置在通訊網路的邊緣（例如，在與物理設備相同的子網中）或雲端中。

　　在所提出的框架中，VO 已被置於通訊網路的邊緣。事實上，如果以最大速率使用，PMU 會產生高負載的資料。該最大速率對於檢測給定節點的可能動態性是至關重要的，但是如果網路處於接近穩定狀態，則遠端報告所有資料可能是不可用的。在架構上，邊緣的 VO 以最大速率接收資料，完成具有嚴格延遲約束的任務，這需要隨著時間的推移提供細粒度資訊。VO 也實現了情景感知的本地策略，以便基於電網的實際狀態來決定是否遠端發送資料。另一個重要方面是 VO 駐留在本地網路中來確保適當的安全性。事實上，通過該框架，可以詳細闡述安全關鍵資訊，並在本地採取行動，從而通過遠端提供必要的資訊，確保網路在攻擊時保持更好的可靠性。此外，可以將來自外部攻擊的本地安全性委託給保護本地區域的防火牆，使 VO 和物理設備之間交換的資料不需要大量加密，從而從耗時和消耗運算資源的任務中釋放本地資源。這符合 IEC[13] 關於具有嚴格延遲動作的建議。當必須遠端傳輸資料時，使用 REST API（Representational

State Transfer Application Programming Interfaces，狀態表達傳輸應用程式編程介面）可以保證使用實際網路安全解決方案，如 SSL/TLS（Se-cure 套接字層/傳輸層安全性）。

VO 提供的資源和功能由微引擎（Micro Engine，ME）利用，可以定義為為完成某個高級任務而創建的 VO 的認知的組合，並為應用程式集區提供統一的介面，這與實際可用的基礎資源相獨立。在通訊網路的邊緣上，連接 ME 的優點是：通訊網路中產生的業務負載較小；減少延遲，為關鍵應用提供響應更快的系統；ME 功能發生在防火牆後面，確保了更高的安全性。遠端 ME 的優點是：集成在雲端基礎設施中，允許最大的運算和記憶體能力，可彈性地適應應用中的變化（例如，當解析測量資料需要更多運算能力時）；全局可見性（與本地 ME 不同），這有助於在不同的遠端位置利用 VO 的服務組合。

在上述框架中，ME 的主要目標是對電網給定部分進行狀態估計。此外，ME 監視與其連結的 VO 的頻寬，以決定是否採取措施來避免在使用頻寬或記憶體方面出現過載。ME 還可以與其他 ME（例如，用於多區域狀態估計）和應用級進行介面。這允許感興趣者可以不必了解電網的細節，例如安裝的 PMU 的數量，它們的位置或電網的拓撲。為了實現這些目標，ME 的最佳位置是在雲端實例中，它能夠彈性地滿足運算需要，同時為可達性提供地理備份的可能性[14]。

所提出的架構的最高層涉及應用，其利用一個或多個底層 ME 來實現高級功能。在這種情況下，位置取決於所考慮的實際應用。作為範例，視覺化應用可以容易地實現為託管在雲端中的 web 服務。以下對提出的狀態估計架構部分實現給予解釋。

（1）用於狀態估計的物理設備

PMU 是 SG 中最重要但最耗費資訊通訊資源的物理設備之一，並以給定的採樣率提供同步相量，通常為 50～60fps（幀/秒）。IEEE C. 37.118.1-2011[15] 和 IEEE C. 37.118.1a-2014[16] 是最新的同步相量標準，定義了在幾種工作條件下同步相量、頻率和頻率變化率（ROCOF）測量。標準 IEEE C. 37.118.2[17] 定義了用於在電力系統設備之間即時交換同步相量測量資料的協議。

考慮一個分布式電網，部署了 $N_P$ 個 PMU。這些 PMU 可以測量 $N_Q$ 個電量，如在給定的抽樣頻率下測量電壓和電流相量及頻率。由於 PMU 的構建方式、物理 PMU 的採樣率不能在運行時改變，它是固定的，因此必須在資料傳輸開始之前設置，這對應於由 PMU 接收命令「打開資料幀的傳輸」。如果需要更改速率，則必須停止 PMU 運行。採集的測量結果通過 GPS 同步時間戳發送到設置好的接收器。在所提出的架構中，資料由相應的 VO 接收，它在通訊網路的邊緣處作為 PMU 的接收器運行。每個 PMU 創建一個帶有相應 VO 的 TCP 套接字，並根據文獻［17］以最大報告速率發送測量資料。為了以實際方式測試基於 PMU 的

架構，文獻［4］使用了 National Instruments Compact RIO 模組化技術實現的自動測量系統的真實 PMU 原型。PMU 的同步是通過 GPS 接收器（每秒提供一個脈衝訊號，PPS，精度為 100ns）實現的，每個原型可以作為一個完全配備的 PMU 來獲取精細訊號，或者作為一個 PMU 硬體仿真器。在後一種情況下，PMU 原型從預先記憶體的訊號開始運算同步測量或模擬預期的測量輸出。PMU 仿真器特別適合測試受控環境中的動態操作條件，以便使用來自網路的完全相同的訊號來比較不同的演算法和配置。

（2）虛擬對象

VO 豐富了物理設備的功能。對於本案例的情況，一旦 VO 從 PMU 接收資料，它就執行相關處理，以確定是否要將接收到的 $q \in [1, \cdots, N_Q]$ 的測量值根據給定的指標發送給 ME 或不進行進一步處理。在本案例中，可認為量 $q$ 是電壓，資料是 $p \in [1, \cdots, N_P]$ 發送的。

$$\frac{|m_{pq}(t) - M_{pq}(t)|}{M_{pq}(t)} > T_{pq} \tag{2.1}$$

其中，$m_{pq}(t)$ 是在 $t$ 時由 PMU $p$ 測得的測量值 $q$；$M_{pq}(t)$ 是表示 VO 在 $t$ 時具有的記憶體器的值，參考先前測量的 $q$ 值；$T_{pq}$ 是能夠傳輸測量值 $q$ 的閾值。可以考慮用從 PMU 接收的所有測量值或僅由 VO 發送的測量值來運算記憶體器值。在不失一般性的情況下，假設 $M_{pq}(t)$ 是在 $t$ 之前由所考慮的 VO 發送的最後一個測量值

$$M_{pq}(t) = m_{pq}(t - T_{lms}) \tag{2.2}$$

其中，$T_{lms}$ 表示從 VO 到 ME 傳輸連續測量之間的時間間隔。以下，將 $T_{pq}$ 設置為 1%，因為 1% 是總矢量誤差（Total Vector Error，TVE）的精度限制，因此是相位幅度誤差。所以，當且僅當其值與上次發送的測量值相差超過 1% 時，才會發送在時間 $t$ 接收的測量值，從而允許遵循快速和慢速變化。該值考慮了在穩態條件下實際可用的 PMU 測量的高精度。

式（2.2）也可以推廣到由 PMU 發送的過去的 $N_M$ 個測量值中，定義為

$$M_{pq}(t) = \sum_{i=1}^{N_M} w_{pq}(i) m_{pq}(t - iT_s) \tag{2.3}$$

其中，$N_M$ 是所考慮的過去測量值的個數；$T_s$ 是 PMU 的採樣速率；$w_{pq}(i)$ 是與測量值 $m_{pq}(t - iT_s)$ 相關的權重。

式（2.2）和式（2.3）之間的差異為：式（2.2）關注最後發送的測量值與實際測量值的差異程度，即用於狀態估計的測量值變化多少；式（2.3）側重 PMU 產生的整個資料流和後續測量的平均值，以避免由於噪音引起的誤報。下面使用式（2.2）定義的公式。

在監測量中，除了動態檢測之外，VO 還會在靜態條件下定期發送更新值。

將 $t_{pq}^{LS}$ 定義為最後一次測量的 $q$ 的發送時間，則新的測量資料將在下述時間發送

$$t = t_{pq}^{LS} + T_s R_{pq} \tag{2.4}$$

式中，$R_{pq}$ 表示 VO 應用的子採樣因子。例如，如果在靜態條件下，從 PMU 接收的每秒 50 次測量中只有 1 次由 VO 發送，則 $R_{pq} = 50$。因此，$T_s R_{pq}$ 是狀態估計器接收的實際採樣間隔。

在測試平台中，每個 VO 都託管在本地伺服器的 CapeDwarf 安裝軟體中，該伺服器是 PaaS（平台即服務）Google App Engine（GAE）的開源實現。實際上，VO 是在電網邊緣本地運行的進程，但如果延遲允許並且需要更多運算能力，則可以將其移動到雲端中。因此，VO 過程可以從 CapeDwarf 移動到雲端中的 GAE 上。

（3）微引擎

使用從 VO 接收的測量資料以及基於負載和發電機的歷史資訊的預測（所謂的偽測量，系統的可觀察性所需），由 ME 運算電網狀態的估計，即每個節點的電壓相量項和每個分支的分支電流相量。

本案例考慮了分布式系統狀態估計（Distribution System State Estimation，DSSE）的情況。與輸電系統相比，由於多種原因，分布式電網的監控系統更具挑戰性。其中，分布電網有非常多的節點表徵，具有不同的負載和不同的電壓等級。它們具有三相、兩相、單相配置以及幾種類型的非對稱負載，這導致了不同程度的不平衡，而 DER（分布式能源電源）和 DG（分布式發電）存在非常明顯的差異[18,19]。文獻 [20] 中已經提出了幾種用於 DSSE 的方法，主要基於加權最小二乘（weighted least squares，WLS）。最近，提出了一種新的分支電流 DSSE（BC-DSSE），證明了與節點電壓 DSSE 相同的精度，但執行速度更快。這是本案例中應用的方法，使用 PMU 測量來估計運行條件，還包括用於不良資料檢測和辨識的經典 $\chi$ 平方和歸一化殘差測試。

當 ME 接收到新的測量資料時，針對接收的分組中指示的時間戳觸發新估計。如果沒有發現用於監視其他節點的具有相同時間戳的測量值，則將最近的測量用於估計。一旦已經執行 DSSE，也可以接收具有相同時間戳的新測量。在這種情況下，ME 將根據當時可用的測量值再次運算電網狀態，以便獲得與相應時間戳相關聯的更準確的估計。DSSE 運算很快，估算的細化是自動的。DSSE 輸出不依賴於先前的估計，以避免在動態條件下性能不佳的風險。雖然從運算的角度來看這似乎效率低下，但它也為應用提供了重要的優勢，即使在收到所有測量之前，應用也可以從最後的系統 SE 開始受益。此外，請注意，即使某些資料包由於資料包丟失而丟失或丟失，實施的解決方案也允許解析電網狀態。

在本案例中，DSSE 例程在雲端中的 ME 中實現，從而提供了所提出的系統所需的必要的運算和記憶體彈性。事實上，ME 託管在 Google Cloud App

Engines 中，它運行在 4.8GHz 處理器中，如果實例化的資源不足，可以克隆自己。如果創建多個實例以滿足對更多運算資源的需要，則不會從外部感知此過程，並且內部管理是一致的。特別地，當接收到新的測量值時，首先將資料寫入共享的記憶體緩存，然後從實例之間共享的相同的記憶體緩存中讀取完成狀態估計相關的資料。這保證了多個實例在共享資料集上並行操作的情況下的一致性。目前，Google 已在全球部署了超過 15 個資料中心，預計未來會有更多資料中心。雖然本案例中使用了 Google 雲端，但所提出的架構可以輕鬆使用來自其他雲端提供商（例如亞馬遜）的雲端服務。

VO 充當本地子網和雲端之間的介面。邊緣中的 VO 與雲端中的 ME 之間的通訊使用 REST API 完成。這確保了 VO 和 ME 之間的互操作性以及與協議無關的介面。此外，使用 HTTP 提供了在 HTTP 之上實現安全協議的可能性，例如 TLS/SSL，由於 PMU 通訊能力在傳輸級別停止，因此不能在直接 PMU 到狀態估計器通訊中利用這些協議。雖然這會增加資料傳輸的延遲，但可用於沒有時間嚴格約束的場合。

在所提出的框架中，通訊在 PUSH 模式下進行，資料通過 HTTP POST 自動從 VO 發送到 ME。解析、處理、記憶體 ME 處的資料，並且將其發送到應用程式以便視覺化到電網的估計狀態。

在特定情況下，向接收 PMU 資料的 ME 提供額外的任務，以便在 ME 級顯示情景感知[21]，它基於全局而非本地資訊，如 VO 情況。具體地，ME 必須動態地更新 VO 處的 $R_{pq}$ 值，以便保證網路上的平均頻寬利用率趨向於目標值 $D_{obj}$，它由智慧電網營運商基於內部品質目標和網路配置來選擇。此更新通過 VO 將測量值通過 HTTP POST 的應答來傳遞給 VO。這裡，$D_{obj}$ 表示隨時間歸一化的 ME 中接收和記憶體的資料量。

現在運算平均速率，從系統開始直到時間 $t$，由任何第 $p$ 個 PMU 和任何量 $q$ 生成的隨時間進行標準化的累積資料為：

$$D_{avg}(t) = \frac{\sum_{p,q,t_x}[D_{pq}(t_x)]}{t} \qquad (2.5)$$

其中，為了表示方便，$t_x$ 指 VO 發送測量資料的每個時刻。$D_{avg}(t)$ 可以用兩個計數器實現：系統啟動後的持續時間；收到的總資料量。每次 ME 接收到新測量值時，時間 $t$ 的 $R_{pq}$ 值更新為

$$R_{pq}(t) = [1 + \Delta(t)]R_{pq}(t_{pq}^{LS}) \qquad (2.6)$$

其中

$$\Delta(t) = \alpha \frac{D_{avg}(t) - D_{obj}}{D_{avg}(t) + D_{obj}} \qquad (2.7)$$

$\alpha(0 < \alpha \leqslant 1)$ 是模型的靈敏度參數。這裡選擇 $\alpha = 0.1$。更新值 $R_{pq}(t)$ 是 $R_{pq}(t_{pq}^{LS})$

的增或減取決於目標頻寬和由 ME 到時間 $t$ 接收的整體歷史資料，如式(2.5) 和式(2.7) 所述。

（4）測試

下面介紹的結果是基於 IEEE 34 總線測試饋線的三相測試系統獲得的，該測試系統源自亞利桑那州的實際系統，具有以下特徵：長線和相當負載的系統；兩個線上有載分接開關和兩個電容器組。該系統已被證明對 DG（分布式發電）的影響非常敏感[22]。圖 2.8 給出了網路圖。有關線路參數（線路長度和阻抗）、額定負載和發電機的詳細資訊，請參見文獻 [23]。

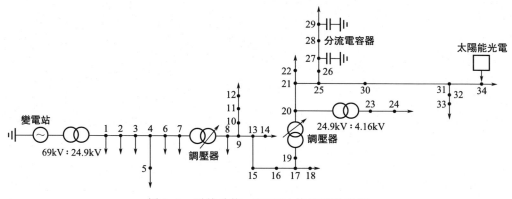

圖 2.8　測試系統：IEEE34 總線測試饋線

在節點 34 處安裝 2MW 容量的太陽能電站。太陽能電站被建模為 PQ 注入（其中指定有功功率為 $P$，無功功率為 $Q$），PQ 注入受到二階傳遞函數的限制，該二階傳遞函數被調諧以模仿電廠轉換器的互聯濾波器行為。已經考慮了幾種輻射變化條件來創建本工作中使用的測試用例。

使用 Opal-RT 模擬系統。Opal-RT 是一種用於電氣和機電系統的數位即時模擬器。通過使用模擬和數位 IO，可以將模擬器與外部硬體（硬體在環路）連接，以便測量設備在連接到真實電氣系統時運行。PMU 原型可以連接到 Opal-RT 輸出訊號，從而可以逼真地模擬採集階段和整個測量系統。

所呈現的結果是使用三個 PMU 獲得的，這些 PMU 測量電網總線編號 3、9 和 31 處的電壓相量（圖 2.8）。考慮了四種測試操作條件，每次運行 $3 \times 10^2$ 次。

① 案例 1　太陽能電站在 $t = 25.3$s 時開啟。實際功率 $P = 2$MW。

② 案例 2　太陽能電站在 $t = 24.3$s 時開啟。實際功率 $P = 2$MW，並在 2s 後關閉。

③ 案例 3　太陽能電站快速變化注入功率 [1～1.5MW]，從 $t = 20$s 開始，

10s 內注入。

④ 案例 4　PV 電廠從 $0 \sim 2$MW 的緩慢注入，從 $t = 0.3$s 開始，結束於 $t = 10.3$s。

### (5) 精度估計

使用兩個準確度指數來比較由固定步長估計器給出的估計與由所描述的可變速率系統運算的估計。

節點電壓幅度估計誤差的絕對平均值（用 $MAVE$ 表示）為

$$MAVE_\phi = \frac{1}{NT} \sum_{i=0}^{T-1} \sum_{n=0}^{N} |V_{\phi,VR}(n,i) - V_{\phi,FR}(n,i)| \qquad (2.8)$$

其中，$V_{\phi,FR}(n,i)$ 為每個 PMU 在 $iT_s$ 時刻以固定的最大報告速率 50fps 獲得的節點 $n$ 的相位為 $\phi$ 電壓幅度的每單位的估計值，$T_s = 20$ms；$V_{\phi,VR}(n,i)$ 是由所提出的估計系統獲得的變數 DSSE 執行的估計。$N$ 和 $T$ 分別為節點的個數和所考慮的時刻個數。由於 ME 僅針對從 VO 接收的測量時間戳運算 DSSE（在 $T_{VR}$ 時刻），為了比較的目的，所提出的系統估計用於與隨後的時間戳進行比較，直到新的估計可用。這種選擇給出了比較的最壞情況，因為可以使用更精細的插值方法。由於所提出架構的可變速率，還使用了另一個比較索引。動態時間扭曲距離（dynamic time warping distance，DTW）測量兩個時間序列之間的相似性，這兩個時間序列可能在時間或速度上變化，並且通常用於模式比較。序列的每個點由估計的幅度電壓的 $N$ 維點表示，扭曲距離用歐氏距離進行運算。因此，DTW 是節點和時間瞬間的累積指數，並且已經相對於持續時間進行了歸一化以給出更好的度量。

為了運算在頻寬減少方面的性能，頻寬節省率（Bandwidth Saving Ratio，BSR）定義為所有考慮的 VO 發送到 ME 的資料量與在全速率情況下發送的總資料之間的比率，全速率固定為 50fps。

在測試場景中，發送給 ME 的 HTTP POST 的大小是恆定的，$D_{pq} = 424$Bytes（包括通訊堆棧層的有效載荷和頭部）。而 $D_{obj}$ 被設置為 4.24KBps，這使得 $D_{obj} / D_{pq} = 10$fps。在發送所有產生的資料的情況下，$D_{obj} / D_{pq} = 150$fps，因為使用了三個 PMU。因此，BSR 漸近地等於 0.0667。對於所考慮的 4 種情況，在全速率資料速率 $D_{obj} = 63.6$KBps 情況下，這個降低程度相當大。

過去，電網狀態的評估通常在穩態操作條件的慢速進行。而分布式電源的引入急需改善電網的安全管理。這需要引入消耗資訊通訊資源的智慧設備，例如 PMU，以便監控系統能夠迅速檢測到電網的動態變化，及時做出響應。為了實現這一目標，需要一個具有動態、彈性的監控電網的物聯網架構，以便對具有分布式電源系統的電網狀態進行即時估計，並確保有效的資訊通訊資源能夠支援電網狀態估計的有效運行。事實上，物聯網的虛擬化能力、邊緣運算的優勢以及雲

端的運算能力和靈活性已被用於基於 PMU 的廣域測量系統。

## 2.3.2　智慧電網中的大數據分析

智慧電表正在全球範圍內取代傳統電表，並能夠自動收集電能資料。這就需要對用於監視和控制目的的智慧電網的儀表產生的大量資料進行充分管理，以提高智慧電網的效率、可靠性和可持續性。智慧電網所產生的大量資料被視為一項巨大的資料挑戰，需要先進的資訊技術和網路基礎設施來處理這些大量資料並對其進行分析。為此，這種前所未有的電網資料需要一個有效的平台，使智慧電網在大數據時代向前發展。本節將介紹文獻［24］給出的智慧電網大數據分析框架。該框架基於安全雲端平台實現，應用於兩種情景，對單房和包含超過 6000個智慧電表的智慧電網進行了用電視覺化，並可啟用動態需要響應。

（1）智慧電網大數據分析的核心組件

圖 2.9 給出了用於智慧電網大數據分析框架的核心組件的分層架構。下面將介紹資料採集、資料記憶體和處理、資料查詢和資料分析組件。資料記憶體和處理組件採用 Hadoop 平台。

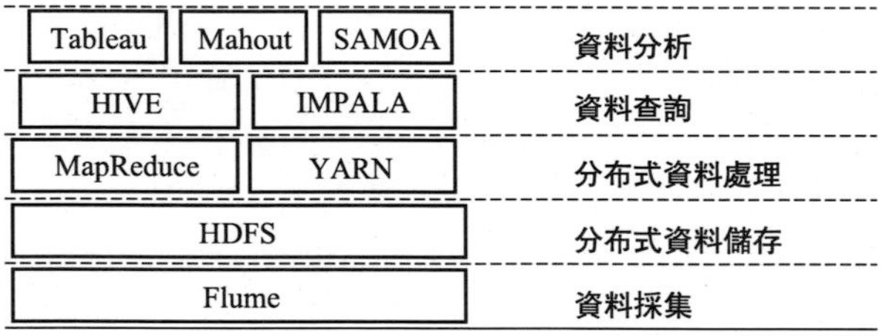

| Tableau | Mahout | SAMOA | 資料分析 |
| HIVE | IMPALA | | 資料查詢 |
| MapReduce | YARN | | 分布式資料處理 |
| HDFS | | | 分布式資料儲存 |
| Flume | | | 資料採集 |

圖 2.9　基於 Hadoop 的智慧電網大數據分析框架的核心組件分層架構

該架構包括資料採集（Data Acquisition），分布式資料記憶體（Distributed Data Storing），分布式資料處理（Distributed Data Processing），資料查詢（Data Querying）和資料分析（Data Analytics）等組件。

1）資料採集組件　Flume 是一個由 Apache 開發的分布式系統，可以有效地從不同的源收集、聚合和傳輸大量日誌資料到集中記憶體器。Flume 可用於將大量流媒體資料（如社交媒體和感測器資料）攝取到 Hadoop 的分布式檔案系統（HDFS）中。

2）分布式資料記憶體與處理組件　Hadoop 是一個支援海量資料記憶體和處理的開源軟體平台。它不再依賴昂貴的專有硬體來記憶體和處理資料，而是可以在商用伺服器集群上分布式處理大數據。Hadoop 的核心由兩個主要組件組

成，一個記憶體組件，即 Hadoop 的分布式檔案系統（HDFS）和一個名為 Ma-pReduce 的處理組件。Hadoop 被認為是任何大數據中架構的主要部分。

3）資料查詢組件　HIVE 和 IMPALA 是兩種類似 SQL 的高級聲明性語言，用於大數據分析任務。它們有助於查詢和管理駐留在分布式記憶體中的大數據。HIVE 在 MapReduce 操作中完成大數據分析任務。而 IMPALA 是大數據上的即時互動式 SQL 查詢工具。IMPALA 查詢是在集群的每個節點的記憶體中並行執行、傳輸和聚合節點的中間結果然後返回。因此，IMPALA 查詢可以提供接近即時的結果。

4）資料分析組件　Mahout 是一個在 Hadoop 之上實現的資料探勘庫，提供批處理的機器學習處理工具。它包含可擴展的高性能的機器學習應用程式的各種核心演算法。

SAMOA（Scalable Advanced Massive Online Analysis，可擴展的高級大規模線上分析）是一種分布式流媒體機器學習框架，包含用於最常見資料探勘和機器學習任務的分布式流演算法的編程工具。Tableau 是一種互動式資料視覺化工具，使使用者能夠分析、視覺化和共享資訊和儀表板。

（2）智慧電網大數據分析的框架

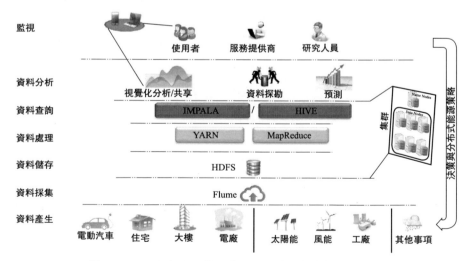

圖 2.10　用於處理視覺化分析的智慧電網大數據的框架

用於處理視覺化分析的智慧電網大數據的框架如圖 2.10 所示。該框架涵蓋了從資料生成到資料分析的智慧電網資料的生命週期，並形成了學習和響應循環。

1）資料採集　智慧電網資料的採集可以分解為三個子任務，即資料採集、資料傳輸和資料預處理。前一階段生成的資料由集中/分布式代理主動收集，然

後將收集的資料傳輸到 Hadoop 集群中的主節點。收集原始資料後,將其傳輸到資料記憶體基礎架構以進行後續處理。由於資料來源不同,所收集的資料可能具有不同的格式和資訊,因此需要進行資料預處理。資料集成技術旨在組合不同來源的資料,並提供統一的資料視圖。在此框架中,資料將傳輸到以逗號分隔值(csv)構成的檔案中。資料的屬性包含諸如時間戳、智慧儀表 ID、發電/用電和位置之類的資訊。此外,在資料的預處理中,修改或刪除不準確和不完整的資料以提高資料品質。Flume 可以實現資料採集的功能。它可以從各種源收集、聚合並將生成的大量資料傳輸到 Hadoop 主節點。當 Flume 接收資料時,它將其記憶體到一個或多個 Channel 中。Channel 是一個被動記憶體器,可以保持事件直到它被 Flume 接收。Flume 接收器從通道中刪除事件並將其放入外部記憶體庫。在此框架中,需要將資料檔案接收到外部 HDFS 記憶體庫中。Flume 中的 HDFS 接收器允許通過插件式 Serializer(序列化器)將資料以所需格式寫入 HDFS 記憶體庫。Serializer 將 Flume 資料轉換並重組為所需格式。資料被預處理,並且可以實現資料的統一視圖。

2)資料記憶體與處理 在此階段,Hadoop 的 HDFS 處理記憶體的資料,以供進一步處理。HDFS 集群由管理檔案系統元資料的單個 NameNode 和記憶體實際資料的 DataNode 集合組成。接收到的智慧電網資料被分成一個或多個塊,這些資料塊記憶體在一組 DataNode 中。Hadoop YARN 是大數據分析的運算核心。HDFS 和 YARN 在同一組節點上運行,這允許在已經存在的智慧電網資料的節點上處理任務。幸運的是,存在包含 MapReduce、HDFS 和其他基本組件的開源 Apache Hadoop 發行版。最常見的開源 Hadoop 發行版包括 Cloudera、MapR 和 Hortonworks。

3)資料查詢 在此框架中使用 HIVE 和 IMPALA 從 HDFS 記憶體庫讀取智慧電網資料,並選擇、分析或生成感興趣的資料。例如,可以獲得某個地區的電力消耗或風電場產生的總電力。資料查詢在 Hadoop 集群之上運行,允許獲得快速結果。應該注意的是,可以使用其他資料元素進行查詢。

4)資料分析 必須共享所獲取的智慧電網資料,以提高智慧電網的效率。例如,這些資料可以被分析以便提出削減建議,也可以提供給資料探勘和相關的研究人員以及消費者。但必須在資料安全問題上平衡這些資料的共享。存在許多用於執行資料分析的工具,例如用於大數據視覺化的 Tableau,以及用於探勘大數據的 Mahout 和 SAMOA。

資料分析階段有兩個主要目標,即學習和響應。在電力部門和使用者之間共享電網的狀態可以提高智慧電網的穩定性。此外,使用者也是電網穩定性的積極參與者。這可以通過視覺化儀表板門戶來實現,該門戶提供可通過互聯網或移動應用程式訪問視覺化的智慧電網狀態。此外,可以公布動態電力定價和在尖峰期

減少負荷的激勵措施。

(3)雲端運算平台上的實現

1)雲端平台 雲端運算可以作為大數據系統的基礎架構層進行部署,以滿足某些基礎架構要求,改進可訪問性和可擴展性[25]。基於所提出框架的要求,基礎設施即服務(Infrastructure as a Service,IaaS)雲端適用於實現智慧電網大數據框架。可以利用 Amazon AWS 和 Google 等雲端服務提供商構建託管該框架的集群。在此實施中,使用具有六臺機器的 Google 雲端平台群集。將為 Hadoop 平台部署五臺運行 CentOS Linux 操作系統的電腦。剩下的機器將運行 Windows 操作系統來執行視覺化分析任務。在 Hadoop 集群中,將有一個主節點和四個從節點。在/etc/hosts 檔案中的每個節點上標識節點的 IP 位址和主機名。在將新節點添加到群集時,必須將其定義到/etc/hosts 檔案中的所有其他群集節點。

通常智慧電網大數據分析是基於許多未經檢查來源的大數據源進行的。為此,需要了解適用於各種智慧電網資料源的安全和治理策略。剩下的資料需要得到保護和管理。因此,需要明確定義的安全策略。值得注意的是,安全性需要頻繁地更新策略,因為現有技術在不斷發展。例如,當將智慧電網資料發送到雲端提供商時,可以考慮資料加密。為了在安全的集群環境中建立智慧電網框架,採用了 Secure Shell 版本 2(SSH)協議。SSH 是一種加密網路協議,允許網路系統在不安全的網路上安全運行。SSH 在客戶端-伺服器體系結構中提供安全的加密連結,該體系結構將客戶端與伺服器連接起來。此外,SSH 還提供身分驗證、加密和資料完整性,以保護網路通訊。SSH 允許群集上進行不同的操作,例如啟動、停止和向節點分發操作。在我們的集群環境中,它提供了設備和主節點之間的安全連接。此外,還提供了將如何安全地指定節點連接到另一個節點,然後使用生成的安全連接來訪問其他節點資源的方法。使用已知雲端服務提供商實施框架的一個優點是,它們的雲端服務符合雲端安全聯盟(Cloud Security Alliance,CSA)標準,該標準促進使用最佳實踐來提供和確保雲端運算的安全性。要在雲端集群中實現 SSH,應使用公鑰認證方法。SSH 中的公鑰認證被認為是一種流行的強認證方法,它用於認證集群節點。為此,要在節點上手動生成公鑰和私鑰。公鑰將提供給需要身分驗證的所有群集節點。使用該公鑰加密的任何資料都將使用相應的私鑰進行解密。因此,每個群集節點都有一個檔案,其中包含其他節點密鑰的完整列表。雖然身分驗證基於私鑰,但密鑰本身在身分驗證期間不會通過網路傳輸。SSH 僅驗證提供公鑰的同一節點是否也擁有匹配的私鑰。這將阻止不屬於群集的節點作為經過身分驗證的節點進行連接(竊聽)。

在進行完 SSH 配置後,公鑰(id rsa.pub)將被覆制到每個節點。因此,集群中的每個節點都具有其他節點密鑰的完整列表。

在集群上設置實現框架所需的組件，即 Flume、Hadoop、HIVE、IMPALA。在此框架中使用 Cloudera 的分布式 Hadoop（Cloudera distribution Hadoop，CDH）。在設置 CDH 期間，主節點和從節點由其主機名或 IP 位址標識。主節點將運行主「守護進程」，它知道從節點的位置以及它們擁有的資源數量。標識為主節點運行多個服務；最重要的是 ResourceManager，它決定如何分配資源。標識為從節點向 ResourceManager 報告自己。它們會定期將心跳（heartbeat）訊號發送到 ResourceManager。每個從節點都為集群提供資源。資源容量是記憶體量和內核數量。在運行時，ResourceManager 將決定如何使用此容量。

2）Flume　一旦資料可從智慧電表獲得，它就會被發送到本地節點。使用雲端服務的一個優點是，只要存在 Internet 連接並且雲端的安全協議允許，就可以從任何位置發送資料。充當 Flume 代理的節點可以是主節點或從節點。在該實現中，Flume 代理以 csv 檔案格式接收資料。檔案的屬性可以包括時間戳（日期-時間）、智慧電表的 ID（ID）、發電（Gen）/用電（Cons）功率和郵政編碼（Zip）等資料。

3）Hadoop　採用 Cloudera Manager Hadoop 發行版作為 Hadoop 平台，以便為不熟悉 CentOS 的使用者提供簡單的開發環境，為要求苛刻的智慧電網應用開發類似的工具。Cloudera Manager 自動安裝基本配置，進行除錯，安裝 SQL 資料庫以及 CDH 代理和其他組件。

在安裝期間，使用 IP 位址和主機名指定群集節點。此外，群集節點分配了主角色和從屬角色，群集中可以有多個主節點，為節點分配在其上運行的角色。例如，指定了執行 MapReduce 任務的節點，並且還指定了執行 HIVE 任務的節點。可以指定群集節點執行多個任務。可以通過 Cloudera Manager 監視節點的狀態和使用情況。這可以幫助決策者增加/減少集群中的節點數量，並監控節點的可靠性。

Flume 將資料存入 HDFS 記憶體庫。HDFS 通過將傳入的檔案分成塊，並將每個塊冗餘地記憶體在從屬伺服器上，以此管理群集上的記憶體。通常情況下，HDFS 通過將每個塊複製到三個不同的節點來記憶體每個檔案的三個完整副本以獲得可靠性。默認情況下，每個塊大小為 128MB，但也可以更改塊的大小以滿足應用程式需要。但是，減小塊大小可能會導致整個群集中產生大量的塊，這會導致主節點管理大量元資料。

CDH 處理組件 YARN，通過將分析中涉及的工作分發到許多不同的節點來利用這種分布式資料。每個節點都在檔案中對自己的塊進行分析。在分析每個涉及的塊之後，將結果整理並消化成單個結果。CDH 在執行期間監視作業，並在必要時重新啟動因節點故障而丟失的作業。

4）HIVE　HIVE 使用類似 SQL 的介面，有助於讀取、編寫和管理記憶體在 HDFS 記憶體庫中的資料。在此框架中，HIVE 從 HDFS 記憶體庫讀取智慧

電網資料檔案，並生成感興趣的資料表。在該實現中，期望構建僅包括時間戳、智慧電表 ID 和智慧電表用電的表。類似 SQL 的查詢可以實現這一點。此查詢將從'user/flume/sgf'中讀取資料，並且只要新資料被提取到此目錄中，Consumptions Table 表將自動更新。

5）IMPALA　與 HIVE 類似，IMPALA 能夠使用類似 SQL 的查詢讀取、編寫和管理記憶體在 HDFS 記憶體庫中的資料。但是，HIVE 和 IMPALA 在運行方式和 SQL 語句的編寫方式上有所不同。例如查詢處理單個房屋智慧電表資料，包括從太陽能電池板（太陽能電源）和住宅風力渦輪機（風力）產生的電力。為此該查詢需要創建一個表，其中包括時間戳、用電量、太陽能功率、風力和郵政編碼。創建表後，需要「Invalidate metadata」語句來更新元資料。要響應查詢，Impala 必須具有有關客戶端直接查詢的資料和表的當前元資料。因此，如果修改了 Impala 使用的資料表，則必須更新 IMPALA 緩存的資訊。如果由於停電而導致資料延遲，Flume 將確保資料記憶體到 HDFS 記憶體中，IMPALA/HIVE 將在「'user/flume/sgf'」中提供資料時更新表格。添加「ORDER BY」語句將根據此情況下的時間戳對資料重新排序。

6）視覺化分析　在此實現中，Tableau 軟體用於智慧電網大數據視覺化分析。Tableau 通過 SQL 查詢提供互動式資料視覺化。這裡需要將 SQL 查詢發送到 HIVE/IMPALA 以構建感興趣的資料的視覺化。為了實現這一點，必須建立 Tableau 和 HIVE 或 IMPALA 之間的連接。

開放式資料庫連接（Open database connectivity，ODBC）介面允許應用程式使用 SQL 作為訪問資料的標準來訪問資料庫管理系統（DBMS）中的資料。運行 Windows 操作系統的其餘電腦用於設置 Tableau，安裝 Tableau 的 HIVE/IMPALA ODBC 驅動程式。在 Tableau 軟體中，選擇連接 Hadoop 伺服器，並確定機器和端口。建立連接後，可以訪問所需的 HDFS 資料。Tableau 中的視覺化是通過發送由 Tableau 生成的類似 SQL 的 HIVE/IMPALA 查詢構建的。Hadoop 平台上的 HIVE/IMPALA 執行可以大大提高大數據集的速度，實現快速的視覺化分析。

（4）實際應用

下面將介紹所實現的雲端平台和 Hadoop 集群框架，並將框架應用於兩種情況。在第一種情況中，該框架應用於單個房屋以管理其電力使用，節省電力並有助於電網的平穩和有效運行。在第二種情況下，該框架應用於智慧電表資料集，該資料集由 6436 個家庭和企業組成。

該框架託管在由 6 臺電腦組成的 IaaS Google 雲端平台上。在 5 臺機器上設置了 Hadoop 集群，其中包含 1 個主節點和 4 個從節點。主節點是運行 64 位 Linux 操作系統的 2.6GHz，7.5GB RAM 的機器。所有從屬節點均為 2.6GHz，3.75GB RAM，運行 64 位 Linux 操作系統。剩下的機器是運行 64 位 Windows

操作系統的 2.6GHz，3.75GB RAM，用於運行 Tableau 以執行視覺化任務。使用 SSH 協議設置群集節點之間的安全加密連結。

在第一種情況下，除了消耗電力的典型家用電器之外，該房屋還包括微型發電機，即住宅風力渦輪機和屋頂太陽能（PV）太陽能電池板。此外，EV 包含在場景中，家庭用電資料來自 UCI 資料庫[26]，它包括全局有功功率和三個子計量。

第一個分計量對應於廚房，主要包含洗碗機、烤箱和微波爐。第二分計量對應於洗衣房，包括洗衣機、烘乾機、冰箱和燈。第三分計量對應於熱水器和空調。運算風力渦輪機和太陽能太陽能電池板功率輸出的風速、溫度和輻照資料來自文獻[27]。考慮的風力渦輪機是 3kW 的住宅渦輪機。風力渦輪機的功率輸出使用指定位置的天氣資料（即風速與空氣密度）和風力渦輪機的資料表[28]。屋頂太陽能太陽能電池板的數量為 10[29]。EV 充電（G2V）曲線來自對英格蘭東北部 EV 駕駛員充電習慣的研究[30]，EV 放電（V2G）習慣來自文獻[31]，因為它表明 10％的 EV 能量可以排放到電網中。對於所有子計量，此應用程式中的資料生成速率為 1min。圖 2.11(a) 示出了使用 Tableau 視覺化工具以 1min 為解析度的用電和發電。圖 2.11(b)示出了每隔 1min 更新的上述房屋電源狀態的儀表板。

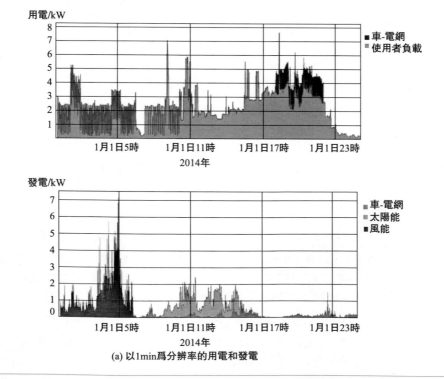

(a) 以1min爲分辨率的用電和發電

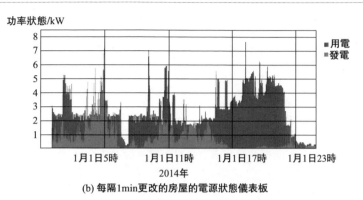

(b) 每隔1min更改的房屋的電源狀態儀表板

圖 2.11　電源狀態儀表板

　　在第二種情景中，使用愛爾蘭社會科學資料檔案[32]的智慧計量電力行為資料集，該資料集於 2009 年 7 月至 2010 年 12 月期間用於 6436 個愛爾蘭家庭和企業，時間解析度為 30min，用於測試該框架的可行性。在上述期間，每臺智慧電表產生 25730 次用電序列讀數。這相當於超過 1.65 億的電力消耗讀數被採集。每臺智慧電表的資料生成率為 30min。因此，每 30min 攝取 6436 個智慧儀表資料。每個觀察包含時間戳、智慧儀表 ID 號和用電量。公用事業公司可以訪問關於其客戶的附加資料，例如房屋的位置和平方英尺。但是，此資訊通常不適用於第三方應用。使用 Flume 將資料單獨採集到 Hadoop 集群中的主節點。收集資料後，將其記憶體到 HDFS 基礎架構中。6436 個智慧電表讀數的用電量讀取和排列表格的 SQL 查詢在 HIVE 和 IMPALA 中運行。由於 HIVE 和 IMPALA 的功能不同，因此需要對兩者進行測試，以觀察哪一個可以更快地執行。一定的時間內，在 Hadoop 集群中，HIVE 和 IMPALA 都能夠使用新記憶體的 6436 個智慧電表資料（即時間戳、智慧電表 ID 號和每 30min 智慧電表的耗電量）來生成/更新表格。圖 2.12 顯示了用於生成/更新智慧儀表讀數所使用的 IMPALA 查詢的時間執行細節。在此應用中開發了儀表板，以便為 DDR 目的顯示智慧電網的狀態。為此，使用了 Tableau 視覺化軟體。Tableau 軟體通過 HIVE 或 IMPALA 查詢與 Hadoop 集群連接，以實現近乎即時的視覺化。在這裡，IMPALA 能夠在更新智慧電網狀態的視覺化方面超越 HIVE。這表明 HIVE 可以適用於大數據批處理，而 IMPALA 可以滿足近即時大數據處理的要求。圖 2.13(a) 為現有智慧電網狀態的儀表板，顯示 6436 個愛爾蘭家庭和企業的耗電量，圖 2.13(b) 為 11 個選定的智慧電表的功耗。因此，通過分析，可以在峰值負載期間採用 DDR 策略。電力部門可以主動辨識異常情況並採取措施防止停電，以提高電網可靠性。此外，可以採用公布動態電力定價和在尖峰期減少負荷的激勵措施。

| 操作 | 主機號 | 平均時間 | 最大時間 |
|---|---|---|---|
| 06：聚合 | 4 | 233.197ms | 360.253ms |
| 05：交換 | 4 | 201.407us | 247.779us |
| 04：聚合 | 4 | 353.504us | 419.331us |
| 00：聯合 | 4 | 991.916us | 1.796ms |
| \|--02：掃描　HDFS | 4 | 8.568ms | 14.741ms |
| \|--03：掃描　HDFS | 4 | 2.426ms | 4.5ms |
| 01：掃描　HDFS | 4 | 11.151ms | 12.75ms |

圖 2.12　生成/更新傳入的 6436 個智慧電表資料的 IMPALA 查詢時間執行細分

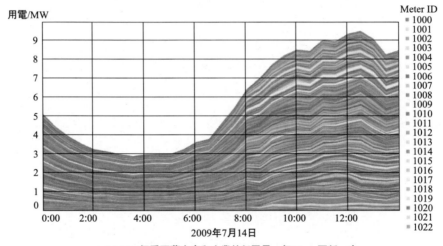

(a) 6436個愛爾蘭家庭和企業的耗電量，每30min更新一次

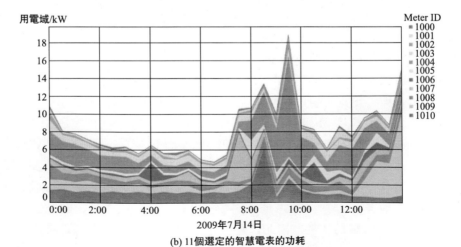

(b) 11個選定的智慧電表的功耗

圖 2.13　智慧電網中電源狀態的儀表板

本節介紹的框架能夠近乎即時地獲取、記憶體、處理和查詢大量資料。由於 HIVE 和 IMPALA 的功能不同，兩者都能夠在相當的時間內生成/更新新記憶體的 6436 個智慧電表資料。但是，據觀察，HIVE 適用於大數據批處理，而 IMPALA 可以滿足近即時大數據處理的要求。值得注意的是，Hadoop 平台的強大功能還能夠處理需要即時操作的線上智慧電網應用。通過對智慧電網大數據的分析可以帶來以下好處：利用需要側管理來解決供電波動，促進了可再生能源的整合；在尖峰時段將客戶用作虛擬電力資源，可以提高電網的可靠性；通過降低尖峰期和廣告來減少負荷，可以避免建立新的發電廠；將 SAMOA 等資料探勘工具應用於近即時智慧電網資料流，以進行分析和預測；面向使用者的應用，通過智慧型手機推送通知，為最終使用者提供減少用電量和節省資金的回饋；面向生產者的應用，提供有關使用者的資訊，例如他們的日常習慣，用於獎勵或聚集客戶。

# 2.4 小結

智慧電網是在現有的電力系統及其監測、控制與管理技術的基礎上發展起來的。智慧電網是現有的輸電控制中心與配電控制中心基礎的發展與演進。因此，構成智慧電網基礎的電力系統及其自動化系統對智慧電網的演進至關重要。本章簡要地介紹了構成智慧電網的物理基礎，即發電、輸電、配電和用電，以及與之配套的監測、控制與管理系統。

電力自動化系統是對電網進行控制和管理的系統，其目標是保持整個電力系統正常運行，安全經濟地向使用者提供品質有保證的電能。當電力系統出現故障時，能夠迅速地隔離故障，盡快恢復電力系統的正常運行。

電力自動化是電力系統的二次系統，一般指對電力設備及系統（或局部系統）的自動監控與調度，由多個子系統組成。每個子系統完成一項或若干項功能。從電力系統運行管理來分，可將電力自動化系統分為電力調度自動化、發電廠綜合自動化、變電站綜合自動化和配電網綜合自動化。

從傳統電網到智慧電網的演進正在進行中，智慧電網與傳統電網的最大不同之一是分布式能源電源的加入，這就要求電力系統營運商重新思考電網的管理方式，以便面對意外和快速的動態變化。為了滿足這些需要，電力系統正在部署越來越多的新的測量設備，這些設備能夠快速地收集智慧電網的資訊，對其運行參數進行監測，並根據決策對電網進行控制。

對傳統電網以及智慧電網的管理和控制均需要一個有效的且面向未來的資訊和通訊系統，能夠滿足電網營運商的需要。新的測控裝置的不斷加入使對電網測

量的頻率不斷提高，由此導致了大量資料的產生，並且在不久的將來這個速率將明顯增加。因此，資訊通訊基礎設施需要能夠以可擴展的方式處理由此產生的高速測量資料流，以滿足預期的智慧電網的廣泛部署。這不僅僅是傳輸容量的問題，因為資訊通訊基礎設施應該能夠自適應地感知電網的狀態，了解發送和記憶體資料的位置，並使這些資料可用於不同的應用。

對於智慧電網測控的要求而言，新湧現的雲端運算與邊緣和大數據等當前全新的資訊通訊技術是能滿足這些要求的關鍵技術。邊緣運算代表電網邊緣設備演變為微雲端伺服器，使其不僅能夠管理某些電網功能，而且還能夠管理一些應用模組，降低通訊負荷，提高快速響應能力。基於雲端的解決方案可以完成與記憶體、即時運算和預期的大量資料優化相關的重要任務。

本章介紹了應用雲端運算與邊緣技術和大數據技術在智慧電網中的兩個應用案例。一個是應用雲端運算與邊緣運算對智慧電網進行狀態估計，另一個是採用大數據分析技術對大量的用電資料進行分析。

應用雲端運算與邊緣技術對電網進行狀態估計，搭建了一個具有動態、彈性監控電網的資訊通訊系統的架構，能夠迅速檢測到電網的動態變化，以便及時做出響應，同時節省了通訊頻寬資源和運算資源，響應時延也得到了改善。

基於大數據平台的智慧電網分析架構能夠近乎即時地獲取、記憶體、處理和查詢大量資料。以 Hadoop 為代表的大數據平台具有強大的功能，能夠處理需要即時操作的線上智慧電網應用。通過對智慧電網的大數據分析可以提高需要側管理能力，促進可再生能源的整合，提高電網的可靠性，降低尖峰期負荷，並可對智慧電網進行分析和預測。

# 參考文獻

[1] 國際能源署. 智能電網技術路線圖［R］. http://www. nea. gov. cn/2011-06/17/c_131086173. htm

[2] 韓禎祥. 電力系統分析［M］. 杭州：浙江大學出版社，2013.

[3] 傅周興. 電力系統自動化［M］. 北京：中國電力出版社，2006.

[4] MELONI A, et al. Cloud-based IoT solution for state estimation in smart grids：Ex-ploiting virtualization and edge-intelligence technologies［J］. Computer Networks, 2018, 130：156-165.

[5] WANG W, XU Y, KHANNA M. A survey on the communication architectures in smart grid［J］. Comput. Netw. 2011, 55 (15)：3604-3629.

[6] GUNGOR V C, et al. A survey on smart grid potential applications and

communication requirements［J］. IEEE Trans. Ind. Inf. 2013, 9 (1) :28-42.

[7] KUZLU M, et al. Communication network requirements for major smart grid applications in HAN, NAN and WAN［J］. Comput. Netw. , 2014, 67:74-88.

[8] MOCANU D, et al. Big IoT data mining for real-time energy disaggregation in buildings ［C］. IEEE International Conference on Systems, Man, and Cybernetics, 2016, 9-12.

[9] FARRIS I, et al. Social virtual objects in the edge cloud［J］. IEEE Cloud Comput. , 2015, 2 (6) :20-28.

[10] NITTI M, et al. The virtual object as a major element of the Internet of Things:a survey［J］. IEEE Commun. Surv. Tutor. , 2016, 18 (2) :1228-1240.

[11] Strategic research agenda for europe's e-lectricity networks of the future［OL］. http://www. nist. gov/smartgrid/upload/NIST-SP-1108r3. pdf.

[12] NIST, Framework and roadmap for smart grid interoperability standards, release 3. 0.

[13] IEC TC57, Power systems management and associated information exchange data and communications security. Part 6:security for IEC 61850, 2007.

[14] PAMIES-JUAREZ L, et al. Towards the design of optimal data redundancy schemes for heterogeneous cloud storage infrastructures ［J］ . Comput. Netw. , 2011, 55 (5) :1100-1113.

[15] IEEE standard for synchrophasor measurements for power systems, 2011［D］. 10. 1109/IEEESTD. 2011. 6111219.

[16] IEEE standard for synchrophasor measurements for power systems-amendment 1: modification of selected performance requirements, 2014［D］. 10. 1109/IEE ES-TD. 2014. 6804630.

[17] IEEE standard for synchrophasor data transfer for power systems, 2011［D］. 10. 1109/IEEESTD. 2011. 6111222.

[18] GIUSTINA D D, et al. Electrical distribution system state estimation:measurement issues and challenges［J］. IEEE Instrum. Meas. Mag. , 2014, 17 (6) : 36-42.

[19] PRIMADIANTO A, LU C N. A review on distribution system state estimation ［J］. IEEE Trans. Power Syst. , 2017, 99.

[20] PAU M, PEGORARO P A, SULIS S. Efficient branch-current-based distribution sys-tem state estimation including synchronized measurements［J］. IEEE Trans. Instrum. Meas. , 2013, 62 (9) :2419-2429.

[21] DONOHOE M, et al. Context-awareness and the smart grid: requirements and challenges［J］. Comput. Netw. , 2015, 79:263-282.

[22] SILVA J A, FUNMILAYO H B, BULTER-PURRY K L, Impact of distributed generation on the IEEE 34 node radial test feeder with overcurrent protection［C］. 39th North American Power Symposium (NAPS) , 2007, 49-57.

[23] IEEE PES distribution test feeders［OL］. http://ewh. ieee. org/soc/pes/dsacom/testfeeders/.

[24] MUNSHI A A, et al. Big data framework for analytics in smart grids［J］. Electric Power Systems Research, 2017, 151: 369-380.

[25] SERRANO N, GALLARDO G, HER-NANTES J. Infrastructure as a service and cloud technologies［J］. Softw. IEEE, 2015, 32 (2) :30-36.

[26] LICHMAN M. UCI Machine Learning Repository, 2013 ［OL］. http:// archive. ics. uci. edu/ml.

[27] Solar Radiation Research Laboratory (BMS) , 2017［OL］. http://www. nrel.

gov/midc/srrl bms

[28]  Kingspan wind[R]. KW3 Small Wind Turbines, RAL 9005, Datasheet.

[29]  SUNPOWER, E20/435 Solar Panel, SPR-435NE-WHT-D Datasheet, 2011.

[30]  ROBINSON A P, et al. Analysis of electric vehicle driver recharging demand profiles and subsequent impacts on the carbon content of electric vehicle trips [J]. Energy Policy, 2013, 61:337-348.

[31]  ALONSO M, et al. Optimal charging scheduling of electric vehicles in smart grids by heuristic algorithms[J]. Energies, 2014, 7 (4) :2449-2475.

[32]  Irish Social Science Data Archive (ISSDA), 2017[OL]. www. ucd. ie/issda.

# 第3章

# 感知技術

在包括智慧電網在內的物聯網中,感知設備扮演著獲取資訊的關鍵角色,它們不但能獲取物理資訊、化學與生物資訊,而且還能獲取包括 RFID 標籤、條碼等在內的植入資訊。感知設備所採用的技術可以分為感測器技術、植入資訊的 RFID 與條碼技術、以及以感測器為敏感元件構成的測量設備。而圖像辨識技術則是由圖像敏感元件採集圖像資訊以進行多維資訊處理的技術。因此,感知技術的關鍵是感測器技術和資訊植入技術。目前感測器技術已向智慧感測器方向發展,而以 RFID 和條碼為代表的資訊植入技術則向著多功能、多維度、無線化的方向發展。

## 3.1　智慧感測器

智慧感測器具有資料採集、轉換、分析甚至決策功能[1]。隨著物聯網的廣泛應用與快速發展,智慧感測器的市場以約 36% 的年均成長率成長,預計在 2020 年達到 104 億美元[2]。

智慧感測器主要採用矽材料,以微細加工與 CMOS 集成電路技術製成。按其製造技術來分,智慧感測器可分為微機電系統(Micro-Electro-Mechanical System,MEMS),互補金屬氧化物半導體(Complementary Metal Oxide Semiconductor,CMOS),光譜三大類。MEMS 與 CMOS 技術能夠實現低成本、大批量生產,可在同一襯底或同一封裝中集成敏感元件、偏置與調理電路,還可集成電路,使智慧感測器具有多種感知功能和資料的智慧化處理功能[3]。

智慧化、微型化、仿生化是未來感測器的發展趨勢。目前,智慧感測器已被廣泛應用於社會生活的各個方面,尤其在智慧型手機、智慧家居、可穿戴裝置、工控設備、智慧建築、醫療設備和軍事領域等。

### 3.1.1　智慧感測器的構成

智慧感測器是一種以微處理器為核心單元,具有檢測、判斷和資訊處理功能的感測器。

　　智慧感測器是一個典型的以微處理器為核心的電腦檢測系統，其構成如圖 3.1 所示。智慧感測器包括感測器智慧化與智慧性感測器兩種主要形式。感測器智慧化是採用微處理器或微電腦系統來擴展和提高傳統感測器功能，感測器與微處理器可為兩個獨立的功能單元，感測器的輸出訊號經放大處理和轉換後輸入到微處理器進行處理。智慧性感測器是借助半導體技術將感測器部分與訊號放大、處理電路、微處現器等製作在同一塊晶片上，形成大規模集成電路的智慧感測器。智慧感測器具有多種功能，且可靠性好、一體化集成度高、體積小、適宜大批量生產、使用方便、CP 值高。它是感測器發展的必然趨勢。目前廣泛使用的智慧式感測器是通過感測器的智慧化實現的。

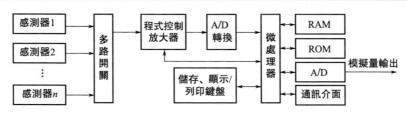

圖 3.1　智慧感測器組成框圖

（1）感測器

　　圖 3.1 中的感測器主要由敏感元件和轉換元件組成。敏感元件是感測器的核心，常規的主要敏感元件如表 3.1 所示。一般來說，智慧感測器可以集成多個感測器，以此實現多情景感知。敏感元件將感知到的參數通過轉換元件變成電參數，以便進一步處理。

表 3.1　常規感測器的主要敏感元件

| 功能 | 主要敏感元件 |
| --- | --- |
| 力(壓)-位移轉換 | 彈性元件(環、梁、圓柱、膜片式、膜盒、波紋管、彈簧管) |
| 位移敏 | 電位器、電感、電容、差動變壓器、電渦流線圈、容柵、磁柵、感應同步器、霍爾元件、光柵、碼盤、應變片、光纖、陀螺 |
| 力敏 | 半導體壓阻元件、壓電陶瓷、石英晶體、壓電半導體、高分子聚合物壓電體、壓磁元件 |
| 熱敏 | 金屬熱電阻、半導體熱敏電阻、PN 結、熱釋電裝置、熱線探針、強磁性體、強電介質 |
| 光敏 | 光電管、光電倍增管、光敏二極管、色敏三極管、光導纖維、CCD、熱釋電裝置 |
| 磁敏 | 霍爾元件、半導體磁阻元件、鐵磁體金屬薄膜磁阻元件(超導裝置) |
| 聲敏 | 壓電振子 |
| 射線敏 | 閃爍計數管、電離室、蓋格計數器、PN 二極管、表面障壁二極管、PIN 二極管、MIS 二極管、通道型光電倍增管 |

續表

| 功能 | 主要敏感元件 |
|------|------------|
| 氣敏 | MOS 氣敏元件、熱傳導元件、半導體氣敏電阻元件、濃差電池、紅外吸收式氣敏元件 |
| 濕敏 | MOS 濕敏元件、電解質濕敏元件、高分子電容式濕敏元件、高分子電阻式濕敏元件、濕敏電阻、CFT 濕敏元件 |
| 物質敏 | 固相化酶膜、周相化微生物膜、動植物組織膜、離子敏場效應晶體管 |

（2）多路開關

多路開關的主要功能是將多個感測器提供的多路電量訊號，以分時的方式輸入到後續的放大、A/D 和微處理器組成的處理系統中。這樣一套處理系統便可以處理多路敏感元件感知的資訊。

（3）程式控制放大器

集成的模擬訊號放大器可以通過程式控制來改變放大性能。在智慧感測器中，由於多路開關輸入的模擬訊號具有不同的幅度（或功率），需要對其以不同的放大方式進行放大，因此，程式控制放大器提高了放大器的靈活性和適用性。

（4）A/D 轉換

將放大後的模擬訊號轉換為數位訊號，供微處理器處理。A/D 轉換器的精度直接決定著感測器的精確性和準確性，因此需要高精度的 A/D 轉換。一般來說，轉換器的位數越多，轉換的精度就越高。但轉換高位數意味著高成本，因此需要折衷考慮。

（5）微處理器

微處理器是智慧感測器的核心。一般來說，8 位微處理器就能滿足處理新功能的要求。但需要包括調度軟體（或操作系統）、訊號處理軟體、通訊軟體、控制軟體和感測器性能補償與校準軟體的支援。因此，智慧感測器的微處理中的軟體系統是實現高性能智慧感測器的關鍵。

（6）記憶體、顯示/列印和鍵盤

記憶體器包括 RAM 和 ROM，是資料記憶體和軟體記憶體的系統，與微處理器緊密結合，是微處理系統的一部分。智慧感測器一般不在本地顯示，但作為智慧儀表則需要顯示/列印和鍵盤作為輸入/輸出裝置。

（7）A/D 與通訊介面

如果需要模擬訊號輸出，則經過微處理器處理後的訊號需要通過 D/A 轉換向外提供模擬訊號。該 A/D 和輸入模擬訊號的 A/D 是同一個，其精度可通過程式控制加以調節。如果需要以數位訊號輸出，則可以通過通訊介面輸出。另外通

訊介面還具有下裝智慧感測器參數、更新軟體系統的功能。目前，感測器，尤其是智慧感測器，不斷與無線感測網路、RFID（或 NFC）融合，融合中的通訊介面具有多種形式，如串口、USB、IP（RJ45）介面和總線介面很常見。

# 3.1.2 智慧感測器的軟體系統

智慧感測器的軟體系統包括調度軟體（或操作系統）、訊號處理軟體、控制軟體、校準軟體、通訊軟體等。這些軟體支援整個感測器有效、可靠的工作。

（1）調度軟體（或操作系統）

智慧感測器是一個具有特殊功能的資訊系統，其中所包含的微處理器需要一個調度軟體（或操作系統）來保障各功能協調、有序和安全的工作。從感測器採集的資訊到處理後的資訊輸出、顯示、傳輸等環節來看，整個調度軟體可以看作一個簡單的操作系統，其包含了若干個任務，每個任務包含了多個進程。為此，整個調度軟體需要管理和調度如下任務。

1）資料採集　資料採集任務主要負責感測器的動作，使其從被測對象處獲取被測量。其進程包括啟動和調度多路開關、放大器啟動與參數加載、A/D 轉換參數配置與啟動。

2）資料的讀入與處理　調度並管理微處理器的 I/O 口讀取資料，並將處理後的資料保存到記憶體中。處理資料時，需要調度（調用）訊號處理軟體。該任務包含的進程為讀入進程、調用資訊處理軟體。

3）記憶體管理　管理微處理中記憶體資料的記憶體。整個記憶體分為兩部分，一部分是臨時用於處理資訊的暫存記憶體，另一部分是記憶體資料表（或記憶體資料庫）的管理。該任務的進程包括臨時記憶體的分配、使用和回收，還包括記憶體資料表的初始化分配、鎖定、讀寫控制。

4）優先級管理　根據任務的優先級，對各任務的優先級進行合理的管理。優先級從高到低為：通訊進程、控制進程、訊號處理進程、參數加載進程、顯示與鍵盤進程。

5）顯示與鍵盤管理　管理處理後的資料的顯示，管理本地鍵盤的輸入。

（2）訊號處理軟體

訊號處理軟體主要完成採集資料的去噪與濾波、運算與決策等進程。

1）去噪和濾波　從感測器採集的資料經過放大和 A/D 轉換後進入到微處理器中，這些資料一般包含噪音或其他不必要的訊號，因此，需要對其進行處理。而採集的訊號一般是低速資料，且資料量不會太大，所以可以採用數位訊號處理的方法（如傅立葉分析、譜分析等）來去噪和濾波，並提取有用的訊號。

2）運算與決策　一般來說，所採集的資訊經過去噪和濾波後，得到的資料是一種原始的粗資料，需要進一步轉換，將其轉換為所需的工程資料，因此需要對這些粗資料通過適當的運算公式進行運算轉換。對某些表徵狀態的資訊（如生化參數的陽性、陰性等），需要確定其狀態，這就需要進行某種決策，所以智慧感測器需要決策軟體進行運算和決策。

（3）控制軟體

控制軟體主要負責控制 A/D 轉換、多路開關、放大器、顯示和鍵盤的工作與運行。

（4）校準軟體

校準軟體主要負責對智慧感測器進行校準，以保證各感測器採集的資料具有較高的準確性。校準軟體一般需要根據感測器敏感元件的靜態曲線和動態曲線進行校準，靜態與動態曲線可以下裝到本地的微處理中，或通過通訊介面接收來自上級傳送的曲線進行校準。

（5）通訊軟體

感測器採集的資訊經處理後需要通過通訊介面傳送出去，另外智慧感測器的動作一般也需要根據上級的命令來執行。還有一些感測器參數的下裝也需要通過通訊介面傳輸。為此，需要適當的通訊協議來保障資料的傳輸和資訊的安全，包括資料無錯誤傳輸，並防止非法獲取。

隨著感測器與無線感測網路、RFID、NFC 和藍牙等技術的融合，需要考慮多版本的、適應性強的、能滿足物聯網發展的通訊協議。實際上智慧感測器可認為是一個物聯網終端，不僅具有資料採集的感知功能，還需要具有通訊功能。因此，滿足物聯網發展的 6LoWPAN 協議可能是智慧感測器的一個最佳選項。

調度軟體（或操作系統）是一個受控的即時系統，它收到上級的命令後來對整個智慧感測器的任務進行調度，這主要是因為對感知對象的資訊採集不必連續不斷進行，另外我們還要考慮與無線感測網路、RFID、NFC 和藍牙等外部系統的集成，而這些外部系統往往是能量（電源）受限的系統，因此智慧感測器應和這些系統一樣是低功耗的。調度軟體的調度時序如圖 3.2 所示。

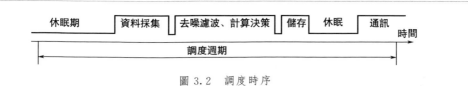

圖 3.2　調度時序

當調度軟體啟動後，首先對多路開關、A/D 轉換、通訊介面、顯示和鍵盤（如果需要）、記憶體等進行初始化。初始化後定時掃描通訊介面，查看是否有參數下載、輸出資料等命令。如果沒有則進入休眠。當採集的時間計數器歸零時，啟動感測器進行資料採集、去噪、濾波、運算、決策、記憶體等任務，完成這些任務後，系統進入休眠，等待下一次通訊命令的到達。處於休眠狀態的微處理器僅運行一些計數器的進程，保持低功耗。

## 3.1.3 MEMS

微電子機械系統（Micro-Electro-Mechanical System）技術簡稱 MEMS 技術，是指可批量生產的，集微型機構、微型感測器、微型執行器以及訊號處理和控制電路，包括介面、通訊和電源等集成於一體的微型裝置或系統。MEMS 是隨著半導體集成電路精細加工技術和超精密機械加工技術的發展而發展起來的，具有小型化、集成化的特點。目前已發展成了一門獨立的新興學科[4]。

這種將機械系統與感測器電路集成在同一晶片上，構成一體化的微電子機械系統的技術，稱為微電子機械加工技術。其中的關鍵在於微機械加工技術，在矽片上形成穴、溝、錐形、半球形等各種形狀，從而構成膜片、懸臂梁、橋、品質塊等機械元件。將這些元件組合，就可構成微機械系統。利用該技術．還可以將閥門、彈簧、振子、噴嘴、調節器，以及檢測力、壓力、加速度和化學濃度的感測器，全部集成在矽片上、形成微電子機械系統。

利用 MEMS 加工技術製造的感測器稱為 MEMS 感測器（或微型感測器）。同傳統感測器相比，MEMS 感測器具有以下優點。

① 極大地提高了感測器性能　在訊號傳輸前就可放大訊號，從而減少干擾和傳輸噪音，提高信噪比；在晶片上集成回饋線路和補償線路，可改善輸出的線性度和頻響特性，降低溫差，提高靈敏度。

② 具有陣列特性　可以在一塊晶片上集成敏感元件、放大電路和補償電路，可將多個相同的敏感元件集成在一個晶片上。

③ 具有良好的兼容性，便於與微電子裝置集成封裝。

④ 利用成熟的矽微半導體工藝製造，可批量生產，成本低廉。

例如，微型慣性裝置是一類典型的 MEMS 感測器，在國防領域具有重要的地位。主要有微型矽陀螺和微型矽加速度計。微型矽加速度感測器採用矽單晶材料，用微機械加工工藝實現的，具有結構簡單、體積小、功耗低、適合大批量生產、價格低廉等特點，因此在衛星上可完成微重力的測量、微型慣性測量組合、簡單的制導系統。在汽車安全系統、傾角測量、衝撞測量等領域有廣泛的應用。

# 3.2 無線生化感測器

在過去二十年中，無線化學感測器的研究工作進展很快。它涉及多個學科和多個應用領域。醫療保健、安全、食品鏈、體育對分布式生化感測的需要不斷成長，行動通訊技術的進步，以及小型化技術和先進的感測方法的發展，都推動了無線生化感測器技術的發展。

因此，無線生化感測器是物聯網發展的特徵與需要。通過物聯網，人們將在自身與當地環境之間進行互動和通訊，並自動對感知到的周圍環境資訊做出反應。據估計，到 2025 年，互聯的物的數量將超過七萬億個，其中也包含眾多的生化感測器[5]。

隨著物聯網中的智慧醫療的發展，需要即時掌握個人生理狀況資訊，因此需要相關的生化感測器來感知人的生理資訊。同時，物聯網在環境監控方面的發展和廣泛應用，也需要生化感測器來監控環境資訊。在物聯網發展過程中，包括各種短距離無線通訊技術與行動網路通訊技術的發展，使得生化感測器與這些技術深入融合，從而實現了大範圍的應用，尤其是可穿戴設備的出現，促進了智慧醫療的發展。

無線生化感測器是從本地環境收集生化資料，然後通過無線技術將這些資料傳輸到遠端設備[6]，其基本結構如圖 3.3 所示。無線生化感測器可以構成點對點、點對多點以及網狀的拓撲結構，從而構成無線生化感測器網路。該無線感測器網路在應用方面與傳統的無線感測器網路相同，可將感知的多源資料傳送到資訊處理中心。另外，基於個域網技術的生化感測器網路與智慧型手機結合將提升可穿戴設備的水準，滿足智慧醫療的需要。

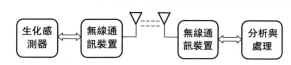

圖 3.3　無線生化感測器基本結構

化學（生物）感測器一般根據其轉換原理進行分類。無線化學感測器中應用的轉換元件以電化學的、光學的、電學的和高品質的敏感裝置為主[7,8]。

電化學感測器將附著在電極處的分析物的電化學反應轉換成電壓或電流訊號。電化學感測器主要有電位感測器和電流感測器。電化學感測器通常簡單一些，其分析訊號源於材料的電特性的變化，例如由於分析物的化學相互作用引起

的金屬氧化物半導體或有機半導體的導電性的變化。

　　光學化學感測器基於測量由分析物-受體相互作用引起的光學現象。光學感測器可以直接測量分析物的吸光度（或分析物敏感指示劑分子）或受體層中指示劑分子的發光強度。

　　品質敏感化學感測器是由化學反應改變感測器表面的分析物的品質來感知品質變化的。

## 3.2.1　無線電化學感測器

　　電化學感測器是最常見的化學感測器。電位測定法和安培法是兩種主要的轉導方法❶。

　　電位感測器具有功耗低、操作簡單和動態範圍寬的特點，因此可以集成到無線化學（生物）感測器中。例如，基於電位傳導機制的智慧無線 RFID 標籤，將 RFID 與 pH 電極和 ISE 等化學感測器集成[9]，用於檢測 pH；Novell 等人開發了固體接觸的 ISE，基於塑膠化 PVC，用於感知 $K^+$ 和 $Mg^{2+}$ 濃度，並將它們與低功率 RFID 平台集成[10]。這兩個無線電化學感測器在靈敏度、線性度、LOD 和漂移等方面都表現出優異的分析性能。當前具有代表性的基於電位傳導的無線化學（生物）感測器如表 3.2 所示。

**表 3.2　當前典型的電化學無線化學感測器[6]**

| 分析對象 | 辨識元件 | 轉導機制 | 無線系統 | 應用範圍 |
|---|---|---|---|---|
| pH | 玻璃電極 | 電位 | RFID | 通用 |
| $K^+$、$Mg^{2+}$ | ISE：聚合物中的離子載體（Ionophore in polymer） | 電位 | RFID | 通用 |
| $K^+$ | ISE（FET） | 電位 | 藍牙 | 通用 |
| pH | ISE：聚合物膜中的離子載體（Ionophore in polymer membrane） | 電位 | ISM/SRD | 環境,水質監測 |
| $NO_3^-$ | ISE | 電位 | GPRS | 環境,水質監測 |
| $Na^+$ | ISE：聚合物膜中的離子載體（Ionophore in polymer membrane） | 電位 | 藍牙 | 運動,汗水監測 |
| $Na^+$ | ISE：聚合物膜中的離子載體（Ionophore in polymer membrane） | 電位 | ZigBee | 運動,汗水監測 |

---

❶　傳導方法是指將非電量的參數轉化為電量，以便可以進一步測量。

續表

| 分析對象 | 辨識元件 | 轉導機制 | 無線系統 | 應用範圍 |
|---|---|---|---|---|
| $Na^+$ | ISE：聚合物膜中的離子載體（Ionophore in polymer membrane） | 電位 | 藍牙 | 運動，汗水監測 |
| $Na^+$ | ISE：聚合物膜中的離子載體（Ionophore in polymer membrane） | 電位 | RFID/NFC | 運動，汗水監測 |
| $Na^+$、$K^+$、葡萄糖，乳酸 | ISE（$Na^+$、$K^+$），$GO_x$，$LO_x$ | 電位，安培計 | 藍牙 | 運動，汗水監測 |
| pH、$Na^+$、乳酸 | ISE（pH，$Na^+$） | 電位，安培計 | 藍牙 | 運動，汗水監測 |
| pH | 聚（苯二胺）Poly（phenylene diamine） | 電位 | 藍牙 | 植入式，血液 $CO_2$ 監測 |
| pH、$K^+$、$Na^+$、$Cl^-$ | ISE：聚合物膜中的離子載體（Ionophore in polymer membrane） | 電位 | 藍牙 | 植入式家庭護理系統 |
| 葡萄糖 | ZnO 奈米線上的 $GO_x$ | 電位 | GSM | 醫療 |
| 葡萄糖和乳酸 | $GO_x$/$LO_x$ | 電位 | ISM/SRD | 可植入，腦葡萄糖和乳酸 |
| 葡萄糖 | $GO_x$ | 安培計（微芯電泳） | 藍牙 | 可穿戴的間質液代謝物 |
| 葡萄糖 | $GO_x$ | 安培計 | ISM/SRD | 植入式，魚類監測（壓力） |
| L-乳酸 | $LO_x$ | 安培計 | ISM/SRD | 植入式，魚類監測（壓力） |
| 膽固醇 | 膽固醇氧化酶 | 安培計 | ISM/SRD | 植入式，魚類監測（代謝） |
| 尿酸 | 尿酸 | 安培計 | ISM/SRD | 植入式，鳥類監測（代謝） |
| $K_3Fe(CN)_6$ 葡萄糖 | 直接還原，$GO_x$ | 安培計 | RFID | 通用 |
| 尿酸 | 尿酸 | 安培計 | RFID | 傷口監測 |
| 尿酸 | 尿酸 | 安培計 | 藍牙 | 醫療，唾液監測 |
| 葡萄糖 | 葡萄糖氧化酶 | 安培計 | 定製 | 醫療，唾液監測 |
| 乳酸 | $LO_x$ | 安培計 | NFC | 運動 |
| 乙醇 | 酒精氧化酶 | 安培計 | 藍牙 | 酒精中毒控制 |
| CO、$SO_2$、$NO_2$ | 直接氧化/還原 | 安培計 | 藍牙 | 環境，汙染 |
| $Fe(CN)_6^{4-/3-}$（model） | Au 電極 | CV | 藍牙 | 食物品質 |
| 多巴胺 | 碳奈米纖維陣列電極 | 快速掃描循環伏安法 | 藍牙 | 植入式，神經系統監測 |
| pH、$Cd^{2+}$、$Pb^{2+}$ | 聚甘氨酸、ZnO-石墨烯 | 電位測定，CV，DPSV，SWASV | RFID | 環境，自來水監測 |

## 3.2.2 無線電子化學感測器

電導感測器是最常用的電子無線化學（生物）感測器。其中電導轉換大多專門用於氣體檢測。

（1）$MO_x$

金屬氧化物半導體（Metal oxide semiconductor，$MO_x$）氣體感測器由於其高靈敏度而得到廣泛應用，並且還被集成到用於檢測溫室氣體[11]和可燃氣體（$H_2$和$CH_4$）的無線感測器中[12]。由於$MO_x$感測器所需的工作溫度較高，因此它們的功耗非常高，這嚴重限制了它們的電池壽命。

另外，可以使用在室溫下運行的不同半導體材料來執行氣體感測，以降低功耗。Steinberg 等人[13]通過導電聚合物 PEDOT－PSS 塗覆交叉指型金電極，開發出一種基於 RFID 的電導感測器，用在智慧農業中[14]。

（2）CNT

將碳奈米管（carbon nanotubes，CNT）與藍牙相結合的感測器已用於甲醇檢測，其原理是甲醇等還原性氣體吸附在 CNT 上降低了 CNT 電導率[15]，測量電導率的降低程度就可檢測這些氣體的濃度。

基於 CNT 的電導感測器可以進一步功能化，以提高它們對某種氣體的靈敏度和選擇性。例如，多壁碳奈米管（multi-walled carbon nanotubes，MWCNTs）的氧等離子體與外壁上產生的羰基結合，可提高其對 $NO_2$ 的敏感度和選擇性[16]。以此製成的無源 RFID 的 $NO_2$ 感測器對常見的干擾氣體具有低交叉敏感性、低功耗和長壽命（運算壽命為 10 年，每小時 12 個樣點）。

（3）SWCNT

單壁碳奈米管（Single-walled carbon nanotubes，SWCNT）已經被用於單鏈 DNA 的修飾，這使其對某些爆炸物的反應增加了 300%[17]。DNA 通過非共價 π－π 相互作用，在奈米管上自組裝，但不會降低 SWCNT 的電子特性。該感測器與 ZigBee 模組集成，用於檢測二硝基甲苯（TNT）。

在同一感測器中結合 CNT 和導電聚合物集成可以實現協同效應：CNT 有助於聚合物層的穩定性，並且導電聚合物改善裸 CNT 的選擇性。Gou 等人[18]通過將 SWCNT 固定在金電極上並在頂部進行電聚合（1-氨基蒽），開發了 pH 感測器。該無源 RFID 感測器在寬 pH 範圍（2～12）內表現出 Nernstian pH 響應，並在 120 天內保持靈敏度。七氟醚的 MWCNT/聚吡咯也是一種協同效應感測器，七氟醚是一種常見於手術室的有害麻醉劑[19]。Lorwongtragool 等人開發了一種可穿戴的電子鼻子，用 ZigBee 即時監測多種有害氣體[20]。

### （4）銀電極噴墨印刷技術

將銀電極噴墨印刷在柔性基材（聚萘二甲酸乙二醇酯）上，並用 MWCNT/聚合物進行油墨改性。最近，開發了一種基於 BAP RFID 的全印刷環境感測器，可以同時檢測濕度、溫度和 $NH_3$[21]。將電容式濕度感測器（交叉銀電極上的乙酸丁酸纖維素）和電導 $NH_3$ 感測器（聚苯胺/碳奈米複合材料）噴墨印刷在柔性 PET 基板上製成無線感測器，可作為 ZigBee 的一部分，如果每小時進行一次測量，其使用壽命為 57 天[22]。該感測器由 8 組交叉電容器組成，每組電容器塗有 PHEMA、PDMS 或 PMMA，這些聚合物對水、乙醇和乙酸乙酯具有不同的吸附敏感性。

石墨烯用作電子轉移載體，ZnO 用於催化氧化，則可以製成檢測有害氣體的阻抗感測器，它可以通過藍牙與智慧型手機相連接[23]。常用的無線電子化學感測器如表 3.3 所示。

**表 3.3　無線電子化學感測器[6]**

| 分析物 | 辨識元件 | 轉導機制 | 無線系統 | 應用 |
|---|---|---|---|---|
| $CO$、$CO_2$、$SO_x$、$NO_x$、$O_2$ | $MO_x$ | 電導 | ZigBee | 環境,汙染 |
| $H_2$、$CH_4$ | $Fe_2O_3$ | 電導 | ZigBee | 安全 |
| 乙醇 | PEDOT:PSS | 電導 | RFID | 通用 |
| 甲醇 | CNT | 電導 | 藍牙 | 通用 |
| $NO_2$ | 氧等離子體改性的 MWCNT | 電導 | RFID | 通用 |
| DNT | DNA 修飾的 SWCNT | 電導 | ZigBee | 安全 |
| pH | 具有 SWCNT 聚合的(1-氨基蒽) | 電導 | RFID | 通用 |
| 七氟醚 | MWCNT 負載的聚吡咯 | 電導 | ISM/SRD | 通用 |
| VOCs | MWCNT/聚合物複合材料 | 電導 | ZigBee | 可穿戴環境 |
| $NH_3$ 濕度 | 聚苯胺/碳奈米複合材料 | 電容 | RFID | 環境 |
| VOCs(EtOH、EtOAc、濕度) | PDMS、PBMA、PHEMA | 電容 | ZigBee | 環境(工場) |
| VOCs | ZnO-石墨烯修飾的電極 | 安培計 | 藍牙 | 運動(丙酮),其他 |

## 3.2.3　無線光學感測器

光學感測器簡單、小型化、無須參考電極、某些運行模式（如螢光）高靈敏度、多樣性螢光化學指示，且能與無線平台集成，因此極具吸引力。然而，光源的功耗對許多無線生化應用來說是一個問題。為了在某些關鍵應用中具有最高靈敏度和 LOD，理想情況下可以使用雷射源，這顯著增加了成本和功率需要。因此，具有高功率雷射源的光學感測器很少用作無線感測器。然而，在

大多數情況下，使用發光二極管（light emitting diode，LED）光源可以實現令人滿意的分析性能，LED 光源成本低、可靠，並且涵蓋了從 UV 到 IR 的大部分 EM 光譜。

（1）雙波長吸收性無源 RFID 標籤

使用兩個 LED 和一個 PD，以及採用溶膠-凝膠矽酸鹽薄膜作為敏感元件可製成雙波長吸收性無源 RFID 標籤化的無線感測器。溶膠-凝膠矽酸鹽薄膜具有固定的 pH 敏感染料溴甲酚綠，在 pH 5.2～pH 8.3 的範圍內具有良好的檢測精度。若將敏感元件替換為纈氨霉素體光極膜，則可進行 $K^+$ 的檢測[24]。

（2）吸光度感測器

對吸光度的測量可以製成多種感測器，這種感測器可用 LED 和檢光二極管作為光源和探測器。

Shepherd 等人開發了一種用於環境（氣體）酸度監測的基於吸光度的 pH 感測器[25]。該系統使用成對的發射-檢測二極管（PEDD）配置。在此配置中，光源是 LED，探測器是相同類型的 LED，但反向偏置。以微秒為單位，監測檢測器的放電時間來間接測量光電流。兩個 LED 都塗有摻有溴酚藍的乙基纖維素。

通過在溶膠-凝膠矽酸鹽膜中捕獲 pH 指示劑染料（$3'$-$3''$二氯苯酚-碸酞）可製成環境酸度感測器。該感測器使用 LED 光源和光電二極管（photodiode，PD）探測器，其精確達到了 0.1pH。該感測器與 ZigBee 模組集成，用於文化遺產保護。

另一種感測器是 $NO_2$ 濃度感測器，敏感元件是摻雜有重氮偶聯劑的多孔玻璃，其選擇性地與 $NO_2$ 反應以產生偶氮染料，其吸光度用 LED 和光電二極管測量。

Schyrr 等人已開發出一種用於傷口 pH 測量的藍牙光纖感測器[26]，該感測器是通過用含有 pH 敏感染料的溶膠-凝膠薄膜塗覆 PMMA 光纖來獲得感測資料。該便攜式 pH 檢測感測裝置具有光耦合器和 LED，測量塗層中的光吸收變化。

與此相關的還有用於傷口 pH 檢測的光學無線智慧繃帶[27]。pH 指示劑染料與分散在生物相容性水凝膠中的纖維素顆粒共價結合，使它能夠在不同種類的傷口敷料材料上產生 pH 敏感層。基於 RFID 的繃帶可以在癒合過程中實現對傷口 pH 變化的無創傷觀察。

（3）螢光感測器

Martinez-Olmos 等人開發了一種基於無源 RFID 的螢光 $O_2$ 感測器，用於監測包裝食品的新鮮度。RFID 天線是通過絲網印刷在聚酯基板上的，並與 RFID 晶片、微控制器、UV LED 光源和 RBG 檢測器集成在一起，敏感元素是具有鉑

八乙基卟啉（platinum octaethylporphyrin，PtOEP）的聚苯乙烯膜。PtOEP 的螢光能被氧氣猝滅，並且可以通過聚酯包裝袋來檢測螢光的變化。這種感測器已得到了擴展，包括用於 $CO_2$、$NH_3$ 和濕度的其他比色，用來監測食品品質中的重要分析物[28]。

Mortellaro 等人開發了一種皮下植入的葡萄糖感測器，該感測器使用螢光、非酶（基於雙硼酸）的葡萄糖指示水凝膠和小型光學檢測系統[29]。將螢光雙硼酸衍生物固定在水凝膠（pHEMA）中，當與葡萄糖結合後，分子內光誘導的電子轉移被破壞，這反過來導致螢光強度增加，用 UV LED 和 2 個 PD 檢測此變化，以此檢測葡萄糖的濃度。該感測器可通過 NFC 與身體佩戴的閱讀器進行通訊，該閱讀器配備了一個藍牙模組，可以實現更長距離的傳輸。該感測器不受基於酶的系統固有的穩定性限制，並且不受與電化學感測器相同程度的生物汙損，因為訊號來自整個水凝膠而不僅僅是表面。

目前已開發出一種帶有內置螢光計的可吞嚥無線膠囊，用於監測胃腸道出血[30]。膠囊使用 ZigBee 將資料傳輸到外部單元，可運行長達數天。

最後，我們簡要介紹一個特殊的發光性無線化學感測器[31]。該系統由無源 RFID 標籤和集成光電二極管組成，該光電二極管測量微流體通道中的發光。該系統用於在夾心微流體免疫測定中，檢測促甲狀腺激素。感測器消耗非常少的功率，微流體單獨運行，並且可以長時間運行。常用的光學無線化學感測器如表 3.4 所示。

**表 3.4　常用的光學無線化學感測器**

| 分析物 | 辨識元素 | 轉導機制 | 無線系統 | 應用 |
|---|---|---|---|---|
| pH | 溴甲酚（Bromocresol）綠 | 反射率 | RFID | 集中 |
| 模型染料、$K^+$ | 霉素，N18 烷醯基-尼羅藍 | 吸光度 | RFID | 集中 |
| 乙酸蒸氣 | 溴酚藍 | 吸光度 | ISM/SRD | 環境,氣體 |
| $NH_3$ 蒸氣 | $3'$-$3''$二氯苯酚磺酞 | | | 文化遺產保護 |
| $NO_2$ | 重氮偶聯劑 | 吸光度 | ISM/SRD | 環境,空氣品質 |
| 濕度 | 直接吸光度 | 紅外吸光度 | ZigBee | 通用 |
| $KMnO_4$（模） | $KMnO_4$（模） | 吸光度 | 藍牙 | 通用 |
| pH | 溴甲酚紫 | 吸光度 | 藍牙 | 環境,水質 |
| pH | 溴甲酚紫 | 反射率 | ISM/SRD | 運動,汗水監測 |
| pH | 溴甲酚紫 | 吸光度 | 藍牙 | 運動,汗水監測 |
| pH | 7-羥基吩惡嗪 | 反射率 | 藍牙 | 運動,汗水監測 |
| pH | 溴酚藍 | 吸光度 | 藍牙 | 可穿戴,傷口監測 |
| pH | GJM 534 | 反射率 | RFID | 可穿戴,傷口監測 |

續表

| 分析物 | 辨識元素 | 轉導機制 | 無線系統 | 應用 |
|---|---|---|---|---|
| $O_2$ | Pt 八乙基卟啉 | 螢光 | RFID | 食品品質 |
| $CO_2$、$NH_3$、濕度、$O_2$ | α-萘酚酞,溴酚藍,結晶紫,PdTFPP | 吸光度,螢光 | NFC | 食品品質 |
| 葡萄糖 | 雙硼酸螢光指示劑 | 螢光 | NFC | 植入式葡萄糖監測 |
| 葡萄糖 | 螢光標記的分析物結合蛋白 | 螢光 | ISM/SRD | 植入式葡萄糖監測 |
| 螢光素(標記物) | 直接螢光測定法 | 螢光 | ZigBee | 吞嚥,消化道出血 |
| 促甲狀腺激素 TSH | 抗體(夾心免疫分析) | 化學發光 | RFID | 醫療,POC 診斷 |

## 3.2.4 其他轉導機制的無線感測器

品質敏元件通常用於以模擬方式傳輸的資料分析,即通過測量分析物引起的品質敏元件的共振頻率變化來進行分析。目前採用微石英調諧叉作為品質敏元件,將其共振頻率變化的模擬資訊轉換為數位資訊的形式輸出,使手機能夠通過藍牙讀出。

(1) 臭氧感測器

用於監測臭氧濃度的感測器,通過檢測音叉上塗有的聚丁二烯的氧化引起的品質變化[32]而使其共振頻率發生變化來監測臭氧濃度。應用該感測器已開發出了一種更複雜的便攜式環境分析儀,它由一個採樣器/預濃縮器、一個分離單元(氣相色譜柱)和一系列石英音叉檢測器組成,這些檢測器由不同的功能化的分子印跡聚合物組合而成。該分析儀可重複地檢測 ppb 級的幾種 VOC(苯、甲苯、乙苯和二甲苯),可精確地檢測城市環境的汙染狀況。

(2) 乙醇感測器

Cheney 等人開發了一種植入式乙醇感測器來研究酒精中毒。它基於塗有乙醇敏感的甲基苯基巰基丙基矽氧烷的微懸臂梁陣列。通過添加疏水的、可通過蒸汽的奈米膜來改善感測器的選擇性,其運行時間可長達 6 周[33]。

(3) 其他無線化學感測器

其他無線化學感測器的敏感元件主要包括表面聲波(surface acoustic wave,SAW)[34,35],磁彈[36,37]和基於共振 LC[38]的敏感元件。採用這些元件與 RFID 標籤和 NFC 相結合製成了多種低成本的被動(生物)化學感測[39-42]。這些敏感元件已用於電導型氣體感測器[43]、基於水凝膠的 pH 感測器[44]、果實成熟度監測裝置[45]、細菌檢測感測器[46]、電流型葡萄糖感測器[47]和循環抗癌藥物監測器[48]。但這些感測器將受到感測膜和穩定性的限制。

## 3.2.5　無線化學感測器的挑戰與關鍵技術

　　無線化學感測器已得到長足的發展，已廣泛應用於環境監測（包括安全和軍事應用）、醫療保健、運動生理以及食品和農業。但還存在著許多挑戰，需要突破多方面的關鍵技術。這些挑戰和關鍵技術包括：

　　（1）選擇性穩定的壽命

　　無線化學（生物）感測器的一個主要挑戰是在現場部署設備時，對目標分析物獲得令人滿意的選擇性。高選擇性的主要驅動因素是在現場原始的和高度複雜的測量基質中發現大量干擾物質，如環境水和氣體混合物，或生物液體，如血液、間質液、傷口液、汗液、口水和眼淚等。通過利用酶[49]、分析物特異性導電聚合物[50]、氧等離子體處理[51]、DNA 或其他生物分子[52]（生物化學溶液）功能化感測器，構建多感測器陣列，提高選擇性，並使用多變數分析[53]等關鍵技術來克服選擇性的挑戰。

　　（2）穩定性和壽命

　　長期穩定性是許多環境和醫療保健應用的先決條件，因為感測器可能需在沒有定期維護的情況下運行很長一段時間，可能持續數月到數年。在使用之前，它們可能同樣記憶體在惡劣的環境條件下。在任何長期使用期間，感測器暴露於複雜的感知對象中，這可能導致生物汙染並因此影響響應精度，從而導致頻繁校準或維護。為了克服生物汙損的諸多問題，感知區域通常引入（微）流體系統與樣品分離，但這增加了感測器的成本，增加了複雜性和功耗[54]。或者，可以通過調整表面化學物質並採用高度疏水的材料來減少生物汙損[55]。

　　通過研究探索新的轉導機制可以克服這些挑戰。例如，基於螢光的葡萄糖感應，可以提高酶的穩定性[56]。另外將物理的、化學的新轉導機理與資訊處理技術相結合，可以解決壽命、靈敏度和校準問題。

　　（3）功耗

　　化學感測器元件及其無線收發器的功耗仍然是許多應用方面的一個重大挑戰。解決該問題的重點是降低所需外圍組件的功耗，例如流體處理設備（如開發軟聚合物執行器[57]、低功耗的微型泵和閥門[58]以及全被動的紡織物的微流體[59]）。另外，在可穿戴設備中，最近已研究從汗液和眼淚[60,61]中獲取能量的新型生物燃料電池，以此解決供電問題。

　　（4）柔性和可拉伸基材

　　柔性和可拉伸基材是可穿戴化學感測器製成的關鍵技術之一[62,63]。柔性基板與廣泛採用的製造技術兼容，這有助於降低可穿戴化學感測器的生產成本，但

不會降低感測器性能[64]。低成本製造技術的例子包括絲網印刷、噴墨印刷[65]以及用於光學感測器的帶有指示劑的染色紡織品[66]。在柔性和可拉伸材料基礎上的柔性無線感測器的發展將促進智慧醫療與保健的發展[67]。

# 3.3 智慧電表

從物聯網的角度看,智慧電表是應用於智慧電網中的感知設備。因此,智慧電表具有物聯網的感知控制層中的感知設備的一般特性,即具有感知電網性能參數的功能、運算功能以及通訊功能。

## 3.3.1 智慧電表的發展與基本構成

(1) 智慧電表的發展

目前智慧電表正在迅速發展,以滿足在世界上大多數地區部署智慧電網的要求。現在智慧電表已具有了較高的傳輸速率、強大而靈活性的應用性能。很快,數以億計的智慧電表將取代傳統的電度表[68]。

電度表已經歷了三代發展過程。第一代是模擬機電式電度表,誤差較大且只能測量有功能量。1990 年代,隨著微處理器和快速模數轉換器的發展,電度表發展到了第二代,電子裝置替代了測量能量的機電計數器。21 世紀初,隨著電子技術、儀器儀表技術、通訊和資料處理技術等的進一步發展,電度表發展到了第三代[69],可以測量以下參數。

① 瞬時參數:電壓、電流、功率、功率因數等。

② 計費參數:千瓦時(kW·h)、無功功率(kVArh)、最大需要和負載曲線等。

將有現有的諸如行動通訊、電力線通訊技術與第三代電度表相結合可以為使用者提供增值服務[70]。

與傳統電度表相比,智慧電表提供了一系列智慧化功能,如動態定價、需要響應、遠端電源連接/斷開、停電管理和網路安全等。它以更低的成本提供更高的精度,並且功耗更少。

將具有高速雙向通訊能力的智慧電表部署到電網中,就可以建立具有能源管理能力的動態和互動式基礎設施,即智慧電網[71]。

(2) 智慧電表的基本構成

智慧電表由以下基本模組構成[72]。

1) 微控制器單元(Microcontroller unit,MCU) 具有內置閃存的集成 MCU 內核通過合適的介面類型或任何資料輸入/輸出引腳可提供靈活的配置,

具有資訊處理功能，並可以與任何主機進行介面。

2）模數轉換（Analog-to-digital converter，ADC）　它將採集的電壓和電流進行數位化轉換，提供用於處理的數位訊號。它還可以測量週期內相電流和電壓。目前市場提供的 64 位 ADC 的計量集成電路可用於智慧電表[73]。

3）模擬前端（Analog-front end，AFE）　由多路復用器、ADC 和電壓參考組成。它收集和運算單相和多相電壓、電流、功率、電度和電源品質干擾量（如諧波）。

4）液晶顯示器（Liquid crystal display，LCD）驅動器　用於 LCD 的控制與顯示，以實現本地化的顯示輸出。另外，如果不需要本地顯示功能，則可以不配置該模組。

5）即時時鐘（Real-time clock，RTC）　典型的計量 IC 始終與 RTC 一起用於計費。這與分時段計費有關。通常，負荷尖峰期的費率較高，非負荷尖峰期的費率較低。另外，如果智慧電表採集即時相位並作為 PMU 使用，則 RTC 應是 GPS 時鐘。因此，用於計量應用的 RTC 必須非常準確，以避免使用者和電力企業間產生計費爭議。

除了這些基本的硬體模組以及相關的計量軟體外，還需要安全與通訊協議。

6）安全　保護物理篡改事件（即機械和電子防篡改），保護使用者資料和隱私[74]。

7）無線/有線通訊協議棧　根據集中器和 AMI 的通訊需要靈活配置通訊協議，並支援最新的通訊技術。

（3）智慧電表解決方案

智慧電表解決方案可分為三類。

1）基於模擬前端（AFE）的方案　根據最新的計量標準，模擬前端型的智慧電表應滿足轉換範圍的基本要求，即信噪比（SNR）要求。目前最新的計量 IC 具有高信噪比和 ADC 內置的自動增益控制（AGC）機制，可以進行寬範圍電流測量，精度要優於 0.5 級[75]。還應具有高速同步串行介面可提供四象限和三通道測量[76]。

2）基於計量片上系統（system-on-chip，SoC）的方案　該方案將關注固定容量的記憶體器和外設，並提供高度精確的計量、多層安全性以及處理通訊協議。

3）基於計量智慧應用晶片（smart-application-on-chip，SaoC）的方案　該方案主要關注通訊介面，許多美國公司選擇 ZigBee 通訊介面，而在歐洲，許多製造商和電力企業關注 PLC。STCOMET[77] 和 ASM221[78] 最近推出了可編程和固件升級的 SaoC 平台，該平台集成了窄頻電力線通訊（NBPLC）標準，如 PRIME、IEC61334-5-1、G3-PLC、METERS&MOREs、P1901.2，支援高精度

計量，並在單個晶片中提供了必要的安全功能。

## 3.3.2 智慧電表的構成模組

智慧電表的構成模組如圖 3.4 所示。各模組的詳細說明如下。

$$訊號採集 \rightarrow 訊號調節 \rightarrow 模數轉換 \rightarrow 計算 \rightarrow 通訊$$

圖 3.4　智慧電表構成模組

（1）訊號採集

智慧電表的核心功能是準確、連續地獲取系統參數，以便後續運算和通訊。所需的基本電參數是電壓、頻率以及電流的幅度和相對於電壓的電流相位。使用這些基本量可以運算其他參數，如功率因數、有功/無功功率和總諧波失真（Total Harmonic Distortion，THD）。

電流和電壓訊號是通過感測器引入到訊號採集模組中的。常用電流互感器（Current Transformer，CT）和電壓互感器（Voltage Transformer，VT）。為了進行後續處理，經過 CT 和 VT 後的電流和電壓訊號應是低幅度的訊號，以便用於訊號的調節和模數轉換（ADC）。

（2）訊號調節

訊號調節部分是為下一步 ADC 準備輸入訊號。訊號調節過程可以包括衰減/放大和濾波。在物理實現方面，訊號處理階段可以分立元件或者與集成電路的ADC 部分相結合，也可以將這些過程集成到具有許多其他功能的 SoC 中。

許多情況下，輸入訊號需要衰減/放大或偏移的加/減，使其最大幅度處於ADC 級的輸入範圍內。

為了避免由於混疊引起的不準確性，有必要去除高於採樣頻率的輸入訊號份量。因此，在輸入到 ADC 級之前，對訊號應用低通濾波器。採樣頻率由智慧電表的功能決定。如果儀表提供基頻測量（電流、電壓和功率）以及諧波測量，則應選擇足夠高的採樣頻率，以便準確地獲得諧波份量。

（3）模數轉換（ADC）

首先對從感測器獲得的電流和電壓訊號進行採樣，然後進行數位化。由於單相電表中有兩個訊號（電流和電壓），如果使用單個 ADC，則需要多路復用器將訊號依次發送到 ADC。ADC 將來自感測器的模擬訊號轉換為數位形式。由於可用於模數轉換的電平數量有限，因此 ADC 始終以離散形式出現。ADC 的解析度

定義為：解析度＝電壓範圍$/2^n$，其中 $n$ 是 ADC 中的位數。顯然，位數 $n$ 越高，則解析度越高，量化誤差越小。

（4）運算

運算分為輸入訊號的算術運算、資料的時間戳、通訊或輸出外圍設備的準備資料、與不規則輸入（如支付、篡改檢測）相關的例程的處理、資料記憶體、系統更新和合作等不同的功能。圖 3.5 為智慧電表運算功能相關的功能塊。

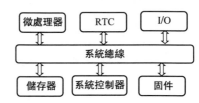

圖 3.5　智慧電表運算功能模組框圖

由於測量的參數需要進行大量的算術運算（表 3.5），因此可以考慮採用具有數位訊號處理器（DSP）性能的微處理器。

表 3.5　不同參數所需的算術運算

| 所要求的參數 | 運算類型 |
| --- | --- |
| 瞬時電壓 | 乘法 |
| 瞬時電流 | 乘法 |
| 峰值電壓/電流 | 比較 |
| 系統頻率 | 過零檢測、傅立葉分析 |
| RMS 電壓/電流 | 乘法 |
| 相移 | 過零檢測、比較 |
| 功率因數 | 三角函數 |
| 瞬時視在功率 | 乘法 |
| 瞬時有功功率 | 乘法 |
| 瞬時無功功率 | 乘法 |
| 電能使用/生產 | 積分 |
| 諧波電壓失真 | 傅立葉分析 |
| 總諧波失真 | 乘法和加法 |

除了常規算術運算之外，還處理大量其他程式（即支付、篡改檢測、系統更新、使用者互動）以及其他例行任務（如計費資訊的通訊）。因此，需要高度的並行性（執行多個任務的能力，同時涉及相同的資料集）和/或緩衝（暫時停止算術運算以便可以處理其他需要的能力）。

運算時，需要易失性記憶體器（在電源丟失時資訊丟失）和非易失性記憶體器。易失性記憶體器用於臨時記憶體資料以便在執行操作時支援處理器。所使用的易失性記憶體數量取決於運算的數量、速率和複雜性以及端口的通訊速率。

通常需要一定量的非易失性記憶體器來記憶體特定資訊，如單元序列號和維護訪問密鑰代碼。此外，應保留與能耗相關的資料，直到與計費公司成功通訊為止。

為了能夠有意義地詢問所獲取的資料，必須將時間參考附加到每個樣本和/或運算的參數上。為此，需要即時時鐘，由於即時時鐘的精度可能隨溫度而變化，為此可以與 GPS 對鐘，以保證時間的精度和一致性。

（5）輸入/輸出

智慧電表一般具有顯示器，它以文本和圖形的形式呈現使用者的資訊。可以採用液晶顯示器（LCD）和發光二極管（LED）作為其顯示器。

另外，智慧電表還可提供用於人機互動的小鍵盤或觸摸屏，可改變智慧儀表的設置以選擇要控制的智慧電表選項。

由於智慧電表需要根據電壓基準，對感測器容差或其他系統增益誤差的變化進行校準，因此還提供校準輸入。一些儀表還通過通訊鏈路提供遠端校準和控制功能。

（6）通訊

智慧電表採用了各種網路適配器進行通訊。有線選項包括公共交換電話網（PSTN）、電力線載波、電纜調變解調器和以太網，無線選項包括 ZigBee、紅外和行動通訊。

（7）計量集成電路

計量集成電路為智慧電表的設計提供了簡化的高級解決方案。具有如圖 3.5 所示功能的包括計量 AFE、計量 SoC 和計量 SaoC 的集成電路可以簡化智慧電表設計解決方案。例如，78M6613 是業界首款用於交流/直流電源測量的 SoC 解決方案。它通過定製化固件提供精確的四象限電參數測量[79]；EM773 包含 32 位 MCU，可在極低功耗下提供高性能，具有 32 位精簡指令集運算（RISC）MCU 的計量 IC，128～256KB 閃存允許以最小的資源進行計量和監控應用[80]。

## 3.3.3　諧波對智慧電表的影響及智慧電表的安全與隱私及攻擊類型

（1）諧波對智慧電表的影響

智慧電表在實際應用中面臨的一個重大挑戰是實際功率（W）與視在功率（VA）之間的誤差。另一個挑戰是在配電網中高度非電阻和非線性負載（即整流器、逆變器、工業電力電子和電力傳輸）日益增加而產生的複雜性使計量變得更加複雜[81]。電壓和電流的總諧波失真（total harmonic distortion，THD）在諸如太陽能和風能等分布式能源系統中很常見，諧波會導致更顯著的負載電流失

真，因此應對分布式能源的諧波進行測量，尤其是高次諧波，有人建議要對其 15 次諧波進行測量[82]。另外，相量諧波指數（IPH）是一個重要參數，可用於配電網中儲能、電動汽車和 DER 系統的諧波測量，這是需考慮波形的幅度和相角[83]。在低壓電網中，例如住宅太陽能系統和各種類型的負載會產生高次諧波，這會影響計量特性[84]。高次諧波使電力變壓器、斷路器、無功功率補償器和中性導線過熱，因此，電力行業必須準確測量和分析諧波能量，而且所部署的智慧電表應具有高精度、多速率、多功能的諧波測量功能。目前，具有諧波分析功能的計量 IC 可以表徵負載或電源的狀態[85,86]。

（2）智慧電表的安全與隱私

隨著智慧電表的大規模部署和 AMI（Advanced Metering Infrastructure）持續擴展，包括智慧電表在內的 AMI 的安全性越來越重要。對智慧電表的攻擊已超出了 AMI 抵禦的範圍，這將給終端使用者的安全與隱私造成非常大的威脅[87]。因此，智慧電表需要完整生命週期的安全性，並且應滿足四個必要的安全要求，即：

① 設備真實性　智慧電表訪問功能（製造測試、軟體除錯）應僅允許採用授權機制進行訪問。

② 資料機密性　它涉及創建、傳輸、處理和記憶體使用者資料、動態生成的資料，如讀數和功耗配置檔案。現在，一天的使用者資料（即計量和用電資訊）對於公用事業提供商來說是非常重要的資料。在 AMI 端，使用者檔案的利用必須對竊聽者保密，只有授權的系統才有權訪問特定的使用者資料[88]。

③ 資料真實性和完整性　必須確保使用者資料和交易是真實的和完整的。

④ 使用者隱私和安全　智慧電表應該具有高安全性機制，未經授權的請求者不應訪問它，只有授權的請求者才能解密加密的電表資料。

考慮所有安全要求，智慧電表的安全性還應該足夠靈活性，以處理未來任何安全威脅。

（3）智慧電表攻擊類型

對智慧電表攻擊可分為物理攻擊和網路物理系統攻擊兩大類。

① 物理攻擊　智慧電表存在著較高的物理安全漏洞風險，攻擊者可以通過介面等不同方式修改智慧電表的記錄或資料。物理攻擊手段包括用假的 IC 替換專用計量 IC、克隆軟體、濫用主機介面。

② 網路物理系統（Cyber-physical system，CPS）攻擊　由於智慧電表的網路化，網路通訊軟體必須具有足夠的安全性，以防止任何未經授權的操作更改軟體配置，從而竊取記錄資料，更改校準資料等。AMI 安全性取決於認證機制、通訊技術和路由協議。CPS 攻擊可以分為拒絕服務（Denial-of-services，DOS）

攻擊，中間人（Man-in-the-middle，MITM）攻擊，資料完整性攻擊。

# 3.4 RFID 與無線感測器網路

RFID 和無線感測器網路是物聯網中的兩個重要的技術領域[89]。RFID 系統是一個對資訊可進行讀寫的感知系統，這意味著資訊可以被植入到 RFID 標籤中，也可以對標籤中的資訊進行訪問和操作。而無線感測器網路是一個具有感知功能的短距離無線通訊系統，需要與感測器等感知裝置結合才能實現感知、傳輸和資訊融合與處理的功能。目前，RFID 與無線感測器網路趨向於融合，其實質就是借助無線感測器網路的通訊能力來實現基於感測器感知和 RFID 系統獲取及操作植入資訊的功能。

## 3.4.1 RFID

RFID（Radio Frequency Identification，射頻辨識）是在第二次世界大戰期間用於辨識敵友軍用飛機的技術[90]，是辨識領域的主要技術之一。其技術基於無線通訊，特別是通過射頻通訊，進行附著於物體上的標籤和閱讀器之間的通訊。

與諸如條形碼這樣的辨識系統相比，RFID 系統更便於產品的辨識。RFID 標籤不需要視覺接觸，因此可以放入盒子或容器、注入動物體或嵌入任何物體[91]。RFID 系統在許多領域廣受歡迎[92]，其應用領域正在迅速擴大，在物流、辨識、收費公路、藥房、物品、托盤和動物追蹤等方面得到廣泛應用。目前已知的典型案例超過了 3000 個。

RFID 最有廣闊應用前景的領域之一是農業與食品方面。可追溯性就是 RFID 在農業與食品領域的典型應用，它可確保食品的安全性，能夠定位動物、農產品、食品及其成分，並追蹤供應鏈中的各個環節[93]。為了擴展 RFID 的性能，目前已將感測器與 RFID 結合，產生了無線生化感測器。

（1）RFID 系統構成

RFID 系統用於產品辨識和自動收集物品資訊，可分為無源、有源和半無源三類，它們具有不同的工作頻率[94]。RFID 系統由若干個組件構成，即 RFID 天線、晶片（標籤）、閱讀器以及電腦構成的資訊系統。

① RFID 天線　根據預設的應用，所設計的天線應具有低成本、非侵入性、盡可能環境友好，天線的阻抗應與晶片匹配等特點，以實現最大的無線訊號能量傳輸。

②晶片　晶片包含電子產品代碼（EPC），它由用於編碼產品資訊的 bit 組成。EPC 對每個標籤都是唯一的，並在生產時記錄。晶片可以通過只讀與讀寫兩種方式對資料訪問。資料訪問類型決定了如何修改、更改或刪除資訊。還可以在晶片中配置額外的記憶體器，用以添加「終止」密碼或訪問密碼。還可以添加使用者記憶體器用於記憶體諸如感測器資料之類的補充資訊。

EPC 協議由 EPCglobal 與 Auto-ID 實驗室合作開發[95]。代碼可以是具有不同功能的 64 位或 96 位代碼。它包含標題、EPC 管理者、對象類和序列號[96]。下一代 EPC 是電子產品代碼資訊服務（electronic product code information services，EPCIS），控制 EPC 所包含的資訊（標籤 ID、製造日期、原產國、生產批次和裝運）。EPCIS 使公司能夠和合作夥伴確定如何訪問資料，並且可以與合作夥伴進行 EPC 資料互動。因此，製造商、託運人、倉庫和零售商都能夠追蹤產品的歷史和運動軌跡，從而更好地辨識和追蹤產品[97]。

③閱讀器　閱讀器是用射頻電磁波與 RFID 標籤進行通訊，以訪問標籤內的資訊。它通過晶片製造商提供的標籤 ID 檢測並辨識標籤的標識資訊。

④資訊系統　用於記憶體從閱讀器所收集的資訊，並對這些資訊加以應用，它還具有控制閱讀器操作的功能[98]。

（2）標籤類型

RFID 標籤可分為三種類型：無源標籤、半無源標籤和有源標籤。

①無源標籤　無源標籤不包含電源，而是依靠閱讀器發出的電磁波為晶片供電。根據頻率的不同，這種類型的標籤的典型讀取距離可達 10 公尺。資料傳輸速率取決於工作頻率，閱讀器可以同時讀取幾個標籤。晶片內的資料資訊可以一次寫入和多次讀取。無源標籤具有成本低、使用壽命長、尺寸小和輕量化的優點，因而得到廣泛應用。

②半無源標籤　半無源標籤由電池供電，僅為晶片供電。標籤通訊所使用的能量仍依賴於閱讀器發射的射頻訊號。電池大部分時間保持低功耗的休眠狀態，從而延長了標籤的使用壽命。與無源標籤相比，半無源標籤上提供的電源增加了工作範圍。在一些情況下，半無源標籤上的電池可以為與晶片介面的感測器供電，並用於感測器獲取感知資訊。

③有源標籤　標籤帶有電池，用於為晶片和通訊供電。有源標籤的讀取範圍比前兩種標籤的範圍大，一般可達 30m 或更長。它的傳輸速率快，閱讀器可以同時讀取多個標籤，可以在晶片上執行多個寫入和讀取。缺點是成本高並且標籤的尺寸較大。標籤的使用壽命取決於電池壽命。

（3）工作頻率

表 3.6 列出了不同的通訊頻段及其特性。RFID 通訊通過電磁波進行工作。

在閱讀器和標籤之間存在兩種不同基本類型的互動模式：電感耦合（其中能量傳遞由磁場執行）以及輻射耦合（其中能量通過電磁波傳遞）。通訊速率定義了資料從標籤傳輸到閱讀器的速率。讀取距離是可以辨識和讀取標籤的最大距離。

表 3.6　RFID 標籤的通訊頻段及特性

|  | LF | HF | UFH | SHF |
|---|---|---|---|---|
| 頻率 | 125～134kHz | 13.56MHz | 860～960MHz<br>860MHz(歐洲)<br>915MHz(美國) | 2.45GHz 或 5.8GHz |
| 耦合類型 | 感應式(近場) | 感應式(近場) | 輻射式(遠場) | 輻射式(遠場) |
| 通訊速率 | 幾 Kbps | 幾 Kbps～100Kbps | 幾百 Kbps | 幾百 Kbps |
| 讀取距離 | 20～100cm | 0.1～1.5m | 3～15m | 3～30m |
| 應用 | 動物追蹤 | 冷鏈監測 | 辨識/傳輸 | 收費,門禁 |

低頻（LF）頻寬在 125～134kHz 之間。該頻寬中的 RFID 標籤具有對液體和金屬幾乎沒有干擾的優點。

高頻（HF）以 13.56MHz 為中心頻率，具有比 LF 域更大的讀取範圍和更高的標籤讀取速度。

超高頻（Ultra high frequency，UHF）頻寬介於 860MHz 和 960MHz 之間。與以前的頻段相比，UHF 標籤具有更大的讀取範圍和更快的資料傳輸，但受到水和金屬的影響。

甚高頻寬（Super high frequency，SHF）為 2.45GHz 或 5.8GHz。在此頻率下，可獲得最高的資料傳輸速率，並且更快辨識。然而，標籤成本高，並且電磁波不能穿透金屬和水。

（4）標準

RFID 標準自 2000 年以來不斷湧現，它確保了各國標籤和 RFID 閱讀器的安全性和可操作性。標準化描述了 RFID 標籤和系統的若干方面，例如格式、協議、電子產品代碼（EPC）的內容、標籤和讀取器使用的操作頻率。ISO 和 EPCglobal 是 RFID 標準的獨立組織，共同致力於單一 RFID 標準方案，並設定了全球 RFID 系統使用的標準。

工作頻率所適用的標準是美國的聯邦通訊委員會（FFC）制訂的。它定義了四種不同的工作頻率（見表 3.6），這些工作頻率是公開的。處理附近和智慧 RFID 卡的標準分別是 ISO 15693 標準和 ISO 14443，其工作範圍高達 1m；ISO 18000-6A 和 ISO 18000-6B 定義了 UHF RFID 標籤標準。

感測器與 RFID 技術的結合必須與 ISO15693 RFID 協議等標準兼容。後者要足夠靈活以適應感測器資料流的集成。

ISO11784 和 ISO11785 用於辨識動物。ISO8402 將可追溯性定義為通過記錄的標識檢索歷史資訊，使用或定位活動的能力。ISO18000 協議標準規定了 RFID 系統的工作頻率範圍。ISO18000-6 涵蓋了 860～960MHz 的頻率範圍。其他標準定義了訪問模式（讀寫操作）、記憶體器類型、記憶體器組織、資料速率傳輸、標籤讀取速度、讀取範圍、標籤容量和標籤類型（被動或半被動）。

然而對於 RFID 閱讀器，尚缺乏標準[99]，這就形成了不同讀取器之間的干擾，特別是當多個 RFID 讀取器詢問一個 RFID 標籤時。

## 3.4.2　無線感測器網路

無線感測器網路（Wireless Sensor Network，WSN）是物聯網的一個重要組成部分，是物聯網的感知控制層中實現「物」的資訊採集、「物」與「物」之間相互通訊的重要技術手段。無線感測器網路是狹義上的物聯網，它是物聯網的雛形，是物質基礎之一，同時也必然是物聯網的重要基礎[4]。

WSN 可用於監控[100]，從這個意義上講，WSN 可定義為感測器節點集合[101]。這些感測器節點從它們運行的環境中獲取資料，大量感測器節點間相互進行無線通訊而形成的一個多跳的自組織網路系統[102]。此外，還可執行合作功能，允許感測器節點提供匯聚功能，處理資料的匯聚或融合[103]。然而，能量受限是 WSN 的主要挑戰之一[104]，因為在大多數情況下，這些節點部署在人們無法訪問的位置，因此無法替換供電的電池[105]。WSN 具有電源供給有限、通訊能力有限、運算能力有限、網路規模大、分布廣、自組織、動態性網路、以資料為中心的網路和與應用相關的網路的特點。

當 WSN 在與其他物聯網終端協同時也將面臨承載通訊網的異構與互聯、異構終端間的通訊與互聯、大結構資料融合與異構下的資料融合等方面的挑戰。

（1）無線感測器節點結構[4]

一個無線感測器節點一般由感測器模組、處理器模組、無線通訊模組和電源模組四部分構成，如圖 3.6 所示。感測器模組的功能是採集監測區域內的資訊，並進行資料格式的轉換，將原始的模擬訊號轉換成數位訊號，不同的感測器採集不同的資訊。處理器模組一般由嵌入式系統構成，用於處理、記憶體感測器採集的資訊資料，並負責協同感測器節點各部分的工作。處理器模組還具有控制電源工作模式的功能，可實現節能。處理器模組還負責處理由其他節點發來的資料。無線通訊模組的基本功能是將處理器輸出的資料通過無線頻道與其他結點或基站通訊。一般情況下，無線通訊模組具有低功耗、短距離通訊的特點。電源模組就

用來為感測器節點提供能量，一般採用微型電池供電。

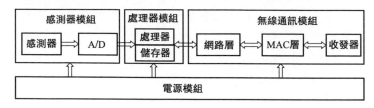

圖 3.6　無線感測器節點結構

　　另外，在無線通訊模組中，當發送資料時，資料經過網路層傳到資料鏈路層
（Data Link Layer），經由鏈路層再傳到物理層，此時資料被轉換成二進制訊號，以
無線電波的形式傳輸出去。接收資料時，收發器將接收到的無線訊號解調後，將其
向上發給 MAC 層再到網路層，最終到達處理器模組，由處理器做進一步處理。

（2）無線感測器網路協議體系結構

　　無線感測器網路協議體系是對網路及其部件應完成功能的定義與描述。它
由分層的網路通訊協議、感測器網路管理技術以及應用支援技術組成，其結構
如圖 3.7 所示。

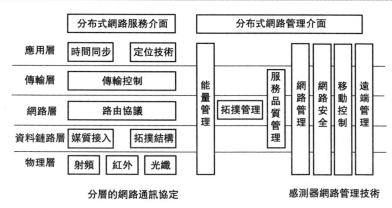

圖 3.7　無線感測器網路協議體系結構

　　分層的網路通訊協議結構類似於傳統的 TCP/IP 協議體系結構，由物理層、
資料鏈路層、網路層、傳輸層和應用層組成。物理層的功能包括頻道選擇、無線
訊號的監測、訊號的發送與接收等。無線感測器網路採用的傳輸方式可以是無
線、紅外或者光波等。物理層的設計目標是以盡可能少的能量損耗獲得較大的鏈
路容量。資料鏈路層的主要任務是建立一條無差錯的通訊鏈路，該層一般包括媒
質訪問控制（MAC）子層與邏輯鏈路控制（Logical Link control，LLC）子層，

其中 MAC 層規定了不同使用者如何共享頻道資源，LLC 層負責向網路層提供同意的服務介面。網路層的主要功能是完成分組路由、網路互聯等。傳輸層負責資料流的傳輸控制，提供可靠高效的資料傳輸服務。

網路管理技術主要是對感測器節點自身的管理以及使用者對感測器網路的管理。網路管理模組是網路故障管理、計費管理、配置管理、性能管理的總和。其他還包括網路安全模組、移動控制模組、遠端管理模組。

感測器網路的應用支援技術為使用者提供各種應用支援，包括時間同步、節點定位，以及向使用者提供協調應用服務介面。

## 3.4.3 IEEE 802.15.4 標準及 ZigBee 協議規範

ZigBee 是 WSN 的一個典型代表，是一種基於 IEEE 802.15.4 標準的高層技術，該技術的物理層和 MAC 直接引用 IEEE 802.15.4。ZigBee 協議的基礎是 IEEE 802.15.4，這兩者之間有著非常密切的關係。

(1) IEEE 802.15.4 標準

IEEE 802.15.4 標準是短距離無線通訊的個域網（Wireless Personal Area Network，WPAN）標準。該標準規定了個域網（Personal Area Network，PAN）中設備間的無線通訊協議和介面。IEEE 802.15.4 標準採用了 CSMA/CA（載波偵聽 Carrier Sense Multiple Access with Collision Detection，CSMA/CA，多址接入/衝突檢測）的媒體接入或媒體訪問控制方式，網路的拓撲結構可以是點對點或星形結構。

IEEE 802.15.4 通訊協議主要描述了物理層和 MAC 層標準，通訊距離一般在數十米的範圍之內。IEEE 802.15.4 的物理層是實現 WSN 通訊的基礎，MAC 層的功能是處理所有對物理層的訪問，並負責完成信標的同步、支援個域網路關聯和去關聯、提供 MAC 實體間的可靠連接、執行頻道接入等任務。

IEEE 802.15.4 標準也採用了滿足 ISO/OSI 參考模型的分層結構，定義了單一的 MAC 層和多樣的物理層。該標準具有以下主要性能。

1）頻段、資料傳輸速率及頻道個數　在 868MHz 頻段，傳輸為 20Kbps，頻道數為 1；在 915MHz 頻段，傳輸為 40Kbps，頻道數為 10；在 2.4GHz 頻段，傳輸為 250Kbps，頻道數為 16。

2）通訊範圍　室內：通訊距離為 10m 時，傳輸速率為 250Kbps；室外：當通訊距離為 30～75m 時，傳輸速率為 40Kbps；當通訊距離為 300m 時，傳輸速率為 20Kbps。

3）拓撲結構及尋址方式　支援點對點及星形網路拓撲結構；支援 65536 個網路結點；支援 64bit 的 IEEE 位址，8bit 的網路位址。

（2）ZigBee 協議規範

ZigBee 協議棧體系結構由應用層、應用匯聚層、網路層、資料鏈路層和物理層組成，如圖 3.8 所示。

圖 3.8　ZigBee 協議棧體系結構

應用層定義了各種類型的應用業務，是協議棧的最上層使用者。應用匯聚層負責把不同的應用映射到 ZigBee 網路層上，主要有安全與身分驗證、多個業務資料流的匯聚、設備發現和業務發現。網路層的功能包括拓撲管理、MAC 管理、路由管理和安全管理。

① 資料鏈路層

資料鏈路層，可分為邏輯鏈路控制和媒質訪問控制子層。IEEE 802.15.4 的 LLC 功能為可靠的資料傳輸、資料包的分段與重組、資料包的順序傳輸。IEE 802.15.4 MAC 子層功能包括無線鏈路的建立、維護和拆除，確認幀傳送與接收，頻道接入控制、幀校驗、預留時隙管理和廣播資訊管理。

② 物理層和 MAC 層

ZigBee 採用了 IEEE 802.15.4 標準中的物理層和 MAC 層。ZigBee 的工作頻段有三種，即歐洲的 868MHz 頻段、美國的 915MHz 頻段和全球通用的 2.4GHz 頻段。在 868MHz 頻段上，分配了 1 個頻寬為 0.6MHz 的頻道；在 915MHz 的頻段上，分配了 10 個頻寬為 2MHz 的頻道；在 2.4GHz 的頻段上分配了 16 個頻寬為 5MHz 的頻道。這三種工作頻段均採用了 DSSS（直接序列擴頻）技術，但它們的調變方式有所不同。868MHz 和 915MHz 頻段採用的是 DPSK，2.4GHZ 採用的是 Q-QPSK 調變方式。

DSSS 技術具有較好的抗干擾能力，同時在其他條件相同情況下傳輸距離要大於跳頻技術。在發射功率為 0dBm 的情況下，藍牙網路的通訊半徑通常只有 10m，而基於 IEEE 802.15.4 的 ZigBee 在室內通常能達到 30～50m 的通訊距離，在室外，如果障礙物較少，通訊距離甚至可以達到 100m；同時調相技術的誤碼性能要優於調頻和調幅技術。IEEE 802.15.4 的資料傳輸速率不高，2.4GHz 頻段只有 250Kbps，868MHz 頻段只有 20Kbps，915MHz 頻段只有 40Kbps。因此 ZigBee 及 IEEE 802.15.4 為低速率的短距離無線通訊技術。

ZigBee 的物理層和 MAC 層由 IEEE 802.15.4 制訂，高層的網路層、應用支援子層（ASP）、應用框架（AF）、Zlgbe 設備對象（ZDO）和安全組件（SSP）均由 ZigBee Alliance 所制定，它是一個為能源管理應用、商業和消費應用創造無線解決方案，橫跨全球的公司聯盟。

③ 網路層

ZigBee 網路層支援星形、樹形和網狀拓撲結構。若採用星形拓撲結構組網，整個網路有一個 ZigBee 協調器來進行整個網路的控制。ZigBee 協調器能夠啟動和維持網路正常工作，使網路內的終端設備實現通訊。

若採用網狀和樹形拓撲結構組網，ZigBee 協調器則負責啟動網路以及選擇關鍵的網路參數。在樹形網路中，路由器採用分級路由策略來傳送資料和控制資訊。在網狀網路中，設備之間使用完全對等的通訊方式，ZigBee 路由器不發送通訊信標。

ZigBee 網路層的功能為拓撲管理、MAC 管理、路由管理和安全管理。網路層的主要功能是路由管理。其中，路由演算法是網路層的核心。

網路層要為 IEEE 802.15.4 的 MAC 層提供支援，確保 ZigBee 的 MAC 層正常工作，同時為應用層提供合適的服務介面。為了向應用層提供介面，網路層提供了兩個必需的功能服務實體，它們分別為資料服務實體和管理服務實體。

④ 應用規範

ZigBee 網路層的上面是應用層，應用層包括 APS（Application Support Layer，應用支援子層）和 ZDO（ZigBee Device Object，ZigBee 設備對象）等部分，主要規定了端點（Endpoint），綁定（Binding）、服務發現和設備發現等一些和應用相關的功能。

## 3.4.4  RFID 與 WSN 的集成

RFID 系統具有辨識對象（物品）的功能。WSN 節點可以感知資訊，並以協同的方式構成多跳無線網路，將所感知的資訊匯聚或融合並且傳送出去。與 RFID 系統和 WSN 單獨應用相比，將它們集成起來則更具有應用潛力。RFID 和 WSN 的集成將帶來一系列發展，可以利用這兩種技術的優勢來擴展物聯網應用。

目前人們已提出了四種 RFID 和 WSN 系統的集成模式[106-109]：①感測裝置與 RFID 標籤相結合；②感測器節點與 RFID 標籤互聯；③感測器節點連接到 RFID 閱讀器；④由應用將 RFID 組件和感測器集成。

由於在 3.2 和 3.4 節中已介紹了化學感測器與 RFID 標籤的集成，因此本節介紹將 RFID 讀取器連接到無線感測器節點（類型 3）的模式，因為這種類型尤其可以滿足各種物聯網應用，同時保持低部署成本。這種集成將會導致 WSN 節點的額外電源消耗，需要特定協議指導節點條件以更好地調整電源的使用。

這種將無線感測器節點的功能與 RFID 閱讀器功能相結合的集成器設備被

稱為讀取器感測器（Reader Sensor，RS）節點[106]。因此，除了提供環境感測之外，該設備還提供追蹤和辨識 RFID 標籤的功能，RFID 標籤通過多跳通訊將收集的資料發送到中央節點。RS 節點可以具有兩種不同的體系結構。結構一是 RS 節點只配備一個通訊介面；結構二是 RS 節點具有兩個獨立的通訊介面。

（1）具有軟體定義的無線電架構的 RS 節點

具有軟體定義的無線電（Software-Defined Radio，RS-SDR）架構的 RS 節點僅使用一個通訊介面來與 WSN 和 RFID 元件交換消息。SDR 是一種無線電設備，包括一個收發射機，其運行參數（如頻率、調變類型或最大輸出能量）可以通過軟體改變，而無須對負責射頻傳輸的硬體組件進行任何改變[110]。當使用這種類型的節點時，感測器節點和 RFID 標籤不能同時通訊，系統的運行時序如圖 3.9 所示。因此，當閱讀器節點從標籤收集資訊時，它無法接收來自網路中可用的其他節點的感測器或讀取器的消息。

（2）具有雙無線電架構的 RS 節點

具有雙無線電（RS nodes with Dual Radio，RS-DR）架構的 RS 節點具有兩個獨立的通訊介面。第一個通訊介面用於在 RS 節點和感測器節點之間交換消息。CC2420 晶片[111]可用於執行此任務。第二個介面負責 RS 節點和 RFID 標籤之間的通訊。根據要辨識的標籤的規格，可以使用 CC1000 晶片[112]來執行讀取器與標籤通訊。RS-DR 可以同時與 WSN 和 RFID 的元件通訊，因為它具有兩個獨立的通訊介面。系統的運行時序如圖 3.10 所示。

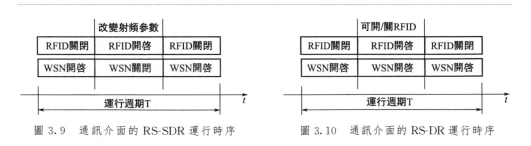

圖 3.9　通訊介面的 RS-SDR 運行時序　　　圖 3.10　通訊介面的 RS-DR 運行時序

（3）應用場景

圖 3.11 示出了用於物聯網應用的集成的 RFID 和 WSN 場景，其中應用了 RFID 與 WSN 的集成系統。它包括以下要素。

1）閱讀器-感測器節點　它們是在 WSN 中連接 RFID 閱讀器和感測器節點功能的元件。它們的任務包括收集記憶體在 RFID 標籤中的資料，感測周圍環境以及提供與其他網路元件的多跳通訊。RS 節點可以具有 DR 或 SDR 架構。

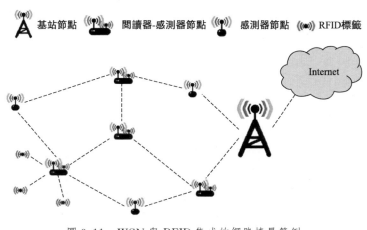

圖 3.11　WSN 與 RFID 集成的網路情景範例

2）感測器節點　它們是感知環境並提供與其他網路節點的多跳通訊的元素。考慮到在潛在的應用中，一些節點不需要實現讀取任務，這些節點不具有從 RFID 標籤收集資訊的能力。然而，它們用於收集環境資料並用作從 RS 節點獲得的標籤傳送資料的路徑。

3）RFID 標籤　這些元件辨識具有 ID 的物品或物品和/或人。它們與 RS 節點通訊以通知記錄在記憶體器中的資料；

4）基站節點　它是一個差異化的網路元素，通常不會出現能量限制。這些節點具有更大的記憶體和處理能力，以處理其他節點獲取的資訊。為了共享網路獲取的資料，基站節點可以連接到 Internet，然後充當閘道器。

（4）需解決的關鍵技術

RFID 閱讀器與 WSN 集成的系統中，需要解決 RFID 衝突問題以及路由問題。RFID 閱讀器可以使用防衝突協議來協調從標籤發送的響應資訊[113]。最常用的 RFID 防衝突協議是 EPC Global UHF Class-1 Generation-2 Standard（C1-G2)[114]。路由問題的解決需要根據 WSN 節點的能量狀況、頻道狀態和誤碼丟包等情況動態選擇路由，所以能量感知型的路由協議可以用於這種系統中。

# 3.5 NB-IoT 與 LoRa 技術

從傳輸距離上區分，物聯網無線通訊技術可以分為兩類[115]：一類是短距通訊技術，如 ZigBee、WiFi、Bluetooth（藍牙）等；另一類是廣域通訊技術，一

般定義為 LPWAN（Low-Power Wide-Area Network），即低功率廣域網路。廣域通訊技術按照工作頻段又可以分為兩類：一類工作在非授權頻段，如 LoRa[116]、Sigfox[117] 等，這類技術大多是非標準、自定義的；另一類是工作在授權頻段的技術，如 GSM、CDMA、WCDMA 等 2G/3G/LTE/LTE-A 行動網路通訊技術，這些技術都由 3GPP 等國際標準組織定義的標準[118]。

## 3.5.1　NB-IoT

### （1）NB-IoT 的特點與設計目標

窄頻物聯網是 3GPP 基於 LTE（Long Term Evolution，長期演進）提出的專門面向低功率廣覆蓋物聯網應用的無線通訊技術，其系統頻寬為 180kHz，相當於 LTE 中一個物理資源塊（Physical Resource Block，PRB）的頻寬[119]，因而稱為窄頻物聯網（Narrowband Internet of Things，NB-IoT）。

NB-IoT 作為 3GPP 標準化的 LPWA 技術，相較於非授權頻段技術，優勢顯著。NB-IoT 可在現有行動通訊營運商網路的基礎上得到升級支援，無須額外的站點/傳輸資源。行動通訊營運商對其網路進行部署和維護問題，可實現終端即插即用，便於規模化部署。另外，NB-IoT 工作在授權頻段，可靠性更高、更強[120]。

窄頻物聯網採用了超窄頻、重複傳輸、精簡網路協議等設計，在犧牲一定速率、時延、移動性性能的代價下，獲取面向 LPWA 物聯網的承載能力，滿足了低功率、廣覆蓋的設計需要，是較為符合 LPWA 業務需要的物聯網無線通訊技術。其設計目標如下[121]。

① 低成本　低於 5 美元/終端，未來將低至 2 美元/終端；

② 大容量　每小區至少可支援 50000 臺窄頻物聯網設備；

③ 廣/深覆蓋　比 GPRS 覆蓋增強 20dB，覆蓋範圍約擴大 7 倍；

④ 低功耗　電池壽命超過 10 年；

⑤ 低時延敏感性　時延小於 10s。

NB-IoT 終端傳輸頻寬較窄，達到 3.75kHz，相對於 2G/3G/LTE 系統 180kHz 終端頻寬，在相同的終端發射功率下，上行功率譜密度增強約 17dBm。實際應用中，NB-IoT 發射功率最大為 23dBm，NB-IoT 終端 PSD（Power Spectrum Density，功率譜密度）比 GSM 的 GPRS 高約 7dB。另外，NB-IoT 通過重複傳輸和編譯碼，可獲得 6~16dB 額外增益。因此，NB-IoT 比 GPRS 覆蓋增強約 20dB。

窄頻物聯網應用場景充分利用了其深度覆蓋的特點，在訊號較差的頻道環境下，支援深度覆蓋的窄頻物聯網應用終端，可以實現惡劣環境下的資料通訊。窄頻物聯網單小區支援 50000 臺以上的 NB-IoT 終端，單位面積終端密度較大。但

物聯網終端接入行為存在隨機性及突發性，若大量終端被喚醒，同時發起接入請求，必然出現接入衝突。窄頻物聯網採用全新的跳頻前導方案[122]，不支援碼分復用，即 180kHz 頻道頻寬下，每個時隙最多僅支援 48 個可用前導。前導資源受限將極大地限制海量終端接入性能，若出現大量 NB-IoT 終端同時觸發接入，有限的前導資源無法同時處理大量接入請求，必將出現接入擁塞，進一步造成嚴重時延。這是 NB-IoT 應解決的重大挑戰。

（2）NB-IoT 的部署方式與物理頻道參數

NB-IoT 支援三種部署方式[123]：

① 獨立部署（stand-alone deployment）　即 GSM 載波重耕，用 NB-IoT 載波取代一個 GSM 載波，且 NB-IoT 載波兩側各需增加 10kHz 保護頻寬。

② 帶內部署（in-band deployment）　占用 LTE 載波內的一個 PRB，載波間不需額外保護頻寬。需注意，NB-IoT 的通訊不能影響現有 LTE 的公共頻道，包括下行同步/廣播頻道和小區公共導頻等。

③ 保護帶部署（guard-band deployment）　將 NB-IoT 載波插入到 LTE 保護間隔內，LTE 的 PRB 與 NB-IoT 載波間不需要保護頻寬；保護帶部署和帶內部署均可基於 LTE 網路進行軟硬體升級。

窄頻物聯網上下行物理頻道參數如表 3.7 所示。

表 3.7　NB-IoT 上下行物理頻道參數

| NB-IoT | 上行頻道 | | | 下行頻道 |
|---|---|---|---|---|
| 控制介面技術 | FDMA、GMSK 調變 SC-FDMA | | | OFDMA |
| 子載波間隔 | Single-tone | | Multi-tone | 15kHz |
| | 3.75kHz | 15kHz | 15kHz | |
| 時隙 | 2ms | 0.5ms | 0.5ms | 0.5ms |

窄頻物聯網 Release 13 版本中，不支援連接態的移動性管理，包括相關測量、測量報告、切換等，以達到節省終端功耗的目的。理論上，窄頻物聯網終端不允許過於頻繁的資料傳輸，一方面，頻繁資料傳輸會增加終端功耗；另一方面，頻繁資料傳輸會造成網路擁塞，造成時延變得不可接受。

（3）NB-IoT 的大規模接入方法

NB-IoT 是 M2M 通訊技術的一種，其面臨的接入擁塞問題具備 M2M 接入擁塞的共性。針對蜂巢式網中 M2M 通訊接入擁塞問題，3GPP 提出幾種可行的解決方案[124]，常見的有以下六種[125-130]。

1）Back-off 機制　LTE 系統中採用 Back-off 機制來降低接入衝突率，減輕小區接入負載。網路側根據本身的接入負載情況設定 Back-off 指示參數，該參

數表示使用者在發送下一次前導訊號所需等待的最大時間。採用推遲接入請求的方法，在正常負載下較為有效，可緩解暫時性接入擁塞，但是時延問題比較嚴重。另外，在大量設備同時接入時，推遲接入請求的作用不大。

2）時隙接入模式　時隙接入模式下，終端僅在特定子幀內和特定 RA 時隙（Random Access slots，RA-slots）內發送前導，其他時間內設備處於休眠模式，具體設計基於設備特點及 RA 週期，該模式屬於典型的非競爭式接入，每個接入終端僅在分配給自己的接入時隙內發起接入，不得占據其他使用者的接入時隙。系統廣播 RA 週期，通常為幀的整數倍，RA-slots 的數量與 RA 週期成正比。當小區內設備數比 RA-slots 多時，NPRACH 過載。RA 週期長可以降低前導衝突，但是在發送 RA 請求時會造成嚴重的時延。

3）Pull-based 模式　Pull-based 模式通過 M2M 伺服器觸發基站調度目標設備，是一種中央控制模式。根據接收到的呼叫資訊，設備發送接入請求。基站通過考慮 PRACH 負載狀況與可用資源控制呼叫數。

與 Pull-based 模式相對應，由設備主動發送接入請求的方式稱為 Push-based 模式。Pull-based 模式下，根據當時網路狀態對設備進行呼叫，可以有效控制接入請求的並發；而 Push-based 模式下，終端無法獲知當前網路狀態，主動發送接入請求，可能會加重接入擁塞。

4）PRACH 資源劃分模式　PRACH 資源劃分模式下，考慮為 H2H 與 M2M 分配正交的 PRACH 資源。PRACH 資源包括 RA-slots 以及前導序列，分兩步考慮：首先，為 M2M 與 H2H 分配相互正交的 RA-slots；其次，將可用前導的一部分分配給 M2M。

5）PRACH 資源分配模式　PRACH 資源分配模式下，基站根據 PRACH 負載即整體負載動態分配額外的 PRACH 資源。假定基站採用可以對超負載情況立即做出反應的演算法，可以有效消除 PRACH 過載。

6）ACB 模式　接入等級限制（Access Class Barring，ACB）模式下，基站廣播一個限制因子 $\alpha$（介於 0 到 1 之間），各終端分別隨機產生一個介於 0 到 1 之間的隨機接入參數 $p$，當且僅當某設備的隨機接入參數小於 $\alpha$ 時，符合條件的終端可以選擇前導並發送，該方法實際限制部分終端無法選擇前導，從而降低前導衝突率。ACB 可以從源頭控制終端發起接入請求，從而實現對負載尖峰的調控，同時也可以減小核心網信令擁塞過載的機率。但在接入端直接限制發送 RA 的設備數會造成嚴重的 RA 時延。EAB（Enhanced Access Barring，增強接入限制）是在 ACB 基礎上改進的，與 ACB 原理類似。

要緩解高並發接入請求造成的接入衝突，可以從以下三個方面著手研究[115,131,132]。

1）增加接入資源　即額外增加 NB-IoT 頻道，提高接入頻道頻寬。或者通

過頻譜資源復用，提高接入頻道資源利用率。

2）接入分散化　在垂直行業中心進行業務週期配置，避免週期性上傳業務終端同時工作，將接入請求分散化，從根本上避免突發式隨機接入；或者建立異構網路，允許終端接入到鄰近的微基站，減小宏碁站接入壓力。

3）選擇性接入　當突發式接入請求已經發生，需由核心網、接入網迅速做出反應，選擇性允許設備接入，避免大量設備同時競爭有限的 NPRACH 資源，從而避免網路擁塞。3GPP 提出的 ACB 和 EAB 方案是典型的選擇性接入方案。

（4）NB-IoT 覆蓋等級及其架構

3GPP 將 NB-IoT 終端依據其所處環境的最大耦合損耗（Maximum Coupling Loss，MCL，MCL＝發送功率－接收機靈敏度＋接收機處理增益）劃分為 3 個覆蓋等級（Coverage Extended，CE)[133]，其中，等級 0（CE0）表示終端所在頻道環境的最大耦合損耗低於 144dB，頻道環境良好；等級 1（CE1）表示終端所在頻道環境的最大耦合損耗在 144～154dB 之間，頻道環境較好；等級 2（CE2）表示終端所在頻道環境惡劣，最大耦合損耗達 164dB，是 NB-IoT 技術允許支援的最大耦合損耗，一般指地下車庫、下水道、樓梯間等訊號較差環境。實際部署中，無線訊號除受基站距離影響外，很大程度上取決於建築物的遮擋、障礙物的阻礙。

NB-IoT 系統架構主要由五部分構成[134]，如圖 3.12 所示。

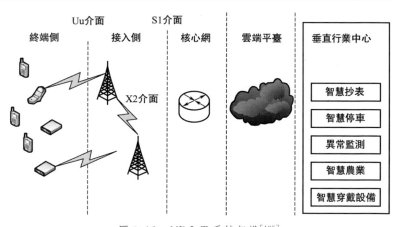

圖 3.12　NB-IoT 系統架構[135]

1）終端側　具有 NB-IoT 通訊功能的設備，以 NB-IoT 技術接入附近的 eNB（基站）。

2）接入側　一簇支援 NB-IoT 的 eNB，可基於現有 LTE 基站進行相應的軟

硬體升級，也可以新建 NB-IoT 專用基站。eNB 之間通過 X2 介面通訊，實現信令和資料互動；eNB 通過空中介面（即 Uu 介面）與 NB-IoT 終端通訊，通過 S1介面連接到核心網 EPC。

3）核心網　核心網網元包括負責物聯網接入業務的 MME（移動管理實體）、S-GW（服務閘道器）以及物聯網專網 P-GW（PDN 閘道器），需要根據標準進行開發，可通過現網升級改造的方式支援 NB-IoT 相關核心網特性，也可以新建獨立的 NB-IoT 核心網設備，通過核心網可以將 eNB 與雲端平台連接起來。

4）雲端平台　NB-IoT 雲端平台對資料進行處理，負責對各種業務進行處理和調度，比如應用層協議棧的適配及對大數據的分析等，並將處理結果轉發給垂直行業中心伺服器或相應的 NB-IoT 終端。

5）垂直行業中心　不同行業的應用伺服器可以獲取 NB-IoT 終端資料，並對終端的業務進行控制。

（5）NB-IoT 的網路體系架構

NB-IoT 系統網路架構和 LTE 系統網路架構相同，均為演進的分組系統（Evolved Packet System，EPS）。EPS 包括 3 個部分，分別是演進的核心系統（Evolved Packet Core，EPC）、基站（eNodeB，eNB）、使用者終端（User E-quipment，UE）。NB-IoT 的網路總體架構如圖 3.13 所示。

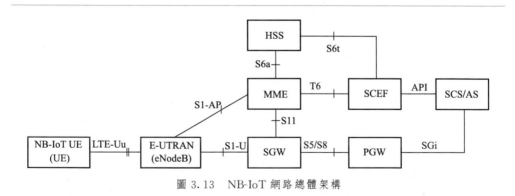

圖 3.13　NB-IoT 網路總體架構

NB-IoT 的網路架構包括 NB-IoT 終端，E-UTRAN 基站（即 eNode B）歸屬簽約使用者伺服器（Home Subscriber Server，HSS），移動的管理實體（Mobility Management Entity，MME），服務閘道器（Serving Gateway，SGW），分組資料閘道器（PDN Gateway，PGW），業務能力開放單元（Service Capability Exposure Function，SCEF），第三方服務能力伺服器（Service Capa-bilities Server，SCS）和第三方應用伺服器（Application Server，AS）。

1）演進的核心系統（Evolved Packet Core，EPC）　EPC 負責核心網部分，

能夠提供所有基於 IP 業務的能力集，包括 MME、SGW、PGW、HSS[136]。

MME 負責 EPC 的信令處理，實現移動性控制；SGW 負責 EPC 的資料處理，實現資料包的路由轉發；PGW 是演進的核心系統網路的邊界閘道器，提供接入非 3GPP 使用者、轉發資料、管理會話、分配 IP 位址等功能；HSS 引入了對 UE 簽約 NB-IoT 接入限制，為 UE 配置 Non-IP 的默認 APN 和驗證非 IP 資料傳輸（Non IP Data Delivery，NIDD）授權等。

UE 可以在附著、追蹤區更新（Tracking Area Update，TAU）過程中，與網路協商自身支援的 NB-IoT 能力，必須支援控制面（Control Plane，CP）模式，可選支援使用者面（User Plane，UP）模式，當 MME 或 PGW 發送上行速率控制資訊給 UE 後，UE 必須執行，以此來實現對傳輸上行小資料包的控制。

NB-IoT 網路系統與 LTE 系統相比，主要在網路系統架構上新增了業務能力開放單元（Service Capability Exposure Function，SCEF），以支援非 IP 資料傳輸和 CP 模式。在網路實際部署過程中，可以將 MME、SGW、PGW 合併起來，並成並種輕量級核心網網元，以減少物理網元的資料，這種並種輕量級核心網網元稱為 C-SGN（即 CIoT 服務閘道器節點）。

2）基站（eNodeB，eNB） eNodeB 基站負責接入網部分，也稱為 E-UTRAN 或無線接入網[137]。NB-IoT 無線接入網由一個或多個基站（eNB）組成，eNB 基站通過 Uu 介面（空中介面）與 UE 通訊，為 UE 提供使用者面（PDCP/RLC/MAC/PHY）和控制面（RRC）的協議終止點。eNB 基站之間通過 X2 介面進行直接互聯，解決 UE 在不同 eNB 基站之間的切換問題。接入網和核心網之間通過 S1 介面進行連接，eNB 基站通過 S1 介面連接到 EPC。

eNB 基站採用 S1-MME 與 MME 建立連接，並採用 S1-U 與 SGM 建立連接。MME/SGW 通過 S1 與 eNB 基站建立多對多連接，一個 eNB 基站可以與多個 MME/SGW 建立連接，多個 eNB 基站也可以同時連接到同一個 MME/SGW[138]。

3）使用者終端（User Equipment，UE） 在 NB-IoT 技術中，對 UE 引入了與網路協商 NB-IoT 能力、支援控制面優化流程、支援使用者面優化流程、支援控制面優化流程向使用者面優化流程的切換和執行上行速率控制等內容。

① 與網路協商 NB-IoT 能力 UE 可以在附著（Attach）、追蹤區更新（TAU）流程中，向網路上報自身所支援的 NB-IoT 能力，如是否支援附著時不建立 PDN 連接、是否支援 CP 優化傳輸方案、是否支援 UP 優化傳輸方案和是否支援基於 CP 優化方案的簡訊等。在響應消息中，MME 將網路所支援的 NB-IoT 能力回饋給 UE。後續 UE 發起上行資料傳輸時，可根據能力協商情況，自行選擇是採用 CP 優化傳輸方案還是 UP 優化傳輸方案。

② 支援控制面優化流程 在 NB-IoT 技術中，控制面優化流程是 UE 和網路必須支援的。使用該流程，UE 可以在 RRC 連接建立流程中，通過信令攜帶上

行小資料包,即在無線信令承載 SRB 中攜帶 NAS 資料包,在 NAS 資料包中封裝 UE 要發送的 IP、非 IP 資料。同理,也可以在 RRC 連接建立流程中,從信令中獲取網路下發的下行小資料包。

③ 支援使用者面優化流程　在 NB-IoT 中,使用者面優化流程是可選支援的。若 UE 支援 UP 優化流程,則 UE 需要支援 RRC 恢復連接、RRC 掛起連接流程。

④ 支援控制面優化流程向使用者面優化流程的切換　即使 UE 和網路同時支援控制面優化和使用者面優化兩種模式,在任一時刻,UE 只允許使用控制面優化或使用者面優化其中一種模式。但是,當 UE 使用控制面優化模式時,允許 UE 從控制面優化模式向使用者面優化模式切換。

⑤ 支援上行速率控制　MME 可根據服務網路的情況,產生服務網路級別的速率控制資訊。PGW 可根據 APN 設置或本地策略,產生 PDN 連接級別的速率控制資訊。速率控制資訊分上行和下行兩部分,MME、PGW 將上行速率控制資訊發送給 UE 後,UE 必須按照該上行資訊,控制上行小資料傳輸。

(6) NB-IoT 協議棧

1) NB-IoT 網路介面協議　無線介面指的是 UE 和接入網之間的介面,又稱空中介面或 Uu 介面[139]。在 NB-IoT 技術中,UE 和 eNB 基站之間的 Uu 介面是一個開放的介面,只要遵循 NB-IoT 標準,不同生產商之間的設備可以相互通訊。NB-IoT 的 E-UTRAN 無線介面協議架構分為物理層 (L1)、資料鏈路層 (L2) 和網路層 (L3)。NB-IoT 協議層規劃了兩種資料傳輸模式,分別是 CP 模式和 UP 模式。其中 CP 模式是必選項,UP 模式是可選項。

① 控制面協議　在 UE 側,CP 協議棧主要負責 Uu 介面的管理和控制[140],包含無線資源控制 (Radio Resource Control,RRC) 子層協議,分組資料匯聚 (Packet Data Convergence protocol,PDCP) 子層協議,無線鏈路控制 (Radio Link Control,RLC) 子層協議,媒質訪問控制 (Media Access Control,MAC) 子層協議,PHY 物理層協議和非接入層 (Non-Access Stratum,NAS) 控制協議。協議要求 NB-IoT UE 和網路必須支援 CP 模式,而且無論是 IP 資料還是 Non-IP 資料,都封裝在 NAS 資料包中,使用 NAS 層安全並進行報頭壓縮。UE 進入空閒狀態 (RRC _ Idle) 後,UE 和 eNB 基站不再保留接入層 (Access Stratum,AS)。UE 再次進入 Connect 需要重新發起 RRC 建立連接請求。控制面協議棧如圖 3.14 所示。

NAS 協議負責處理 UE 和移動管理實體 (Mobility Management Entity,MME) 之間資訊的傳輸。控制面的 NAS 消息有連接性管理 (Connection Management,CM),移動性管理 (Mobility Management,MM),會話管理 (Session Management,SM) 和 GPRS 移動性管理 (GPRS Mobility Management,

GMM) 等。

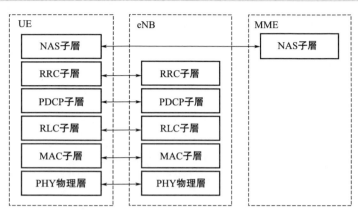

圖 3.14　控制面協議棧

RRC 子層用於解決 UE 和 eNB 基站之間 CP 的第三層資訊。RRC 上載有建立、修改、釋放層和 PHY 層協議實體需要的所有參數，是 UE 和 E-UTRAN 之間控制信令的主要部分，主要作用是發送相關信令和分配無線資源，同時也攜帶 NAS 的一些信令。RRC 協議在接入層中實現控制功能，負責建立無線承載，配置 eNB 和 UE 之間的 RRC 信令控制。

② 使用者面協議　UP 協議棧包括 PDCP 子層協議、RLC 子層協議、MAC 子層協議和 PHY 物理層協議，作用有報頭壓縮，加密，調度，自動重傳請求 (Automatic Repeat reQuest，ARQ) 和混合自動重傳請求 (Hybrid Automatic Repeat reQuest，HAEQ)。使用者面協議棧如圖 3.15 所示。

資料鏈路層通過 PHY 層實現資料傳輸，PHY 層為 MAC 子層提供傳輸頻道的服務，MAC 子層為 RLC 子層提供邏輯頻道的服務。

PDCP 子層屬於 Uu 協議棧的第二層，負責處理 CP 上的 RRC 消息和 UP 上的 IP 資料包。在 UP 上，PDCP 子層首先收到上層的 IP 資料分組，然後對 IP 資料包處理，再傳遞到 RLC 子層。在 CP 上，PDCP 子層為 RRC 傳遞信令

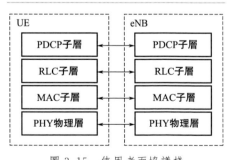

圖 3.15　使用者面協議棧

並完成信令的加密和一致性保護，還有 RRC 信令的解密和一致性檢查。

③ 控制面和使用者面的並存　CP 模式適合傳輸小資料包，而 UP 模式適合傳輸大數據包。在採用 CP 模式傳輸資料時，如有大數據包傳輸需要，則可由

UE 或網路發起，由 CP 模式向 UP 模式轉換。

空閒（Idle）狀態下，使用者可通過服務請求過程發起 CP 到 UP 的轉換，MME 收到終端的服務請求後，需刪除和 CP 模式相關的 S1-U 資訊與 IP 報頭壓縮資訊，並為使用者建立使用者面通道。連接狀態下使用者的 CP 模式到 UP 模式的轉換可以由 UE 通過追蹤區更新（Tracking Area Update，TAU）過程發起，也可以通過 MME 直接發起，MME 收到終端攜帶激活標誌的 TAU 消息時，或者檢測到下行資料包較大時，MME 刪除和 CP 模式相關的 S1-U 資訊與 IP 報頭壓縮資訊，並為使用者建立使用者面通道。

對於只支援 CP 模式的 NB-IoT UE，使用者資料承載在 NAS 層中，不使用 PDCP 協議。對於同時支援 CP 模式和 UP 模式的 NB-IoT UE，在接入層安全激活之前不使用 PDCP 協議。

2）NB-IoT 物理層　無線介面協議棧的最底層是 PHY 層，PHY 層為物理介質中的資料傳輸提供所需的全部功能，同時為 MAC 層和高層傳遞資訊服務。NB-IoT 的物理層系統進行了大量的簡化和修改，包括多址接入方式、工作頻段、幀結構、調變解調方式、天線端口、小區搜尋、同步過程、功率控制等[141]。物理層頻道分為下行物理層頻道和上行物理層頻道。3GPP 重新定義了窄頻主同步訊號（Narrowband Primary Synchronization Signal，NPSS）和窄頻輔同步訊號（Narrowband Secondary Synchronization Signal，NSSS），目的是簡化 UE 的接收機設計[142]。

NPSS 和 NSSS 在無線幀中的時域位置如圖 3.16 所示，其中 NPSS 在每個無線幀的子幀 5 上發送，發送週期為 10ms，而 NSSS 在偶數無線幀的子幀 9 上發送，發送週期為 20ms。

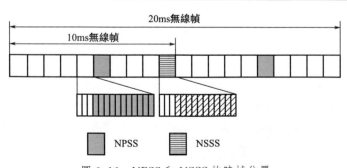

圖 3.16　NPSS 和 NSSS 的時域位置

① NPSS　考慮到 NB-IoT 主要應用於低成本終端，NPSS 訊號有多條的話，將成倍地增加終端同步檢測時的複雜度，因此 NB-IoT 的 NPSS 序列只有一條[143]。NPSS 是基於 ZC 短序列設計的。

為了簡化 UE 接收機，不同的傳輸模式採用統一的同步訊號，因此，NPSS 為了避開前 3 個正交頻分復用（Orthogonal Frequency Division Multiplexing，OFDM）符號，僅占用 1 個子幀內的 11 個符號，每個符號占用 11 個子載波。NB-IoT 由頻域的 Zadoff-Chu 序列生成主同步訊號序列，公式如下：

$$d_1(n) = s(1) \times e^{-j\frac{\pi un(n+1)}{11}} \tag{3.1}$$

式中，$n$ 的取值為 0～10 的整數，每個符號上承載 11 個長為 5 的 Zadoff-Chu 序列，在不同符號上，承載不同的掩碼（Cover Code），循環前綴定義如表 3.8 所示。

表 3.8　循環前綴定義

| 循環前綴長度 | s3 | s4 | s5 | s6 | s7 | s8 | s8 | s9 | s10 | s11 | s12 | s13 |
|---|---|---|---|---|---|---|---|---|---|---|---|---|
| 常規值 | 1 | 1 | 1 | 1 | −1 | −1 | 1 | 1 | 1 | 1 | −1 | 1 |

在頻域上，NPSS 占用 0～10，共 11 個子載波。在時域上，NPSS 固定使用每個無線幀中的第 5 個子幀，在子幀內從第 4 個符號開始。

② NSSS　NSSS 序列的設計思想與 NPSS 基本上是相同的，唯一的不同在於所有小區發送的 NPSS 序列都是相同的，兩個子幀上發送的 NPSS 序列互為共軛，而 NSSS 是需要指示小區 ID 資訊和幀定時的，通過兩個子幀上使用的不同 Zadoff-Chu 序列的根索引組合來指示幀定時資訊和不同的小區 ID。

NSSS 為長度 131 的頻域 Zadoff-Chu 序列，並通過 Hadamard 矩陣加擾。通過 Zadoff-Chu 的根和 4 個 Hadamard 矩陣來指示 504 個小區 ID，通過 4 個時域循環移位來指示在 80ms 內的幀的序列。

頻域的 Zadoff-Chu 序列同樣用來生成 NB-IoT 輔同步訊號序列，如式（3.2）：

$$d(n) = b_p(m) e^{-j2\pi\theta_f n} e^{-j\frac{\pi u n'(n'+1)}{131}} \tag{3.2}$$

其中，$n = 0, 1, \cdots, 131$；$n' = n \bmod 131$；$m = n \bmod 128$；$u = N_{ID}^{Ncell} \bmod 126 + 3$；$q = \left[\dfrac{N_{ID}^{Ncell}}{126}\right]$。$e^{-j\frac{\pi u n'(n'+1)}{131}}$ 為 Zadoff-Chu 序列，長度通過循環移位擴展的方式擴展到 132。循環移位運算公式為

$$\theta_f = \frac{33}{132}\left(\frac{n_f}{2}\right) \bmod 4 \tag{3.3}$$

即四個循環移位間隔分別為 0/132、33/132、66/132、99/132。

擾碼序列 $b_p(m)$ 是 4 個 132 長的 Hadamard 序列。NB-IoT 小區的 PCID，通過 Zadoff-Chu 序列的根索引和擾碼序列索引的組合關係由以下兩式來確定：

$$u = \bmod(PCI, 126) + 3 \tag{3.4}$$

$$q = \left\lceil \frac{\text{PCI}}{126} \right\rceil \qquad (3.5)$$

由於 NSSS 只在偶數幀發送，因此四種循環移位可以確定 NSSS 在 80ms 內位置。在頻域上，NSSS 占用全部 12 個子載波；在時域上，NSSS 只在偶數幀號發送，在子幀內從第 4 個符號開始。

（7）系統消息

NB-IoT 的系統消息包括一個主資訊塊（MIB-NB）和多個系統資訊塊（SIB）。在 R13 中，SIB 類型包括 SIB1-NB、SIB2-NB、SIB3-NB、SIB4-NB、SIB5-NB、SIB14-NB 和 SIB16-NB。除 SIB1-NB 之外的其他 SIB 塊組成若干個 SI message。這些消息通過窄頻物理層下行鏈路共享頻道（Narrowband Physical Downlink Shared Channel，NPDSCH）承載。

1）MIB-NB　MIB-NB 需要頻繁的發送，因此其大小受到嚴格的限制，只包含最關鍵的資訊，其包括以下主要內容。

① 系統幀號 SFN 的高四位和低六位通過輔同步頻道和 MIB-NB 的編碼攜帶；

② 超系統幀號 H-SFN 的 2 個低比特位；

③ AB-enabled 接入控制使能（1bit）：接入阻止（Access Barring）是否使能的指示開關；

④ SIB1-NB 調度資訊（4bit）：用於指示 SIB1-NB 的 TBS 和重複次數；

⑤ 系統資訊值標籤 Value Tag（5bit）：UE 利用該系統消息值標籤檢測系統消息是否產生了更新；

⑥ 操作模式（Operation Mode）相關的配置資訊：用於區分「In-band/相同 PCI」「In-band/不同 PCI」「Stand-alone」操作模式，並指示相應操作模式下需要的其他必要資訊。

為使用 CRC 校驗比特、頻道編碼、速率匹配、加擾、分段、調變和資源映射功能，將窄頻物理層廣播頻道（Narrowband Physical Broadcast Channel，NPBCH）分為 8 個持續時間為 80ms 且可獨立解碼的塊。NPBCH 完成以下任務。

① 附加 CRC 檢驗比特　基於 34bit 的有效載荷計算出 16bit 的校驗比特；

② 頻道編碼　使用 TBCC 編碼器；

③ 速率匹配　輸出比特為 1600bits；

④ 加擾　使用小區專用擾碼 scrambling 序列對速率匹配後的比特進行加擾，其中擾碼序列在滿足 SFN mod 64＝0 的無線幀通過 PCID 進行初始化；

⑤ 分段　加擾後的比特被分為 8 個大小為 200bits 的編碼子塊；

⑥ 調變　對於每個編碼子塊，QPSK 調變被使用；

⑦ 資源映射　對應的每個編碼子塊的調變符號被重複傳輸 8 次，並擴展到

80ms 的時間間隔上。

2）SIB1-NB　SIB1-NB 包括以下內容。

① 小區接入（Cell access）和小區選擇（Cell selection）資訊；

② H-SFN 的高 8 位、H-AFN 的低 2 位在 MIB-NB 中的指示；

③ SI message 的調度消息；

④ Downlink Bitmap 用於指示下行傳輸的有效子幀（有效子幀是指 SI mes-sage 和 PDSCH 等可使用的子幀）。如果不配置該參數，則除 NPSS、NSSS、NPBCH 和 SIB1-NB 占用的子幀外的所有下行子幀都是有效子幀。

SIB1-NB 的調度週期固定為 2560ms，為了避免相鄰小區間 SIB1-NB 發送的干擾，SIB1-NB 在調度週期內起始發送無線幀和小區的物理小區標識 PCID 有關，即相鄰小區通過設置不同的 SIB1-NB 消息的起始幀來錯開時域發送資源。

3）SI message　NB-IoT 中 SI message 的調度方式採用了半靜態的調度方式，即 PDCCHless 的調度。在 NB-IoT 中，多個相同週期（Periodicity）的 SIB 可組成一個 SI message，以 SI message 為單位進行調度。系統根據 SI message 的週期為每個 SI message 配置發送視窗，即 SI-Window，不同 SI message 的 SI-Window 互不重疊，不同 SI message 的 SI-Window 的起始位置通過式(3.6) 運算：

$$(1024\,H_{SFN}+SFN)\bmod T = FLOOR(x/10)+offset \qquad (3.6)$$

式中，$T$ 為 SI message 的週期；offset 為 SI-Window 的起始偏移；$x=(n-1)w$，$w$ 為 SI-Window 的長度，$n$ 為 SI message 在 SIBI-NB 信元 System Information Block Type1-NB 中的排列順序。

式中 Periodicity、Offset、SI-Window 的長度均在 SIB1-NB 中配置。SI message 在為其配置的 SI-Window 內重複發送若干次，其重複的次數通過 SIB1-NB 中為每個 SI 配置的重複模式以及 SI-Window 的長度共同確定。在 SIB1-NB 中，SI message 的重複模式被定義為每第 2、或第 4、或第 8、或第 16 個無線幀的第 1 個有效無線子幀開始發送其一次重複。根據 SI message 傳輸塊大小（TBS）的不同，SI message 的一次重複發送需要 8 個無線子幀或 2 個無線子幀完成，SI message 從重複模式定義的無線幀的第 1 個有效子幀開始發送，連續地占用有效的無線子幀，直到發送一次完整的重複，如果重複模式信元指定的無線幀中沒有足夠的無線子幀，則不足部分占用後續無線幀的有效子幀。

（8）呼叫過程

在通訊系統中，呼叫機制用來通知空閒態使用者系統消息的變更以及通知使用者有下行資料到達。其中，呼叫的基本過程如圖 3.17 所示。

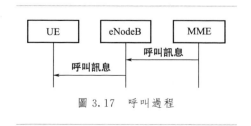

圖 3.17　呼叫過程

當核心網需要向使用者發送資料時，將通過 MME 經 SI 介面向基站發送呼叫消息，並在該呼叫消息中包含使用者 ID、TAI 列表等資訊。基站接收到該呼叫消息，讀取其中的內容，獲得使用者的 TAI 列表資訊，然後在 TAI 列表中的小區內進行呼叫。NB-IoT 採用 E-UTRAN 呼叫相關配置，其主要區別如下。

① 對於 NB-IoT，僅通過 BCCH 配置 eDRX；

② 空閒狀態使用 eDRX 時，DRX 週期最大值為 2.91h；

③ UE 在 RRC_Idle 空閒狀態時，在錨點載波上接收呼叫。

普通使用者呼叫優化機制，即 MME 根據基站上報的呼叫輔助消息中的基站列表資訊及預設的優化策略優化呼叫消息下發範圍。在下發呼叫消息時，MME可以選擇一個或多個基站下發，而呼叫輔助消息中的小區列表資訊則不會被 MME 處理，直接伴隨呼叫消息下發給基站，由基站進行處理，可以用於判斷空口呼叫消息下發範圍。呼叫輔助消息中的小區列表資訊包含小區全局標誌符、駐留時間。呼叫輔助消息中的基站列表包含基站全局 ID，而對於家庭基站來說，可能會通過家庭基站閘道器連接到 MME，因此 MME 需要通過 TAI 資訊來辨識和路由呼叫消息給家庭基站閘道器。

同時，在 SI 介面的呼叫消息還包含呼叫嘗試計數和計劃的呼叫嘗試次數資訊，還可選包含下次呼叫範圍指示資訊。對於當前 UE 的呼叫，嘗試次數在發生一次呼叫消息後會累計，而下次呼叫範圍指示資訊代表 MME 計劃在下次呼叫的時候改變當前呼叫範圍。如果 UE 從 Idle 態轉變為連接態，則呼叫嘗試次數會重置。

(9) BC95：NB-IoT 終端通訊模組[135]

Quectel 公司的 BC95 為一款 NB-IoT 通訊模組，其工作電壓較寬，為 3.1～4.2V。BC95 也支援 UDP 協議，該協議面向小型設備，適於一次傳輸少量資料。

BC95 模組是將 RF 晶片、Baseband 晶片和 NB-IoT 協議棧等整合在一塊 PCB 板上，並且向外提供硬體管腳和軟體介面的模組。該系統模組有三種型號：BC95-B8、BC95-B5、BC95-B20。其中 BC95-B8 和 BC95-B20 用於移動和聯通的營運商網路，而 BC95-B5 用於電信網。

BC95 模組主要由 NB-IoT Baseband 控制器、閃存、RF 模組、電源模組、天線介面和其他常用介面等構成。BC95 的功能框圖如圖 3.18 所示。

BC95 無線通訊模組具有低功耗、高性能的特點，其尺寸為 19.9mm×23.6mm×2.2mm，能極大滿足 UE 設備小尺寸、低功耗與低成本的要求，BC95 模組可與眾多終端設備進行連接，每個小區支援使用者可多達 100000 個。常被用在智慧城市、智慧交通、遠端抄表、智慧物流、智慧建築、農業與環境監測等領域，以提供完善的簡訊和資料傳輸服務。

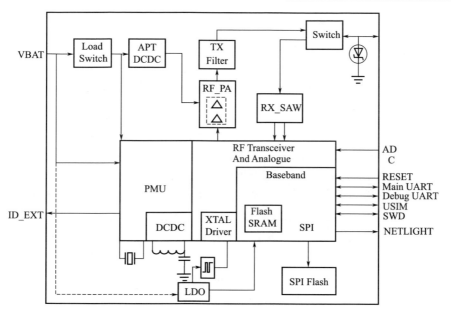

圖 3.18　BC95 功能框圖

BC95 模組主要性能如表 3.9 所示。

表 3.9　BC95 模組主要性能

| 參數 | 說明 |
| --- | --- |
| 供電 | VBAT 供電電壓範圍:3.1～4.2V;典型供電電壓:3.6V |
| 發射功率 | 23dBm±2dB |
| 溫度範圍 | −30～+75℃ |
| USIM 卡介面 | 只支援 3.0V 外部 USIM 卡 |
| 主串口 | 用於 AT 命令傳送和資料傳輸時波特率為 9600bps;<br>用於軟體升級時波特率為 115200bps |
| 除錯串口 | 用於軟體除錯和設置波特率 |

　　BC95 模組共有 94 個引腳，其中 54 個為 LCC 引腳，其餘 40 個為 LGA 引腳。模組的介面功能包括：電源供電、串口、模數轉換介面、USIM 卡介面、網路狀態指示介面、RF 介面。

　　NB-IoT 模組 BC95 的 SIM 介面提供以下 5 個介面訊號線。①SIM＿VCC：即 SIM 卡電源提供端；②SIM＿DATA：SIM 卡資料訊號線；③SIM＿RST：SIM 卡的復位介面；④SIM＿CLK：SIM 卡時鐘訊號介面；⑤GD：SIM 卡接地線介面。這些訊號介面與 SIM 卡分別相連。

## 3.5.2 LoRa 技術

### (1) LoRa 技術的特點與 LoRaWAN 網路架構

LoRa 是在 2013 年 8 月由 Semtech 公司發布的一種新型的用於資料傳輸的晶片，主要特點是：低速率、低功耗、低成本以及傳輸距離遠，工作在 1GHz 以下的頻段，一般使用 125kHz 頻寬。低頻的優點在於：相同的發送功率條件下能夠實現較遠的傳輸距離，可以用較低的成本實現較大的覆蓋範圍。

LoRa 技術的接收靈敏度高達 -148dBm，相比於其他先進水準的亞 GHz 晶片改善了 20dB 以上，這確保了網路連接的可靠性[144]。其低功耗體現在使用自適應速率機制，在頻道條件允許時盡可能使用更高的速率發送，以此減少發送機的持續發送時間，節省能源，降低功耗。而且它使用了前向糾錯編碼、數位擴頻等傳輸技術，較好地避免了因資料包出錯而產生的重發，且有效地抑制了由多徑衰落引起的突發性誤碼。

LoRa 中的擴頻因子範圍是 6～12，調變解調器配置完成後，對應不同的擴頻因子，將資料序列中的每個比特劃分為 64～4096 個碼片。擴頻因子的值越大，就越容易從噪音中提取出更多的有效資訊。而且，與傳統的擴頻調變技術相比，LoRa 技術增加了鏈路預算，提高了對帶內干擾的抵抗能力，擴大了無線通訊鏈路範圍，提高了網路的魯棒性，非常適合應用於長距離、低功耗以及對速率要求不高的 LPWAN 應用場景。

相比於 NB-IoT 技術，LoRa 具有以下優點[145]。

① LoRa 的成本更低。NB-IoT 使用授權頻段，頻段授權的成本較高。

② LoRa 是在亞 GHz 無線電頻段進行傳輸的，更容易實現較低功耗的遠距離通訊。

③ LoRa 更低的資料速率延長了電池壽命，同時也增加了網路的容量，NB-IoT 的資料速率範圍是 160～250Kbps，而 LoRa 的資料速率範圍是 0.25～5Kbps。

④ LoRa 訊號具有非常強的穿透力和避障力。

截至 2017 年 6 月，有 42 家行動通訊營運商公開宣布部署 LoRa 網路，30 家行動通訊營運商加入 LoRa 聯盟，部署了 250 多個 LoRa 試驗網路及城市商用網路，LoRa 聯盟的成員超過了 480 個[146]。

2015 年在巴塞羅那移動世界通訊大會上由 Semtech、Actility、IBM 等機構共同制定了 LoRaWAN，是 LoRa 端到端的技術標準規範。LoRaWAN 網路架構如圖 3.19 所示，由終端設備、閘道器、中央伺服器三種設備組成，其中，閘道器作為中繼節點，造成連接終端設備和中央伺服器的作用。閘道器與中央伺服器之間採用標準 IP 協議，而終端設備與閘道器則使用單跳通訊方式。

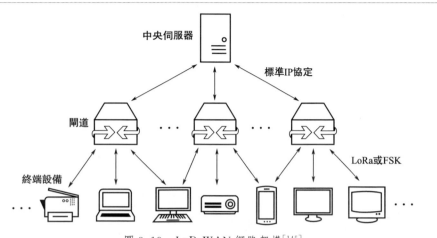

圖 3.19　LoRaWAN 網路架構[145]

（2）LoRa 典型晶片及傳輸模式

目前 Semtech 公司已開發了六種 LoRa 射頻晶片，分別為 SX1272、SX1273、SX1276、SX1277、SX1278 和 SX1279，這些晶片都配備了半雙工的低中頻收發器以及標準的 FSK 和 LoRa 擴頻調變解調器[147]。各種晶片的主要差異體現在三個方面，分別是支援的頻段（寬頻段、低頻段或高頻段），晶片的接收靈敏度，擴頻因子的範圍。各個晶片的價格也因性能的不同而不同。其中，使用較多的是 SX1276、SX1277 和 SX1278，它們的關鍵參數如表 3.10 所示。

表 3.10　部分 LoRa 晶片的關鍵參數

| 零件編號 | 頻率範圍 | 擴頻因子 | 頻寬 | 有效比特率 | 預估靈敏度 |
|---|---|---|---|---|---|
| SX1276 | 137～1020MHz | 6～12 | 7.8～500kHz | 0.018～37.5Kbps | −111～−148dBm |
| SX1277 | 137～1020MHz | 6～9 | 7.8～500kHz | 0.11～37.5Kbps | −111～−139dBm |
| SX1278 | 137～525MHz | 6～12 | 7.8～500kHz | 0.018～37.5Kbps | −111～−148dBm |

三種晶片的頻寬完全相同，SX1277 的頻率範圍與 SX1276 相同，但擴頻因子較小；SX1278 的擴頻因子與 SX1276 相同，但頻率範圍較小。因此，應用最廣泛的晶片是 SX1276，該晶片支援頻率範圍為 137～1020MHz，涵蓋了美國的 920MHz、歐洲的 868MHz、亞洲的 433MHz 等主要免許可頻段，另外該類型晶片在 125kHz 頻寬下的接收靈敏度高達−136dBm。

SX1276 是實現了軟體擴頻技術的晶片，在低速率的情況下靈敏度可高達−148dBm。但是如果速率達到了一定的值，性能便與 FSK 類似，也就無法體現 LoRa 的優勢了。SX1276 使用的擴頻通訊是可以在負信噪比條件下正常工作的通訊方式，所以其抗干擾很強。

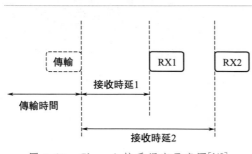

圖 3.20　Class A 接受視窗示意圖[145]

現在 LoRa 技術的應用都是基於 LoRa WAN 協議的。LoRa WAN 協議根據不同的場景需要採用三種不同的傳輸模式，分別為 Class A、Class B 以及 Class C。Class A 是網路的默認模式，主要應用於上行通訊較多的場景，網路中所有終端節點都必須實現。在 Class A 傳輸模式下，如圖 3.20 所示，傳輸過程必須總是由終端設備節點發起，在上行通訊之後，有兩個用以接收閘道器節點的下行資料的視窗 RX1 和 RX2，可以根據終端節點自身的通訊需要來設定接收視窗的大小。在 Class B 傳輸模式下，終端節點除了有 RX1 和 RX2 兩個接收視窗（同 Class A 相同）外，還增加了一個接收視窗（Ping Slot），用以接收下行資料，適用於終端節點需要經常接收閘道器命令的場景。如圖 3.21 所示，在該模式下，閘道器會廣播一個信標（Beacon）幀，該幀中攜帶有同步時間，該同步時間被終端節點參考以週期性地打開 Slot 接收視窗。如圖 3.22 所示，在 Class C 模式下，終端節點除了上行發送時間之外，始終保持接收狀態。由此可見，相對於 Class A 和 Class B 模式，Class C 模式會消耗更大的能量。

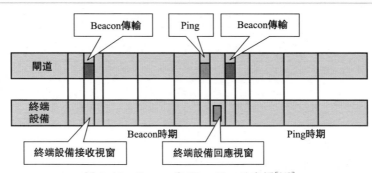

圖 3.21　Beacon 與 Ping Slot 示意圖[145]

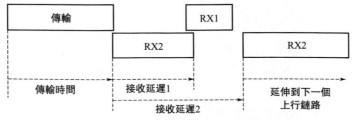

圖 3.22　Class C 接收時陳示意圖[145]

（3）LoRa 傳輸參數

LoRa 的三個傳輸參數為擴頻因子（SF）、編碼率（CR）和頻寬（BW）。

1）擴頻因子（SF）　LoRa 調變採用 Chirp 擴頻技術，具有抗多徑衰落、多普勒效應等特點。單個 Chirp 訊號的定義如式(3.7) 所示。

$$c(t) = f(x) = \begin{cases} e^{j\varphi(t)}, & -\dfrac{T}{2} \leqslant t \leqslant \dfrac{T}{2} \\ 0, & 其他 \end{cases} \tag{3.7}$$

其中，$\varphi(t)$ 是 Chirp 訊號的相位。LoRa 採用多個正交擴頻因子（6～12 之間），SF 在資料速率和傳輸距離之間進行折中，選擇較高的擴頻因子可以增加傳輸距離，但是會降低資料速率。相反，低的擴頻因子會減小傳輸距離，提高資料速率。當鏈路環境好時，可以使用較低的擴頻因子，以較高的速率傳輸。而當鏈路環境較差時，可以通過增大擴頻因子來提高靈敏度。表 3.11 為 LoRa 的擴頻因子取值。

表 3.11　LoRa 擴頻因子取值

| 擴頻因子 | 擴頻因子(碼片/符號) | LoRa 解調器信噪比/dB |
|---|---|---|
| 6 | 64 | −5 |
| 7 | 128 | −7.5 |
| 8 | 256 | −10 |
| 9 | 512 | −12.5 |
| 10 | 1024 | −15 |
| 11 | 2048 | −17.5 |
| 12 | 4096 | −20 |

2）編碼率（CR）　LoRa 採用前向糾錯（FEC）來進一步提高接收器的靈敏度。編碼率（或資訊率）定義了 FEC 的數量，LoRa 中提供了 0～4 的 CR 值，其中，CR 為 0 代表沒有使用 FEC。與 CR 為 1、2、3、4 對應的循環編碼率如表 3.12所示，循環編碼率是資料流中有用部分的比例。使用 FEC 會產生傳輸開銷，因此隨著 CR 值的增加，循環編碼率越低，每個頻道的有效資料速率也就減少。

表 3.12　不同編碼率下的資料開銷

| 編碼率 | 循環編碼率 | 開銷比率 |
|---|---|---|
| 1 | 4/5 | 1.25 |
| 2 | 4/6 | 1.5 |
| 3 | 4/7 | 1.75 |
| 4 | 4/8 | 2 |

3）訊號頻寬（BW） LoRa 為半雙工系統，上下行工作在同一頻段。這將增加訊號頻寬，並提高資料速率，但是接收靈敏度會降低。LoRa 頻寬選項如表 3.13 所示。

表 3.13　LoRa 頻寬選項

| 頻寬/kHz | 擴頻因子 | 編碼率 | 標稱比特率/bps |
|---|---|---|---|
| 7.8 | 12 | 4/5 | 18 |
| 10.4 | 12 | 4/5 | 24 |
| 15.6 | 12 | 4/5 | 37 |
| 20.8 | 12 | 4/5 | 49 |
| 31.2 | 12 | 4/5 | 73 |
| 41.7 | 12 | 4/5 | 98 |
| 62.5 | 12 | 4/5 | 146 |
| 125 | 12 | 4/5 | 293 |
| 250 | 12 | 4/5 | 586 |
| 500 | 12 | 4/5 | 1172 |

目前大多數 LoRa 晶片支援的 LoRa 系統頻寬為 2MHz，包括 8 個固定頻寬為 125kHz 的頻道，固定頻寬的頻道之間需要 125kHz 的保護帶，則至少需要 2MHz 系統頻寬。對於 125kHz 的固定頻寬的頻道而言，資料速率從 250bps 到 5Kbps，可以在一個相當大的範圍內進行選擇。

（4）LoRaWAN

2015 年 6 月，LoRa 聯盟成立並發布了第一個開放性標準 LoRaWAN R1.0。LoRaWAN 提供了一種物理接入控制機制，使多個採用 LoRa 通訊的終端可以閘道器互通訊。

1）LoRa 幀結構　LoRa 幀起始於 preamble，其中編碼了同步字（sync word），用來區分使用了相同頻寬的 LoRa 網路[148]。如果解碼出來的同步字和事先配置的不同，終端就不會再偵聽這個傳輸。接著是可選頭部（header），用來表示載荷的大小（2～255Byte）、傳輸所用的資料率（0.3～50Kbps）以及在幀尾是否存一個用於載荷的 CRC。PHDR_CRC 用來校驗 header，若 header 無效，則丟棄該包。圖 3.23 為 LoRa 的幀結構。

MAC 頭（MAC Header，MHDR）表示 MAC 消息的種類（MType）和 LoRaWAN 的版本號，RFU（Reserved for Future Use）是保留域。LoRaWAN 定義了 6 種 MAC 消息，其中接入請求消息（join-request message）和接入准許消息（join-accept message）用於空中激活（OTAA，Over-The-Air Activation）。另外 4 種是資料消息，可以是 MAC commands 或應用資料，也可

以是兩種消息的結合。要確認的消息（confirmed data）需要接收端回覆，不要確認的消息（unconfirmed data）則不用。

| Radio PHY layer: | | | | |
|---|---|---|---|---|
| Preamble | PHDR | PHDR_CRC | PHYPayload | CRC* |

（注：CRC*只存在於行幀）

| PHYPayload: | | |
|---|---|---|
| MHDR | MACPayload① | MIC |

（注：① 處也可以是Join-Request或Join-Accept）

| MHDR: | | |
|---|---|---|
| MType | RFU | Major |

| MACPayload: | | |
|---|---|---|
| FHDR | FPort | FRMPayload |

| FHDR: | | | |
|---|---|---|---|
| DevAddr | FCtrl | FCnt | FOpts |

FCtrl：（上/下行）

| ADR | ADRACKReq | ACK | RFU (Class B) | FOptsLen |
|---|---|---|---|---|
| | RFU | | FPending | |

| FOptsLen: | | |
|---|---|---|
| Value: | 0 | 1..15 |
| FOptsLen | FOpts<br>不存在 | MAC commands<br>存在於FOpts中 |

| FPort: | | | | |
|---|---|---|---|---|
| Value: | 0 | 1..223 | 224 | 225..255 |
| FPort | FRMPayload<br>只包含<br>MACcommands | FRMPayload<br>用於承載具體的<br>應用資料 | 專門用於<br>LoRaWAN MAC<br>層測試協定 | RFU |

圖 3.23　LoRa 的幀結構[149]

MAC Payload 為「資料幀」，最大長度 M 因地區而異。幀頭（FHDR，Frame Header）包含設備位址，幀控制（FCtrl，上下行不同），幀計數器（FCnt）和幀選項（FOpts）4 個部分。FRM Payload 即幀載荷，用 AES-128 加密，用於承載具體的應用資料或者 MAC commands。

FCtrl 的上下行內容是不同。其中，自適應資料率（ADR，Adaptive Data Rate）用來調節終端速率，終端應盡量使用 ADR，以延長電池壽命並最大化網路容量。幀懸掛（FPending），只用於下行，表示 Gateway（閘道器）還有資訊要發給終端，因此要求終端盡快發送一個上行幀來打開接收視窗。對於 Class B，RFU 改為 Class B，該比特為「1」表示終端進入 Class B 模式。FOptsLen 用來指示 FOpts 的實際長度。

FCnt 只運算新傳送的幀，分為 FCntUp 和 FCntDown。終端每發一個上行幀，FCntUp 加 1；閘道器每發一個下行幀，FCntDown 加 1。

FOpts 用來在資料幀中攜帶 MAC commands。

端口域（FPort），若 FRM Payload 非空，則 FPort 必然存在；若 FPort 存在，則有 4 種可能。

MIC（Message Integrity Code）用來驗證資訊的完整性，由 MHDR、FHDR、FPort 和加密的 FRMPayload 運算得出。

2）LoRaWAN Classes  LoRaWAN 定義了 3 種不同等級的終端，分別為 Class A、Class B 和 Class C。

Class A 的每個上行傳輸都伴隨著兩個短的下行接收視窗（RX1 和 RX2，RX2 通常在 RX1 開啟後 1s 打開）。終端會根據自身的通訊需要來調度傳輸時隙，其微調基於一個隨機的時間基準（ALOHA 協議）。Class A 的通訊過程是由終端發起的，若閘道器要發送一個下行傳輸，必須等待終端先發送一個上行資料。Class A 是最基本的終端類型，所有接入 LoRa 網路的終端都必須支援 Class A。終端可以根據實際需要，選擇切換到 Class B 或 Class C，但必須和 Class A 兼容。

終端應用層根據需要來決定是否切換到 Class B 模式。首先，Gateway 會廣播一個信標，來為終端提供一個時間參考。據此，終端定期打開額外的接收視窗，閘道器利用 Ping Slot 發起下行傳輸（ping）。如果終端變動或在 beacon 中檢測到 ID 變化，它必須發送一個上行幀通知閘道器更新下行路由表。若在給定時間內沒有收到 beacon，終端會失去和網路的同步。MAC 層必須通知應用層其已經回到 Class A 模式。若終端還想進入 Class B 模式，必須重新開始。

除非正在發送上行幀，否則 Class C 的接收視窗是一直開啟的。Class C 提供最小的傳輸延遲，但是最耗能的。需要注意，Class C 並不兼容 Class B。

只要不是正在發送資訊或正在 RX1 上接收資訊，Class C 就會在 RX2 偵聽下行幀傳輸。為此，終端會根據 RX2 的參數設置，在上行傳輸和 RX1 之間打開一個短的接收視窗（圖 3.22 中第一個 RX2）。在 RX1 關閉後，終端會立刻切換到 RX2 上，直到有上行傳輸才關閉。

3）LoRa 連接  要想接入網路，終端應激活。LoRaWAN 提供 OTAA 和 ABP（Activation By Personalization，個性化激活）兩種激活方式。

對 OTAA 來說，終端需要經過接入流程（join-procedure）。終端首先廣播 join-request message，該消息包含 APPEUI、DevEUI 和 DevNonce 三部分，是設備製造商嵌入在終端中的。

閘道器通過 join-accept message 通知終端可進入網路。若收到了多個閘道器的 join-accept message，終端會選擇訊號品質最好的網路接入。收到 join-accept message 後，FCntUp 和 FCntDown 都置為 0。激活之後，終端會保存 DevAddr、APPEUI、NwkSkey 和 AppSKey 這 4 個資訊。如果沒有收到 join-request message，閘道器將不做任何處理。

終端可用 ABP 激活。ABP 避開 join-procedure，直接把終端和網路連接到一起。這意味著直接把 DevAddr、NwkSKey 和 AppSkey 寫入了終端，使其一開始就有了特定的 LoRa 網路所要求的準入資訊。終端必須以 Class A 模式接入網路，然後在有需要時切換到其他模式。

4）MAC commands（命令） 要對網路管理，LoRaWAN 定義了若干 MAC 命令，以配置或修改終端的參數。MAC 命令既可以在 FOpts 域中，也可在 FRMPayload 域中（FPort＝0），但不能同時在兩個域中。若 MAC 命令在 FOpts 域中，其長度不可超過 15Byte，且無須加密。若 MAC 命令在 FRMPayload 域中，其長度不可超過 FRMPayload 的最大長度，且必須加密。MAC 命令由一個命令標識（CID，占 1Byte）和具體的命令組成。MAC 命令的每個 Request（請求）都對應一個 Answer（回答），因而可分成 7 對。其中，只有鏈路檢查請求（LinkCheckReq）是由終端發起閘道器應答，其餘請求都是閘道器發起終端應答。常用的 MAC 命令如表 3.14 所示。

**表 3.14　常用的 MAC 命令**

| 命令 | 功能 |
| --- | --- |
| LinkCheckReq | 檢查網路連接性，不攜帶載荷 |
| LinkCheckAns | 估計訊號接收品質並將估計值返回給終端 |
| LinkADRReq | 要求終端採用自適應資料率（Adaptive Data Rate，ADR） |
| LinkADRAns | 通知閘道器是否進行速率調整 |
| DutyCycleReq | 限制終端的最大聚合傳輸占空比 |
| DutyCycleAns | 回覆 DutyCycleReq，不攜帶載荷 |
| RXParamSetupReq | 改變 RX2 的頻率和資料率；設置上行幀和 RX1 資料率之間的偏差 |
| RXParamSetupAns | 回覆 RXParamSetupReq，不攜帶載荷 |
| DevStatusReq | 檢查終端狀態，不攜帶載荷 |
| DevStatusAns | 告訴閘道器該終端的電池電量和解調信噪比 |
| NewChannelReq | 設置頻道中心頻率及該頻道可用的資料率，以修改已有頻道參數或創建一個新頻道 |
| NewChannelAns | 回覆 NewChannelReq，不攜帶載荷 |
| RXTimingSetupReq | 設置上行傳輸結束時刻和 RX1 打開時刻之間的時延 |
| RXTimingSetupAns | 回覆 RXTimingSetupReq，不攜帶載荷 |

（5）典型的中國 LoRa 模組及其應用

LoRa 模組可被用於物聯網終端的無線通訊，它與資料採集和控制子系統集成，並受物聯網終端中的微處理器的控制[150]。在選擇 LoRa 通訊模組時，應選擇嵌入了 LoRaWAN 協議棧的，開發簡單，且應具有功耗低、傳輸距離遠、抗

干擾能力強的特性。

LSD4WN-2N717M91[151]嵌入了 LoRa WANTM 協議棧，該協議棧符合 LoRa 聯盟發布的 LoRa WANTM Specification 1.01 Class A \ C 應用標準與中國 LoRa 應用聯盟發布的 CLAA 應用規範。模組採用串行介面與微控制器進行資料、指令互動，可以方便地為使用者提供快速 LoRaWAN 網路接入和無線資料等業務。該 LoRa 模組同時支援 Class A 和 Class C 兩種工作方式。

該模組在使用過程中，工作電壓為 2.5～3.6V，發射功率為 19±1dBm（最大），具有超高接收靈敏度：－136±1dBm，在城市公路環境、非曠野環境下具有 5km 的超遠有效通訊距離。

LSD4WN-2N717M91 模組應用框圖如圖 3.24 所示，該 LoRa 模組共有 22 個引腳，引腳 P0～P3 是後續拓展功能配置介面。VCC 為電源引腳，其工作電壓為 2.5～ 3.6V，引腳 NF 為射頻出口，外接天線，以下介紹引腳 WAKE、STAT、BUSY、RST、TX 和 RX。

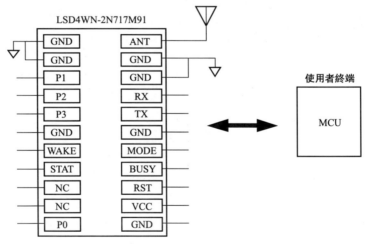

圖 3.24　模組應用框圖

使用者通過 WAKE 引腳來選擇 LoRa 模組的兩種工作狀態，如表 3.15 所示。睡眠狀態下，模組進入低功耗狀態，此時不會進行任何資料通訊等操作。當模組重新被喚醒後（使用者將 WAKE 引腳拉高，進入激活狀態），使用者即可進行 LoRa WAN 網路資料收發等操作。

表 3.15　工作狀態

| 功能引腳 | 描述 |
|---|---|
| WAKE＝1 保持高電平 | 激活狀態 |
| WAKE＝0 保持低電平 | 睡眠狀態 |

使用者通過 MODE 引腳來選擇 LoRa 模組的兩種工作模式，如表 3.16 所示。激活狀態包含了兩種工作模式，分別是透傳模式與指令模式。如果配置 MODE 引腳為低電平，模組將工作在透傳模式下，當使用者將 MODE 引腳拉高後，模組進入指令模式。指令模式下，使用者可以通過 AT 指令讀取當前 LoRa 模組的工作狀態或者對 LoRa 模組進行配置，模組在第一次使用時，使用者需要配置模組的相關參數。LoRa 模組的配置參數包括串口通訊速率、LoRaWAN 網路參數、閘道器伺服器的 ID 和密鑰等。

表 3.16　工作模式

| 功能引腳 | 描述 |
| --- | --- |
| MODE＝1 保持高電平 | 指令模式 |
| MODE＝0 保持低電平 | 透傳模式 |

使用者給串口發送資料前，需要判斷 BUSY 訊號是否為高電平（不忙）。當 BUSY 訊號為低電平（忙）時，使用者停止發送串口資料，當 BUSY 訊號為高電平時，使用者才可以繼續發送資料。

在進行透傳時，需將 LoRa 模組設置成透傳模式，其設置步驟如下。

① 拉高 WAKE，喚醒模組，使模組進入激活模式；

② 拉高 MODE 引腳，進入透傳模式，並等待 BUSY 為高電平；

③ 在 BUSY 引腳為高電平狀態下，使用者發送串口資料；

④ 當使用者發送的一幀完整的資料小於當前模組設置的最大的一幀資料量且超過一段時間沒有資料發送時，表明使用者當前發送的資料幀已經完整結束了，此時 BUSY 引腳自動拉低，模組將資料發送出去；

⑤ 發送上行資料，如果發送失敗，模組自動重發；

⑥ 如果伺服器端有下行資料，則模組會接收到資料；

⑦ 模組通過串口將收到的資料發送給微控制器。

如果當次通訊資料出現異常，則 STAT 引腳輸出為低，指示使用者異常。此時，使用者等待 BUSY 訊號為高電平，進入指令模式，通過相關寄存器，獲取更詳細的狀態資訊。如果無異常，STAT 引腳保持為高電平。當使用者資料互動完成，使用者可以根據需要將 WAKE 引腳拉低，使模組重新進入睡眠模式。

# 3.6　定位技術

目前在物聯網中常用的定位技術主要有 GPS/北斗、移動蜂巢式測量技術、

WLAN、短距離無線測量、WSN、UWB（超寬頻）等。各種定位技術有其自身的特點和應用場合，表 3.17 給出這些定位技術在覆蓋、可靠性、共存性、移動性、成本、應用等方面的比較[152]。

**表 3.17　主要定位技術特點對比**

| | GPS | 蜂巢式 | WiFi | UWB | ZigBee | 藍牙 | RFID |
|---|---|---|---|---|---|---|---|
| 覆蓋 | ★★★★ | ★★★ | ★★ | ★★ | ★★ | ★ | ★ |
| 可靠性 | ★★ | ★★★ | ★★★ | ★★★ | ★★ | ★★ | ★★ |
| 共存性 | ★ | ★★ | ★★ | ★★★★ | ★★ | ★★ | ★★ |
| 移動性 | ★★★ | ★★★ | ★★ | ★★★★ | ★★★★ | ★★★★ | ★★★★ |
| 靈活性 | ★★★ | ★★★ | ★★★ | ★★ | ★★ | ★★ | ★ |
| 成本 | ★ | ★★ | ★★★ | ★★ | ★★★ | ★★★ | ★★★★ |
| 響應 | ★ | ★★★ | ★★ | ★★★ | ★★★ | ★★ | ★★★★ |
| 精度 | <50m | 20m | 10m | <0.3m | 1～3m | >3m | — |
| 相對精度 | ★★★ | ★ | ★★ | ★★★ | ★★ | ★ | — |
| 能耗 | ★ | ★ | ★★ | ★★ | ★★★ | ★★★ | ★★★ |
| 應用 | 室外 | 3G/4G | 室內 | 工業 | 室內 | 智慧設備 | 物料管理 |

從定位範圍來看，以 GPS 為代表的衛星定位系統覆蓋最廣，利用移動蜂巢式基站定位（cellular based localization）提供的位置服務則次之，藍牙（Bluetooth）和 RFID 範圍最小。實際中可根據定位場景的需要選擇相應技術，如 GPS 適用於車聯網定位，蜂巢式定位支援 4G/5G 移動應用。

GPS 定位優勢表現在室外，而在室內環境下，GPS 訊號衰減嚴重，容易受到其他無線通訊系統干擾，且定位尺度較大，因此不適於室內定位。

蜂巢式定位是基於行動網路通訊技術發展起來的，目前所採用的 CDMA 技術是一個干擾受限系統，其訊號在室內或繁華的街區會因環境和多徑效應使定位精度受限。

WiFi 和 UWB 等技術定位範圍相對較小，常用於完成局部範圍內的相對定位。WiFi、ZigBee 和藍牙都工作（或部分工作）在 ISM 開放頻段，共存能力不強而易受干擾。UWB 訊號由於占據頻寬很大，可達 GHz，功率譜密度很低，其共存性能最好。

靈活性和系統成本是對應的，GPS 和蜂巢式基站定位運行成本較高，但覆蓋範圍大，可以彌補靈活性的不足。WiFi、UWB 和 ZigBee 等都支援移動性，且靈活性高。

UWB 技術可獲得的理論定位精度最高，GPS 儘管定位精度不高（不考慮差分修正等），但相對定位精度最好。ZigBee 具有高效且低成本的組網能力，因此

適用於網路定位和監控等。ZigBee 和 CSS 在精度和相對精度間能獲得較好平衡。RFID 實現成本低，用於人員的辨識定位，並不側重位置精度，若結合訊號強度檢測等方法，充分部署參考節點，也能獲得較好的定位性能。GPS 接收機成本較高，響應速度較慢。中國的北斗系統已明顯提升了定位響應速度，GPS 首次定位需要約 1min，北斗系統約 1～3s。

# 3.6.1　基於無線訊號的定位技術

基於無線訊號的定位技術包括兩個方面，其一是利用無線訊號的傳輸時間、角度、強度等解算得到定位座標，其二是採用比對的方法將定位點的無線訊號參數與預先建立的座標－參數地圖（稱為指紋庫）進行查找比對，以此確定定位點的近似座標[153]。以下簡要介紹這類定位技術。

（1）訊號到達時間（Time of Arrival，TOA）

TOA 定位技術的原理是：若已知訊號在介質中的傳播速率和訊號從發射端到接收端所用的時間，就能得知發射端與接收端的相對距離，再根據發射端的位置來確定接收端的絕對位置。要獲得發射時間和接收時間之間的差值，就必須保證發射端和接收端的時鐘高度同步，這也是該定位技術的難點之一。

（2）訊號到達時間差（Time Difference of Arrival，TDOA）

TDOA 是採用在發射端發射兩種不同傳播速度的無線訊號，並根據這兩種無線訊號到達接收端的時間差值，確定發射端和接收端之間的距離，這樣就不必要求發射端與接收端的時鐘同步。

（3）訊號到達角（Angle of Arrival，AOA）

AOA 是指通過測得信標節點發射的無線訊號到達定位節點時訊號的傳播方向與定位節點所在水準面的夾角的大小，來運算節點所在的具體座標。該技術需要角度感測器或者接收陣列，應較準確地測量得到通訊半徑內的其他臨近信標節點發射訊號到達的角度，以此確保定位精度達到要求。由於對硬體要求高，且易受外界環境影響，所以該技術不便應用在實際中。

（4）接收訊號強度（Received Signal Strength，RSS）

RSS 是指通過測量信標點發出的無線訊號在定位節點處接收到的訊號強度作為定位參數進行解析定位的。其定位演算法主要有兩種，一是基於路徑損耗模型估算距離，然後利用三邊測量法解算出具體座標；二是根據指紋辨識演算法（也稱為模式匹配）得到定位節點的座標資訊。

（5）低功耗藍牙技術（Bluetooth Low Energy，BLE）

藍牙是一種短距離低功耗的無線通訊技術。藍牙定位主要應用於小範圍定

位，通過檢測訊號強度，利用路徑損耗模型來解算定位使用者的位置資訊，其缺點是對於複雜的空間環境其定位準確性較差，且受噪音訊號干擾大。

（6）RFID 定位技術

RFID 定位是基於訊號強度分析法，並採用聚類演算法，通過辨識檢測到的訊號強度來運算信標與定位節點間的距離，以此實現空間定位。其優點是信標體積小、成本低，缺點是定位範圍小，一般情況下，定位距離最長為幾十米，其安全性較低。

（7）無線感測器網路定位技術

由若干個無線感測器節點構成的網路可以通過已知位置的信標節點對未知的節點進行定位。常採用距離無關的定位演算法進行定位，這類演算法主要包括質心演算法、DV-Hop（Distance Vector-Hop）演算法、DV-Distance 演算法等。

（8）超寬頻定位技術

超寬頻技術所發送的訊號無須調變，接收端也無須解調，它是通過發送和接收具有奈秒或奈秒級以下的極窄脈衝來傳輸資料，可用於室內精確定位。超寬頻系統與傳統的窄頻系統相比，具有穿透力強、功耗低、抗多徑效果好、安全性高、系統複雜度低、定位精度高等優點，通常用於室內移動物體的定位追蹤或導航。但其需要精準的時鐘同步，成本高，不便於商業應用。

（9）其他定位技術[153]

其他定位技術包括智慧 LED 燈技術、超音波技術、基於調頻的室內定位、紅外室內定位技術等。另外還包括蜂巢式定位技術、基於 WLAN 的定位技術，下面將詳細介紹這兩種技術。

（10）定位演算法

表 3.18 給出了文獻 [153] 中彙整體基於無線訊號的定位演算法彙總。這些演算法來自近十幾年的 IEEE 等文獻。

**表 3.18　一些常用的基於無線訊號的定位演算法彙總**

| 無線技術/定位演算法 | 精度 | 即時性 | 魯棒性 | 成本 |
|---|---|---|---|---|
| WLAN RSS、MPL、SVW 等 | 3m | 中 | 好 | 低 |
| 單向 UWB、TDOA、最小二乘 | <0.3m | 響應頻率 0.1～1Hz | 差 | 較高 |
| 輔助 GPS、TDOA | 5～50m | 高 | 差 | 中 |
| UHF TDOA 最小二乘/殘差加權 | 2～3m | 中 | 好 | 低 |
| 單向 UWB、TDOA＋AOA、最小二乘 | 15cm | 即時響應 1～10Hz | 差 | 較高 |
| QDMA、自身定位演算法 | 10m | 延時 1s | 好 | 中 |

| 無線技術/定位演算法 | 精度 | 即時性 | 魯棒性 | 成本 |
|---|---|---|---|---|
| 圖像處理 | 10cm | 中 | 差 | 高 |
| TOA、最小二乘 | 10cm | 中 | 好 | 高 |
| 行動設備、SAR、射頻定位、立體視覺 | 17cm | 中 | 好 | 高 |
| 測距儀/全景相機、EM演算法 | 30cm | 中 | 好 | 高 |
| 多感測器、協同定位 | 50cm | 高 | 好 | 高 |
| RSS/INS、人體運動學、相位檢測 | 2m | 中 | 好 | 中 |

## 3.6.2 基於 WLAN 頻道狀態資訊的室內定位技術

利用無線訊號的路徑損耗模型，可用 WLAN 訊號的接收強度值（Received Signal Strength Indicator，RSSI）進行定位。但由於 RSSI 在實際使用過程中存在諸多限制，例如測量值不穩定、容易受到多徑和環境變化等因素的影響，因此，基於 WLAN 的 RSSI 的定位精度很難得到提高。

隨著 WLAN 的 IEEE 802.11n 系列標準出現，之後的 WLAN 的物理層應用了 MIMO（Multiple-Input Multiple-Output，多輸入多輸出）和 OFDM（Orthogonal Frequency Division Multiplexing，正交頻分復用）傳輸技術，使無線訊號的傳輸特性可以被估計，即意味著其無線傳輸頻道可以被估計，所估計的頻道狀態資訊（Channel State Information，CSI）可以得到廣泛應用，尤其可以應用到室內定位中[154,155]。CSI 可以反映物理環境中的散射、環境衰減、功率衰減等屬性。與傳統的 RSSI 相比，CSI 是無線訊號在空間中傳播過程的特徵，它提供了更精細的頻道頻率響應資訊，包含更豐富的特徵參數。基於這些豐富的物理參數，可以提高定位精度，並解決多徑等問題。

（1）頻道狀態資訊

由於無線訊號在傳輸時會受到路徑損耗、多徑效應以及頻道時變性的影響，因此，無線訊號的品質相比於有線傳輸的訊號要差得多。對於一個多天線無線通訊系統，其訊號模型可由下式描述：

$$Y = HX + N \tag{3.8}$$

其中，$Y$ 和 $X$ 分別表示接收訊號和發送訊號的向量，$H$ 為頻道矩陣，$N$ 為噪音向量。頻道矩陣完全描述了頻道的特性，通過運算可估計頻道矩陣。應用 OFDM 和 MINO 技術的來接收無線訊號則需要對頻道進行估計，頻道估計的精度將直接影響系統性能。

WLAN 協議中用於頻道估計的方法有多種[156]，通常可直接獲取和應用頻

域特性，或者稱為頻道頻率響應（Channel Frequency Response，CFR）。為描述多徑效應，也可使用頻道衝擊響應（Channel Impulse Response，CIR）表示頻道，線上性時不變的假設下，頻道衝擊響應描述為：

$$h(\tau) = \sum_{i=1}^{N} a_i \, e^{-j\theta_i} \delta(\tau - \tau_i) \tag{3.9}$$

其中，$a_i$、$\theta_i$ 和 $\tau_i$ 分別表示訊號傳播的第 $i$ 條路徑的幅度、相位和時延；$N$ 表示多路徑的路徑個數；$\delta(\tau)$ 表示狄利克雷函數。在不受頻寬限制的條件下，頻道頻率響應與頻道衝擊響應是等價的，即互為傅氏變換。在 WLAN 訊號處理過程中得到的 CSI 可看作 CFR 的子集，它包含了當前頻道的某些頻率響應。通過 CSI 也能得到一定精度的 CIR，並可應用於某些定位演算法中。

現有的一些無線網卡也採用了 OFDM 和 MIMO 技術，通過軟體可直接獲取底層頻道狀態資訊。通過網卡直接獲取每對天線的頻道狀態資訊，通常包含 30 個子載頻，對於典型的 3×3 對天線結構，則每次可得到 3×3×30 個如式（3.10）所示的頻道狀態資訊值。

$$H(f_k) = \|H(f_k)\| e^{j\theta} \tag{3.10}$$

其中，$H(f_k)$ 是一個復值，表示中心頻率為 $f_k$ 的子載頻對應的頻道狀態資訊，可用幅度 $\|H(f_k)\|$ 和相角 $\theta$ 表示，即訊號的衰耗幅度和相移。

受限於頻道估計的精度等因素，CSI 值與真實頻道情況存在一定偏差，實際應用於各類方法前需要進行預處理，以消除主要誤差。

不同天線和不同子載頻對應的特徵量均表現出一定的差異。儘管不能完整地描述頻道，但 CSI 資料已經提供了足夠豐富的資訊，可用於定位估計。近年來也出現了諸多基於 CSI 指紋匹配、測角和測距等原理的定位系統，精度也較高。

（2）基於 CSI 的指紋匹配定位法

指紋匹配技術常用於室內定位領域，無線射頻訊號的強度和與位置有關的物理量均可作為指紋資訊。

在使用 CSI 資訊前，大多數基於 WLAN 的指紋匹配定位技術的系統通常利用 RSSI 資料建立指紋庫，其定位精度在 2～5m 之間，且 RSSI 資料也容易得到，是一種直接反映收發端間頻道狀態的物理量。與 CSI 相比，RSSI 僅表徵了頻道的接收總能量，沒有更詳細地表徵多徑等環境特性的資訊。因此 CSI 指紋匹配的定位方法具有更大的應用潛力。

CSI 指紋匹配的定位系統通常至少需要一個發射端（基站）和一個接收端，接收端每收到一個資料包，即可輸出一個對應基站與接收端之間頻道特性的 CSI 矩陣。

指紋定位法通常包括離線建立指紋庫和線上匹配兩個階段，指紋庫的建立過程包括原始資料採集和標定。若僅考慮一個基站的指紋匹配系統，在指紋庫建立

時，根據資料包間隔的設置，每個指紋點短時間內仍可得到多個 CSI 矩陣。與其他指紋庫建立方法類似，一次採集多組資料後，需要進行標定以得到最能反映其特徵的一條記錄，最終存入指紋庫。

由於可以多批次地獲取 CSI 資料，線上匹配時，根據性能需要，可直接利用單個資料包得到的 CSI 值與指紋庫進行匹配，也可採集一定資料後，利用處理後的 CSI 資料進行匹配。典型的 CSI 指紋定位系統的結構如圖 3.25 所示。

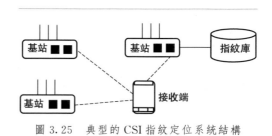

圖 3.25　典型的 CSI 指紋定位系統結構

典型的 CSI 指紋匹配的流程如圖 3.26所示。

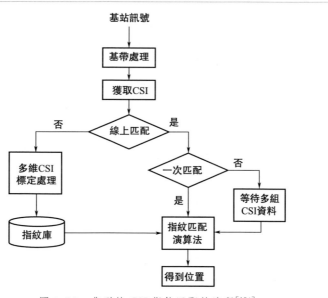

圖 3.26　典型的 CSI 指紋匹配的流程[154]

Chapre 等人[157]於 2014 年發布了其實現的 CSI-MIMO 指紋定位系統。該系統充分考慮 CSI 測量值的空間多樣性和頻率響應的多樣性，利用 WLAN 的多個子載頻構建了指紋庫。當構建該指紋庫時，系統首先記錄了各個指紋點採集到的 CSI 原始值，然後對其進行進一步處理。對於有 $p$ 根發射天線和 $q$ 根接收天線的系統，所獲得的 CSI 值通過求和被降維至 $1 \times 30$，即

$$\text{CSI}_{avg} = \sum_{m=1}^{p} \sum_{n=1}^{q} \text{csi}_{nm} \tag{3.11}$$

式中，$CSI_{avg}$ 表示降維後的 CSI 的值；$csi_{nm}$ 表示第 $n$ 個接收天線接收到第 $m$ 個發射天線發送的 CSI 的值。

然後再從聚合後的 CSI 中得到各個子載頻對應的幅值和相位。考慮到不同子載頻的訊號傳播受環境影響不同，CSI-MIMO 將相鄰子載頻的測量值進行差分以消除環境的影響，並最終得到指紋，經過實際匹配，其定位精度提高了 57％。

相較於傳統的 RSSI，CSI 具有幅值和相位兩個維度的資訊。對於多天線和多頻響應的系統，幅值和相位特徵可進一步與距離及角度對應，理論上，單個基站條件下，利用 CSI 構建的指紋庫至少表徵一個二維地理空間。利用高維度的 CSI 資訊可構建豐富的指紋庫，從而提高指紋匹配的定位精度。

(3) 利用 CSI 測量角度

AOA 是常用的一種定位技術，而採用 MIMO 系統的多天線以及 CSI 可以解決 AOA 測量角度精確性問題，從而提高定位精度。

為了說明 CSI 測量 AOA 的原理，我們以一個具有 $n$ 根天線的基站和一個單天線的終端系統為例。假設基站天線按線性等間距規律排列，則接收端測得的相位差為：

$$\Delta \varphi_i = 2\pi i d \cos\theta f / c \qquad i = 1, \cdots, n \qquad (3.12)$$

其中，$f$ 為載頻頻率；$c$ 為光速；$\theta$ 為到達角度；$d$ 為基站的相鄰兩根天線間的距離。

理論上，通過 CSI 測量值可得到一組相位差 $\Delta\varphi$，結合已知的天線間距 $d$ 等資訊，可直接計算出到達角 $\theta$。然而由於噪音和多徑等干擾的存在，採用式(3.12)無法直接求解得到精確的 $\theta$。

對於多感測器單元的訊號參數估計問題，通常採用 MUSIC、ESPRIT[158]等演算法求解。若採用 MUSIC 法，基站接收到資料包並獲得 CSI 值後，可進一步得到相關矩陣：

$$\boldsymbol{R}_{XX} = E(\boldsymbol{X}\,\boldsymbol{X}^{\mathrm{H}}) \qquad (3.13)$$

其中，$\boldsymbol{X}$ 為接收矩陣的輸出，可由 CSI 資料得到，$\boldsymbol{X}^{\mathrm{H}}$ 為 $\boldsymbol{X}$ 共軛矩陣。將 $\boldsymbol{R}_{XX}$ 進行特徵分解，並考慮訊號源得到的噪音子空間 $\boldsymbol{E}_N$，則 AOA 的譜分布為：

$$P(\theta) = \frac{1}{\boldsymbol{a}^{\mathrm{H}}(\theta)\boldsymbol{E}_N\boldsymbol{E}_N^{\mathrm{H}}\boldsymbol{a}(\theta)} \qquad (3.14)$$

式中，導向矢量 $\boldsymbol{a}(\theta)$ 可由天線間距 $d$ 得到。通過尋找 $P(\theta)$ 的譜峰即可得到信源 AOA（即 $\theta$）。

2013 年實現的 Array Track[159]，在定製的硬體平台上應用了超過 8 根天線，實現了平均誤差為 38cm 的定位精度。

基於 CSI 的 AOA 估計要利用基站的多根天線，天線之間的相位差跟 AOA 間存在明確的關係。由於存在多徑等因素，天線數量越多，解算得到的到達角越

精確，而出於成本和體積等各方面因素考慮，現有的商用 WLAN 設備通常不會配置太多天線。隨著 WLAN 協議的發展以及天線設計與工藝的進步，未來可利用的天線數量將更多，AOA 方法的精度也將進一步提高。同時，AOA 方法基於嚴格的數學模型，所利用相位資訊的精度將直接影響結果的準確性，因此需要對從 CSI 中提取的相位進行一定程度的誤差處理，以進一步提高精度。

（4）CIS 測距

較早將 CSI 用於定位的 FILA 系統[160] 是根據訊號傳播規律，建立 CSI 幅值與距離之間的模型的。從實驗結果來看，基於 CSI 的衰減模型要比基於 RSSI 的模型健壯。但基於模型的測距方式本質上仍然是一種基於能量評估的方法，容易受到環境的干擾。

對於無線訊號，測量其傳播時間進而獲得距離是一種更加直接精確的測距方式。如典型的雷達系統，通過測量電磁波發射與接收到回波的時間差 $\Delta t$，並用光速 $c$，得到目標的距離為：$S = \dfrac{1}{2} c \Delta t$。該類方法也稱為往返時間（round-trip time，RTT）測量法，另外還有測量傳播時間（time of flight，ToF）法等。

一些方法通過改進 WLAN 終端得到距離測量值，包括通過同步收發機並測量訊號 ToF 或通過資料包的請求應答機制來測量 RTT 等[154]。相關方法需要對 WLAN 設備的固件甚至硬體做相應的改進，破壞了現有的網路結構，且精度受多種因素制約而難以提高，故而無法大規模的應用。

根據 CSI 相位份量的物理意義，不同載頻所對應的相位值是不同的，主要是其對應的載頻與 ToF 結合的結果，理論上，基於 CSI 資料也能實現 ToF 的測量。但由於無線訊號頻寬有限，測量精度難以保證。

2016 年實現的 Chronos[161] 系統，在商用的 WLAN 設備上實現了亞奈秒級的 ToF 測量精度。Chronos 利用特別的跳頻協議，一次性測量得到不連續且不等間隔的多個 WLAN 頻段上的 CSI 資料，並將其整合，使其等效於一種非常寬的頻寬訊號測量值。

具體地說，不能將多個頻段上的 CSI 測量值進行簡單地直接疊加，而是首先得到不同頻率 $f_i$ 對應的相位角 $\angle h_i$，相位角實際上跟 ToF 的時間 $\tau$ 存在如下關係：

$$\angle h_i = -2\pi f_i \tau \bmod 2\pi \tag{3.15}$$

對於 $n$ 個不同載頻，可得到一個同余組

$$\forall i \in \{1, 2, \cdots, n\}, \tau = -\angle h_i / 2\pi f_i, \bmod 1/f_i \tag{3.16}$$

通過求解同余可得到 $\tau$，即 ToF。

事實上，對於 OFDM 無線系統的 ToF 估計已經有一些研究成果[162]，基於可獲取的 CSI 資料，同樣應用 OFDM 技術的 WLAN 訊號也可採用類似演算法

進行 ToF 估計。訊號頻寬越寬,利用其可達到的理論測距精度通常越高。Chrono 系統通過將不同頻段的測量值整合起來,以達到更高的頻寬,但可能引入新的誤差,包括相位偏置和頻率偏移等,而且這種整合方式會打斷正常的資料通訊流程。未來隨著硬體的升級和 WLAN 協議的更新,訊號測量精度進一步提高,頻寬進一步擴寬,ToF 方法將能獲得更高的精度。

CSI 給出了 WLAN 訊號在室內定位的研究一個新思路,相比於傳統的 RSSI 或者其他定位方式,基於 CSI 的定位方法更加靈活,且不會改變現有的網路結構,應用的潛力巨大,能夠滿足機遇位置服務的要求。

## 3.6.3 5G 定位技術

第 5 代行動通訊系統推進組在 5G 概念白皮書中將連續廣域覆蓋、焦點高容量、低功耗大連接和低時延高可靠定義為 5G 的 4 個主要技術場景[163]。5G 關鍵技術同時也為高精度定位技術的發展提供了新的方法[164]。

更高的定位精度是資訊全面提升 5G 使用者體驗的需要。行動通訊的相關組織對高精度定位提出了更高要求。雖然 3GPP R15 已經支援「無線接入技術無關」(RAT-independent) 的定位技術,但 3GPP R16 還將研究 RAT-dependent 以及混合定位技術,以此提高定位精度。歐洲的 5GPPP 在其關於自動駕駛的研究報告中提出了自動駕駛和輔助駕駛中的定位精度要達到 10cm 的要求,而 NGMN 聯盟在其關於 5G 增強型服務的白皮書中指出,在 80% 的機率條件下定位精度應達到 10m,而在室內組網設計時應達到 1m 的定位精度。所以說,5G 關鍵技術的發展為定位技術的進步提供了新的可能,以滿足 5G 的 4 個主要技術場景的要求。

隨著大規模天線陣列、新型多址技術、密集網路融合等 5G 關鍵技術的廣泛應用,5G 的定位方法還可以從合作和非合作的角度進行劃分,從是否融合其他設備、其他通訊網路的角度對定位方法進行部署。

(1) 非合作定位

非合作定位主要指利用設備與基站間的通訊進行定位,無其他設備參與定位處理,非合作定位的目標可以在單模終端或不支援 5G 的其他終端上進行,也可在不願提供位置資訊的非合作使用者上進行。在此類定位技術中需要依據 TOA、TDOA、AOA、FDOA、RSS、指紋等參數進行。

1) TOA/TDOA 在 TOA 的位置估計中,基站通過運算訊號的到達時間估計目標所在位置。以距離(達到時間乘以光速)為半徑、基站為圓心構建一個圓形,利用最少 3 個基站的資訊可以得到一個重疊區域,然後利用最小二乘法等可以對未知位置進行估計。

到達時間的測量需要在收發訊號中加入時間戳資訊,並且要求發射機和接收

機間具有嚴格的時間同步。在難以保證收發信機同步時，可以通過設計迴環時間（round trip time，RTT）協議實現同步。

由於 TOA/TDOA 在測量訊號是直射路徑的條件下具有最佳性能，所以需要區分直射和非直射路徑，可通過剔除非直射路徑提高定位精度，或利用半正定規劃的方法減少非直射路徑對 TDOA 定位誤差的影響。

訊號到達時間參數需要測量參考訊號而獲得，在 3G 行動通訊系統中通常利用公共導頻頻道，LTE（4G）中使用定位參考訊號（positioning reference signal，PRS）。在 5G 定位研究中，參考訊號的設計是提高基於 TOA/TDOA 方法定位精度的重要研究方向，目前已取得一些研究成果[164]。

毫米波通訊作為 5G 關鍵技術之一，由於其具有高頻、高頻寬的特性，有利於提高多徑解析度，可提高 TOA/TDOA 測量的精度。

2）AOA  AOA 借助基站上安裝的方向性天線，對發射訊號的來波方向進行估計，構成一條以基站為端點的射線，利用 2 個以上基站所構成的射線交點來對發射機位置進行估計。該方法只需對發射訊號的來波方向進行精確測量，而無須要求訊號時間同步。

在 5G 的推動下，大規模天線技術和毫米波波束賦形技術的進步都促進了基於 AOA 方法定位精度的提高。大規模天線陣列技術使得角度解析度大幅度提升，而毫米波的波束賦形技術因具有極佳的指向性，也極大地促進了目標定位精度的提高。

3）RSS（RSSI）  RSS 是收發信機間距離的相關參數。與所處環境的路損模型結合可對收發信機間的距離進行估計。常用的路損模型是對數陰影衰落模型及其改進形式。其中陰影衰落通常被建模為均值為零、方差為 delta 的高斯隨機變數：

$$r_i = P_t + K_i - 10\,\gamma_i \log \frac{d_i}{d_0} - \varphi_i \qquad (3.17)$$

其中，$P_t$ 為發射功率；$K_i$ 為在自由空間中距離 AP（Access Point）為 $d_0$ 處用全向天線時的增益；$\gamma_i$ 為發射機到第 $i$ 個 AP 的路徑損耗因子；$d_i$ 為發射機到第 $i$ 個 AP 的距離；$d_0$ 為參考距離；$\varphi_i$ 為表徵陰影衰落的隨機變數，常呈現正態分布。雖然只要選取符合收發信機所處環境的頻道參數，式(3.17) 即可適用於直射和非直射路徑環境，但是在多徑和非直射徑環境下準確選取頻道參數非常困難，所以相對直射路徑定位精度要差。

用式(3.17) 分別估計出 3 個基站與發射機之間的距離，然後用三邊定位法則對目標進行位置估計。由於測量噪音的影響，位置估計存在較大的誤差，為此常用非線性最小均方、權重最小均方、最大似然估計、凸優化等演算法進行估計[164]。

建立準確的頻道模型是提高基於 RSS 定位精度的根本方法，而 5G 通訊系統是一個開放融合的系統，由於載波、調變方式等差異，不同應用的頻道特性也呈

現多樣性。基於 RSS 的定位方法需要準確建模 5G 頻道,而這離不開大量的實測資料,且定位精度依賴空間中直射路徑的測量。

4)混合法　混合法是綜合利用兩種以上訊號特徵對發射機位置進行估測,通過交叉驗證,在某種程度上可以減輕自身特徵侷限帶來的位置誤差,從而獲得更好的定位精度。在 5G 開放融合的通訊架構下,其基礎架構支援了多種定位方法的融合。雖然提高了定位精度,但由於側重於觀測結果的融合,本質上並不能擺脫各類演算法固有的侷限,尤其是對直射路徑的依賴。

5)指紋法　由於 5G 系統中具有多種無線通訊方式,其豐富的訊號特徵帶來了指紋庫的膨脹,為了降低資料庫記憶體和搜尋的開銷,對位置指紋庫進行壓縮,常用的方法包括基於路損模型、基於指紋聚類、基於矩陣填充以及基於壓縮感知和 RSS 測量的稀疏表達。

(2)合作定位

合作定位主要指定位結果在不同網路間或者不同設備間分享,以提高定位精度。由於 5G 系統是由多種無線系統構成的異構系統,能夠支援合作定位。合作定位按合作方式可以分為網路合作和設備合作兩類。

1)網路合作定位　網路合作定位主要利用網路中多個基站的定位結果或者不同網路間的定位結果對目標位置進行估計。其中多基站的合作定位主要是在非合作定位結果的基礎上進行資料融合。5G 超密集網路下的融合方法是近年來研究的重點。主要有:旨在提高單個基站 TOA 和 AOA 聯合估計的運算效率的擴展卡爾曼濾波演算法,該演算法可以解決使用者與基站時間存在偏差以及基站間存在同步誤差的難題;基於 EKF 的同步和定位機制,該機制在 5G 車聯網場景下獲得亞米級的定位精度。此外,網路接入點的密度與定位精度直接相關,可利用目標與接入點的連接資訊進行定位。

不同網路間的合作定位主要指通訊網路與衛星網路的融合定位。這種融合在 3GPP LTE Release 9 中定義了定位協議 LPP(LTE positioning protocol),支援 A-GNSS(assisted-global navigation satellite system)與 OTDOA 混合定位。在 5G 網路合作定位研究中,新的趨勢是以定位為目標的通訊網路與衛星網路的融合架構研究。已提出的衛星導航與 5G 混合定位的架構,為通訊網路和衛星網路的深度融合提供了設計參考[165]。

2)設備合作定位　隨著物聯網的快速發展,5G 系統將有海量的連接設備,而設備的位置資訊可以為優化資料傳輸提供必要的支援。相對於密集組網,5G 系統需要布置大量接入點來提高定位精度,5G 中的設備合作定位利用終端間的位置資訊獲得更高的定位精度。由於物聯網設備的成本問題,此類定位一般通過基於 RSS 的方法測距,用三邊測量法求解定位方程。然而,受限於設備的處理能力,通常的參數結果存在一定誤差,隨著位置資訊在設備間分享,該誤差會累積。

# 3.7　小結

在物聯網中，感知設備扮演著獲取資訊的關鍵角色，它們不但能獲取物理資訊、化學與生物資訊，而且還能獲取包括 RFID 標籤、條碼等在內的植入資訊。目前感測器技術已向智慧感測器方向發展，而以 RFID 和條碼為代表的資訊植入技術向著多功能、多維度、無線化的方向發展。

首先，介紹並討論了智慧感測器，對其系統構成及軟體系統的結構和功能上都進行了討論，尤其討論了它的調度軟體和調度時序。

其次，介紹並討論了在物聯網中最有應用前景的無線生化感測器。介紹了一些近來出現的電化學感測器、電子化學感測器和光化學感測器，這幾類感測器與 RFID 和無線感測器網路的結合為其在物聯網的便捷應用帶來了光明前景。

第三，介紹並討論了智慧電表技術。智慧電表的設計解決方案主要分為三類，即基於模擬前端、基於計量片上系統和基於計量智慧應用晶片。這三種解決方案為智慧電表的快速開發提供了強有力的支援。另外討論了諧波對智慧電表計量影響，同時也討論了智慧電表的安全與隱私問題，特別討論了對智慧電表的攻擊問題，給出了一些攻擊類型。

第四，介紹了 RFID 與無線感測器網路。這兩種技術是目前物聯網中應用最為廣泛的技術。RFID 與無線感測器網路的集成或融合也已得到了廣泛的應用。為此介紹並討論了一種讀取器感測器節點，給出了具有兩種通訊介面及運行模式的集成方案。

第五，介紹並討論了目前正在發展且具有巨大應用潛力的 NB-IoT 和 LoRa 廣域通訊技術。NB-IoT 作為 3GPP 標準化的 LPWA 技術，可在現有行動通訊營運商網路的基礎上得到升級支援，無須額外的站點/傳輸資源，可實現終端即插即用，便於規模化部署。另外，NB-IoT 工作在授權頻段可靠性更高、更強。LoRa 是一種新型的用於資料傳輸的晶片，主要特點是：低速率、低功耗、低成本以及傳輸距離遠，工作在 1GHz 以下的頻段，一般使用 125kHz 頻寬，能夠實現較遠距離的傳輸，可以用較低的成本實現較大的覆蓋範圍。

第六，介紹並討論了定位技術。除了比較各種定位技術的特點外，主要介紹並討論了物聯網中應用最為廣泛的室內定位技術，簡要地介紹了將要大規模應用的 5G 定位技術。在應用 WLAN 的 RSSI 進行定位時，由於其在實際使用過程中存在諸多限制，定位精度很難得到提高。但隨著 WLAN 的 IEEE 802.11n 系列標準的出現，其物理層應用了 MIMO 和 OFDM 傳輸技術，使無線訊號的傳輸特性可以被估計，所估計的頻道狀態資訊可得到廣泛應用，尤其可以應用到室內定位中。CSI 提

供了更精細的頻道頻率響應資訊，包含更豐富的特徵參數。基於這些豐富的物理參數，可以提高定位精度，並解決多徑等問題。得益於 5G 採用的毫米波、大規模陣列天線、新型的網路技術，及其連續廣域覆蓋、焦點高容量、低功耗大連接和低時延高可靠主要技術特點，5G 為高精度定位技術的發展提供了新的方法。

## 參考文獻

[1] 殷毅 . 智能傳感器技術發展綜述[J]. 微電子學, 2018, 48 (4)：504-507, 519.

[2] Smart sensor industry report[OL]. http://www. Marketsandmarkets. com.

[3] KO W. H., FUNG C. D. VLSI and intelligent transducers [J]. Sensors & Actuators, 1982, 2 (3)：239-250.

[4] 曾憲武，包淑萍 . 物聯網導論[M]. 北京：電子工業出版社，2016.

[5] BORGIA E. The Internet of Things vision：key features, applications and open issues[J]. Comput. Commun. 2014, 54：1-31.

[6] KASSAL P, et al. Wireless chemical sensors and biosensors: A review[J]. Sensors and Actuators B, 2018, 266：228-245.

[7] HULANICKI A, GLAB S, INGMAN F. Chemical sensors：definitions and classification[J]. Pure Appl. Chem. 1991, 63：1247-1250.

[8] FARRE M, et al. Sensors and biosensors in support of EU Directives, Trac-Trends Anal. Chem., 2009, 28：170-185.

[9] KASSAL P, et al. Wireless smart tag with potentiometric input for ultra low-power chemical sensing [J]. Sens. Actuators B-Chem. 2013, 184：254-259.

[10] NOVELL M, et al. A novel miniaturized radiofrequency potentiometer tag using ion-selective electrodes for wireless ion sensing[J]

. Analyst, 2013, 138：5250-5257.

[11] KUMAR A, HANCKE G P. Energy efficient environment monitoring systembased on the IEEE 802. 15. 4 standard for low cost requirements[J]. IEEE Sens. J., 2014, 14：2557-2566.

[12] SONG K, et al. A wireless electronic nose system using a $Fe_2O_3$ gas sensing array and least squares support vector regression[J]. Sensors, 2011, 11：485-505.

[13] STEINBERG M D, et al. Wireless smart tag with on-board conductometric chemical sensor [J]. Sens. Actuators B-Chem., 2014, 196：208-214.

[14] STEINBERG M D, et al. Towards a passive contactless sensor for monitoring resistivity in porous materials [J]. Sens. ActuatorsB-Chem., 2016, 234：294-299.

[15] JANG C W, et al. A wireless monitoring sub-nA resolution test platform for nanostructure sensors[J]. Sensors, 2013, 13：7827-7837.

[16] CLEMENT P, et al. Oxygen plasma treated carbon nanotubes for the wireless monitoring of nitrogen dioxide levels[J]. Sens. Actuators B-Chem., 2015, 208：444-449.

[17] LIU Y, et al. SWNT based nanosensors for wireless detection of explosives and chemical warfareagents [J]. IEEE

Sens. J. , 2013, 13：202-210.

[18] GOU P, et al. Carbon nanotube chemiresistor for wireless pH sensing[J]. Sci. Rep. , 2014.

[19] CHAVALI M, et al. Active 433 MHz-W UHFRF-powered chip integrated with a nanocomposite m-MWCNT/polypyrrolesensor for wireless monitoring of volatile anesthetic agent sevoflurane[J]. Sensor Actuat. A：Phys. , 2008, 141： 109-119.

[20] LORWONGTRAGOOL P, et al. A novel wearable electronic nose for healthcare based on flexible printed chemical sensor array[J]. Sensors, 2014, 14：19700-19712.

[21] QUINTERO A V, et al. Smart RFID label with a printed multisensor platform for environmental monitoring, Flexible Printed Electron. 1 (2016) 025003.

[22] OIKONOMOU P, et al. A wireless sensing system for monitoring the workplace environment of an industrial installation［J］. Sens. Actuators B-Chem. , 2016, 224： 266-274.

[23] LIU L, et al. Smartphone-based sensing system using ZnO and graphene modified electrodes for VOCs detection ［J］ . Biosens. Bioelectron. , 2017, 93：94-101.

[24] STEINBERG M D, et al. Miniaturised wireless smart tag for optical chemical analysis applications[J]. Talanta, 2014, 118： 375-381.

[25] SHEPHERD R, et al. Monitoring chemical plumes in an environmental sensing chamber with a wireless chemical sensor network［J］. Sens. Actuators B-Chem. 2007, 121：142-149.

[26] SCHYRR B, et al. Development of a polymer optical fiber pH sensor for on-body monitoring application［J］. Sens. Actuators B-Chem. , 2014, 194：238-248.

[27] KASSAL P, et al. Smart bandage with wireless connectivity for optical monitoring of pH[J]. Sens. Actuators B-Chem. , 2017, 246：455-460.

[28] ESCOBEDO P, et al. Flexible passive near field communication tag for multigas sensing ［J］. Anal. Chem. , 2017, 89： 1697-1703.

[29] MORTELLARO M, DEHENNIS A. Performance characterization of an abiotic and fluorescent-based continuous glucose monitoring system in patients with type 1 diabetes ［J］ . Biosens. Bioelectron. , 2014, 61： 227-231.

[30] NEMIROSKI A, et al. Swallowable fluorometric capsule for wireless triage of gastrointestinal bleeding［J］. Lab Chip, 2015, 15：4479-4487.

[31] YAZAWA Y, et al. System-on-fluidics immunoassay device integrating wireless radio-frequency-identification sensor chips[J] . J.Biosci.Bioeng. , 2014, 118：344-349.

[32] WANG R, et al. Real-Time ozone detection based on a microfabricated quartz crystal tuning fork sensor[J]. Sensors, 2009, 9：5655-5663.

[33] CHENEY C P, et al. In vivo wireless ethanol vapor detection in the Wistar rat ［J］ . Sens. ActuatorsB-Chem. , 2009, 138： 264-269.

[34] LUO J, et al. A new type of glucosebio sensor based on surface acoustic wave resonator using Mn-doped ZnOmultilayer structure ［J］ . Biosens. Bioelectron. , 2013, 49：512-518.

[35] SIVARAMAKRISHNANA S, et al. Carbon nanotube-coated surface acoustic wave sensor forcarbon dioxide sensing ［J］ . Sens. Actuators B-Chem. , 2008, 132： 296-304.

[36] GAO X, CAI Q. Kinetic analysis of

glucose with wireless magnetoelasticbio sensor［J］. Asian J. Chem. , 2013, 25：8681-8684.

[37]　LU Q, et al. Wireless, remote-query, and high sensitivity escherichia coli O157：H7 biosensor based on the recognitionaction of concanavalin a ［ J ］ . Anal. Chem. 2009, 81：5846-5850.

[38]　SONG S H, PARK J H, CHITNIS G, et al. A wireless chemical sensor featuring iron oxide nanoparticle-embedded hydrogels［J］. Sens. Actuators B：Chem. , 2014, 193：925-930.

[39]　POTYRALLO R A, MORRIS W G. Multi-analyte chemical identification and quantitation using a single radio frequency identification sensor ［ J ］ . Anal. Chem. , 2007, 79：45-51.

[40]　MANZARI S, MARROCCO G. Modeling and applications of a chemical-loaded UHF RFID sensing antenna with tuning capability ［ J ］ . IEEE Trans. Antennas Propag. , 2014, 62：94-101.

[41]　MANZARI S, et al. Development of an UHF RFID chemical sensor array for battery-less ambient sensing ［ J ］ . IEEE Sens. J. , 2014, 14：3616-3623.

[42]　AZZARELLI J M, et al. Wireless gas detection with a smartphone via rf communication ［ C ］ . Proc. Natl. Acad. Sci. U. S. A. 111 (2014) 18162-18166.

[43]　FIDDES L K, YAN N. RFID tags for wireless electrochemical detection of volatile chemicals［J］. Sens. Actuators B-Chem. , 2013, 186：817-823.

[44]　SRIDHAR V, TAKAHATA K. A hydrogel-based passive wireless sensor using aflex-circuit inductive transducer［J］. Sens. Actuators A-Phys. , 2009, 155：58-65.

[45]　TAO H, et al. , Silk-Based conformal,

adhesive, edible food sensors［J］. Adv. Mater. , 2012, 24：1067-1072.

[46]　MANNOOR M S, et al. Graphene-based wireless bacteria detection on tooth enamel［J］. Nat. Commun. , 2012, 3.

[47]　AHMADI M M, JULLIEN G A. A wireless-implantable microsystem forcontinuous blood glucose monitoring［J］. IEEE Trans. Biomed. Circuits Syst. , 2009, 3：169-180.

[48]　BAJ-ROSSI C, et al. Full fabrication and packaging of an implantablemulti-panel device for monitoring of metabolites in small animals［J］. IEEE Trans. Biomed. Circuits Syst. , 2014, 8：636-647.

[49]　KOTANEN C N, MOUSSY F G, CARRARA S, et al. Implantable enzymeamperometric biosensors［J］. Biosens. Bioelectron. , 2012, 35：14-26.

[50]　STEINBERG M D, et al. Wireless smart tag with on-board conductometric chemical sensor ［ J ］ . Sens. Actuators B-Chem. , 2014, 196：208-214.

[51]　CLEMENT P, et al. Oxygen plasma treated carbon nanotubes for the wireless monitoring of nitrogen dioxide levels［J］. Sens. Actuators B-Chem. , 2015, 208：444-449.

[52]　LIU Y, et al. SWNT based nanosensors for wireless detection of explosives and chemical warfareagents［J］. IEEE Sens. J. , 2013, 13：202-210.

[53]　POTYRAILO R A, SURMAN C, NAGRAJ N, et al. Materials and transducers toward selective wireless gas sensing［J］. Chem. Rev. , 2011, 111：7315-7354.

[54]　BYRNE R, et al. Characterisation and analytical potential of a photo-responsive polymericmaterial based on spiropyran［J］. Biosens. Bioelectron. , 2006, 26：1392-1398.

[55]　ZHUIYKOV S. Solid-state sensors moni-

toring parameters of water quality for the next generation of wireless sensor networks [J]. Sens. Actuators B-Chem., 2012, 161:1-20.

[56] MORTELLARO M, DEHENNIS A. Performance characterization of an abiotic and fluorescent-based continuous glucose monitoring system in patients with type 1 diabetes [J]. Biosens. Bioelectron., 2014, 61: 227-231.

[57] BENITO-LOPEZ F, et al. Spiropyran modified micro-fluidic chip channels as photonically controlledself-indicating system for metal ion accumulation and release[J]. Sens. Actuators B-Chem., 2009, 140: 295-303.

[58] CAMARILLO-ESCOBEDO R M, et al. Micro-analyzer with optical detection and wireless communications[J]. Sensor Actuat. A:Phys., 2013, 199:181-186.

[59] CURTO V F, et al. Concept and development of an autonomous wearable micro-fluidic platform for real time pH sweat analysis [J]. Sens. Actuators B-Chem., 2012, 175:263-270.

[60] BANDODKAR A J, JIA W, WANG J. Tattoo-Based wearable electrochemical devices: a review [J]. Electroanalysis, 2015, 27:562-572.

[61] PANKRATOV D, et al. Tear based bio-electronics[J]. Electroanalysis, 2016.

[62] WINDMILLER J R, WANG J. Wearable electrochemical sensors and biosensors: a review[J]. Electroanalysis, 2013, 25: 29-46.

[63] MALON S P, et al. Recent developments in microfluidic paper-, cloth-, and thread-based electrochemical devices foranalytical chemistry[J]. Rev. Anal. Chem., 2017, http://dx. doi.       org/10. 1515/revac-2016-0018.

[64] OCHOA M, RAHIMI R, ZIAIE B. Flexible sensors for chronic wound management[J]. IEEE Rev. Biomed. Eng., 2014, 7:73-86.

[65] IHALAINEN P, MAATTANEN A, SANDLER N. Printing technologies for biomoleculeand cell-based applications[J]. Int. J. Pharm., 2015, 494:585-592.

[66] MOHR G J, MUELLER H. Tailoring colour changes of optical sensor materials by combining indicator and inert dyes and their use in sensor layers, textiles and non-wovens  [J]  . Sens. Actuators B-Chem., 2015, 206:788-793.

[67] XU S, et al. Soft microfluidic assemblies of sensors, circuits, and radios for the skin[J]. Science, 2014.

[68] Smart meter[OL]. http://en. wikipedia. org/wiki/Smart_meter.

[69] CAVDAR I H. A solution to remote detection of illegal electricity usage via power line communications [J]. IEEE Trans Power Deliv, 2004, 19: 1663-1667.

[70] YUTE C, JENG H K. A reliable energy information system for promoting voluntary energy conservation benefits[J]. IEEE Trans Power Deliv, 2006, 21 (1) :102-107.

[71] MAJCHRAK M, et al. Single phase electricity meter based on mixed-signal processor MSP430FE427 with PLC modem[C]. Proceedings of the 17th international conference, Radioelektronika, 24-25 April, 2007, 1-4.

[72] SHARMA K, SAINI L M. Performance analysis of smart metering for smart grid:An overview[J]. Renewable and Sustainable Energy Reviews, 2015, 49:720-735.

[73] ASM221: ASMGRID2TM system-on-chip for smart meter PLC communication

single and polyphase metrology, communication and application processing[OL]. http://www. accent-soc. com/products/ASM221 _ abridged _ datasheet. pdf.

[74] Application note 5631 ensuring the complete life-cycle security of smart meter [OL]. http://www. maximintegrated. com/en/app-notes/index. mvp/id/5631

[75] PS2100 single phase power meter soc [OL]. http://uk. alibaba. com/product/123927057-PS2100-Single-Phase-Power-Meter-SOC. html

[76] LUO Z K, et al. Design of harmonic energy meter based on TDK + DSP + MCU [C]. Proceedings of the 2012 international conference on measurement, information and control (MIC), 2012, 2:874-878.

[77] Smart meter and powerline communication system-on-chip [OL]. http://www. st. com/stwebui/static/active/en/resource/technical/document/data _ brief/DM00097094. pdf.

[78] ASM221: ASMGRID2TM system-on-chip for smart meter PLC communication single and polyphase metrology, communication and application processing[OL]. http://www. accent-soc. com/products/ASM221 _ abridged _ datasheet. pdf.

[79] 78M6613 single-phase ac power measurement IC[OL]. http://datasheets. maximintegrated. com/en/ds/78M6613. pdf

[80] DANILO P, et al. Perpetual and low-cost power meter for monitoring residential and industrial appliances[C]. Proceedings of the design, automation & test in Europe conference & exhibition (DATE), 2013, 18-22:1155-1160.

[81] SUSLOV K V, et al. Smart grid:effect of high harmonics on electricity consumers in distribution networks[C]. Proceedings of the international symposium on electromagnetic compatibility (EMC EUROPE), 2013, 2-6:841-845.

[82] LEE P K, LAI L L. A practical approach of smart metering in remote monitoring of renewable energy applications[C]. Proceedings of the IEEE power & energy society general meeting (PES '09), 26-30 July, 2009, 1-4.

[83] REZA A, et al. Harmonic interactions of multiple distributed energy resources in power distribution networks[J]. Electric Power Syst Res, 2013, 105:124-33.

[84] CATALIOTTI A, et al. Static meters for the reactive energy in the presence of harmonics:an experimental metrological characterization[J]. IEEE Trans Instrum Meas, 2009, 58 (8):2574-2579.

[85] DE CAPUA C, ROMEO E. A smart THD meter performing an original uncertainty evaluation procedure[J]. IEEE Trans Instrum Meas, 2007, 56 (4):1257-1264.

[86] MAKRAM E B, et al. Effect of harmonic distortion in reactive power measurement [J]. IEEE Trans Ind Appl, 1992, 28 (4):782-787.

[87] KAPLANTZIS S, et al. Security and smart metering[C]. Proceedings of the 18th European wireless conference, EW, 18-20 April, 2012, 1-8.

[88] LI H S, et al. Efficient and secure wireless communications for advanced metering infrastructure insmartgrids[J]. IEEE Trans Smart Grid, 2012, 3 (3):1540-1551.

[89] SHENG Z, YANG S, YU Y, et al. A survey on the ietf protocol suite for the internet of things:standards, challenges, and opportunities[J]. IEEE Wirel. Commun., 2013, 20 (6):91-98.

[90] KUMARI L, NARSAIAH K,

GREWAL M K, et al. Application of RFID in Agri-food sector-A review[J]. Trends in Food Science & Technology.

[91] FINKENZELLER K. RFID handbook fundamentals and applications[M]. Wiley, 2010.

[92] Realini C. E., Marcos B. (2014). Active and intelligent packaging systems for a modern society[J]. Meat Science, 2014, 98 (3) :404-419.

[93] COSTA C, ANTONUCCI F, PALLOTTINO F, et al. (2012). A review on agri-food supply chain traceability by means of RFID technology[J]. Food and Bioprocess Technology, 2012, 6 (2), 353-366.

[94] AGUZZI J, SBRAGAGLIA V, SARRIA D, et al. A new laboratory radio frequency identification (rfid) system for behavioural tracking of marine organisms [J]. Sensors, 2011, 11 (10) : 9532-9548.

[95] XIAO Y, YU S, WU K, et al. (2007). Radio frequency identification: Technologies, applications, and research issues[J]. Wireless Communications and Mobile Computing, 2007, 7 (4) :457-472.

[96] KUMARI L, NARSAIAH K, GREWAL M K, et al. Application of RFID in Agri-food sector-A review[J]. Trends in Food Science & Technology, 2015.

[97] FINKENZELLER K. RFID handbook fundamentals and applications[M]. Wiley, 2010.

[98] ROBERTS C M. Radio frequency identification (RFID) [J]. Computers and Security, 2006, 25 (1) :18-26.

[99] FABIEN B, CAROLE G, NATHALIE G, et al. A review: RFID technology having sensing aptitudes for food industry and their contribution to tracking and monitoring of food products[J]. Trends in Food Science & Technology, 2017, 62: 91-103.

[100] GLUHAK A, KRCO S, NATI M, et al. A survey on facilities for experimental internet of things research[J]. IEEE Commun. Mag., 2011, 49 (11) ;58-67.

[101] RASHID B, REHMANI M H. Applications of wireless sensor networks for urban areas: a survey [J]. J. Netw. Comput. Appl., 2016, 60: 192-219.

[102] AKYILDIZ I F, SU W, SANKARASUBRAMANIAM Y, et al. 2002. Wireless sensor networks: a survey[J]. Comput. Netw., 2002, 38 (4) :393-422.

[103] YICK J, MUKHERJEE B, GHOSAL D. Wireless sensor network survey[J]. Comput. Netw., 2008, 52 (12) : 2292-2330.

[104] LIN Y, ZHANG J, et al. An ant colony optimization approach for maximizing the lifetime of heterogeneous wireless sensor networks[J]. IEEE Trans. Syst. Man Cybernet. Part C Appl. Rev., 2012, 42 (3) :408-420.

[105] KULKARNI R V, FORSTER A, VENAYAGAMOORTHY G K. Computational intelligence in wireless sensor networks: a survey[J]. IEEE Commun. Surv. Tutor., 2011, 13 (1) :68-96.

[106] JOSEV V, et al. A framework for enhancing the performance of Internet of Things applications based on RFID and WSNs[J]. Journal of Network and Computer Applications, 2018, 107:56-68.

[107] LIU H, BOLIC M, NAYAK A, et al. Taxonomy and challenges of the integration of rfid and wireless sensor networks [J]. IEEE Netw., 2008, 22 (6) : 26-35.

[108] HUSSAIN S, SCHAFFNER S, MOS-EYCHUCK D. Applications of wireless sensor networks and rfid in a smart home environment〔J〕. 2009 Seventh Annual Communication Networks and Services Research Conference (CNSR). IEEE, 2009, 153-157.

[109] LOPEZ T S, KIM D, CANEPA G H, et al. Integrating wireless sensors and rfid tags into energy-efficient and dynamic context networks〔J〕. Comput. J., 2009, 52 (2)：240-267.

[110] DILLINGER M, MADANI K, ALO-NISTIOTI N. Software Defined Radio：Architectures, Systems and Functions 〔M〕. John Wiley & Sons, 2005.

[111] T. Instruments. cc2420：2.4 ghz ieee 802.15.4/zigbee-ready rf transceiver 〔OL〕. http://www.ti.com/lit/gpn/cc2420.

[112] T. Instruments. cc1000：Single Chip Very Low Power Rf Transceiver, Reference SWRS048. Rev A.

[113] KLAIR D K, CHIN K W, RAAD R. A survey and tutorial of rfid anti-collision protocols 〔J〕. Commun. Surv. Tutor. IEEE, 2010, 12 (3)：400-421.

[114] WANG C, DANESHMAND M, SO-HRABY K, et al. Performance analysis of rfid generation-2 protocol〔J〕. IEEE Trans. Wireless Commun., 2009, 8 (5)：2592-2601.

[115] 劉文燕. 窄帶物聯網中大規模接入方法研究〔D〕. 南京：南京郵電大學, 2018.

[116] BOR M, VIDLER J, ROEDIG U. LoRa for the Internet of Things〔C〕. International Conference on Embedded Wireless Systems and Networks. Junction Publishing, 2016：361-366.

[117] VEJLGAARD B, et al. Interference impact on coverage and capacity for low power wide area Io T networks〔C〕. IEEE International Conference on Wireless Communications and Networking, 2017, 1-6.

[118] VEJLGAARD B, LAURIDSEN M, NGUYEN H, et al. Coverage and capacity analysis of Sigfox, LoRa, GPRS, and NB-IoT〔C〕. IEEE International Conference on Vehicular Technology Conference：Vtc2017-Spring, 2017；1-5.

[119] RUKI H, RAY-GUANG C, CHIA-HUNG W, et al. Optimization of random access channel in NB-IoT〔J〕. IEEE Internet of Things Journal, (99)：1.

[120] 陳博, 甘志輝. NB-IoT 網絡商業價值及組網方案研究〔J〕. 移動通信, 2016, 40 (13)：42-46.

[121] MANGALVEDHE N, RATASUK R, GHOSH A. NB-IoT deployment study for low power wide area cellular IoT〔C〕. IEEE International Symposium on Personal, Indoor, and Mobile Radio Communications, 2016, 1-6.

[122] WANG Y P E, LIN X, ADHIKARY A, et al. A primer on 3GPP narrowband Internet of Things (NB-Io T) 〔J〕. IEEE Communications Magazine, 2016, 55 (3).

[123] RATASUK R, VEJLGAARD B, MANGALVEDHE N, et al. NB-IoT system for M2M communication 〔C〕. IEEE International Conference on Wireless Communications and Networking Conference, 2016；428-432.

[124] 3GPP TR 37.868 V0.7.0, Study on RAN improvements for machine type communications, Oct. 2010.

[125] XU Y, ZHANG J, ZHANG Y, et al. Research on access network overload control of mixed service for LTE network〔C〕. IEEE International Conference on Computer and

Communications, 2017:2955-2959.

[126] WEI C H, CHENG R G, LIN Y S. Analysis of slotted-access-based channel access control protocol for LTE-Advanced networks[J]. Wireless Personal Communications, 2015, 85 (1) :1-19.

[127] SHIH M J, WEI H Y, LIN G Y. Two paradigms in cellular Io T access for energy-harvesting M2M devices: Push-based versus Pull-based[J]. Iet Wireless Sensor Systems, 2016, 6 (4) .

[128] DUAN S, SHAH-MANSOURI V, WANG Z, et al. D-ACB: Adaptive congestion control algorithm for bursty M2M traffic in LTE networks[J]. IEEE Transactions on Vehicular Technology, 2016, 65 (12) :9847-9861.

[129] DUAN S, SHAH-MANSOURI V, WONG V W S. Dynamic access class barring for M2M communications in LTE networks[C]. IEEEGLOBECOM Workshops, 2013:4747-4752.

[130] WANG Z, WONG V W S. Optimal access class barring for stationary machine type communication devices with timing advance information [J]. IEEE Transactions on Wireless Communications, 2015, 14 (10) :5374-5387.

[131] MILITANO L, ORSINO A, ARANITI G, et al. Trusted D2D-based data uploading in in-band narrowband-IoT with social awareness [C] . IEEE, International Symposium on Personal, Indoor, and Mobile Radio Communications, 2016.

[132] PETROV V, SAMUYLOV A, BEGISHEV V, et al. Vehicle-Based relay assistance for opportunistic crowd sensing over Narrowband Io T (NB-IoT) [J] . IEEE Internet of Things Journal, 2017, (99) :1.

[133] R1-157409, Narrowband Io T-Random Access Evaluation in Inband Deployment, source Ericsson, TSG-RAN1♯83, November 2015.

[134] 邢宇龍, 張力方, 胡雲端. 移動蜂窩式物聯網演進方案研究[J]. 郵電設計技術, 2016 (11) :87-92.

[135] 曾麗麗. 基於 NB-IoT 數據傳輸的研究與應用[D]. 淮南:安徽理工大學, 2018.

[136] 周曉雪. 基於 IMS 的 Vo LTE 技術的研究與實現[D]. 哈爾濱:哈爾濱工業大學, 2015.

[137] 3GPP TS 23. 401. General Packet Radio Service (GPRS) Enhancements for E-volved Universal Terrestrial Radio Access Network ( E-UTRAN ) Access, 2014.

[138] 3GPP TS 23. 401. General Packet Radio Service (GPRS) Enhancements for E-volved Universal Terrestrial Radio Access Network ( E-UTRAN ) Access, 2014.

[139] 楊紅梅. LTE 核心網演進及部署[J]. 現代電信科技, 2013, 43 (11) :12-16.

[140] 羅思齊. 基於 LTE 系統的終端 RRC 連接建立過程研究[J]. 信息通信, 2010, 23 (03) :19-21, 25.

[141] 張萬春, 陸婷, 高音. NB-IoT 系統現狀與發展[J]. 中興通訊技術, 2017, 23 (01) :10-14.

[142] 黃韜, 劉昱, 張諾亞. NB-IoT 獨立部署下的容量性能分析[J]. 移動通信, 2017, 41 (17) :78-84.

[143] 盧斌. NB-IoT 物理控制頻道 NB-PDCCH 及資源調度機制[J]. 移動通信, 2016, 40 (23) :17-20.

[144] SARTORI B, BEZUNARTEA M, THIELEMANS S. Enabling RPL multihop communications based on LoRa [C]. 2017 IEEE 13th International Conference on Wireless and Mobile Compu

ting, Networking and Communications (Wi Mob).

[145] 陳方亭．基於 LoRa 的窄帶無線自組網路由協議研究[D]．西安:西安電子科技大學，2018.

[146] SORNIN N, LUIS M, EIRICH T. LoRaWAN Specification[C]. 2015. 10.

[147] Semtech Corporation. SX1272/3/6/7/8LoRa Modem Design Guide[R]. 2013. 6.

[148] LoRa Alliance. V1. 0. 1-2016 LoRa WANTM Specification[S]. 2016.

[149] 趙文妍．LoRa 物理層和 MAC 層技術綜述[J]．移動通信，2017, 41 (17) :66-72.

[150] 尉苗苗．基於 LoRa 技術的智能監控模塊設計[D]．西安:西安電子科技大學，2018.

[151] LSD4WN-2N717M91 (Lo Ra WAN End Node) 產品使用說明書 (CLAA 版) [R]. Lierda, 2017.

[152] 肖竹，王東，李仁發，等．物聯網定位與位置感知研究[J]．中國科學:信息科學，2013, 43:1265-1287.

[153] 劉公緒，史凌峰．室內導航與定位技術發展綜述[J]．導航定位學報，2018, 6 (2) :7-14.

[154] 陳銳志，葉鋒．基於 Wi-Fi 頻道狀態信息的室內定位技術現狀綜述[J]．武漢大學學報 (信息科學版)，2018, 43 (12) :2064-2070.

[155] HALPERIN D, HU W, SHERTH A, et al. Tool Release:Gatthering 802. 11n Traces with Channel State Information [J]. ACM Sigcomm Computer Communication Review, 2011, 41 (1) :53.

[156] ZHENG Z W. Channel Estimation and Channel Equalization for the OFDM-Based WLAN System[C]. International Conference on E-Business and E-Government, IEEE, 2010.

[157] CHAPRE Y, IGNJATOVIC A, SENEVIRATNE A, et al. CSI-MIMO: Indoor Wi-Fi Fingerprinting System [C] . 39th Annual IEEE Conference on Local Computer Networks, Edomonton, AB, Canada, 2014.

[158] 張賢達．矩陣分析與應用 (第 2 版) [M]．北京:清華大學出版社，2013.

[159] XIONG J, JAMIESON K. Array Track: A Fine-Grained Indoor Location System [C]. Usenix Conference on Networked Systems Design and Inplementation, USENIX Association, Lombard, IL, 2013.

[160] WU K, XIAO J, YI Y, et al. FILA: Fine-Grained Indoor Localization [C]. IEEE INFOCOM, Oriando, USA, 2012.

[161] KUMAR S, VASISHT D, KATABI D. Decimeter-Level Localization with a Single Wi-Fi Access Point[C]. USensix Conference on Networked Systems Design and Implemention, USENIX Association, Sata Clara, CA, USA, 2016.

[162] LI X, PAHLAVAN K. Super-Resolution TOA Estimation with Diversity for Indoor Geolocation[J]. IEEE Trans. On Wireless Commu., 2004, 3 (1) : 224-234.

[163] IMT-2020, 5G 概念白皮書 (北京，IMT-2020 工作組，2015) [OL]. http:‖www. imt-2020. org. cn/zh/documents/1.

[164] 張平，陳昊．面向 5G 的定位技術研究綜述[J]．北京郵電大學學報，2018, 41 (5) :1-12.

[165] 陳詩軍，王慧強，陳大偉．面向 5G 的高精度融合定位及關鍵技術研究[J]．中興通信技術，2018 (99) :1-9.

# 第4章

# 物聯網通訊與安全技術

從物聯網的感知控制層、傳輸網路層和綜合應用層三層架構來看，構成物聯網的通訊系統可以分為基於互聯網的高層通訊系統和通過閘道器與互聯網彙集的底層通訊系統。顯然，高層通訊系統是互聯網，可以基於 IP 通訊協議傳送資訊，因此可以將其看成一個全球性的 IP 通訊基礎設施。而底層通訊系統則是一個異構的通訊系統，該系統服務於感知控制設備（可稱之為物聯網終端），這些物聯網終端是海量的，是面向應用領域的，因此這些海量的物聯網終端是異構的，即其所具有感知控制的功能可以不同，而且所採用的通訊方式與通訊協議也可以不同。一般來說，這些異構的物聯網終端大都採用無線通訊方式。

目前在互聯網中存在著巨大的安全問題，因此構成物聯網的高層通訊系統也面臨著安全性的挑戰。物聯網在互聯網上所面臨的安全性挑戰比傳統的互聯網的安全性挑戰更為嚴峻，這是因為傳統的互聯網安全性挑戰僅是虛擬資訊所面臨的挑戰，而物聯網在互聯網上的安全挑戰是對實體資訊的挑戰。這需要採用更為先進的安全技術解決物聯網在互聯網中面臨的安全問題。

在物聯網的底層通訊系統中，由於海量物聯網終端大都採用無線通訊方式，而無線通訊具有開放性和易受干擾、易於被截獲、易於偽冒等脆弱性，因此更需要採用增強的無線通訊安全技術來確保其安全性。

智慧電網作為物聯網的一個應用領域，同樣也需要通訊基礎設施進行資訊傳輸與互動。也同樣存在著多方面的安全威脅，這就需要採用技術性和非技術性的解決方案保障其安全。

# 4.1　物聯網對通訊與安全要求

## 4.1.1　物聯網通訊系統的構成

物聯網需要不同的無線通訊網路、通訊基礎設施的支援[1,2]。在物聯網中，各種通訊標準、各層的相關協議、物聯網閘道器集成在一起構建一個完整的系

統[3,4]，其系統的構成如圖 4.1 所示。全球性互聯網遵循 TCP/IP 和 IPv6 協議，並為高速有線和無線通訊提供基礎設施。

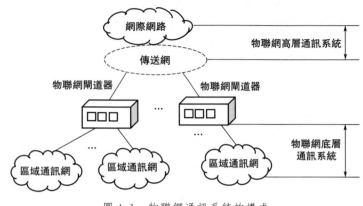

圖 4.1　物聯網通訊系統的構成

區域通訊網是將各種物聯網終端與物聯網閘道器互聯，然後通過閘道器與物聯網高層通訊系統互聯，其特點是傳輸距離近、傳輸方式靈活、所採用的通訊協議多樣且複雜。若干個區域通訊網構成了物聯網底層通訊系統。區域通訊網主要採用短距離、低功率無線通訊技術，是受限通訊資源、能量資源受限的通訊系統，是包括藍牙、紅外、無線感測器網路等在內的中短距離、低功耗無線通訊技術。

物聯網高層通訊系統由傳送網與互聯網構成。互聯網由各種網路設備諸如交換機、路由器和主機等構成。傳送網由各種公眾通訊基礎設施構成，主要包括公眾固定網、公眾行動通訊網、公眾資料網及其他專用網。

目前的公眾固定網、行動通訊網、公眾資料網主要有 PSTN（Public Switched Telephone Network，公眾電話交換網），3G/4G/5G 行動網路通訊系統，DDN（Digital Data Network，數位資料網），ATM（Asynchronous Transfer Mode，異步傳輸模式），FR（FRAME-RELAY，幀中繼）等，它們為互聯網提供了資料傳送平台，是互聯網的基礎通訊設施。互聯網作為全球性的基礎設施，為物聯網提供各種資訊記憶體、資訊傳送、資訊處理等基礎服務，為物聯網的綜合應用層提供資訊承載平台，保障物聯網各專業領域應用[5]。

# 4.1.2　對通訊及安全的要求

### （1）對通訊的要求

從整體上來看，物聯網的通訊是一種典型的異構通訊系統。從應用的角度來

看，它卻是一種典型的基於 IP 協議的通訊系統，因此需要從 IP 協議關心的物理層（PHY）、媒質訪問控制層（MAC）和網路層這三個層次對物聯網通訊提出要求。特別是關心物聯網底層通訊系統對這三個層次的要求。由於物聯網底層通訊系統主要以無線通訊為主，因此在為特定物聯網應用選擇無線技術之前，必須確保該技術滿足 PHY、MAC 和網路層的通訊要求。

無線技術的覆蓋範圍、資料速率和容量是 PHY 的主要關注點；MAC 通常涉及頻道訪問機制、衝突避免技術和引入的延遲；在網路層中，了解網路中的所有節點以確定發送方和接收方之間的「最快路由」始終是重要的。由於物聯網終端受資源限制，因此滿足成本、複雜性和功耗的要求是附加任務。表 4.1 列出了選擇無線技術的完整通訊要求。

表 4.1　通訊要求[1]

| 層 | 要求 |
| --- | --- |
| PHY(物理層) | 最大無線鏈路覆蓋範圍<br>包括衰減在內的最大耦合損耗<br>傳輸訊號時的最大功率損耗<br>最大數據速率<br>各種流量模式下系統的容量<br>PHY 安全性和相關方法 |
| MAC(媒質訪問控制層) | 媒體訪問所需的時間<br>處理緊急業務的方法 |
| 網路層 | 有關網路中所有節點的資訊 |
| 所有這三層 | 設備功率、成本和複雜性 |

## (2) 對安全的要求

真實性、機密性和完整性是物聯網安全的重要組成部分。機密性確保只有授權使用者才能擁有無法被非授權使用者竊聽的資料訪問權限。完整性是系統在通訊期間保護資料免受任何干擾的能力。真實性確定通訊中涉及的節點和正在傳輸的資料都是合法的。

如今，各種擴頻技術和物理層安全（PLS）技術被用於避免使用者的資料泄漏。將這些與 MAC 中使用的加密演算法集成在一起可提供更高級別的安全性。表 4.2 給出物聯網的安全要求。

表 4.2　安全要求

| 層 | 要求 |
| --- | --- |
| PHY(物理層) | 安全的資料傳播技術<br>PLS(物理層安全)技術 |
| 所有這三層 | 真實性、機密性和完整性 |

# 4.2 無線網路技術及其分類

## 4.2.1 物理層技術

所有無線技術都使用無線電波進行通訊，圖 4.2 為無線通訊系統的基本框圖。發射機將資訊轉換為載波射頻（RF），每個 RF 頻譜都具有特定的傳播屬性、頻寬可用性和訊號衰減特性。這些 RF 屬性基本上決定了系統的範圍、覆蓋範圍和吞吐量。為了獲得更高的吞吐量，可用頻寬應該更寬，而衰減應該更少。但是，為了獲得更大的頻寬，應該使用更高的 RF 頻率，但是較高 RF 訊號伴隨著較高的訊號衰減，這限制了無線傳輸的最大覆蓋範圍。因此，實現所有功能，即高吞吐量、頻寬和範圍，是一項不可能完成的任務，所以必須根據應用來權衡。

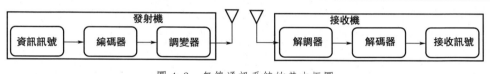

圖 4.2　無線通訊系統的基本框圖

大多數無線技術使用從幾 MHz 到 6GHz 的微波頻譜。對於較大的通訊覆蓋範圍使用較低的頻譜，而對於高速近距離通訊則使用較高的 RF 頻寬。大多數 RF 頻譜都是需要許可的，並且符合國際電信聯盟（ITU）的規定，因此許可頻段允許以更大的傳輸功率進行通訊。而對於無須許可的頻譜，使用者只需遵守有關發射功率的規範即可使用，因而這些免許可頻寬可能會受到干擾。2.4GHz ISM 頻段和 5GHz 頻段是全球兩種最常用的免許可的頻段。

由於微波頻率會受低頻寬的影響，因此高於 30GHz 的頻率用於寬頻寬的通訊[6]，但這些頻率的訊號會受到高達 20dB 的自由空間訊號衰減的影響。它們無法穿透視距內的障礙物，使得其在傳輸過程中進一步衰減。為了克服這個缺點，可採用天線陣列來提高增益，而無線訊號的總增益完全取決於天線陣列。下面將討論調變技術、窄頻通訊、寬頻通訊以及物理層安全。

（1）調變技術

資料傳輸速率、頻寬、覆蓋範圍和頻譜效率由調變技術決定。甚至物理層安全（PLS）技術也依賴於調變。在硬體級，調變對確定設備的體積、功率和複雜性具有重大影響。每種技術都有其自身的優缺點，因此調變技術的選擇在無線通訊中很重要。從頻寬的角度來看，調變技術主要分為窄頻和寬頻通訊兩大類。

（2）窄頻通訊

在窄頻通訊中，通過載波訊號的幅度或相位攜帶消息訊號，使用低於 1GHz 的頻率，所需頻寬主要取決於符號速率。由於發送的訊號被集中到有限的頻譜中，因此使用更窄的帶限濾波器。由於資訊是通過載波訊號的幅度或相位攜帶，且頻譜範圍較小，因此它對干擾非常敏感。窄頻調變也受到衰落頻道的影響[7]。此外，當訊號速率大於抽樣頻率時，符號間干擾（ISI）會使原始資訊惡化[8]。窄頻通訊常見調變技術有幅度調變（AM）、頻率調變（FM）、單邊帶（SSB）和二進制相移鍵控（BPSK）等。

（3）寬頻通訊

寬頻通訊具有更大的頻寬，因此它提供了較高資料傳輸速率。通常，寬頻通訊有兩種典型技術。第一種是正交頻分復用（OFDM），使用多個相鄰載波訊號組成寬頻寬，該技術有助於克服 ISI。第二種是直接序列擴頻（DSSS），通過擴頻使訊號分布在更寬的頻寬上；DSSS 技術不僅可以對資訊加密，而且可避免各種類型的干擾，但寬頻通訊的覆蓋範圍有限。寬頻通訊常用的調變技術包括 OFDM、偏移正交相移鍵控（OQPSK）、高斯最小頻移鍵控（GMSK）和正交幅度調變（QAM）以及跳頻。

（4）物理層安全

儘管在物理層可以採用擴頻技術實現寬頻通訊，以提高抗干擾能力、提高接收機的信噪比（SNR），但仍不能有效地對抗 PHY 的安全威脅。為此，可以採用以下方法對抗這些攻擊 PHY 的安全威脅。

① 基於資訊論的安全方法　該方法基於香農的資訊理論的保密準則，準則規定從發射機傳輸到接收機的最大資訊速率取決於非法接收機可以獲得的資訊。採用全雙工通訊可以有效地提高保密率。

文獻［9］提出了一種提高保密率的方法，即全雙工收發器一旦接收到有助於實現更高保密率的資訊就發送噪音訊號。為了最大化該保密率，文獻［10］提出了採用交替的凹差編程方法以優化發射資訊的協方差矩陣，通過優化可進一步逼近最佳保密率。文獻［11］提出了另一種用於最大化保密率的方法，即通過最大化收發器的保密自由度來實現多輸入多輸出（MIMO）技術，為此，還提出了一種制定預編碼矩陣和優化天線分配的方法。

基於資訊論的安全方法可以提供適當的安全級別，將安全級別優化到一定程度。但由於該方法完全不需要了解通訊頻道的特性，因此可能導致無法保障通訊系統的安全。

② 基於頻道的方法　該方法是通過應用通道的屬性來提高安全性的。為此，可採用 RF 指紋、頻道分解預編碼和傳輸係數的隨機化這三種技術來提高安全

性。在 RF 指紋技術中，通過測量其外部特徵獲得每個無線電發射機的唯一標識，並將這些標識記憶體在特徵庫中。通過將接收的無線指紋與庫中的指紋匹配對比，辨識可信的無線訊號。文獻〔12〕中，作者使用多維置換熵從發射機獲得 RF 指紋，在不同的 SNR 下對其性能觀察，從而獲得更高的分類精度，間接地提高了辨識可信無線訊號的能力。

在頻道分解預編碼技術中，每個符號由複數位矢量調變，然後將其分散在多徑頻道上。由於多徑特性，即使獲得代碼矢量，對入侵者來說解碼原始消息也非常困難。在文獻〔13〕中，作者研究了具有預編碼輔助空間調變的發射機，並且觀察到它明顯改善了通訊中的保密性。

在文獻〔14〕中，作者將傳輸係數方法隨機化，通過映射標準空間調變（SM）技術來獲得保密性。研究結果表明，SM 的符號對天線映射，以及在每個調變符號上進行隨機移位，可以提供預期的保密性。

③ 編碼方法　該方法使用糾錯和擴頻編碼來改善保密性。在糾錯編碼中，在消息位中添加一些冗餘以防止竊聽者竊聽。在文獻〔15〕中，作者提出了基於誤碼率（BER）的安全方案。它提供高速操作和較小成本的編碼器和解碼器。

DSSS 和 FH 主要用於寬頻通訊。雖然它們可以將資訊模糊化，但入侵者可以使用盲估計方法檢索原始資訊。為了解決這個問題，文獻〔16〕提出了一種新的混沌 DSSS 方法，該方法首先將符號週期按照混沌序列進行變化，然後將變化後的符號與混沌序列相乘，以此生成可變符號週期的擴頻。

④ 基於功率的方法　該方法是通過使用定向天線或通過引入人工噪音（AN）來改善無線通訊的安全性的。定向天線具有更大的覆蓋範圍的特點，在文獻〔17〕中，作者採用的基於方向調變的 M-PSK 調變技術改善了保密性。由於定向調變，合法接收器接收具有恰當相位的 M-PSK 符號，而竊聽者則接收不到，因此，在竊聽者僅能獲得高誤符號率的符號，因而提高了保密性。

另一種方法是引入人工噪音（AN），即 AN 在接收器頻道上生成並擴展。AN 會損害竊聽者的無線頻道，但對合法的接收器頻道沒有影響。文獻〔18〕提出了使用 AN 在 WSN 中進行訓練和資料傳輸的解決方案，研究表明，在高 SNR 下，該技術有效地工作，但是在低 SNR 下，AN 的優勢減弱。

⑤ 物理層加密　在物理層加密（PLE）技術中，採用生成的密鑰對消息位進行加密。這種技術具有較高的硬體效率，因此在物聯網領域越來越受歡迎。在文獻〔19〕中，作者提出了一種帶有 Simeck32/64 密碼的 IEEE 802.15.4 收發器設計方案。它代替流密碼，實現更安全的塊加密技術。為了降低資料速率，首先採用並行方式訪問消息比特，然後加密並執行調變。研究結果表明，該設計具有低功耗以及降低硬體複雜性的優點，與 DES 和 AES 演算法相比，噪音設計的 BER 結果顯示提高了性能。

物聯網通訊為海量能量受限的物聯網終端提供服務，所傳輸的資料稀疏且頻道環境複雜。雖然 PLE 看起來很有前景，但考慮到其他相關方面，還需要更加細緻的研究與實踐。另外，雖然對物聯網中的真實性和密鑰管理已初見成果，但最小功耗問題以及各種無線技術共存問題將是進一步研究的關鍵。

## 4.2.2　媒質訪問控制層技術

在無線通訊中，媒質共享起著重要作用。大量節點（物聯網終端）連接到網路，因此在所有節點中提供對特定節點的媒質訪問是一項非常重要的分配工作。MAC 除了完成訪問媒質的任務外，還提供組網、節點與各種握手訊號的同步、優先級管理以及資料傳輸中的可靠性多種功能。MAC 涉及節點的媒質分配和休眠時間，它直接控制著能耗、延遲和吞吐量。

MAC 有兩種操作模式，信標使能（beacon-enabled）模式和非信標使能（non-beacon enabled）模式。

非信標模式較簡單，任何節點既可以用 ALOHA 又可以用非時隙的載波偵聽多路訪問/衝突，避免（CSMA-CA）演算法直接訪問媒質。當網路規模很小時，這種策略很有用。但是對於較大的網路，如果許多節點都想要訪問媒質，則可能導致衝突，這進一步導致能量損耗。因此，在這種情況下，更加結構化的信標使能模式是優選的。

在信標使能模式下，常常通過信標的傳遞來實現各個節點之間同步。信標使能採用圖 4.3 所示的超幀結構，並使用時隙化的 CSMA-CA 演算法進行頻道訪問機制（見圖 4.4）。同時，定義良好的握手機制以及為每個操作分配時隙確保即使在資料傳輸的尖峰時段也能避免衝突。

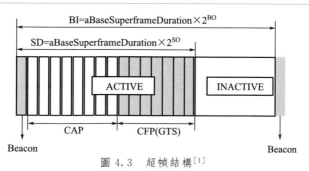

圖 4.3　超幀結構[1]

CAP—Contention Access Period（競爭訪問時段）；BO/SO—Beacon/Superframe Order（信標/超幀序）；CFP—Contention Free Period（無競爭時段）；GTS—Guaranteed Time Slot（保護時隙）；BI—Beacon Interval（信標間隔）；SD—Superframe Duration（超幀持續時間）；ACTIVE—活動時段；INACTIVE—非活動時段

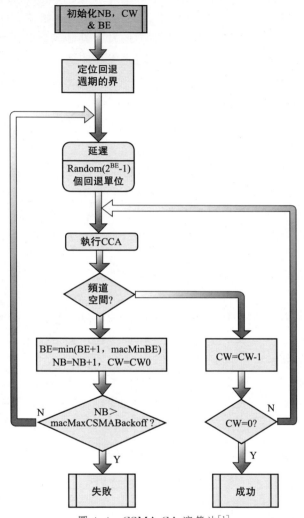

圖 4.4 CSMA-CA 演算法[1]

　　每個超幀都處於兩個信標之間。超幀結構的特徵在於 macBeacon Order（BO）和 macSuperframe Order（SO），它們還用於定義活動和非活動時段。這樣的超幀結構使得即使在大型網路中傳送資料也能避免衝突，因此信標使能模式通常用於物聯網應用。

　　在信標使能模式下，在嘗試傳輸之前，每個設備都支援三個變數的值，即 NB、CW 和 BE。NB 是 CSMA-CA 演算法在嘗試當前傳輸時需要退回的次數，並且被初始化為零；CW 是競爭視窗長度，它定義了傳輸開始前需要清除的退避週期數，它被初始化為 CW0；BE 是與設備在嘗試頻道評估之前應等待多少退避

週期相關的退避指數，它被初始化為 macMinBE 值。隨後，在 $[0,2^{BE}-1]$ 範圍內生成隨機退避間隔，並且節點必須在該間隔時間內退避。在退避時段之後，節點進行清除頻道評估（CCA）。

如果發現媒質是空閒的，則 CW 值減 1。當節點重複執行 CCA 直到 CW 為零，一旦 CW 達到零，就開始資料包傳輸。如果在執行 CCA 時發現頻道忙，則 CW 重置為 CW0。NB 和 BE 增加 1，節點必須等待一個隨機退避時間。整個過程重複進行，直到 CCA 沒有找到頻道空閒時為止。BE 增加直到它到達 macMaxBE，然後保持相同的值，而 NB 增加到 macMaxCSMABackoffs。一旦 NB 越過 macMaxCSMABackoffs，資料包傳輸就會被解除，整個過程會再次重啟。

為了加強物聯網應用所採用的 MAC 協議，文獻［1］中提出了各種方法，這些方法分為兩大類，低功耗方法和低延遲方法，如圖 4.5 所示，下面對這兩類方法給予簡要說明。

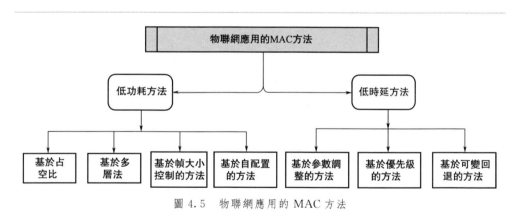

圖 4.5　物聯網應用的 MAC 方法

## （1）低功耗方法（Low Energy Approach）

此方法的主要是降低感測器節點的能耗，諸如占空比變化（Duty Cycle Variation）、多層方法（Multi-Layer Approach）、中繼節點（Relay Node）和不同模式之間的快速切換。

1）基於占空比的方法（Duty Cycle Based）　這是非常常見且最常用的降低能耗的方法。在該方法中，激活與休眠時段主要通過改變 SO 和 BO 值來管理。這種方法可以實現低能耗運行，但代價是降低服務品質（QoS）[20-23]。

2）基於多層的方法（Multi-Layer Approach）　該方法是將節點分成若干組，組稱為層。這些層彼此通訊並完成整個通訊過程。通過將各種優化技術應用於這些層，可以更有效地利用功率資源[24,25]。

3）基於幀大小控制的方法（Frame Size Control Based）　在該方法中，改變 MAC 幀大小來實現優化。該方法不會改變原始 MAC，因此避免了額外的優化開銷。

Chen[26] 等人提出一個星形的 IPv6 低功耗無線個人區域網路（6LoWPAN）的非信標模式，採用非時隙的 CSMA/CA 頻道訪問機制，並將目標節點的隨機行為建模為 M/G/1 排隊系統。研究結果表明：丟包機率隨著幀長的增大和流量的增大而增加，因而導致分組傳輸的延遲；另外，能量效率隨著 MAC 幀長增加而增加，當到達某個有限閾值後，開始減小。因此，需要在傳輸之前找到最佳幀長度。

Mohammadi[27] 等人建議優化 MAC 幀長度，這有助於最小化能量需要。他提出了兩種方法。第一種是基於頻道預測，基於先前資料點，預測頻道的業務量，並因此選擇合適的幀大小；第二種是由慢啟動機制執行，MAC 幀大小隨著每次成功傳輸而遞增，並在發生故障時遞減。雖然通道預測機制比慢啟動機制稍微複雜，但仿真結果表明它更節能。

4）基於自配置的方法（Self Configuration Based）　在該方法中，通過改變網路的配置來最小化功耗。雖然節能效率不高，但是它具有非常低的成本且僅需對演算法進行微小的改變，所以易於使用和實現，並可獲得更好的性能[28-30]。

（2）低時延方法（Low Latency Approach）

在對即時要求較高的應用中，需要處理連續生成的資料與資料事務。因此，在為即時應用設計物聯網系統時，非常需要減少延遲以及功耗最小化技術。目前對低延遲 MAC 技術的研究已取得了不少的成果，以下將介紹其中的一些典型方法。

1）基於參數調整的方法（Parameter Tuning Based）　該方法的主要關注點是減少延遲並在 MAC 層運行中實現更高的穩定性，除此之外，該方法還實現了低能耗。通過實現幀同步、休眠機制和確認的改變，改善整體 QoS。

Park 等人[31] 提出了用馬爾可夫鏈來模擬分布式自適應演算法，該演算法準確和精確地調整 MAC 參數，從而降低功耗並提高分組可靠性和延遲。

Rao 等人[32] 建議用具有高能效的無線感測器網路的 S-MAC 來克服 QoS 性能方面的問題。他提出了一個具有四種不同狀態的 S-MAC 狀態機模型：接收狀態機、發送狀態機、無線狀態機和頻道狀態機。可以通過 S-MAC 的休眠機制內的自適應監聽機制並改變占空比的值來糾正等待時間和穩定性的影響。

該方法的唯一缺點是它具有加性效應，這將導致延遲，同時影響具有多跳節點的穩定性。因此，對於即時物聯網應用，具有較少跳數的網路在延遲方面將更有益。

Marn 等人[33]提出了 LL-MAC 協議，該協議專為低延遲應用而設計。它使用同步睡眠調度機制來避免衝突。LL-MAC 的控制間隔包含三個子間隔：節點廣告、子應用請求和子確認。根據節點的數量，進一步分為 $M$ 個不同的時隙，資料間隔也分為 $M$ 個時隙。

每個節點廣播其廣告，從子節點獲取資訊並轉發給父節點。每個子節點都與父節點一起調整時鐘，因此整個系統實現了同步。它還有助於 LL-MAC 在不使用 RTS/CTS 的情況下避免衝突。

Mahmood 等人[34]重點關注 IEEE 802.15.4 標準的 CSMA/CA 機制的 ACK 和非 ACK 模式，模擬分析了非 ACK 模式，並將其與 ACK 模式進行比較。結果顯示，在非 ACK 模式中，獲得 CCA2 的機會增加並且進一步增加了成功傳輸的機率。非 ACK 模式需要處理較小的控制開銷，並且其頻道接入機率比 ACK 模式的頻道接入機率更高。

因此，對於每次傳輸不需要確認分組的一些應用，非 ACK 模式在性能上優於 ACK 模式。但對於時間敏感的應用，ACK 模式仍然可使用，因為它具有低丟包率。

2）基於優先級的方法（Priority Based） 在這種方法中，不是將媒質訪問隨機地提供給任何請求節點，而是將一些預定的優先級分配給節點，因此具有較高優先級的節點可以更容易地訪問媒質。在許多無線技術中，保證時隙（GTS）可用，以便具有緊急服務的節點可以立即訪問媒質。通過改進 GTS 分配方案使延遲和吞吐量的性能顯著改進。

Zhan 等人[35]提出了 GTS 大小自適應演算法（GTS Size Adaptation Algorithm，GSAA），它不斷地監視設備的資料並相應地調整 GTS，而不是保持固定不變。

Xia 等人[36]提出了一種自適應和即時的 GTS 分配方案（Adaptive and Real-Time GTS Allocation Scheme，ART-GAS），以區分時間敏感和高流量設備的 GTS 分配，從而即興創建頻寬。

Shabani 等人[37]建議在 ZigBee/IEEE 802.15.4 MAC 協議的超幀中對其進行少量修改以適應多跳網狀網路的應用。

Collotta 等人[38]提出了一種管理 GTS 分配的機制，以通過 WSN 維護工業分布式過程控制系統（Distributed Process Control System，DPCS）的週期性業務流、控制流和網路管理。

Lu 等人[39]提出了基於 IEEE 802.15.4 標準的基於優先級的 CSMA/CA 機制。所有感測器節點都被分類、分析流量的負載和類型，並將三種不同類型的優先級（0 優先級、1 優先級和 2 優先級）分配給節點，為不同優先級的節點設置單獨的爭用參數。通過使用馬爾可夫鏈對提出的機制建模，可發現高優先級節點在吞吐量和能量消耗方面的性能得到改善。

3）基於可變退避的方法（Variable Backoff Based） 在該方法中，根據當前流量情況改變 BE 或 CW 的值來改變退避時段。可觀察到吞吐量、分組傳送率和能量效率提高。這種方法的例子如下：

Jung 等人[40] 提出自適應衝突解決（Adaptive Collision Resolution，ACR），這是一個兩階段的方法。首先，基於先前的成功/失敗傳輸來調整 BE，借助退避指數適應機制避免不必要的 CCA；然後，使用退避時段自適應，退避時段增加某個有限值，考慮到正在進行的傳輸以避免無意義的退避期滿，採用幀開始檢測，將一個小型的 mpreamble 標頭附在資料幀上，用於記憶體該資訊。通過這種方式，ACR 實現了對頻道的準確估計，實現了能效、資料包傳輸率和吞吐量的顯著提高。

Wang 等人[41] 基於頻道流量和分組衝突率，在高密度無線感測器網路中提出了一種新的退避演算法，用在 IEEE 802.15.4 MAC 協議的基於兩級資訊回饋的退避（Two-Level Information Feedback-based Backoff，TLIFB）方案中。

在 TLIFB 中，不是僅依靠一個衝突率來估計當前流量，而是引入稱為繁忙率的更準確和有效的參數。它是對有多少節點想要訪問頻道的估計。

基於此，調整退避視窗大小以最大限度地提高頻道利用率，而不是等待衝突發生，然後相應地進行更改。

Liu 等人[42] 提出了衝突感知退避（Collision-Aware Backoff，CABEB）演算法，該演算法考慮到衝突機率而動態地改變退避週期。定義了參數 $k$，其取決於碰撞機率並且在 $[0,1]$ 的範圍內。要找到退避週期，用最大退避週期乘以 $k$。結果表明，與原始 CSMA/CA 相比，CABEB 提供更高的吞吐量，需要更少的能量且延遲更小。

表 4.3 給出了幾種 MAC 方法的優點和缺點。基於占空比的方法是主要的節能方法之一；基於多層的方法僅適用於大型網路。

因此，就物聯網應用而言，只有當節點數更多時才用該方法；通過正確處理成功和失敗的確認，基於幀控制的方法可以集成到當前的 WSN 系統中，而無須任何更改；使用自適應監聽，可以減少睡眠機制期間產生的延遲，即使在低占空比時系統也能高效工作；使用 GSAA，可以有效地處理 GTS，進一步減小延遲並提高吞吐量和能量效率。

為此，需要改變 GTS 特徵幀格式；可以根據流量場景或資料包的重要性分配不同的優先級，可以基於成功和失敗的確認來執行流量估計，因此，可以將幀控制和基於優先級的方法進行整合以更有效地提高 MAC 的低功耗與低時延性能。

表 4.3　MAC 方法比較

| 類型 | 子類 | 優點 | 缺點 |
|---|---|---|---|
| 低功耗方法 | 基於占空比的方法 | ①通過簡單地改變 SO 和 BO 來降低功耗<br>②開銷非常小<br>③適用於低功率應用 | ①QoS 降級<br>②對於自適應更改,需要更改幀 |
| | 基於多層的方法 | ①節點分為多層,一個時刻激活一層<br>②比占空比法節能<br>③適用於大型網路 | 端到端的延時與抖動增加 |
| | 基於幀大小控制的方法 | ①簡單<br>②在能效和資料包衝突間進行折衷 | ①幀規模錯誤會導致衝突波動<br>②可獲得有限的能效的提高 |
| | 基於自配置的方法 | 要求增加一些開銷 | 複雜 |
| 低時延方法 | 基於參數調整的方法 | ①標準的參數無須更改<br>②易於實施<br>③額外開銷不多 | ①不適合延遲嚴格的應用<br>②可改進有限的性能 |
| | 基於優先級的方法 | 更適合時間敏感的事務 | ①管理 GTS 使系統複雜化<br>②性能因不同的占空比而異 |
| | 基於可變迴避的方法 | ①對於緊急服務很有用<br>②沒有額外的開銷 | ①每節點頻道訪問機制會發生變化,協調器要記住它<br>②具有較高的優先級,複雜 |

### (3) MAC 安全

除了頻道訪問、信標處理和節點關聯-解除關聯之外，MAC 還提供安全性。大多數 WSN 技術都支援對稱加密，並使用高級加密標準（Advanced Encryption Standard，AES）來提高安全性，用 128 位密鑰進行加密和解密。表 4.4 給出了 AES 的安全模式。安全性是一種可選的輔助，因此無線標準中始終存在選擇退出安全功能的規範。在真實性和完整性的應用中，可以在 Cypher 塊連結模式（AES in the Cypher Block Chaining，AESCBC）中使用 AES；而在僅需要機密性的應用中，可以在計數器模式（AES in counter，AES-CTR）中使用 AES。當系統需要機密性和真實性時，使用組合計數器模式（AES-CCM）。大多數 WSN 更傾向採用 AES-CCM 安全模式。

表 4.4　AES 的安全模式

| 安全模式 | 資料加密 | 資料認證 |
|---|---|---|
| 不安全 | 否 | 否 |
| AES-CBC-MAC-32/64/128 | 否 | 是 |

續表

| 安全模式 | 資料加密 | 資料認證 |
|---|---|---|
| AES-CTR | 是 | 否 |
| AES-CCM-32/64/128 | 是 | 是 |

　　輕量級加密是物聯網急需的安全技術。DESL[43]、Simon 和 Speck[44] 為典型的輕量級密碼，可以在 MAC 中使用，但與 AES 相比，它們並不是很受信任，還需要更多的研究工作。

# 4.2.3　網路層技術

　　星形、樹形和網狀拓撲結構是無線網路的基本結構。其中星形結構較為簡單，通訊路由也簡單，但其通訊的可靠性不高。其他兩種拓撲結構較複雜，通訊路由也較為複雜，可提供多條路由，因此提供了較高的通訊可靠性。網路層主要負責物聯網節點（或中斷）的尋址以及資料包的路由傳送。目前，有多種標準協議可供使用。

　　（1）IPv4

　　IPv4 是常用的網路層協議之一。其位址由 32 位組成，分為網路位址和主機位址兩部分。根據分配給網路位址和主機位址的位數，IPv4 標準形成五個不同的類別，即 A、B、C、D 和 E。由於只有 32 位，IPv4 最多可以處理 $2^{32}$ 個設備。因此，為了適應新設備，需要新版本推出。

　　（2）IPv6

　　IPv6 是 IPv4 的發展，有 128 位位址可用於分配，因此它消除了 IPv4 中有限位址的缺點。將具有 IEEE 802.15.4e（6TiSCH）的 TSCH 模式的 6LoWPAN 以及 IPv6 等標準進行修訂，則可以使其適用於物聯網。

　　1）6LoWPAN　6LoWPAN 是由 Internet 工程任務組（IETF）標準化了的網路層協議，特別適用於低功耗和小型設備[45]。智慧家居、智慧城市等許多應用都使用 6LoWPAN。它在 MAC 層上傳輸 IPv6 資料包。對於資源受限的應用，執行分段處理，將大的 IPv6 資料包分成較小的資料包，然後對這些資料包進行緩衝、轉發和處理。在接收節點處，需要以有序的方式組裝這些分段的分組來獲取正確的資料。但在該過程中也存在一些安全威脅[46]，可通過在每個幀中添加幀計數器和消息完整性代碼（MIC）來解決此問題。但是，如果攻擊者能夠獲取此資訊，則可以輕鬆破譯原始資料。

　　2）RPL 路由協議　由於節點的低功率要求，IETF 開發了基於 6LoWPAN 的 RPL（Routing protocol for low-power and lossy network，低功耗和有損網路

路由協議）協議，用於構建有效的路由並將資訊分發到每個節點。它支援各種流量類型，如點對點、點對多點和多點對點。RPL 是距離矢量路由協議，路由資訊記憶體為有向無圈圖（Directed Acyclic Graph，DAG），形成面向目的地的有向無圈圖（Destination Oriented Directed Acyclic Graph，DODAG）。DODAG 對路由分組提供一跳鄰居節點的資訊。基於該資訊，執行關於吞吐量、等待時間和負載的估計，並且選擇有效路由。

3）6TiSCH　6TiSCH（IPv6 over the time slotted channel hopping mode of IEEE 802.15.4e，6TiSCH）是 IETF 中出現的一個新協議，旨在將 IEEE802.15.4e 標準與 6LoWPAN 屬性互連。它主要關注抖動、延遲、可靠性、可擴展性和低功耗運行方面的性能改進。6TiSCH 架構顯示了如何記錄 IPv6 資料包及使用有限的資源進行路由[47]。它還涉及網路的安全問題和連結管理。

# 4.3　物聯網的無線通訊標準

各種無線通訊標準可用於物聯網應用，每種標準都有其自身的優勢。

## 4.3.1　超短距離通訊標準

超短距離通訊標準是為低成本和超短距離通訊而開發的技術。NFC（Near-field communication，近場通訊）和 RFID 是這些技術的範例。該標準應用廣泛，可用於醫療保健[48]、智慧環保[49]、資料交換和共享[50]、移動支付、票務和忠誠度評估[51]、娛樂[52]、社交網路[53]、教育等領域。

NFC 和 RFID 系統由標籤和閱讀器兩個主要組件構成。標籤有主動和被動兩種類型。NFC 和 RFID 之間的主要區別在於工作頻率範圍。NFC 在中頻頻段工作，而 RFID 在高頻頻段工作。

## 4.3.2　短距離和低資料速率的標準

大多數情況下，短距離低資料速率技術的標準使用 2.4GHz ISM 頻段進行無線通訊。下面介紹幾個物聯網中常用的標準，其中的 ZigBee 已在第 3 章進行了討論，在此不再贅述。

（1）藍牙

藍牙由 SIG（Bluetooth Special Interest Group，藍牙特別興趣小組）設計。之後被納入了 IEEE 802.15.1 標準。但是，SIG 僅管理現有標準中的規範控制並

增加新功能。藍牙工作在 2.4GHz ISM 頻段。為了避免共存干擾，藍牙應用跳頻擴頻（FHSS）技術，共有 79 個頻道，每個頻道的頻寬為 1MHz，採用時分雙工（TDD）進行通訊。通常，藍牙網路採用星形拓撲結構。根據通訊距離和發射功率可將藍牙分為了四類，如表 4.5 所示。最近推出了藍牙 5 的多個版本，其每個版本相比以前的版本增加了更多的功能。較新版本的藍牙低功耗（BLE）和藍牙 5 主要用於低功耗通訊和物聯網。

表 4.5　藍牙分類

| 藍牙分類（Bluetooth Class） | 通訊距離/m | 發射功率/mW |
| --- | --- | --- |
| 藍牙 1（Class 1） | 100 | 100 |
| 藍牙 2（Class 2） | 10 | 2.5 |
| 藍牙 3（Class 3） | 0.1 | 1 |
| 藍牙 4（Class 4） | 0.05 | 0.5 |

1）BLE　BLE[54]是藍牙 4 的一部分，專為低功耗應用而設計。它有兩種不同的實現模式，即單模式與雙模式。在單模式實現中，僅存在具有低功耗的單個協議棧，而在雙模式中，低功率特徵與經典藍牙集成。為了增大通訊距離，BLE 使用高斯頻移鍵控（GFSK）調變。為了優化功率利用，採用了諸如低波特率、較少頻道使用時間、縮短喚醒時間等技術。

2）藍牙 5　藍牙 5 提供了控制通訊距離、資料傳輸速率、分組長度或廣播消息容量等參數的規範[55]。在所提供的 40 個可用物理頻道中，37 個用於資料互動，其餘 3 個用於傳輸廣告資料包。隨著通訊距離的擴大和速率的提高，增強後的廣播消息的能力比以前的版本提高了 800%，使其成為物聯網應用的理想選擇。它還具有延長電池壽命以及與 WiFi 等其他網路共存的能力。此外，還引入了擴展性的廣告模式，以引入隨機接入廣告和有界的有效載荷傳輸能力[56]。

（2）Z-Wave

Z-Wave[57]由 ZenSys 公司開發，主要用於家庭自動化。它嚴格遵守 ITU-T G.9959 規範。通常其網路拓撲結構為網狀，與各種家用電器通訊。它提供的資料速率為 9～40Kbps，通訊距離長達 40m[58]；採用頻移鍵控（FSK）窄頻調變，歐洲的工作頻率為 868.42MHz，美國的工作頻率為 908.42MHz；採用 CSMA-CA 機制的低功率 MAC 協議。Z-Wave 的互操作層允許節點經由相鄰節點與網路中的任何其他節點交換資訊。網路控制器只能添加或刪除網路中的節點。每個網路都有唯一的網路 ID，只有那些具有相同網路 ID 的節點才能進行通訊。網路中的大多數節點保持睡眠狀態並且僅在執行特別功能時喚醒。

(3）EnOcean

EnOcean[59]是一種低功耗無線通訊系統，專為採集家庭電力自動化而設計。除感測器和開關外，它還包含微能量轉換器，有助於節點的無電池化。在建築物內部的通訊範圍可達 30m。EnOcean 設備使用隨機選擇的退避時段傳輸多個子資料包，以便無衝突地訪問媒體。這種方法將吞吐量降低到 30％以下，但增加了訪問媒體的成功率[60]。它通常使用長度為 14 字節的小資料包，並以 125Kbps 的資料速率進行傳輸。為了降低 RF 功率，僅對「1」進行傳輸。

(4）WirelessHART

WirelessHART[61]是基於高速可尋址遠端感測器（Highway Addressable Remote Transducer，HART）而設計的協議。它遵循 IEEE 802.15.4 標準並使用 2.4GHz ISM 無線電頻段。在 WirelessHART 中，由於使用了高級加密方法，使端到端和對等通訊更安全可靠。但是，當與一個或多個 WLAN 網路共存時，其丟包率較高[62]。

(5）DECT ULE

DECT ULE（Digital Enhanced Cordless Telecommunication Ultra Low Energy，超低功耗的數位增強型無繩通訊）是一種低功耗、低成本的空中介面技術，專為家庭自動化設計，具有各種控制和安全技術。DECT 採用 GFSK 調變，最大數據速率為 32kbit/s。ULE 使用星型網路拓撲，其中，中央控制設備被稱為所有節點連接的基礎。ULE 的室內通訊範圍為 50m，室外通訊範圍為 300m。為了擴展通訊範圍，可以使用中繼器。

歐洲、亞洲、澳洲和南美洲使用 1880～1900MHz 的專用無線電頻段，其頻率範圍為 1920～1930MHz，美國為 1.9GHz[63]。由於採用專用的頻道，它在擁塞、干擾和穩定性方面優於 ZigBee、Z-Wave、藍牙等。

# 4.3.3 WiFi 標準

WiFi 通常用於家庭、辦公室和工業等公共場所，並遵循 IEEE 802.11 標準中的規範，它易於使用並且可以輕鬆地與現有技術和物聯網設備集成。WiFi 使用 2.4GHz 和 5.6GHz ISM 頻段。表 4.6 中給出了 IEEE 802.11（a/b/g/n）中的各種標準。隨著每次標準的更新，頻寬利用率、資料速率和通訊範圍都會有所改進。

表 4.6　WiFi 標準

| IEEE 802.11 | a | b | g | n |
|---|---|---|---|---|
| 無線頻譜/GHz | 5.6 | 2.4 | 2.4 | 2.4 和 5.6 |
| 資料率/Mbps | 6～54 | 1～11 | 6～54 | 54～600 |
| 頻寬/MHz | 20 | 22 | 20 | 20～40 |
| 調變方式 | OFDM | DSSS | OFDM | MIMO-OFDM |
| 室內通訊範圍/m | 35 | 35 | 38 | 70 |
| 室外通訊範圍/m | 120 | 140 | 140 | 250 |

　　在 MAC 層，WiFi 使用 CSMA-CA 機制來避免衝突。為了降低功耗，占空比隨著睡眠時間的增加而變化。如果沒有適當控制，較高的睡眠時間可能導致資料包丟失。在文獻［64］中，提出了一種能量感知的深度睡眠方案。在該方案中，以較高機率給予低能量設備頻道接入。

　　由於低功耗設備大多數時間都使用通道，因此功耗降低了 70%。通過實施其他方法，如避免碰撞、功率控制和減少空閒監聽，可以降低總體功耗[65]。

　　對於物聯網，WiFi 在現有標準中增加了新的標準。IEEE 802.11s 是針對更複雜網路（如網狀和無線 ad hoc 網路）的 IEEE 802.11 的修訂協議。IEEE 802.11ah 也稱為 WiFi HaLow，專為物聯網和 WSN 而設計。它使用 900MHz 許可頻段，且需要的傳輸功率與藍牙相當，但其通訊距離比藍牙更長。最近，還為 WiFi 設計了更節能的 PHY 收發器。在 PHY 中對協議進行修訂有助於在亞千兆赫頻段內將無線通訊距離增加到 1km。另外，多跳路由、MAC 中的占空比調整也有助於減小功耗。

　　（1）IEEE 802.11ad

　　IEEE 802.11ad 使用無許可的 60GHz 頻段，可進行高達 7Gbps 的高速資料傳輸。它支援低功耗運行和高性能互操作性。由於高頻訊號無法穿透牆壁，因此通訊範圍非常有限，而採用波束成形，可以部分解決此限制，並且通訊範圍可以擴展到 10m。波束成形還通過頻率重用提供額外的安全性來提高通訊的保密性。最近，英特爾推出了採用 28 奈米技術的 27.8Gbps11.5pJ/b 60GHz 收發器[66]。它採用極化 MIMO 技術，實現了高能效的通訊。它的應用涉及電腦外圍設備的系統介面和 HDTV 與投影儀的顯示介面[67]。

　　（2）IEEE 802.11p

　　IEEE 802.11p 是用於車載通訊系統的 IEEE 802.11 的改進版本[68]。它支援

高速車輛到車輛和車輛到路邊基礎設施之間的資料通訊。由於此處使用的所有設備都是路邊或車載設備，因此不採用 IEEE 802.11 標準中的認證機制和資料機密性。另外，它使用 5.85～5.925GHz 的許可頻段，頻道頻寬為 10MHz。它支援的資料速率從 3～27Mbps 不等，而通訊範圍高達 1000m。它用於通行稅徵收、車輛安全服務和汽車貨物運輸等。

## 4.3.4　低功耗廣域網路標準

低功耗廣域網路（Low-Power Wide Area Networks，LPWAN）的標準主要有 LoRaWAN、Sigfox（已在第 3 章中進行了討論，在此不再贅述），以及 Weightless、DASH7。

（1）Weightless

Weightless 是 LPWAN 技術的集，處理基站和數千個節點之間的資料通訊。Weightless SIG 推出了三種不同配置的 LPWAN 標準：Weightless-W、Weightless-N 和 Weightless-P[69]。Weightless-W 在 TV（電視）白色空間的波段中工作並使用其傳播特性。Weightless 應用了各種調變方案，如 16-QAM 和 DBPSK，資料傳輸速率從 1Kbps 到 10Mbps 不等，在窄頻中執行向基站傳輸資料以降低功耗。由於電視白色空間不能用於共享訪問，因而 Weightless-SIG 也引入了其他兩種配置。

① Weightless-N 支援從終端設備到基站的單向通訊，因此它是最節能的 Weightless 標準，另外還使用 DBPSK 調變在 sub-GHz 頻段工作；

② Weightless-P 提供雙向通訊，12.5GHz 的頻道頻寬工作在 sub-GHz 頻段，以提供高達 100Kbps 的資料速率，採用 GMSK 和 QPSK 兩種調變方案以用於不同的場合。

（2）DASH7

DASH7 是開源 LPWAN 協議，源自 ISO/IEC 18000-7 標準，使用窄頻兩級 GFSK 調變，工作在低於 1GHz 頻寬。它採用低功耗喚醒機制來降低能耗，有助於將電池壽命延長到數年[70]。它的覆蓋範圍可達 2km，支援資料速率為 167Kbps。DASH7 主要採用樹形網路拓撲。為了減少延遲，終端設備定期監視下行鏈路傳輸，另外，採用前向糾錯和對稱密鑰密碼也增加了 DASH7 的安全功能。各種 LPWAN 技術的比較如表 4.7 所示。

表 4.7 各種 LPWAN 技術的比較

| LPWAN | 無線頻譜 | 資料率 | 頻寬 | 通訊範圍/km |
|---|---|---|---|---|
| LoRaWAN | 低於 1GHz | 300bps～37.5Kbps | (125,250,500)kHz | 15 |
| Sigfox | 低於 GHz | 100bps | 100Hz | 30 |
| Weightless-W | TV 空白區 | 1Kbps～10Mbps | 5MHz | 5 |
| Weightless-N | 低於 GHz | 100bps | 200Hz | 3 |
| Weightless-P | 低於 GHz | 100bps | 12.5kHz | 2 |
| DASH7 | 低於 GHz | 167Kbps | 25 或 200kHz | 5 |

## 4.3.5 行動網路通訊標準

目前行動網路通訊已演進到了第五代，2G/3G/4G/5G 均支援物聯網應用。NB-IoT 已在第 3 章中進行了較詳細的討論，5G 的虛擬化及其在物聯網中的應用將在下節討論。本小節主要介紹 4G、3GPP 等標準。

（1）4G 蜂巢式標準

第四代-長期演進 （Fourth generation-long term evolution，4G-LTE） 系統提供 50Mbps 的上行鏈路資料傳輸速率和 150Mbps 的下行鏈路資料傳輸速率，但其功耗與成本均高，而物聯網則需要低功耗和低成本。因此，在 3GPP 版本 12 中，為物聯網引入了新類別，即 Cat0，其上行鏈路和下行鏈路資料傳輸速率均限定為 1Mbps。雖然可以在相同的 LTE 頻段運行，但其頻寬降低到 1.4MHz。

（2）3GPP 蜂巢式標準系列

第三代合作夥伴計劃長期演進 （Third Generation Partnership Project Long-Term Evolution，3GPP LTE） 被視為物聯網應用的路線圖。3GPP 系列考慮了廣覆蓋、低成本、安全性、專用頻譜等主要要求。它提供各種解決方案來支援 M2M 應用，並通過 4G 寬頻網路［包括 UMTS （universal mobile telecommunication system）］為其提供充分支援。它還致力於 M2M 通訊和 5G 開發，著眼於未來的物聯網應用。在當前的 Release-13 標準化中，3GPP 提出了三個關鍵標準，這些標準將推動物聯網、M2M 通訊（見表 4.8）以及智慧電網、智慧家居、智慧城市等相關服務的發展。

表 4.8　3GPP 版本的比較

| 3GPP 版本 | eMTC | NB-IoT | EC-GSM-IoT |
|---|---|---|---|
| 上行鏈路速率 | 1Mbps | 250Kbps（多音頻）<br>20Kbps（單音頻） | 474Kbps（EDGE）<br>2Mbps（EGPRS2B） |
| 下行鏈路速率 | 1Mbps | 250Kbps | 474Kbps（EDGE）<br>2Mbps（EGPRS2B） |
| 頻寬 | 1.08MHz | 180kHz | 200kHz |
| 時延 | 10～15ms | 1.6～10s | 700ms～2s |
| 雙工模式 | 全或半雙工 | 半雙工 | 半雙工 |
| 傳輸功率/dBm | 20～23 | 20～23 | 23～33 |

1）eMTC　eMTC（Enhanced Machine Type Communication，增強的機器型通訊）[71]也被稱為 LTE Cat-M1 或 Cat-M，是在 3GPP Release-13 中提出的，旨在降低功耗、系統成本和複雜性。雖然可用頻寬為 1.4MHz，但 eMTC 設備的工作頻率為 1.08MHz，其餘的頻寬用作保護帶。窄頻通道有助於降低設備的成本和複雜性，同時可提供高達 1Mbps 的吞吐量。eMTC 裝置支援 23dBm 和 20dBm 兩個功率等級，採用擴展的不連續接收（extended discontinuous reception，eDRX）技術來降低功耗，若使用 5W·h 電池，其電池壽命長達 10 年。

2）EC-GSM-IoT　EC-GSM-IoT（Extended Coverage GSM for IoT，用於物聯網的擴展覆蓋的 GSM）是在 3GPP Release-13[71] 中提出的，用於使用增強型通用分組無線服務（eGPRS）來維持低能耗運行的更廣通訊範圍和更大通訊容量。它是在現有的 GSM 技術中引入了優化技術，以此增加通訊距離以及延長電池壽命。其增強支援擴展了不連續接收（eDRX）的標準化，可提高能效和 QoS。它使用兩種調變技術，即 8PSK 和 GMSK 來提供可變的資料傳輸速率。

# 4.4　物聯網的通訊協議

1.2.3 節簡要地介紹了一些常用標準，這些標準主要是由一些組織和機構提出的，其目的是促進和簡化物聯網應用者和服務提供商的工作。所提出的物聯網通訊協議可分為四大類，即應用協議、服務發現協議、基礎設施協議和其他協議，具體分類見表 1.3。

# 4.4.1　應用協議

（1）CoAP

IETF 的 CoRE 工作組創建了 CoAP，它是一個用於物聯網的應用層協議[72]。CoAP 在 HTTP 功能之上定義了基於 REST 的 Web 傳輸協議。CoAP 的系統架構如圖 4.6 所示。

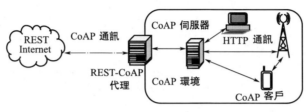

圖 4.6　CoAP 系統架構

REST 可以看作是一種可緩存的連接協議，它依賴於無狀態的客戶端－伺服器體系結構，用在移動和社交網路應用中，並通過使用 HTTP get、post、put 和 delete 方法消除歧義。REST 使客戶端和伺服器能夠公開並採用簡單對象訪問協議（Simple Object Access Protocol，SOAP）等 Web 服務。

與 REST 不同，CoAP 默認綁定到 UDP（而不是 TCP）上，使其更適合物聯網應用。此外，CoAP 還修改了一些 HTTP 功能以滿足物聯網需要要求，如低功耗或存在有損和噪音鏈路時的操作。由於 CoAP 是基於 REST 設計的，因此 REST-CoAP 代理中這兩個協議之間的轉換非常簡單。CoAP 旨在實現具有低功耗、低運算和通訊功能的微型設備利用 RESTful 進行互動。

CoAP 可以分為兩個子層，即消息傳遞子層和請求/響應子層。消息傳遞子層使用指數回退機制來檢測重複，並通過 UDP 傳輸層提供可靠的通訊。而請求/響應子層處理 REST 通訊。CoAP 採用了四種類型的消息：可確認（confirmable）、不可確認（non-confirmable）、重置（reset）和確認（acknowledgement）。CoAP 的可靠性通過可確認和不可確認消息的混合來實現。它還採用了四種響應模式，如圖 4.7 所示。當伺服器需要在回覆客戶端之前等待某個特定時段時，將使用單獨的響應模式。在 CoAP 的不可確認響應模式中，客戶端在不等待 ACK 消息的情況下發送資料，而消息 ID 用於檢測重複。當錯過消息或發生通訊問題時，伺服器端會使用 RST 消息進行響應。

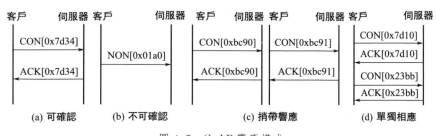

圖 4.7 CoAP 響應模式

與 HTTP 一樣，CoAP 利用 GET、PUT、POST 和 DELETE 等方法實現創建、檢索、更新和刪除（CRUD）操作。例如，伺服器可以通過 GET 方法使用搭載響應模式來查詢客戶端的溫度，然後客戶端發回溫度（如果存在）；否則，它會回覆一個狀態代碼，表明找不到所請求的資料。

CoAP 使用簡單的小格式來編碼消息。每條消息的第一部分或固定部分是四個字節的標題。接著是令牌值，其長度為 0～8 個字節。令牌值用於關聯請求和響應。選項和有效負載是下一個可選字段。典型的 CoAP 消息可以在 10～20 個字節之間。CoAP 的消息格式如圖 4.8 所示。

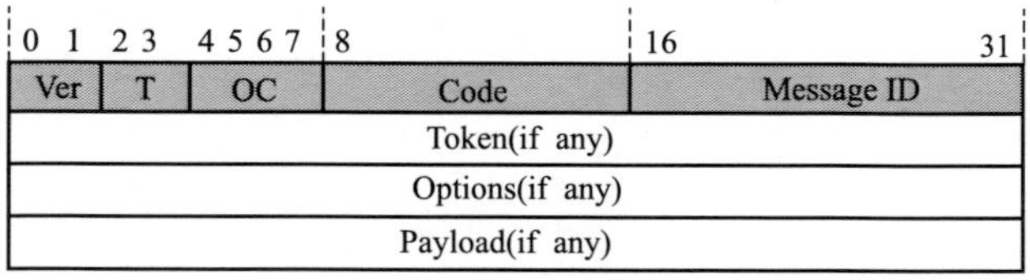

| 0 1 | 2 3 | 4 5 6 7 | 8 | 16 | 31 |
|---|---|---|---|---|---|
| Ver | T | OC | Code | Message ID | |
| Token(if any) | | | | | |
| Options(if any) | | | | | |
| Payload(if any) | | | | | |

圖 4.8 CoAP 消息格式

標題中的字段如下：Ver 是 CoAP 的版本，T 是 Transaction 的類型，OC 是 Option count，Code 代表請求方法（1～10）或響應代碼（40～255）。例如，GET、POST、PUT 和 DELETE 的代碼分別為 1、2、3 和 4。標頭中的 Transaction ID 是用於匹配響應的唯一標識符。

CoAP 提供的一些重要功能[72,73] 如下。

① 資源觀察（Resource observation） 按需訂閱以使發布/訂閱機制監視感興趣的資源。

② 分塊資源傳輸（Block-wise resource transport） 能夠在客戶端和伺服器之間交換收發器資料，而無須更新整個資料，以此減少通訊開銷。

③ 資源發現（Resource discovery） 伺服器根據 CoRE 連結格式的 Web 連結字段使用眾所周知的 URI 路徑，為客戶端提供資源發現。

④ 與 HTTP 互動（Interacting with HTTP） 靈活地與多個設備通訊，通用 REST 架構使 CoAP 能夠通過代理輕鬆地與 HTTP 進行互動。

⑤ 安全性（Security） CoAP 是一種安全協議，建立在資料報傳輸層安全性（datagram transport layer security，DTLS）的基礎上，保證了交換消息的完整性和機密性。

（2）MQTT

MQTT 旨在連接嵌入式的具有應用程式和中間件的設備與網路。連接操作使用路由機制，MQTT 目前已成為物聯網和 M2M 的最佳連接協議。

MQTT 利用發布/訂閱模式提供轉換的靈活性和實現的簡單性，如圖 4.9 所示。此外，MQTT 適用於不可靠或低頻寬鏈路的資源受限設備。MQTT 建立在 TCP 協議之上。它通過三個級別的 QoS 提供消息。

MQTT 有兩個主要規範：MQTT v3.1 和 MQTT-SN[74]（以前稱為 MQTT-S）V1.2。後者專門針對感測器網路定義，並定義了 MQTT 的 UDP 映射，添加了代理支援索引主題名稱。規範提供三個元素：連接語義、路由和端點。

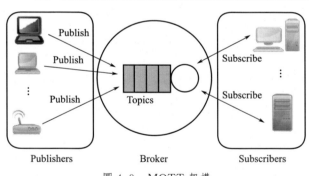

圖 4.9 MQTT 架構

MQTT 只包含三個組件，即訂閱者（Subscriber）、發布者（Publisher）和代理（Broker）。感興趣的設備將被註冊為特定主題的訂戶，以便在發布者發布感興趣的主題時由代理通知它。發布者充當有趣資料的生成者。發布者通過代理將資訊發送給感興趣的實體（訂閱者）。

此外，代理通過檢查發布者和訂閱者的授權來保障安全性。許多應用使用 MQTT，例如醫療保健、監控和智慧電表等。因此，MQTT 協議代表了物聯網和 M2M 通訊的理想消息傳遞協議，並且能夠為易受攻擊和低頻寬網

路中的小型、廉價、低功耗和低記憶體器設備提供路由。

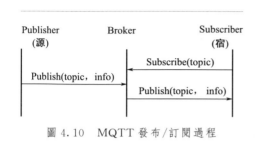

圖 4.10　MQTT 發布/訂閱過程

　　圖 4.10 給出了 MQTT 使用的發布/訂閱過程，圖 4.11 給出了 MQTT 協議使用的消息格式。消息的前兩個字節是固定的標頭。在此格式中，消息類型字段的值指示各種消息，包括 CONNECT（1）、CONNACK（2）、PUBLISH（3）、SUBSCRIBE（8）等。UDP 標誌表示消息是重複的，並且接收者之前可能已經接收過該消息。QoS 等級字段標識用於發布消息，以滿足 QoS 三個等級的服務品質。Retain 字段通知伺服器保留上次收到的發布消息，並將其作為第一條消息提交給新訂戶。剩餘長度字段顯示消息的剩餘長度，即可選部分的長度。

圖 4.11　MQTT 消息格式

（3）XMPP

　　可擴展消息傳遞和線上協議（Extensible Messaging and Presence Protocol，XMPP）是一種 IETF 即時消息（instant messaging，IM）標準，用於多方聊天、語音和影片呼叫以及遠端呈現[75]。XMPP 是由 Jabber 開源社區開發的，用於支援開放、安全、無垃圾郵件和分散的消息傳遞協議。XMPP 允許使用者通過在 Internet 上發送即時消息來相互通訊，獨立於操作系統。XMPP 允許 IM 應用實現身分驗證、訪問控制、隱私測量、逐跳和端到端加密，以及與其他協議的兼容性。圖 4.12 給出了 XMPP 協議的整體架構，其中閘道器可以在外部消息傳遞網路之間架起橋梁。

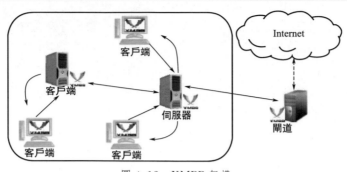

圖 4.12　XMPP 架構

XMPP 以分散的方式運行在各種基於 Internet 的平台上，使用 XML 節（stanzas）的流將客戶端連接到伺服器。XML 節表示一段代碼，它分為三個部分：消息（message）、呈現（presence）和 iq（資訊/查詢）（圖 4.13）。消息節標識使用 push 方法檢索資料的 XMPP 實體的源和目標位址、類型和 ID。消息節使用消息標題和內容填充主題和正文字段，呈現節顯示並通知客戶狀態更新為已授權，iq 節對消息發送者和接收者進行配對。

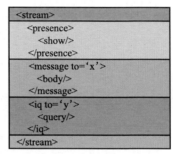

圖 4.13　XML 節的結構

（4）AMQP

高級消息隊列協議（Advanced Message Queuing Protocol，AMQP[76]）是用於物聯網的開放標準應用層協議，側重於面向消息的環境。它通過消息傳遞保證原語支援可靠的通訊，包括最多一次（at-most-once）、至少一次（at-least-once）和一次傳送（exactly once delivery）。AMQP 需要像 TCP 這樣的可靠傳輸協議來交換消息。

通過定義線級（wire-level）協議，AMQP 實現能夠彼此互操作。通訊由兩個主要組件處理：交換和消息隊列。交換用於將消息路由到適當的隊列。交換和消息隊列之間的路由基於一些預定義的規則和條件。消息可以記憶體在消息隊列中，然後發送給接收者。除了這種類型的點對點通訊，AMQP 還支援發布/訂閱通訊模型，如圖 4.14 所示。

AMQP 在其傳輸層之上定義了消息傳遞層，消息傳遞功能在此層處理。AMQP 定義了兩種類型的消息：由發送者提供的裸消息（Bare Message）和在接收者處看到的具有註釋的消息（Annotated Message）。圖 4.15 給出了 AMQP 的消息格式。此格式的標題傳達了交付參數，包括持久性（durability）、優先級（priority）、生存時間（time to live）、第一個收單方（first acquirer）和交付計數（delivery count）。

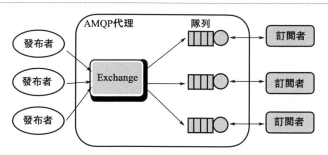

圖 4.14　AMQP 發布/訂閱過程

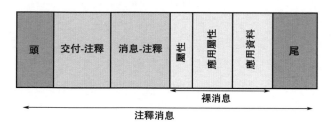

圖 4.15　AMQP 消息格式

　　傳輸層為消息傳遞層提供所需的擴展點。在該層中，通訊是面向框架的。AMQP 幀的結構如圖 4.16 所示。前四個字節表示幀大小。DOFF（Data Offset，資料偏移）給出了框架內的主體位置。類型字段指示框架的格式和用途。例如，0x00 用於表示幀是 AMQP 幀，類型代碼 0x01 表示 SASL 幀。

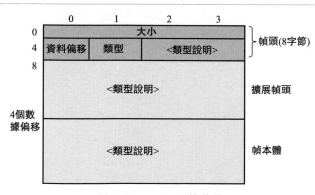

圖 4.16　AMQP 幀結構

## （5）DDS

　　資料分發服務（Data Distribution Service，DDS）是由對象管理組（Object Management Group，OMG）[77] 開發的用於即時 M2M 通訊的發布-訂閱協議。與

其他發布-訂閱應用程式協議（如 MQTT 或 AMQP）相比，DDS 依賴於無代理架構，並使用多播為其應用帶來優質的服務品質和提高可靠性。DDS 無須代理的發布-訂閱架構，非常適合物聯網和 M2M 通訊。DDS 支援 23 種 QoS 策略，通過這些策略，開發人員可以解決各種通訊標準問題，如安全性、緊急性、優先級，持久性和可靠性等。

DDS 架構定義了兩個層：以資料為中心的發布-訂閱（Data-Centric Publish-Subscribe，DCPS）和資料-局部重建層（Data-Local Reconstruction Layer，DL-RL）。DCPS 負責向訂戶提供資訊，而 DLRL 是可選層，用作 DCPS 功能的介面。它有助於在分布式對象之間共享分布式資料[78,79]。

五個實體涉及 DCPS 層中的資料流：

① 傳播資料的發布者；

② DataWriter，應用程式使用它與發布者互動，了解特定於給定類型的資料的值和更改，DataWriter 和 Publisher 的關聯表明應用程式將在提供的上下文中發布指定的資料；

③ 接收已發布資料並將其發送給應用程式的訂閱者；

④ 訂戶用來訪問接收資料的 DataReader；

⑤ 由資料類型和名稱標識構成的主題，主題將 DataWriter 與 DataReader 關聯。在 DDS 域內允許資料傳輸，DDS 域用於連接發布和訂閱應用程式的虛擬環境。圖 4.17 給出了該協議的架構。

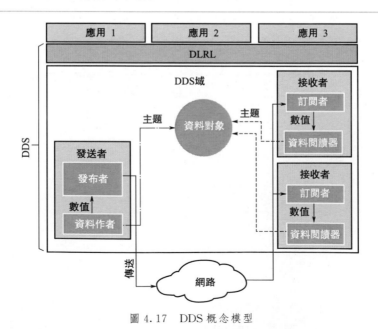

圖 4.17　DDS 概念模型

## 4.4.2 服務發現協議

物聯網的高可擴展性需要一種資源管理機制，能夠以自配置、高效和動態的方式註冊和發現資源和服務。主要的協議有多播 DNS（multicast DNS，mDNS）和 DNS 服務發現（DNS Service Discovery，DNS-SD），它們可以發現物聯網設備提供的資源和服務。

（1）mDNS

mDNS 的主要作用是對聊天等一些物聯網應用的基本服務進行名稱解析。mDNS 可以執行單播 DNS 伺服器的任務[80]。由於 DNS 命名空間在本地使用而無須額外費用或配置，因此 mDNS 非常靈活。mDNS 適合嵌入式基於 Internet 的設備選擇，因為它不需要手動重新配置或額外管理來管理設備，另外它還能夠在沒有基礎設施的情況下運行。如果基礎設施發生故障，它能夠繼續工作。

mDNS 通過向本地域中的所有節點發送 IP 多播消息來查詢名稱。通過該查詢，客戶端要求具有給定名稱的設備進行回覆。當目標主機收到其名稱時，會多播一條包含其 IP 位址的響應消息。網路中獲取響應消息的所有設備都使用給定的名稱和 IP 位址更新其本地緩存。

（2）DNS-SD

客戶端使用 mDNS 所需服務的配對功能稱為基於 DNS 的服務發現（DNS-based service discovery，DNS-SD）。使用此協議，客戶端可以通過使用標準 DNS 消息在特定網路中發現一組所需服務。圖 4.18 給出了該協議是如何工作的。DNS-SD 與 mDNS 一樣，可以在沒有外部管理或配置的情況下連接主機[81]。

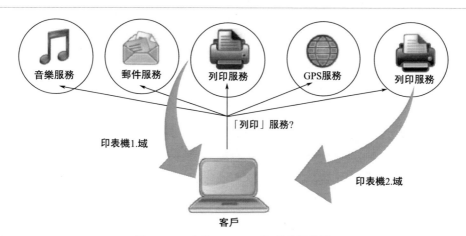

圖 4.18　通過 DNS-SD 發現列印服務

本質上，DNS-SD 利用 mDNS 通過 UDP 將 DNS 資料包發送到特定的多播位址。處理服務發現有兩個主要步驟：①查找所需服務的主機名，例如印表機，並使用 mDNS 將 IP 位址與主機名配對。查找主機名很重要，因為 IP 位址可能會更改，而名稱則不會。②配對功能將網路附件詳細資訊（如 IP）和端口號多播到每個相關主機。使用 DNS-SD，網路中的實例名稱可以盡可能保持不變，以增加信任和可靠性。

物聯網需要某種架構而不依賴於配置機制。在這樣的架構中，智慧設備可以加入或離開平台而不影響整個系統的行為。mDNS 和 DNS-SD 可以平滑這種開發方式。這兩個協議的主要缺點是需要緩存 DNS 條目，尤其是涉及資源受限的設備時。但是，對特定時間間隔的緩存進行計時並耗盡它可以解決此問題。

# 4.4.3 基礎設施協議

## (1) RPL

低功耗和有損網路（Routing Protocol for Low Power and Lossy Networks，RPL）的路由協議是其相關的工作組的 IETF 路由標準化協議，它是 IPv6 的鏈路無關的路由協議，用於資源受限節點，稱為 RPL[82,83]。創建 RPL 是通過在有損鏈路上構建健壯的拓撲來支援最小的路由要求。該路由協議支援簡單和複雜的流量模型，如多點對點、點對多點和點對點。

面向目標的有向無環圖（Destination Oriented Directed Acyclic Graph，DODAG）為 RPL 的核心演算法，它表示了節點的路由圖。DODAG 是指具有單根的有向無環圖，如圖 4.19 所示。DODAG 中的每個節點都知道其父節點，但它們沒有關於相關子節點的資訊。此外，RPL 為每個節點保留至少一個路徑到根節點，並且首選父節點來尋求更快的路徑以提高性能。

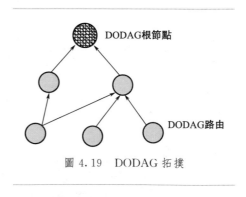

圖 4.19　DODAG 拓撲

為了維護路由拓撲並保持路由資訊的更新，RPL 使用四種類型的控制消息。最重要的消息是 DODAG 資訊對象（DODAG Information Object，DIO），用於保持節點的當前等級（級別），根據某些特定度量確定每個節點到根的距離，並選擇首選父路徑。另一種消息類型是目標廣告對象（Destination Advertisement Object，DAO）。RPL 使用 DAO 消息提供向上流量以及向下流量支援，通過 DAO 消息，它向所選父節點廣播目的地資訊。第三種消息類型是 DODAG 資訊請求（DODAG

Information Solicitation，DIS），節點使用該消息從可達的相鄰節點獲取 DIO 消息。最後一種消息類型是 DAO Acknowledgement（DAO-ACK），它是對 DAO 消息的響應，由 DAO 父節點或 DODAG 根[84]等 DAO 接收節點發送。

當根（由 DODAG 組成的唯一節點）開始使用 DIO 消息將其位置發送到所有低功耗有損網路（Low-power Lossy Network，LLN）級時，DODAG 開始構成。在每個級，接收方路由器為每個節點註冊父路徑和參與路徑。它們反過來傳播 DIO 消息，整個 DODAG 逐漸建立起來。構建 DODAG 時，路由器獲得的首選父節點是朝向根節點的默認路徑（向上路由）。根還可以記憶體由其 DIO 消息中的其他路由器的 DIO 獲得的目的地前綴以具有向上路由。為了支援向下路由，路由器應由父節點通過單播發送和傳播 DAO 消息。這些消息標識路由前綴的相應節點以及交叉路由。

RPL 路由器可在非記憶體和記憶體模式兩種操作模式（modes of operation，MOP）下工作。在非記憶體模式下，RPL 路由消息基於 IP 源路由向較低級別移動，而在記憶體模式下，向下路由基於目標 IPv6 位址。

（2）6LoWPAN

許多物聯網通訊可依賴的低功率無線個域網（Low power Wireless Personal Area Networks，WPAN）具有一些不同於以前鏈路層技術的特性，例如有限的分組大小（如 IEEE 802.15.4 最大 127 字節）、各種位址長度和低頻寬[85-87]。因此，需要構建適合 IPv6 資料包符合 IEEE 802.15.4 規範的適配層。IETF 6LoWPAN 工作組在 2007 年制定了這樣一個標準。6LoWPAN 是 IPv6 在低功率 WPAN 上所需的映射服務規範，用於維護 IPv6 網路。該標準提供報頭壓縮以減少傳輸開銷、碎片、滿足 IPv6 最大傳輸單元（Maximum Transmission Unit，MTU）要求，並轉發到鏈路層以支援多跳傳輸。

由 6LoWPAN 包裹的資料包後面跟著一些標題的組合。這些標題均由兩位標識構成，可分為四種類型：（00）NO6LoWPAN 標題，（01）Dispatch Header（調度標題），（10）Mesh Addressing（網格尋址）和（11）Fragmentation（分段）。通過 NO 6LoWPAN 標頭，丟棄不符合 6LoWPAN 規範的資料包。通過指定 Dispatch Header 來執行 IPv6 標頭或多播的壓縮。Mesh Addressing 標頭標識必須是轉發到鏈路層的那些 IEEE 802.15.4 資料包。對於長度超過單個 IEEE 802.15.4 幀的資料報，應使用 Fragmentation（分段）報頭。

6LoWPAN 消除了大量 IPv6 開銷，以便在最佳情況下可以通過單個 IEEE 802.15.4 跳發送小型 IPv6 資料報。它還可以將 IPv6 標頭壓縮為兩個字節。

（3）BLE

藍牙低功耗（Bluetooth Low-Energy，BLE）或藍牙智慧使用短距離無線技

術。與以前的藍牙協議版本相比，可以運行更長時間。它的覆蓋範圍（約100m）是傳統藍牙的 10 倍，而其延遲則縮短了 15 倍[88]。BLE 可以通過 0.01～10mW 的傳輸功率運行。因此，BLE 就是物聯網應用的理想選擇。與 ZigBee 相比，BLE 在能量消耗和每個傳輸比特的傳輸能量比方面更有效。

BLE 的網路堆棧為：在 BLE 堆棧的最低級別，有一個物理層，用於發送和接收資料流。在 PHY 上，提供鏈路層服務，包括介質訪問、連接建立、錯誤控制和流控制。然後，邏輯鏈路控制和適配協議（L2CAP）為資料頻道提供多路復用，為更大的分組提供分段和重組。其他上層是通用屬性協議（GATT），它提供感測器的高效資料收集以及通用訪問配置檔案（GAP），允許應用程式在不同模式下進行配置和操作，如廣告或掃描以及連接啟動和管理[89]。

BLE 允許設備在星型拓撲中作為主設備或從設備運行。對於發現機制，從設備通過一個或多個專用廣告頻道發送廣告。要被發現為從屬設備，主設備將掃描這些通道。除了兩個設備正在交換資料的時間外，其餘時間它們都處於睡眠模式。

(4) EPCglobal

電子產品代碼（The Electronic Product Code，EPC）主要用於辨識物品，是物品唯一的標識碼，記憶體在 RFID 標籤上。EPCglobal 作為負責 EPC 開發的原始組織，管理 EPC 和 RFID 技術和標準。它的底層架構使用基於互聯網的RFID 技術以及廉價的 RFID 標籤和閱讀器來共享產品資訊[90,91]。由於其開放性、可擴展性、互操作性和可靠性，在物聯網中得到廣泛應用。

EPC 分為四種類型：96bit、64bit（Ⅰ），64bit（Ⅱ）和 64bit（Ⅲ）。所有類型的 64 位 EPC 都支援大約 16000 家具有獨特身分的公司，涵蓋了 $1～9 \times 10^7$ 種類型的產品和每種類型的 3300 萬個序列號。96 位類型支援大約 2.68 億個具有獨特身分的公司、1600 萬個產品類別和每個類別 680 億個序列號。

RFID 系統可分為兩個主要部分：標籤和標籤閱讀器。標籤由兩個部分組成：用於記憶體對象唯一標識的晶片和射頻通訊的天線。閱讀器生成射頻場，以通過標籤的資訊辨識對象。RFID 通過使用無線電波將標籤的代碼發送到標籤閱讀器來工作，如圖 4.20 所示。閱讀器將該代碼傳遞稱為對象命名服務（Object-Naming Services，ONS）的特定電腦應用。ONS 從資料庫中查找標籤的詳細資訊。

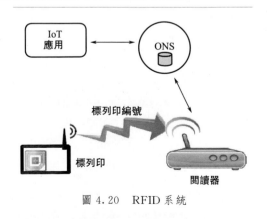

圖 4.20　RFID 系統

EPCglobal 系統可分為五個組件：EPC、ID 系統、EPC 中間件、發現服務和 EPC 資訊服務。EPC 作為對象的唯一編號，由四部分組成，如圖 4.21 所示。

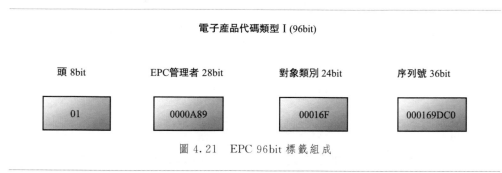

**電子產品代碼類型 I** (96bit)

| 頭 8bit | EPC管理者 28bit | 對象類別 24bit | 序列號 36bit |
|---|---|---|---|
| 01 | 0000A89 | 00016F | 000169DC0 |

圖 4.21　EPC 96bit 標籤組成

ID 系統通過中間件使用 EPC 閱讀器將 EPC 代碼連結到資料庫。發現服務是 EPCglobal 使用 ONS 通過標籤查找所需資料的機制。

2006 年中期推出的第二代 EPC 標籤（稱為 Gen 2 標籤）旨在覆蓋全球各種公司產品。Gen 2 標籤為第一代標籤（稱為無源 RFID）提供了更好的服務，這些標籤基於以下特性：異構對象下的互操作性，滿足所有要求的高性能、高可靠性以及廉價的標籤和閱讀器。

# 4.4.4　其他協議

除了定義物聯網應用操作框架的標準和協議之外，還應考慮安全性和互操作性等注意事項。

（1）安全

互聯網上使用的傳統安全協議無法保護物聯網的新功能和新機制。支援物聯網的新協議和體系結構導致了新的安全問題，在物聯網的所有層面，從應用層到基礎設施層，包括保護資源受限設備內的資料，都應考慮安全問題。

為了安全記憶體資料，Codo[92] 為檔案系統的安全提供了解決方案，它專為 Contiki OS 而設計。通過緩存用於批量加密和解密的資料，Codo 可以提高安全允許性能。在鏈路層，IEEE 802.15.4 安全協議提供了保護兩個相鄰設備之間通訊的機制[93]。在網路層，IPSec 是 IPv6 網路層的強制安全協議。考慮 6LoWPAN 網路中的多跳特性和大消息大小，IPSec 提供了比 IEEE 802.15.4 安全性更高效的通訊[94] 機制。由於 IPSec 在網路層工作，它可以服務於任何上層，包括 TCP 或 UDP 上的所有應用協議。另一方面，傳輸層安全性（Transport Layer Security，TLS）是眾所周知的安全協議，用於為 TCP 通訊提供安全傳輸層。其保護 UDP 通訊的對應版本稱為資料報 TLS（Datagram TLS，DTLS）。

在應用層，沒有太多安全解決方案，大多數依賴於傳輸層的安全協議，即 TLS 或 DTLS。支援加密和認證的解決方案的範例是 EventGuard[95] 和 QUIP[96]。因此，應用協議具有自身的安全因素和方法。文獻［97］使用 DTLS 和 CoAP 的壓縮版本提供了 Lithe for Secure CoAP。大多數 MQTT 安全解決方案是針對特定專案的，或者只是利用 TLS/SSL 協議。OASIS MQTT 安全小組委員會正致力於使用 MQTT 網路安全框架[98] 來保護 MQTT 消息傳遞的標準。XMPP 使用 TLS 協議來保護資料流。它還使用簡單身分驗證和安全層（SASL）協議的特定配置檔案來驗證流。AMQP 還使用 TLS 會話以及 SASL 協商來保護底層通訊。

除了物聯網通訊的加密和認證服務之外，6LoWPAN 網路內部和互聯網上的無線攻擊還可能存在一些其他漏洞。在這種情況下，需要入侵檢測系統（IDS）。

（2）互操作性（IEEE 1905.1）

物聯網環境中的各種設備依賴於不同的網路技術，因此需要互操作底層技術。IEEE 1905.1 標準是為融合數位家庭網路和異構技術而設計的[99]。它提供了一個抽象層，隱藏了如圖 4.22 所示的媒體訪問控制拓撲的多樣性，同時不需要改變底層。該協議提供了通用家庭網路技術的介面，因此資料鏈路層和物理層協議的組合包括 IEEE 1901 over the power lines、WiFi/IEEE 802.11 over RF band、Ethernet over duplex 或 fiber cable，且 MoCA 1.1 同軸電纜可以相互共存。

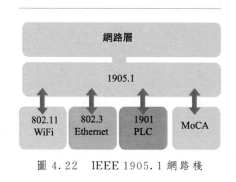

圖 4.22　IEEE 1905.1 網路棧

# 4.5　物聯網架構的安全

物聯網中的安全和隱私問題廣受關注[100]，並在不同層面給出了解決方案。Yang[101]等人從四個不同的角度分析了物聯網中的安全和隱私問題。首先，他們強調了在物聯網設備中應用安全性的侷限（如電池壽命、運算能力）以及為它們提出的解決方案（如為嵌入式系統設計的輕量級加密方案）；其次，他們總結了物聯網攻擊的分類（如物理、遠端、本地等）；第三，著重分析了為認證和授權目的而設計和實現的機制和體系結構；最後，分析了不同層（如物理、網路等）的安全問題。

Kumar[102]等人與 Vikas[103]等人解決了 3 層物聯網架構各層中的安全和隱

私問題[104]。他們調查了物聯網中存在的許多安全漏洞，發現這些漏洞源於無線感測器中使用的各種通訊技術和網路。

Bouij-Pasquier 等人[105]提出了授權訪問模型，並將其作為物聯網的安全框架，以確保僅控制訪問和授權合法使用者。

Fremantle 等人[106]回顧了為克服物聯網中間件安全問題而提出的挑戰和方法，其中大量現有系統從中間件框架繼承了安全屬性。根據眾所周知的安全和隱私威脅，作者分析和評估可用的中間件方法，並展示每種方法如何處理安全性，給出了確保物聯網中間件安全的一系列要求。

上述所有的研究與調查都是針對常見的諸如網路協議或中間件的物聯網的某些要素來審查物聯網安全性的。因此，需要評估商業化物聯網架構的安全特性來解決物聯網安全問題。下面將討論幾個典型的商業物聯網架構的安全性。

## 4.5.1 典型的商業物聯網架構

（1）AWS IoT

AWS 物聯網[107]是 Amazon 發布的物聯網雲端平台。該框架旨在讓智慧設備輕鬆連接，並與 AWS 雲端和其他連接設備進行安全互動。借助 AWS IoT，人們易於使用和利用各種 AWS 服務，如 Amazon DynamoDB[108]、Amazon S3[109]、Amazon Machine Learning[110]等。此外，AWS IoT 允許應用即使在脫機時也能與設備通訊。

AWS IoT 體系結構由四個主要組件組成：設備閘道器（Device Gateway）、規則引擎（Rules Engine）、註冊表（Registry）和設備遮蔽[111]（Device Shadow）。

設備閘道器充當連接設備和雲端服務之間的仲介，允許這些設備通過 MQTT 協議進行通訊和互動。此外，設備閘道器支援 WebSockets 和 HTTP 1.1 協議[112]。

設備閘道器與規則引擎相互合作。規則引擎處理傳入的已發布消息，然後通過 AWS Lambda[113]將其轉換並傳送到其他訂閱設備或 AWS 雲端服務以及非 AWS 服務，以進行進一步處理或分析。

無論設備類型、供應商或連接方式如何，註冊表單元都負責為每個連接的設備分配唯一的 ID。此外，它記憶體連接設備的元資料（如設備名稱、ID、屬性等），以便具有追蹤它們的能力。

AWS IoT 通過創建名為 Device Shadow（設備遮蔽）的虛擬映像來實例化每個連接的設備。這種遮蔽是持久的，並記憶體在雲端中，以便始終可用和訪問。

（2）ARM mbed IoT

ARM mbed IoT 是一個基於 ARM 微控制器的、為物聯網開發應用的平台[114]。它通過生態系統滿足構建物聯網獨立應用或網路應用的所有要求。

ARM mbed IoT 平台旨在通過集成 mbed 工具和服務、ARM 微控制器、mbed OS、mbed 設備連接器和 mbed Cloud，為物聯網設備提供可擴展的、可連接的和安全的環境。

ARM mbed IoT 平台的核心構建模組是 mbed OS、mbed 客戶端庫、mbed 雲端、mbed 設備連接器和基於 ARM 微控制器的硬體設備。mbed OS 為平台的支柱，它的架構有助於簡化並澄清 ARM mbed IoT 平台的架構。

ARM mbed OS[115]是一個開源和全棧操作系統，專為嵌入式設備而設計，特別是 ARM Cortext-M 微控制器。mbed OS 提供核心操作系統，包含簡化與硬體層連接的驅動程式、安全和設備管理功能、一套標準通訊協議以及用於集成和互動的多個 API。mbed OS 旨在與 mbed Device Connector、mbed Device Server 和 mbed Client 協同工作。它們共同構成了提供全面物聯網解決方案的平台。

mbed 設備介面層支援各種通訊協議，包括藍牙低功耗（BLE）、WiFi、以太網、ZigBee IP、6LoWPAN 等。TL S/DTL S 子層代表 mbed TLS 安全模組，並確保跨通訊頻道的端到端安全性。此外，架構中支援多種應用協議，如 CoAP、HTTP 和 MQTT。

mbed 客戶端庫是與架構中上層通訊的關鍵，它封裝了 mbed OS 功能的一個子集，以便能夠將物理設備連接到 mbed 設備連接器服務。

mbed Cloud[116]是用於管理物聯網設備的軟體［即服務（SaaS）］的解決方案。mbed Cloud 允許使用者安全地更新、配置和連接設備。它旨在提供加密模組、受信任區域、密鑰管理等方面的所有安全保障。

mbed IoT 架構的頂層是第三方應用。開發人員可以實施各種 Web 和智慧應用，通過 REST API 管理雲端連接的物聯網設備。

（3）Azure IoT 套件

微軟發布的 Azure IoT Suite[117]是由一組服務組成的平台，這些服務使最終使用者能夠與物聯網設備進行互動，從中接收資料，對資料執行各種操作（如聚合、多維分析、轉換等），並以合適的方式將其視覺化以用於商業。

圖 4.23 為 Azure IoT 架構的框圖[118]。物聯網設備通過預定義的雲端閘道器與 Azure 雲端進行互動。來自這些設備的傳入資料記憶體在雲端中，以便通過 Azure 雲端服務（如 Azure 機器學習和 Azure 流分析）進行進一步處理和分析，或立即提供給某

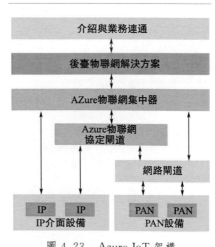

圖 4.23　Azure IoT 架構

些服務以進行即時分析。

Azure IoT Hub[119]是一種 Web 服務，它支援設備和雲端後端服務之間的雙向通訊，同時考慮到所有安全要求。Azure IoT 中心具有標識註冊表，用於保存每個設備的身分和身分驗證相關資訊。此外，它還具有設備身分管理單元，用於管理所有已連接和已驗證的設備。

常見的物聯網設備有支援 IP 和 PAN 兩類。具有 IP 功能的設備能夠通過規定的通訊協議直接與 Azure IoT Hub 進行通訊[120]。Azure IoT Hub 本身支援通過 AMQP、MQTT 或 HTTP 協議進行通訊。Azure IoT 協議閘道器[121]可以支援其他協議。閘道器允許協議適配。協議閘道器使用 MQTT/AMQP 協議直接與 Azure IoT Hub 進行通訊，同時，它也適用於根據所連接的設備規範支援各種通訊協議。

現場閘道器只是 PAN（個人區域網路）設備的聚合點。由於這些受限設備沒有足夠的容量來運行安全的 HTTP 會話，因此它們將資料發送到現場閘道器，以便將其安全地聚合、記憶體並轉發到 Azure IoT Hub。

物聯網解決方案後端層代表了廣泛的 Azure 雲端服務[122]（如 Azure 機器學習、Azure 流分析等）。

Azure IoT 架構的頂層是表示層。使用者顯示他們的資料，同時也提供商業智慧（BI）服務[123]。

（4）Brillo/Weave

Brillo/Weave 平台由 Google 發布，用於快速實施物聯網應用。該平台由兩個主要骨架組成：Brillo 和 Weave[124,125]。Brillo 是一個基於 android 的操作系統，用於開發嵌入式低功耗設備，而 Weave 則充當互動和消息傳遞的通訊外殼。

Weave 的主要作用是通過雲端註冊設備並發送/接收遠端命令。兩個組件相互補充，共同構成物聯網框架。

Brillo/Weave 主要針對智慧家居，並擴展以支援通用物聯網設備。

圖 4.24 所示為 Brillo/Weave 架構，其包括分屬 Brillo 和 Weave 的兩個子架構。

Brillo 是基於 Android 堆棧的輕量級嵌入式操作系統，完全採用 C/

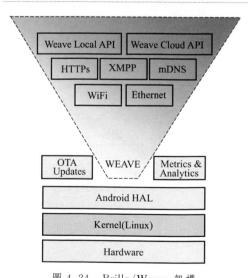

圖 4.24　Brillo/Weave 架構

C++編程語言實現，不支援任何 Java 框架或運行。

底層代表物聯網設備的平台。內核層位於硬體層的頂部，它基於 Linux，負責提供管理系統資源、進程調度、在需要時與外部設備通訊等基本架構模型。此外，它還提供驅動程式和庫，以通過物理設備控制顯示器、攝影頭、電源、WiFi、鍵盤和其他資源。android HAL（硬體抽象層）是一個中間件，它彌補了硬體和軟體之間的差距。它允許 android 應用通過處理內核和基於 android 的主要層之間的系統調用，來與硬體特定的設備驅動程式進行通訊。在體系結構中沒有顯示，Brillo 使用 Binder IPC 機制[126]與應用程式框架中的 android 系統服務進行互動。

OTA 更新組件是一種無線服務[127]，旨在通過無線方式批量安裝和更新軟體版本。底層設備與 OTA 伺服器進行定期檢查以進行更新。此外，一旦有可用的新更新，OTA 伺服器就會通知所有連接的設備。

雖然 Brillo 代表了這種架構的低級別部分（OS），但 Weave 是高級別的。它是一套協議和 API 的通訊套件，可讓智慧型手機、物聯網設備和雲端相互通訊。此外，它還提供認證、發現、配置和互動服務。實際上，Weave 遵循 JSON 格式。如前所述，Weave 模組作為 Brillo 架構中頂層的重要組成部分被加裝到 Brillo OS 中。Weave 可直接連接也可通過雲端連接設備的功能，為使用者體驗添加了一項關鍵功能。這是通過在所有 Brillo 驅動的設備（Weave）之間暴露一種通用語言來實現的。此外，Weave 作為智慧型手機的移動 SDK 和基於雲端的 Web 服務而存在。Mobile SDK 可在 Android 或 iOS 手機上運行，以便將移動應用連接到 Brillo 支援的物聯網設備。建立連接後，移動應用可以使用本地 API（如果它們位於同一網路中），也可以使用雲端 API 來控制和管理連接的物聯網設備。Weave 支援多種通訊和應用協議。

最後三層代表操作系統，而頂層包括由 OTA 更新、組織、度量和分析服務組成的核心服務。

（5）Calvin

Calvin 是愛立信（Ericsson）發布的開源物聯網平台[128]，旨在構建和管理分布式應用，使設備能夠相互通訊。Calvin 是一個框架，它基於流運算（Flow based Computing，FBP）。FBP 開發方法將應用程式視為異步進程的網路，通過將消息作為結構化資料塊（稱為資訊包）傳遞來進行通訊。

圖 4.25 給出了 Calvin 的架構。兩個底層構成運行環境基礎。基礎層代表硬體或物理設備，

圖 4.25　Calvin 架構

OS 層為封裝硬體公開的操作系統。頂部為 Calvin 的平台相關運行層。該層處理不同運行環境（如物聯網設備）之間的所有類型的通訊。此外，該層提供硬體功能的抽象（如 I/O 操作），支援多種傳輸層協議（如 WiFi、BT、i2c），並以統一的方式向平台獨立的運行層呈現平台特定的功能，如感測器和執行器，它位於平台相關的運行層之上。獨立於平台的運行層充當 actor 的介面，可以將運行配置為根據 actor 是否是應用程式的一部分來授予對不同資源的訪問權限。參與者根據定義以異步和自主方式執行。它們還可以封裝協議，如 REST 或 SQL 查詢，以及特定於設備的 I/O 功能。actor 之間沒有指定連接，因為它們是邏輯的，並且由不同的運行動態處理。

　　Proxy Actors[129] 是 Calvin 為使用者帶來的重要功能之一。使用此屬性，基於 Calvin 的應用可以使用非 Calvin 應用程式進行擴展和運行。Proxy Actors 通過處理通訊和執行將資料轉換為兩個系統都能理解的消息或令牌的任務，將不同系統集成為一個系統。

　　（6）HomeKit

　　HomeKit 是 Apple 發布的物聯網框架[130]，是專用於家庭連接的物聯網設備的平台。HomeKit 架構的核心組件包括 HomeKit 配置資料庫、HomeKit 附件協議（HomeKit Accessory Protocol，HAP）、HomeKit API 和 HomeKit 使能設備。

　　圖 4.26 為簡化了的 HomeKit 架構。物聯網設備（附件）位於基礎層（底層）。但是，並非所有家庭連接的物聯網設備都可以直接與 HomeKit 平台集成，它們應滿足某些條件（如硬體規範）。不滿足 HomeKit 條件的仍然可以使用名為 Bridges 的中間設備連接到 HomeKit 平台。HomeKit Bridges 是在 iOS 應用和不支援 HomeKit 協議的家庭自動化設備之間充當代理閘道器。

　　對於 HomeKit 的 HAP 來說，

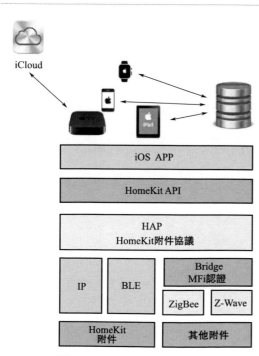

圖 4.26　HomeKit 簡化架構

架構的主幹是 HAP 層。HAP 是通過 HTTP 映射的專有協議，利用 Bonjour 架構[131]（Bonjour 是用於網路目的的 Apple 框架），實現了許多功能，包括服務發現、位址分配和主機名解析。JAP 格式在 HAP 中用於在 iOS 應用程式和 HomeKit 兼容設備之間交換消息。

HomeKit API 層負責為第三方開發人員提供介面，以簡化智慧應用的開發並隱藏底層的複雜性。

應用層位於架構的頂部，通過 iCloud[132] 同步共享資料庫中記憶體的資料，為共享同一帳戶的所有 Apple 設備提供一致的使用者介面。

通過 tvOS 10[133]，Apple 將 HomeKit 框架引入 tvOS，擴展了 Apple TV 和 HomeKit 的功能。Apple TV 能夠運行使用者家中設置的所有家庭自動化。Apple TV 還支援為共享使用者提供附加控件的功能，使任何使用者都可以通過 Apple Id 邀請他人共享對設備的控制及管理訪問權限，更改主目錄中的配置，根據需要添加或刪除設備。

（7）Kura

Kura 是一個 Eclipse IoT 專案，旨在為運行 M2M 應用的物聯網閘道器提供基於 Java/OSGi 的框架[134,135]。Kura 提供了一個平台，用於管理物聯網設備的本地網路與公共互聯網或蜂巢式網路之間的互動。與其他框架類似，Kura 通過提供允許順利訪問和管理底層硬體的 API，將開發人員與硬體、網路子系統的複雜性以及重新定義現有軟體組件的開發進行抽象和隔離。

圖 4.27 給出了 Kura 架構框圖。Kura 只能安裝在基於 Linux 的設備上，並提供可遠端管理的系統，包括所有核心服務和用於訪問閘道器自身硬體的設備抽象層[136]。

設備抽象層允許開發人員通過使用 OSGi 服務抽象硬體來訪問許多設備，以進行串行、USB 和藍牙通訊。通過 GPIO、I2C 或 PWM 連接設備的通訊 API 將允許系統集成商將自定義硬體作為閘道器的一部分[137]。

Gateway Basic Services（基本閘道器服務）層為應用提供可配置的 OSGi 服務，以便與基本閘道器功能進行互動。這些服務包括看門狗、時鐘、GPS 位置、嵌入式資料庫、進程和設備配置檔案。

此外，網路管理層提供可配置的 OSGi 服務，以訪問當前網路配置並對其進行管理（如 DHCP、NAT、DNS 等）。它與 Linux 系統互動以配置網路介面，包括 WiFi 接入點和 PPP 連接。

此外，連接和交付層簡化了與遠端雲端伺服器互動的遙測 M2M 應用開發[138]。

遠端管理層的功能包括遠端配置、遠端軟體更新、遠端系統命令、遠端日誌檢索、設備診斷服務和遠端 VPN 訪問。管理 GUI 提供用於訪問此類服務的

介面。

(8) 智慧體

智慧體（Smart Things）是三星發布的用於開發物聯網應用程式的平台，它主要致力於智慧家居，開發人員可以在其中實施允許使用者通過智慧型手機管理和控制家用電器的應用[139]。

圖4.28所示為智慧體架構，智慧體生態系統包括智慧體雲端後端、智慧體集線器/家庭控制器、智慧體移動客戶端應用（好友應用）和物聯網設備（Smart Devices）四種組件。

集線器（家庭控制器）充當物聯網設備和雲端服務之間的閘道器。它直接連接到 Internet，支援多種通訊協議，包括 ZigBee、Z-Wave、WiFi 和 BLE。智慧體集線器能夠

圖4.27 Kura架構

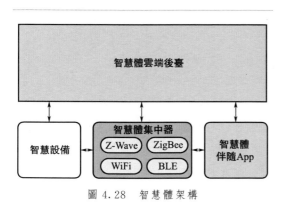

圖4.28 智慧體架構

在本地執行某些功能，而無須連接到雲端後端。一旦集線器上線，事件仍然需要發送到雲端，以反映家庭的當前狀態並執行其他基於雲端的服務。所有連接方之間的通訊使用 SSL/TLS 協議加密。

Smart Devices 可以通過 WiFi/IP 協議進行連接。此功能允許這些設備繞過閘道器並直接連接到 Smart Things 雲端。每個 Smart Device 屬於以下一個或多個類別：①集線器連接；②LAN連接；③雲端連接[140]。

Smart Apps 和 Smart Devices 之間有兩種通訊方式：①方法調用，Smart Apps 可以通過 Smart Devices 執行和操作；②事件訂閱，Smart Apps 可以訂閱由其他 Smart Apps 或 Smart Devices 生成的事件。

Smart Things 雲端[141] 連接管理層負責維護連接的設備（如集線器）和雲端服務之間的持久、安全連接。設備類型處理程式層通過為每種類型的 Smart Devices 維護實例或虛擬映像來簡化可擴展性。最終使用者通過託管在雲端中的實例間接與物理 Smart Devices 互動。Smart Things 雲端有兩個重要功能：①在封閉的源環境中託管和運行 Smart Apps；②運行物理智慧設備的虛擬映像，即提供抽象和智慧層以及支援應用層的 Web 服務。

## 4.5.2 典型的商業物聯網架構的安全功能

### （1）AWS IoT 的安全功能

Amazon 利用了 AWS IoT 的多層安全架構，其安全性應用於技術堆棧的每個層級。其安全機制是基於將 Message Broker（消息代理）服務與安全性和身分服務組合的，如圖 4.29 所示。提供的功能如下。

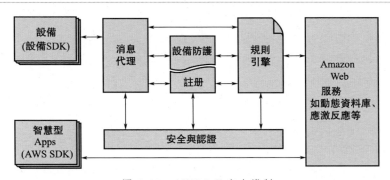

圖 4.29　AWS IoT 安全機制

1）認證　要將新的 IoT 設備連接到 AWS IoT Cloud，必須對設備進行認證。AWS IoT 支援所有連接點的相互認證，因此始終知道傳輸資料的來源。通常，AWS IoT 提供三種認證方法。

① X.509 證書[142]；

② AWS IAM 使用者、組和角色[143]；

③ AWS Cognito 身分[144]。

AWS IoT 中用於認證的最常用技術是 X.509 證書。它們是數位證書，取決於公鑰加密，應由證書頒發機構（certification authority，CA）的可信方頒發。其中，AWS IoT 雲端中的安全和身分單元具有 CA 功能。這些證書是基於 SSL/TLS 的，以確保安全認證。利用 SSL/TLS 協議中的認證模式，AWS IoT 通過向客戶端詢問其 ID（例如 AWS 帳戶）以及相應的 X.509 證書來驗證任何對象的證書，以檢查證書註冊表的有效性。然後，AWS IoT 要求客戶端證明證書中

提供的公鑰的私鑰的所有權。使用者可以使用自己的首選 CA 頒發的證書，但是必須在註冊表中註冊此證書。

發送到 AWS IoT 的 HTTP 和 WebSockets 請求使用 AWS 身分和訪問管理（AWS IAM）[145] 或 AWS Cognito[146] 進行認證，兩者都支援 AWS 認證，被稱為 AWS 簽名版本 4（SigV4）[147]。對於 HTTP 協議，可以選擇使用其中一種方法進行認證，但使用 MQTT 僅需要使用 X509 證書進行身分驗證。相反，使用 WebSockets 的連接僅限於使用 SigV4 進行身分驗證。

總而言之，連接到 AWS IoT 的每個 IoT 設備都使用最終使用者選擇的討論方法之一進行認證。消息代理負責對使用者帳戶中的所有操作進行認證和授權。特別是，它負責對所有連接的設備進行認證，安全地提取設備資料，並遵守使用者使用策略在其設備上應用訪問權限。

2）授權和訪問控制　AWS IoT 中的授權過程基於策略，可以通過將規則和策略映射到每個證書或應用 IAM 策略來應用它。這意味著只有這些規則中指定的設備或應用才能訪問此證書所屬的設備，可以通過使用規則引擎來確保，因為通過 AWS IoT 進行的通訊遵循最小特權原則。規則引擎負責利用 AWS 訪問管理系統，根據預定義的規則/策略，安全地訪問資料並將資料傳輸到最終目的地。因此，雲端連接設備的所有者可以在規則引擎中編寫一些規則，以授權某些設備或應用訪問其設備並阻止其他設備。AWS 策略或 IAM 策略的使用提供了對自己設備的完全控制，並規定了其他人訪問其功能並對其執行操作的權利[148]。

3）安全通訊　進出 AWS IoT 的所有流量都通過 SSL/TLS 協議加密。TLS 用於確保 AWS IoT 支援的應用協議（如 MQTT、HTTP）的機密性。對於這兩種協議，TLS 都會加密設備和 Message Broker 之間的連接。AWS IoT 支援許多 TLS 密碼套件，包括 ECDHE-ECDSA-AES128-GCM-SHA256、AES128-GCM-SHA256、AES256-GCM-SHA384 等。此外，AWS IoT 支援 Forward Secrecy（前瞻性保密），這是安全通訊協議的屬性，其中折中的長期密鑰不會影響臨時會話密鑰。

另外，AWS IoT 雲端為每個合法使用者分配一個私有主目錄。使用對稱密鑰（如 AES128）加密、記憶體所有私有資料。

（2）ARM mbed IoT 的安全功能

mbed IoT 平台的安全架構應用於三個不同的層次：

① 設備本身（作為硬體和 mbed OS）；

② 頻道；

③ 在設備管理、固件更新等方面開發嵌入式和智慧應用的生命週期。

　　圖 4.30 所示為 ARM mbed IoT 安全架構[149]。核心組件包括：

　　① mbed uVisor[150] 設備端安全解決方案，能夠將各種軟體與其他軟體和操作系統隔離開來。

　　② mbed TLS[151] 用於保護通訊、機密性和驗證目的。

　　上述安全組件提供以下安全屬性。

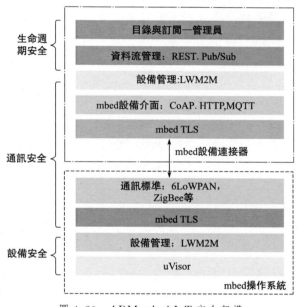

圖 4.30　ARM mbed IoT 安全架構

　　1）認證　ARM mbed IoT 通過 mbed TLS 軟體模組提供各種加密標準、密鑰交換機制、基於證書的簽名以及對稱的公鑰/私鑰加密。

　　2）授權和訪問控制　Arm mbed IoT 設備支援多道程式設計，因此記憶體不是一個不受保護的空間，它被組織成分區塊，從而產生良好的安全等級。因此，為了控制對資源的訪問並保持授權級別，mbed IoT 平台在擁有 MPU 和 uVisor 組件方面依賴於 ARMv7-M 的架構。

　　記憶體保護單元（Memory Protection Unit，MPU）是一個硬體模組，用於強制執行記憶體隔離。uVisor 是一個獨立的軟體管理程式，它代表了 mbed OS 安全體系結構內核的基礎。它充當沙箱並使用 MPU 在微控制器（Cortext-M3、M4 或 M7）內強制實施隔離的安全域，形成隔離域保護系統的敏感部分，各部分位於記憶體器的不同部位。換句話說，應用程式將由一些非交叉部分組成，攻擊任何部分都不會影響其他部分。此外，在系統的某些部分中存在任何錯誤或安全漏洞並不會威脅到其他部分。

總之，uVisor 通過將記憶體分為基於 MPU 的不安全（公共）和安全（私有）記憶體空間來保護在 Cortex-M3、Cortex-M4 和 Cortex-M7 處理器上運行的軟體。

3）安全通訊　通過實施 TLS/DTLS 協議，確保通訊頻道中所有相關方之間端到端的安全性。它是確保所有通訊安全的基石。

在 mbed OS 中，mbed TLS 通過支援傳輸層安全性（TLS）和相關的 Datagram TLS（DTLS）協議，提供安全機制以保護通訊，可防止竊聽、篡改和消息偽造及確保完整性。

mbed TLS 還包括各種流行加密原語的軟體實現、安全密鑰管理、證書處理和其他加密功能。此外，ARM 還受益於某些微控制器中的硬體加密模組，以加密敏感資料部分。

（3）Azure IoT 的安全功能

Azure IoT 利用 Azure 平台內置的安全性和隱私，並通過安全開發生命週期（Development Lifecycle，SDL[152]）和運行安全保障（Operational Security Assurance，OSA[153]）流程，實現所有 Microsoft 軟體的安全開發和操作。在 Azure IoT 架構中，安全性嵌入到每個層中，並在生態系統的每個組件中實施。提供的安全功能如下。

1）認證　為了在 IoT 設備和 Azure IoT Hub 之間建立連接，需要進行相互認證。傳輸層安全性（TLS）協議用於加密握手過程。通過向目標物聯網設備發送 X.509 證書的身分證明來驗證雲端服務。Azure IoT 在部署時為每個設備發出唯一的設備標識密鑰。然後，設備通過發送包含 HMAC-SHA256 簽名字串的令牌向 Azure IoT Hub 驗證自身，該簽名字串是生成的密鑰和使用者選擇的設備 ID 的組合。

2）授權和訪問控制　Azure IoT 利用 Azure Active Directory（AAD)[154]的優勢，為記憶體在雲端中的資料提供基於策略的授權模型，從而實現輕鬆訪問、管理和審計。此模型還可以近乎即時撤銷對記憶體在雲端中的資料以及連接的 IoT 設備的訪問。Azure IoT Hub 標識一組訪問控制規則，以授予或拒絕對物聯網設備或智慧應用程式的訪問權限。系統級授權使訪問憑據和權限幾乎可以立即撤銷。因此，訪問控制策略包括激活和取消激活任何物聯網設備的身分。

3）安全通訊　SSL/TLS 協議用於加密通訊並確保資料的完整性和機密性。Azure IoT Hub 中的身分註冊表提供設備和安全密鑰身分的安全記憶體。此外，資料記憶體在 DocumentDB[155]或 SQL 資料庫中，確保了高度的隱私。

（4）Brillo/Weave 的安全功能

安全啟動、簽名無線更新、操作系統級的及時補丁以及 SSL/TLS 的使用都

是 Brillo/Weave 框架安全架構的構建模組。其安全功能包括：

1）認證　Weave 主要功能是發現、提供和驗證設備和使用者。OAuth 2.0 協議和數位證書用於身分驗證。無論使用者選擇的支援 Weave 的雲端伺服器如何，Google 都會提供身分驗證伺服器。

2）授權和訪問控制　Linux 內核確保訪問控制權。SELinux（安全增強型 Linux）模組負責確保訪問控制安全策略，其中物聯網設備的所有者可以根據需要應用多級訪問控制。通過為每個使用者或使用者組分配實際權限（讀取、執行、寫入）來執行訪問控制。同樣，由於此 IoT 框架是基於 Linux 的，因此應用了關於 UID（使用者 ID）和 GID（組 ID）的沙盒技術。它提供了一種增強的機制，可根據每個配置檔案的機密性和完整性要求強制執行資訊分離。

3）安全通訊　通過 Weave 提供安全通訊，通過 SSL/TLS 協議提供鏈路級安全性。此外，Linux 內核支援保存資料的完整磁盤加密。Brillo 依賴於可信執行環境（TEE）和安全啟動來保護在物聯網內部加載的代碼和資料，並保護機密性。TEE 的可用性提供了連接設備硬體支援的密鑰記憶體/ketmaster[156]。

（5）Calvin 的安全功能

Calvin 平台使用各種技術在不同層面應用安全措施[157]，包括：

1）認證　可以通過三種不同方式對使用者進行認證。第一種是通過本機進行認證，其中使用者名和密碼的哈希值記憶體在同一臺機器的目錄的 JSON 檔案中。可以通過比較輸入和記憶體的記錄的哈希值來進行認證。第二種是使用外部機器，它充當認證伺服器並代表相應的運行來執行認證。第三種是使用 RADIUS 伺服器認證使用者名和密碼，並使用主題屬性進行回覆。

2）授權和訪問控制　僅通過本地或外部過程支援授權。在本地授權中，策略記憶體在同一臺機器的目錄的 JSON 檔案中，而外部授權需使用另一臺機器在運行時充當授權伺服器。使用外部授權時，需要 X.509 標準形式的數位證書來驗證包含授權請求/響應的簽名 JSON Web 令牌。授權過程必須在成功驗證後完成，因為它將返回的主題屬性用作輸入。通過基於屬性的配置檔案為某個 actor 或實體激活訪問控制。添加其值為屬性的要素意味著在 Calvin 框架中激活此功能。據我們所知，Calvin 框架中既沒有沙盒又沒有提供虛擬化技術，因為愛立信沒有維護自己的雲端基礎架構。

3）安全通訊　物聯網設備可以相互互動或與智慧應用互動。它們通過短距離無線電協議連接到 M2M 閘道器。設備和閘道器與移動網路集成以訪問雲端。最終使用者與雲端進行通訊，並探索他們授權訪問的不同物聯網設備的各種資訊。物聯網設備無法通過 M2M 閘道器連接到雲端，無須執行身分驗證和授權過程。由於 M2M 閘道器沒有用於輸入使用者名和密碼的使用者介面，因此 Calvin

依賴移動網路並利用其功能。所有 M2M 閘道器都注入 SIM 卡，並通過其基於 SIM 的身分使用 3GPP 標準化通用引導架構（Generic Bootstrapping Architecture，GBA）向雲端服務進行身分驗證。可以使用 TLS/DTLS 協議來保護發送/接收的資料。橢圓曲線密碼（Elliptic Curve Cryptographic，ECC）演算法作為 TLS 套件的一部分實現，用於加密通訊和提供數位簽名，因為與其他協議（如 RSA）相比，它產生有限的開銷。Calvin 框架可以與任何公共雲端系統集成，因為它不涉及愛立信雲端作為生態系統的主要組成部分。因此，Calvin 沒有提供雲端中對象級別安全性的詳細資訊。

（6）HomeKit 的安全功能

HomeKit 利用了 iOS[158] 安全架構的許多功能，因為它由軟體、硬體和服務組成，旨在以安全的方式協同工作，且必須保證端到端的安全性。這意味著整個生態系統都受到 iOS 設備中硬體和軟體緊密集成所實施的安全策略和機制的影響。HomeKit 的安全功能包括：

1）認證　HomeKit 連接的附件和 iOS 設備之間需要認證，是基於 Ed25519 17 公鑰-私鑰簽名[159] 進行的。密鑰記憶體在封鎖密鑰鏈中，並使用 iCloud Keychain 在設備之間同步。在認證過程中，使用安全遠端密碼協議交換密鑰，由使用者通過 iOS 設備的 UI 輸入由附件製造商提供的 8 位代碼。

密鑰使用 ChaCha20-Poly1305 AEAD 加密，並使用 HKDF-SHA-512 派生密鑰。配件的 MFi 認證也在設置過程中得到驗證。該密鑰是長期密鑰。為了保護每個通訊會話，使用站到站協議生成臨時會話密鑰，並使用 HKDF-SHA-512 派生密鑰基於會話 Curve25519 密鑰[160] 進行加密。配置 Apple TV 以執行遠端訪問的過程和添加新共享使用者的過程也受到相同的身分驗證和加密機制的約束。

2）授權和訪問控制　應用必須明確要求使用者訪問其家庭資料的權限。此外，所有應用都受到旨在防止衝突和相互危害的安全措施的約束。應用只能訪問自己的資料，該資料記憶體在唯一的主目錄中。在應用程式的安裝過程中隨機分配此目錄。iOS 系統資料與第三方應用程式隔離，使用者無權在任何情況下修改它。此外，位址空間布局隨機化（ASLR）技術[161] 用於防止基於緩衝區溢出記憶體的攻擊。

3）安全通訊　iOS 安全體系結構的核心組件（如安全引導）的集成確保了只有受信任的代碼才能在 Apple 設備中運行。AES 256 加密協議通過內置於每個設備的閃存記憶器和主系統記憶體器之間的 DMA 路徑的引擎應用，使資料高效加密。每個 Apple 設備都有唯一的設備 ID，它是在製造過程中注入處理器的 AES 256 位密鑰，允許資料僅以加密方式綁定一個特定設備。此功能提供強大的安全硬體，以防記憶體晶片從設備移動到另一個設備，資料無法訪問且無法

讀取或解密。除此之外,所有加密密鑰都是由系統的隨機數發生器(RNG)使用基於 CTR_DRBG[162] 的演算法創建的。

帶有 AES-128-GCM 和 SHA-256 的 TLS/DTLS 保護使用 HTTP 協議的通訊。

在 HomeKit 中,用於保護通訊的長期密鑰僅駐留在使用者的設備中。因此,即使通訊流經中間設備或服務,Apple 也無法解密密鑰。

此外,HomeKit 還提供前向保密功能,該功能可確保 Apple 使用者的設備與其使能 HomeKit 附件之間的每次通話都會生成一個新的會話密鑰,用於保密。完成基礎會話後,將丟棄此密鑰。此功能可以加強通訊過程,以防將來設備受到損害,並且長期密鑰是公開的,攻擊者無法僅使用此長期密鑰來解密通訊過程。

(7) Kura 的安全功能

原始的 Kura 框架提供了一個強大而簡單的安全架構,用於保護物聯網設備和閘道器的通訊。但是,對雲端應用安全地更新和配置設備的支援有限。為了解決這個問題,Eurotech[163] 發布了一個開源的 ESF,它是一個可以和 Kura 一起使用的工具[164]。ESF 增加了對高級安全性、虛擬專用網路(VPN)遠端訪問、特定垂直應用程式診斷和捆綁的支援。ESF 通過利用基本的 Kura 安全 API,使編寫確保新軟體包完整性和安全性的 Java 應用程式更加容易,從而最大限度地提高工作效率。

Eclipse 基金會還在 Kura 框架中注入了許多安全組件,如安全服務、證書服務、安全套接字層(SSL)管理器和加密服務。Kura 的安全功能包括:

1) 授權和訪問控制　Kura 中的安全服務組件提供 API 來管理安全策略並啟動腳本一致性,而證書服務 API 用於檢索、記憶體和驗證 SSL、設備管理和捆綁簽名的證書。

2) 安全管理器　通過安全管理器組件定期檢查環境完整性來確保惡意使用者不損害、不篡改檔案。ESF 還強制執行運行時的策略以拒絕特定服務的執行或特定包的導入/導出。這使駭客更難以訪問服務及從設備檢索主密碼。

3) 安全通訊　SSL 管理器管理 SSL 證書、信任記憶體以及私鑰和公鑰。所有通訊都使用 SSL/TLS 協議進行保護。另外,加密 API 用於加密和解密,並檢索主密碼。

(8) 智慧體的安全功能

Smart Things 具有安全架構,用於指定 Smart Apps 可以訪問的 Smart Devices 以及 Smart Apps 在授權的 Smart Devices 中可以使用的服務。其安全功能包括:

1) 認證　Smart Things 環境中集成新的 Smart Devices 時要使用 OAuth/OAuth2 協議來驗證 Smart Devices,並授權 Smart Things 平台訪問其功能。

2) 授權和訪問控制　使用 Smart Apps 訪問 Smart Devices 遵循由 Smart

Things Capability 模型管理的策略。

所有 Smart Apps 都由 Smart Things 生態系統執行。這意味著這些應用可以在閉源雲端或 Smart Things 集線器上運行。Smart Things 基礎設施環境採用 Kohsuke 沙盒技術[165]，並將 Smart Apps 和 Smart Devices（設備處理程式實例）相互隔離。在 Groovy 提供高度受控環境的基礎上，Kohsuke 沙箱是一種高效的實現，它隔離不受信任的運行代碼片段，並且只允許記憶體在受限操作系統白名單中的預定義的方法調用。開發人員無法在此類環境中創建自己的類或加載外部庫，並且一旦發布 Smart Apps 或 Smart Devices，就會分配專用的隔離資料記憶體。

3）安全通訊　Smart Things Hub 是一個支援安全性的 Z-Wave 產品。將安全性 Z-Wave 設備添加到 Hub 網路時，會使用 128 位 AES 加密通訊。由於集線器還支援 ZigBee 協議，因此它為支援 ZigBee 的產品提供了相同的安全保證。通常，Smart Things 生態系統的所有構建模組之間的通訊是通過 SSL/TLS 協議執行的。

# 4.6　5G 與物聯網

現有的 4G 行動網路通訊網已經廣泛應用於物聯網，並且在不斷地發展來滿足未來物聯網應用的需要。5G 行動通訊網路預計將大規模擴展到物聯網中來解決物聯網安全和網路的挑戰，並推動互聯網未來發展[166]。

對於海量的物聯網設備，未來物聯網中的新應用和商業模式需要全新的性能標準，如大規模連接、安全性、可靠性、廣覆蓋、超低延遲、超高吞吐量、超可靠等[167]。為了滿足這些要求，LTE 和 5G 技術有望為未來的物聯網應用提供新的連接介面。下一代「5G」的發展處於早期階段，其目標是新的無線電接入技術（radio access technology，RAT）、先進的天線技術、更高的可用頻率以及重新架構的網路[168,169]。

據 Gartner 稱，截至 2017 年，有多達 84 億臺物聯網設備通過 M2M 連接，到 2020 年這個數字將達到 204 億[170,171]。5G-IoT（5G 物聯網）將連接海量的物聯網設備，為滿足市場對無線服務的需要做出貢獻，以刺激新的經濟和社會發展[172]。未來物聯網應用的新要求和 5G 無線技術的發展是推動 5G 物聯網進一步發展的兩個重要推動力。

5G 將會為大規模的物聯網部署提供連接服務，使數十億智慧設備（或物聯網終端）連接到互聯網。5G 將為物聯網提供靈活、快速和優質的網路接入服務，可以通過無線軟體定義網路（wireless software-define networking，WSDN）[173]實現。目前已經提出了許多針對 5G 的 WSDN 解決方案，包括 SoftAir[174]、CloudRAN[175] 和 CONTENT[176] 等。

## 4.6.1　5G 物聯網的能力與要求

### (1) 5G-IoT 架構提供的能力

5G-IoT 將為應用提供即時、隨需、所有線上、可重新配置和社交體驗服務。這要求 5G-IoT 架構應能夠提供端到端的協調能力，具有敏捷性、自動化和每個階段的智慧操作[177]。5G-IoT 架構將提供以下能力：

① 根據應用要求提供邏輯上獨立的網路；

② 使用基於雲端的無線接入網路（CloudRAN）重新構建無線接入網路（RAN），提供多個標準的大規模連接，按需部署以實現 5G 所需的 RAN 功能。

③ 簡化核心網路架構，實現網路功能的按需配置。

為此，國際行動通訊（IMT）描述了 5G 行動通訊網路所提供的能力包括：

① 增強型移動寬頻（enhanced mobile broadband，eMBB）通訊；

② 超可靠和低延遲通訊（ultra-reliable and low-latency communications，uRLLC）；

③ 大規模機器類型通訊（massive machine type communication，mMTC）。

### (2) 5G 物聯網的要求

物聯網正在徹底改變我們的日常生活，為智慧和高度異構設備的生態系統提供廣泛的新應用。為此對 5G 物聯網提出了一些要求，主要包括：

① 高資料傳輸速率　未來的物聯網應用，如高畫質影片流、虛擬實境（virtual reality，VR）或增強現實（augmented reality，AR）等，需要更高的資料傳輸速率（大約 25Mbps），以提供可接受的性能[177]；

② 高可擴展性和細粒度網路　為了提高網路可擴展性，5G-IoT 需要更高的可擴展性，以支援通過 NFV 進行細粒度的前傳網路❶分解；

③ 低延遲　物聯網的某些應用要求系統具有較低的時延，如觸覺互聯網、AR、影片遊戲等，大約 1ms；

④ 可靠性恢復能力　5G-IoT 要求物聯網設備和應用使用者的覆蓋範圍要廣，且要求切換效率高；

⑤ 安全性　在未來的物聯網移動支付和數位錢包應用中，與保護連接和使用者隱私的一般安全策略不同，5G 物聯網需要改進的安全策略來提高整個網路的安全性；

⑥ 低成本低功耗解決方案　5G-IoT 支援數十億低功耗和低成本的物聯網設

---

❶　前傳網路（fronthaul network）是指行動通訊網路中不包含無線接入網部分的網路，如光纖骨幹網等。

備，因此，5G 物聯網需要低能耗與低成本解決方案；

⑦ 高連接密度　大量設備將在 5G-IoT 中連接在一起，這需要 5G 應該能夠支援在一定時間和區域內的高效消息傳遞。

⑧ 移動性　5G-IoT 應該能夠支援具有高移動性的大量設備到設備的連接。

另外，物聯網設備生成的所有原始資料將上傳並記憶體到雲端中，雲端伺服器將處理這些資料，以通過資料分析（如資料探勘、機器學習和大數據分析）提取有用的知識[166]。

## 4.6.2　5G 物聯網的關鍵使能技術

5G 物聯網包括從物理通訊到物聯網應用的許多關鍵使能技術。文獻 ［166，178］總結了 5G-IoT 相關的關鍵使能技術。這些關鍵的使能技術可以被歸納為以下六大類：①5G-IoT 架構；②無線網路功能的虛擬化；③異構網路；④設備到設備的直通；⑤頻譜共享和干擾管理；⑥其他使能技術。

（1）5G-IoT 架構

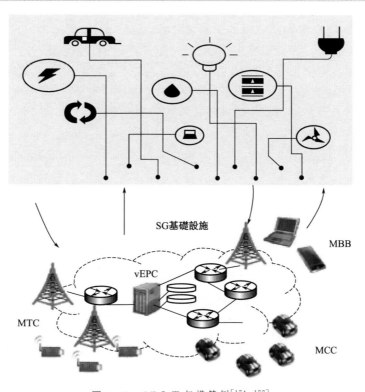

圖 4.31　5G-IoT 架構範例[174, 177]

　　圖 4.31 給出了集成 5G 基礎設施的智慧家居原型,其中 5G-IoT 使用多種無線通訊協議將許多資源受限的物聯網設備橋接到基於遠端雲端的應用中。5G-IoT 將主要基於 5G 無線系統,因此架構一般包括資料平面和控制平面[174]。資料平面側重於通過軟體定義的前傳網路進行資料感知;控制平面由網路管理工具和可重新配置服務(應用)提供者組成。

　　5G-IoT 架構應滿足下面的服務要求:

　　① 可擴展性,雲端化/網路功能虛擬化(Network Function Virtualization, NFV);

　　② 網路虛擬化功能;

　　③ 高級網路管理　包括移動控制、訪問控制和資源高效的網路虛擬化;

　　④ 智慧服務提　該架構應該能夠提供基於大數據分析的智慧服務。

　　(2) 無線網路功能虛擬化(Wireless Network Function Virtualization, WNFV)

　　作為 5G 行動通訊網路的補充,WNFV 將實現整個網路功能的虛擬化,以簡化 5G-IoT 的部署。NFV 將不再關注硬體和底層網路功能,而專注於雲端服務[173]。

　　NFV 能夠將物理網路分成多個虛擬網路,如圖 4.32 所示,可以根據應用的要求重新配置設備,從而構建多個網路。NFV 將通過優化邏輯分片網路中的速度、容量和覆蓋範圍來滿足應用需要,從而為 5G-IoT 應用提供即時處理能力。NFV 能動態構建網路,如 5G、設備網路和 4G 網路。5G 的 NFV 將改變 5G-IoT 中構建網路的方式,從而提供可擴展且靈活的網路功能。

圖 4.32　5G NFV 技術[179]

　　應用服務要求,在高度異構的 5G-IoT 中,網路密集化將能夠通過多 RAT(radio access technology,射頻接入網)連接來加密 5G 基礎設施。

　　(3) 異構網路(Heterogeneous Network, HetNet)

　　HetNet 是一種新的網路範例,旨在滿足服務驅動 5G 物聯網的按需需要。

HetNet 使 5G-IoT 能夠按需提供所需的資訊傳輸速率[180,181]。5G-IoT 中部署了大量資源受限設備，為了這些設備的 QoS，可以採用大規模 MIMO 鏈路動態地重構網路[180]。針對資源受限的 M2M 通訊，可將行動設備作為其移動閘道器[182,183]，以在 3GPP LTE/LTE-A 網路中進一步改進 M2M 應用的部署，提高其 QoS 性能。

MTC 應用具有海量的設備加入、寬頻網路接入和緊急情況下嚴格的 QoS 要求，這就使得 MTC 應具有較高資料傳輸速率和吞吐量，而 5G/HetNet 可滿足 MTC 設備快速成長的資料流量需要，並按需分配網路資源。

（4）設備到設備的直通（D2D）

在 HetNet 中，傳統的宏小區基站（macrocell base station，MBS）相互協同提供了具有低功耗、按需分配網路資源的基站。然而，對於兩個設備（D2D）之間的短距離直接通訊也作為資料傳輸的新方式被提了出來，採用直通方式將有利於降低 5G-IoT 的功耗、平衡負載，使邊緣使用者獲得更好的 QoS。

D2D 是在不使用基站的情況下實現使用者設備之間資料交換的，因此被認為是 5G-IoT 中的「小區層」。另外，在物聯網中，D2D 與移動 NB-IoT 使用者設備合作使用，D2D 可作為 NB-IoT 上行鏈路的擴展，可以通過 NB-IoT 建立蜂巢式鏈路路由[184]。

（5）頻譜共享和干擾管理

在圖 4.31 描述的 5G-IoT 架構中，在許多情況下將密集部署大量 5G IoT 設備。為此，頻譜共享和干擾管理就成了 5G-IoT 的關鍵使能技術。而 HetNet 是 5G-IoT 干擾管理的有前途的解決方案。

大規模 MIMO 是實現更高頻譜效率的核心。最近，已經提出了許多先進的 MIMO 技術，包括多使用者 MIMO（MU-MIMO）、超大 MIMO（VLM）等，3GPP LTE-A 已經包括 MU-MIMO，這些技術都利用基站上的更多的天線[185]。

（6）其他使能技術

其他關鍵的使能技術包括 5G 物聯網中的優化方法如凸優化、啟發式方法、進化演算法（EA）、機器學習方法和人工神經網路（ANN）。這些方法將對 5G-IoT 關鍵使能技術產生越來越大的影響。

# 4.6.3　5G-IoT 面臨的技術挑戰與發展趨勢

5G 提供的功能可以滿足未來物聯網的需要，但它也為 5G-IoT 架構、設備間可信通訊、安全問題等帶來了一系列挑戰。5G-IoT 集成了許多技術，並正在

對物聯網中的應用產生重大影響。本節將討論 5G-IoT 潛在的技術挑戰和未來發展趨勢。

（1）技術挑戰

儘管已經對 5G-IoT 進行了許多研究，但仍存在技術挑戰，包括：

1）5G-IoT 架構　雖然已提出了許多具有優點的架構，但架構設計仍然存在許多挑戰。

① 可擴展性和網路管理　在 5G-IoT 中，由於存在大量的物聯網設備且還在不斷地增加，因此，網路可擴展性是重大的問題，另外，管理大量物聯網設備的狀態資訊也是一個需要考慮的問題[186,187]。

② 互操作性和異構性　異構網路之間的無縫互連是一項重大挑戰。通過通訊技術連接大量物聯網設備，以便與其他智慧網路或應用進行通訊，傳輸和收集重要資訊[188,189]。

③ 安全保障和隱私問題　安全性和網路攻擊，增加了隱私問題。

2）無線軟體定義網路（SDN）　SDN 對 5G 資料網路的有效性仍然是一個挑戰。雖然帶來了可擴展性，但仍需要在 SDN 中縮小技術差距。

① 為了給核心網路提供高度靈活性，可擴展的 SD-CN 是網路可擴展性的挑戰。

② 對於大多數 SDN 來說，控制和資料平面的分離是困難的。

3）NFV 與 SDN 高度互補，但不相互依賴　在過去幾年中，已經開發了許多 NFV 解決方案，包括 SoftAir、OpenRoads、CloudMAC、SoftRAN[190] 等。但 5G-IoT 仍需要解決幾個技術挑戰：

① 節能的雲端化網路；

② 安全性和隱私性　VNF 在第三方公共雲端上運行，因此安全性和隱私性成為一個大問題；

③ VNF 管理　高效的 VNF 交換系統和 VNF 提供的介面是 NFV 中的兩個技術挑戰。

4）良好的頻譜資源和干擾管理方案　D2D 通訊將為 5G-IoT 提供高吞吐量。在 D2D 中，能量和頻譜效率是兩個挑戰。D2D 的成功需要良好的頻譜資源和干擾管理方案，最大化地提供設備與設備之間通訊的高可靠性。

5）物聯網的應用部署　由於大規模的、資源有限的物聯網設備和異構環境，部署物聯網應用具有挑戰性。許多現有的物聯網應用出現物聯網設備網路的重疊部署，其中設備和應用都無法互動和共享資訊。同時，在物理世界中收集和傳輸資料的能力和效率具有挑戰性[191]。另外，物聯網中的密集異構網路部署、5G和 5G 以外的多種接入技術、同時進行全雙工傳輸等也具有挑戰性。

（2）安全與隱私問題

在 5G-IoT 中，設備和網路層面需要關鍵的新安全功能，以解決複雜的應用，包括智慧城市、智慧網路等。在多樣化的 5G-IoT 系統中，安全性非常複雜。設計人員不僅要考慮遠端軟體入侵，還要考慮設備本身的局部入侵[192]。同時，安全保證必須考慮避免弱安全連結。面對的挑戰包括辨識、驗證、保證、密鑰管理、加密演算法、移動性、記憶體和向後兼容性等。

（3）標準化

由於 5G-IoT 中網路和設備的異構性，物聯網系統和應用缺乏一致性和標準化。實施這些解決方案仍然存在許多障礙和挑戰。5G-IoT 標準化面臨的障礙主要有 4 個方面：

① 物聯網設備和平台　包括物聯網產品的形式和設計、大數據分析工具等；

② 連通性　包括連接 IoT 設備的通訊網路和協議；

③ 商業模式　有望滿足電子商務、縱向、橫向和消費品市場的需要；

④ 高級應用　包括控制功能、資料收集和分析功能。

5G-IoT 的標準化涉及兩種類型的標準：

① 技術標準　包括無線通訊、網路協議、資料聚合標準；

② 監管標準　包括資料的安全性和隱私，如一般資料保護法規、安全解決方案、加密原語等。

5G-IoT 中採用標準所面臨的挑戰是非結構化資料、安全和隱私問題資料分析協議等。

（4）發展趨勢

目前，5G-IoT 的發展仍處於早期階段。除了解決上述挑戰外，還應該關注其未來發展趨勢：

1）NDN　在 5G-IoT 中，應用將繼續擴展，越來越多的設備被連接。5G-IoT 應用推動了對可行網路架構的發展需要，為此導致了 NDN（Named Data Networking）[193]的產生，NDN 支援高密度物聯網應用。另外，由於物聯網的多樣性，5G-IoT 將越來越分散，因此需要開發更複雜的管理（如 NVF）技術，來管理 5G-IoT。

2）邊緣運算　邊緣運算是 5G-IoT 的另一個關鍵技術。這是因為：資料分析的需要，使得邊緣運算成為物聯網的核心；5G-IoT 中的邊緣運算將顯著提升高運算相關應用，例如 VR/AR 或無數資料密集型智慧城市計劃、記憶體等。

3）5G、AI、資料分析和物聯網的融合　這四種關鍵技術的結合有望改變 5G-IoT，並將增強使用者在通訊、應用、數位內容和商務方面的體驗[194]。人工智慧將使 5G-IoT 能夠實現認知的新應用，例如連接汽車、消耗品物聯網、連接

家庭、可穿戴設備和可變實體。5G 將使未來的物聯網變得聰明。

　　4）頻譜和能量收集　頻譜和能量收集有效的研究將是在頻譜共享的 5G-IoT 系統的另一個關鍵發展趨勢[195,196]。低能耗物聯網設備將大大擴展物聯網的可擴展性，同時頻譜解決方案將使 5G 技術能夠增強無線網路的覆蓋範圍和快速切換。

　　5）安全和隱私　物聯網中的 5G 安全和隱私解決方案涵蓋 5G-IoT 的所有層，包括端到端保護機制。5G-IoT 安全性的迫切需要需要積極研究，包括安全基礎架構、信任模型、服務交付模型、隱私問題和威脅形勢判斷等方面的新方法和新技術。

　　6）上下文感知物聯網中間件解決方案　在高設備密度場景中，上下文感知解決方案有望增加物聯網中實體的規模、移動性和異構性，這些實體可以是自主的，並自動適應上下文中的動態變化。

# 4.7　智慧電網的通訊技術

## 4.7.1　通訊系統結構

　　智慧電網是一個現代化的輸配電網路，採用雙向資料通訊、分布式運算技術和智慧感測器來提高電力輸送能力，並提高用電的安全性、可靠性和效率[197]。

　　應用先進的資訊處理和通訊技術基礎設施，智慧電網將能夠充分利用其分布式發電系統，最大限度地提高整個電力系統的能效。因此，智慧電網也被認為是一種資料通訊網路，通過支援電源管理設備，實現不同電能要素間無縫和靈活的互操作能力，從而實現整個電力系統的高效運行[198-201]。

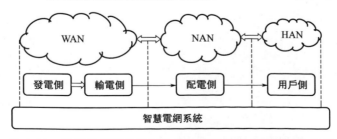

圖 4.33　從發電側到用戶側的智慧電網通訊系統結構性架構

一般來說，智慧電網可分為三個部分：家庭區域網（Home Area Network，HAN），鄰域網（Neighborhood Area Network，NAN）和廣域網路（Wide Area Network，WAN），如圖 4.33所示。

（1）HAN

HAN 的作用是在智慧電表、家用電器和插電式電動汽車之間建立一個通訊網路。HAN 使使用者能夠通過家用顯示設備收集關於其用電行為和用電成本的資訊。由於 HAN 要求的頻寬較低，因此需要高 CP 值的通訊技術，如家庭插頭、WiFi、藍牙和 ZigBee。

（2）NAN

NAN 的作用是在鄰近區域的資料集中器和智慧儀表之間建立通訊網路。為此，可以使用諸如 WiFi 和無線射頻網路技術的短距離通訊技術來從智慧儀表收集測量資料，並將它們傳輸到資料集中器。

（3）WAN

WAN 是在服務提供商（供電企業）的資料中心和資料集中器之間創建一通訊網路。它是一個寬頻寬和高吞吐量的雙向通訊網路，可以處理智慧電網的監控和控制，應用長距離資料傳輸。通常採用較低成本且具有廣覆蓋的通訊技術，如 4G-LTE/5G、2G-3G 系統、光纖、電力線通訊網路[199,201]。

智慧電網的通訊結構由 IEEE 2030-2011 標準定義，該標準對於理解與設計分層結構智慧電網應用和通訊基礎設施非常重要[202]。

## 4.7.2　有線通訊技術

有線通訊技術廣泛用於智慧電網的資料通訊[203,204]，其最重要的優點是可靠性和抗干擾能力。PLC 是使用最廣泛的有線通訊技術，其他包括光纖和數位使用者線（digital subscriber line，DSL）。在不同線纜中，採用數位化 DSL 可支援 10Mbps～10Gbps 的高速資料傳輸；而同軸和光纜可實現 155Mbps～160Gbps 高速資料傳輸[205]。

（1）PLC

PLC（Power line communication，電力線通訊）是以輸配電線路作為通訊媒體進行資料通訊的技術。

1997 年，歐洲出現了專注於互聯網接入和通過 PLC 提供服務的互聯網應用。然而，由於干擾，擾亂了基於 PLC 的互聯網接入理念。21 世紀初，人們的興趣轉移到了的工業通訊和家庭應用，主要推動者是 HomePlug 電力線聯盟、通用電力線協會（UPA）、高畫質 PLC（HD-PLC）聯盟等幾個行業聯盟以及

HomeGrid 論壇所[206]。

由於輸配電線路傳播的隨機性，PLC 面臨著若干技術挑戰。傳播隨機性產生的破壞性影響和干擾通常集中在變壓器等電磁環境中[207]。目前採用了兩種不同頻寬的 PLC 技術，即窄頻 PLC（narrowband PLC，NB-PLC）和寬頻 PLC（broadband PLC，BB-PLC），目的是消除其破壞性影響[206]。所採用的窄頻 PLC 技術，早期階段只能進行從幾 bps 到幾 Kbps 的資料傳輸。隨後出現的頻寬技術實現了 10Kbps 以上的資料傳輸，目前已達到了 500Kbps。

NB-PLC 可用於低壓和高壓線路，其通訊範圍高達 150km 或更長。而 BB-PLC 則是在 2～30MHz 高頻段上實現高達 200Mbps 資料傳輸的[207]。NB-PLC 的成功促進了 BB-PLC 的發展，特別是用於互聯網服務和 HAN 應用。

在過去十年中，研發人員分別採用 TIA-1113、ITU-T G. hn、IEEE 1901 FFT-OFDM 和 IEEE1901 Wavelet-OFDM 標準和技術在電力線上成功地實現了資料通訊[208,209]。首先在物理層上實現了 14Mbps 的傳輸頻寬（HomePlug 1.0），接著又實現了 85Mbps 的傳輸頻寬（HomePlug Turbo），目前已實現了 200Mbps（HomePlug AV，HD-PLC，UPA）的傳輸頻寬。

（2）光纖和 DSL

除 PLC 外，智慧電網的通訊系統也採用了其他有線通訊系統，包括光纖和 DSL 通訊，與 PLC 相比，它們提供更高的資料傳輸速率。光通訊的主要優點是能夠提供 Gbps 傳輸頻寬，並具有非常強的抗電磁干擾能力。這些特性使其適用於高壓線路。此外，被稱為光學電源地線的特殊類型電纜可提供高資料傳輸速率和長距離通訊。

DSL 通過使用電話線實現數位資料傳輸。在 DSL 技術中，非對稱 DSL（Asymmetric DSL，ADSL）提供 8Mbps 下行資料傳輸速率；ADSL2＋提供的最大下行速率為 24Mbps；極高比特率 DSL（VDSL 或 VHDSL）通過銅線提供高達 52Mbps 的下行資料傳輸速率。

# 4.7.3　無線通訊技術

無線通訊網路是智慧電網涉及的電力系統中最廣泛研究的主題之一。雖然無線網路在安裝和覆蓋方面具有明顯的優勢，但其缺點是頻寬有限且抗強電磁干擾的能力較弱[210]。

無線網路由層次化的網狀網路組成，適用於 AMI 以組成 NAN 和 HAN，為其提供低成本的通訊基礎設施。基於互聯網的通訊基礎設施和資料管理點（Data Management Points，DMP）可以是有線或無線的，其中 NAN 和 DMP 之間的通訊可以覆蓋幾公里的範圍。任何 DMP 都可以連接和管理數百個 SM（智慧電

表），其中可以使用網狀網路或中繼 DMP 來擴展覆蓋區域。智慧電網依賴於通訊網路，而通訊網路可以通過無線感測器網路（WSN）構建。此外，無線感測器網路應通過減小延遲來滿足提供可靠的基礎設施的需要[210]。對於 NAN 的延遲要求小於 1s，另外 HAN 主要執行局部範圍內的能源管理和需要計劃，因而涉及的區域較小，為此 HAN 通常允許延遲小於 5s。

NAN 也可以使用 WiMAX、UMTS、LTE 和 IEEE 802.22 技術。除此之外，基於 IEEE 802.11 和 IEEE 802.15 的 WiFi 和 WPAN 技術也可用於智慧電網。WiMAX 是城域網（MAN）的 IEEE 802.16 標準的實現，是連接 DMP 和 SM 的主要技術。WiMAX 使用正交頻分多址（OFDMA），是多使用者自適應技術的實現。通過將多個子載波的子集安排到特定的客戶，在 OFDMA 中獲得多使用者結構，允許以低資料速率向多個客戶同時進行資料傳輸。基於子載波的 WiMAX 多使用者結構可防止客戶資料之間的干擾，並提高了整個系統的頻譜效率[211-213]。

IEEE 802.15.4 標準即 WPAN，定義了用於低資料速率、低功耗和低成本網路的 PHY 層的參考。WPAN 在採用星形拓撲時，提供了 256kbps 資料速率，其覆蓋範圍為 10～1600m，若以單跳、簇樹和多跳的形式可構成覆蓋範圍廣的網狀拓撲。

行動網路通訊技術為 NAN 覆蓋提供了另一個解決方案。與其他無線網路相比，其優勢是覆蓋面積更大。4G/5G 以及 NB-IoT 技術為智慧電網提供了不同傳輸頻寬的解決方案。

# 4.8 智慧電網的安全問題

## 4.8.1 智慧電網安全挑戰和目標及一些相關工作簡介

（1）智慧電網安全挑戰

智慧電網面臨著無數的安全威脅和挑戰，如盜竊、網路攻擊、人為破壞和自然災害等。智慧電網因安全威脅導致故障會產生電力系統停電、智慧電網資訊通訊基礎設施故障、級聯故障、用電設備損壞、能源市場混亂以及危及人身安全等[214]後果。可以從以下幾個角度來分析和看待智慧電網所面臨的安全性挑戰。

① 從安全級別來看，智慧電網面臨著認證、授權和隱私方面的安全威脅與挑戰；

② 從技術和非技術角度來看，存在著不同來源的安全威脅；

③ 從威脅的原因來看，存在人為和非人為的安全威脅；

④ 存在著發電、輸電、配電或變電站運行故障所帶來的安全威脅；

⑤ 自然或非自然原因同樣對智慧電網產生安全威脅；

⑥ 有組織犯罪，如駭客攻擊、騷亂、恐怖主義、網路犯罪、破壞者、能源盜竊、破壞、脅迫、服務中斷，也是安全威脅重要來源。

威脅智慧電網的要素是多方面的，因此需要明確智慧電網的安全目標，以此採用各種技術、管理、法律等方面的手段或方法確保智慧電網的安全。

### (2) 智慧電網安全目標

鑒於智慧電網及其基礎設施的互聯性和相互依賴性，可靠和有彈性的電力供應系統是智慧電網的關鍵，該系統必須結構良好，這樣才能實現安全和有效的能量輸送[215]。因此，安全目標首先要確保電網運行的有效和可靠，其次考慮電網擴展性和技術改進所需的安全性，最後要考慮可再生能源大規模集成和分布式發電機對安全性的要求[216]。

為此，我們將智慧電網的安全目標定義為：智慧電網必須是真實的、可用的和保密的；具有高水準的完整性和高效性，具有高水準的認證、可接受性、可靠性、穩健性、靈活性、彈性（自我修復），並適應成熟的電力市場。此外，它必須具有高水準的可達性和可觀察性、可控性，促進可再生能源的擴展部署以及改進系統的性能，同時降低營運成本，維護和進行有效的系統規劃，特別是對於未來的擴展[217-226]。

目前已有一些標準機構，如美國能源部（US Department of Energy，DOE），國家標準與技術研究院（National Institute of Standard and Technology，NIST），電氣與電子工程師協會（Institute of Electrical and Electronics Engineers，IEEE），電力研究院（Electric Power Research Institute，EPRI），Google，微軟，通用電氣（General Electric，GE），北美電力可靠性公司（North American Electric Reliability Corporation，NERC），聯邦能源監管委員會（Federal Energy Regulatory Com-mission，FERC），ANSI 等，為確保智慧電網的安全提出自己的安全建議，其目標是協調多種安全目標，進一步提高相關安全標準的成熟度、彈性和可持續性，為達成共同認可的安全目標而努力[227-229]。

### (3) 一些智慧電網安全技術

世界各地的研究人員正在利用各種技術來面對各種形式的安全挑戰，以加強智慧電網的安全性和彈性。下面討論一些有關智慧電網安全性的工作。

Calderaro[230]等人用 Petri 網（Petri Net，PN）進行建模，以此詳細分析與辨識智慧電網中的故障。然而，該模型僅限於在分布式發電的配電系統中捕獲保護系統的故障細節以用於故障辨識或檢測。

De Santis[231]等人開發了一種用於檢測義大利羅馬中壓電網運行故障的系統。他們利用故障現象的各種綜合資料採用進化學習和聚類的混合方法對故障辨識進行了建模。

在安全方面，採用交叉身分驗證方法進一步保障了電網的一些關鍵組件的可靠運行，如使用公鑰基礎設施（Public Key Infrastructure，PKI）技術的高級計量基礎設施（Advanced Metering Infrastructure，AMI），又譬如在 AMI 中採用各種加密方法充分保障了智慧電網高級計量基礎設施（encryption service for smart grid advanced metering infrastructure）的加密服務的可靠性；而將動態隨機最佳潮流（Dynamic Stochastic Optimal Power Flow，DSOPF）演算法與先進的配電管理系統的相關功能相結合提高了智慧電網的安全性和效率；而使用同態加密技術在保證安全性的同時也保障了使用者的隱私[214]。

由於電網的關鍵基礎設施是相互依賴的[232]，因此在故障發生時，故障可能會從一個系統傳播到另一個系統，這就增加了級聯風險，被認為是災難性的。Rahnamay-Naeini[233]通過最佳分配相互依賴性，構造出了相互依賴的電網，從而實現了在故障的情況下最小化級聯效應的級聯彈性系統，同時評估了目標攻擊在級聯故障中產生的影響。

Shahidehpour[234]等人利用微電網恢復關鍵負荷（如醫院、路燈、互聯網和其他一些通訊設備等），以增強電網恢復能力。當公用電力不可用時，即當配電饋線處於洪水、地震、颱風等極端情況下，微電網可以起重要的作用。另外，Panteli[235]等人還提出了一種結構良好的具有防禦性的微電網孤島，用於改善電網彈性。

由於通訊是智慧電網的關鍵基礎設施，因此公用事業旨在通過提高其基礎架構的智慧來擴展通訊和資料管理性能，以此擴展智慧電網的安全性和新應用[236,237]。Anderson[238]提出了將諸如 WiMAX 等 4G 行動網路通訊作為保障智慧電網運行的通訊基礎設施。

此外，新出現的技術，如微電網、虛擬電廠（virtual power plants，VPP）、分布式智慧技術、智慧計量基礎設施和需要響應技術以及分布式和可再生能源，使電網在對抗威脅時更賦有彈性且更加分散和靈活，這是因為彈性始終是電網等關鍵基礎設施的核心考慮因素[239,240]。

客戶的隱私是網路安全的主要任務之一，Yip[241]等人使用不會對電力企業分析資料的完整性造成任何障礙的增量哈希函數，對客戶的資料隱私和安全進行了建模。

Staff[242]提出了解絕不一致性問題的方案，其中電腦記憶體器被標記，並在未來五年內被保護，以減少資料中心的漏洞。

## 4.8.2 威脅智慧電網安全的技術來源

在確定了電網系統面臨的各種威脅和挑戰之後，必須明確界定威脅，並且必須制定保障電網運行安全的解決方案。為此，應研究威脅的來源，並給出相應的對策。

（1）智慧電網威脅的技術來源

從技術性的角度來看，對智慧電網威脅的技術主要源於三個方面，即基礎設施安全、技術操作安全和系統資料管理安全。

智慧電網基礎設施是一個在地理、邏輯和經濟上分布的非常複雜的系統，是互聯使用者，發電廠，供電企業，輸電，配電，變電站，變壓器，高級計量基礎設施（AMI），相關通訊和 ICT 設備（如無線、光纖、PLC）的集成實體，從而使智慧電網成為一個高度智慧化的系統，因此，基礎設施的安全性變得至關重要。Goel[243]等人指出：一些導致電網基礎設施故障的攻擊包括網路安全漏洞、級聯故障和停電等。

由於 AMI 是智慧電網營運的核心，因此它更容易受到攻擊。目前 AMI-SEC（AMI 安全工作組）已制定了一些相關標準的安全指南，用於實施 AMI 安全解決方案，該標準與指南包括了從抄表資料管理系統（Meter Data Management System，MDMS）到智慧電表介面等多個環節[244]。

1）高級抄表基礎設施的安全  AMI 是智慧電網基礎設施不可或缺的組成部分，包括智慧儀表、通訊網路、資料管理系統，它利用供電企業與客戶的雙向通訊進行資訊交換，並將收集到的資料集成到軟體應用平台中，以實現適當的控制響應和動態定價[245]，可以近乎即時地監控使用者用電[246]。

AMI 安全要求與整個系統及其人員和第三方的隱私有關，由高級安全加速專案——智慧電網（Advanced Security Acceleration Project-Smart Grid，ASAP-SG）和 NIST 領導的網路安全協調任務組（Cyber Security Coordination Task Group，CSCTG）開發一些常用的標準框架，為各種架構提供了全面的安全措施[246,247]。

AMI 架構更容易受到網路攻擊，因為它由感測器、儀表、設備和電腦網路組成，用於資料記錄和分析。對 AMI 的攻擊主要是對智慧電表的攻擊，其目的是竊電。

智慧電表作為 AMI 關鍵組件的部署已經在一定程度上解決了電力被盜的問題，在完全或間歇性旁路的情況下，使用者的智慧電表在離線時可以被輕鬆檢測到。但是智慧電表受到的嚴重威脅主要是網路攻擊，攻擊的目的是操作資料。

目前駭客已對智慧電表開展了攻擊，駭客主要是通過智慧電表的漏洞進行攻擊的，駭客的攻擊不但可以竊取資料、篡改資料，還能獲取使用者的用電隱私。因

此需要制定用電資料的收集、傳輸、記憶體和維護的安全指南來確保資料的安全。

2）網路攻擊　網路攻擊是對智慧電網最多的攻擊。如果沒有得到適當的防範，就會導致系統徹底崩潰[248]。Dennis[249] 和 McDaniel[250] 等人發現：任何重大網路攻擊都會誤導供電企業使其對用電量和發電容量做出錯誤的決策，並可能使他們無法應對即將發生的持續攻擊。

必須保證對電網可靠性和效率至關重要的資料的機密性、認證和隱私，以防止通過基礎設施進行未經授權的修改。

通過故意或非故意的行動進行物理破壞、基礎設施盜竊和電力盜竊是智慧電網營運和安全的常見威脅，客戶最擔心的可能是對個人設備和設備的隱私侵犯和惡意控制[250]。

3）操作安全　電網的複雜性需要安全的營運方案。電力系統運行中的一些協同是在電腦控制下進行的，但某些操作也需要控制中心的操作員在現場操作，特別是在某些緊急情況下，因此可能會產生技術操作方面的安全問題。

技術操作安全包括基礎設施安裝和運行程式、控制啟動（手動或自動）、系統狀態控制、操作的可靠性和彈性、系統的智慧水準、系統資料和分析、人員的資格和技術技能、定期例行檢查和維護計劃等方面。為此，可採用以下方法提高操作安全的水準：

① 在彈性電網系統中，及時辨識和診斷產生故障的條件是防止擾亂擴散的關鍵。通過使用基於運算、控制和通訊領域的先進方法、分析工具和技術，可為電網及其基礎設施的不間斷操作的失敗、威脅或干擾提供局部自我調節和自動重新配置的解決方案。

② 由於保護裝置故障也可能發生故障，因此需要根據可接受的容錯性來設計系統的自我恢復系統並提供必要的冗餘以實現可靠的營運安全[251]。電力系統的自我修復和分布式控制涉及變電站中的各個組件間的互動、監控和合作，因此可將各個組件視為獨立的智慧代理，以實現最佳運行。

4）系統資料管理安全性　包括即時記錄、監控和記憶體必要的資料和資訊，資料抵禦攻擊的安全性，指導資料策略的規則，操作人員的隱私遵守，客戶在隱私保障方面的滿意度等。

必須收集、分析和模擬發電、輸電、配電網、消費者負荷情況和性能參數以及控制設備功能的關鍵資料，以評估系統的可靠性和可維護性，更新和升級現有系統。必須進行研究以確定所有安全威脅、漏洞和安全規定。

供電企業可能泄露客戶資料隱私的問題日益受到關注，這也是客戶關注的主要問題。儘管智慧電表已經可以改變資料欺詐或攻擊，但通過遠端滲透、控制記錄和記憶體的資料來損害儀表是非常複雜的攻擊，它允許對客戶進行模糊的改變，並對主電網發起大規模攻擊。

（2）智慧電網威脅的非技術來源

　　威脅智慧電網的非技術來源主要包括自然或人為造成的環境危害，如地震、洪水、樹木倒塌、灌木叢燒燬等。另外，規劃和實施、市場運作和私營部門的動員等也是威脅來源。

## 4.8.3　清除智慧電網安全威脅的參考框架

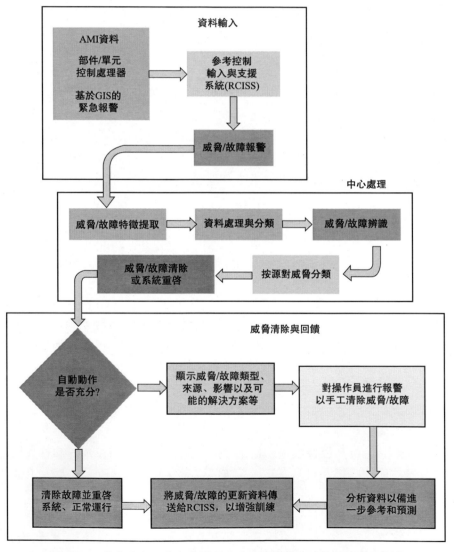

圖 4.34　基於威脅源的智慧電網安全威脅辨識和清除概念框架[214]

　　文獻〔214〕提出了一種辨識和清除智慧電網安全威脅的概念框架，如圖 4.34 所示。該框架完全集中在對威脅源進行追蹤的技術方面，採用了機器學習演算法，以提取、分類、辨識和分組資料所需的特徵，有效地進行系統清理和恢復。

　　如圖 4.34 所示，在資料輸入處，AMI 資料、感測器或其他警報與控制和支援系統單元交叉檢查，以確定威脅。在中心處理階段，類似於控制中心，提取、分類、辨識和分組資料所需的特徵，以便有效地進行系統清理和恢復。威脅清除和回饋階段負責輸出資料，並為參考控制和支援系統（RCISS）的進一步分析和參考輸入提供資料。在操作之前或單個操作中，該系統不能捕獲所有資訊，因此需要進行隨時間變化的智慧資料插補與分析。隨著時間的推移，提議的框架將進行進一步的修改和改進。

# 4.9　小結

　　本章首先討論了物聯網對通訊與安全的要求；其次討論了無線網路技術及其分類；第三，介紹了一些重要的物聯網的無線通訊標準；第四，介紹了一些常用的物聯網通訊協議，尤其是用於物聯網終端的輕量級通訊協議；第五，討論了物聯網架構的安全問題，並較為詳細地討論了目前廣泛應用的典型架構的安全性問題；第六，介紹了 5G 與物聯網，5G 作為將要全面應用的行動通訊系統，其廣覆蓋、高速率、低時延和低功耗的特點將為物聯網提供具有多種優勢的接入平台，其中的關鍵技術是 5G 物聯網使能技術；最後，討論了智慧電網的通訊技術與安全問題。

　　構成物聯網的通訊系統可以分為基於互聯網的高層通訊系統和通過閘道器與互聯網彙集的底層通訊系統。高層通訊系統是互聯網，它通過 IP 通訊協議傳送資訊。底層通訊系統是一個異構的通訊系統，海量的物聯網終端通過物聯網閘道器與互聯網相連，從而實現「萬物互聯」。

　　物聯網所面對的安全性挑戰比傳統的互聯網面對的安全性挑戰更為嚴峻，是對「實體資訊」的挑戰。這需要採用更為先進的安全技術解決物聯網面對的安全問題。

　　在物聯網的底層通訊系統中，由於海量物聯網終端大都採用無線通訊方式，而無線通訊具有開放性、易受干擾、易於被截獲、易於偽冒等脆弱性，因此更需要採用增強的無線通訊安全技術來確保其安全性。

　　智慧電網作為物聯網的一個應用領域，其通訊基礎設施的構成較為複雜，同樣存在著多方面的安全威脅，需要採用技術性和非技術性的解決方案保障其安全。

# 參考文獻

[1] BHOYAR P, SAHARE P, DHOK S B, et al. Communication technologies and security challenges for internet of things: A comprehensive review [J]. Int. J. Electron. Commun. (AEÜ), 2019, 99:81-99.

[2] LIU Y, ZHOU G. Key technologies and applications of internet of things[C]. 2012 Fifth International Conference on Intelligent Computation Technology and Automation (ICICTA), IEEE, 2012, 197-200.

[3] GAZIS V, GÖRTZ M, Huber M, et al. A survey of technologies for the internet of things [C]. 2015 International Wireless Communications and Mobile Computing Conference (IWCMC), IEEE, 2015, 1090-1095.

[4] CHILAMKURTI N, et al. Next-Generation Wireless Technologies, Computer Communications and Networks[M]. London: Springer-Verlag, 2013.

[5] 曾憲武, 包淑萍. 物聯網導論[M]. 北京: 電子工業出版社, 2016.

[6] NAKAMURA T, MASUDA T, WASHIO K, et al. A push-push vco with 13. 9-ghz wide tuning range using loop-ground transmission line for full-band 60-ghz transceiver[J]. IEEE J Solid-State Circuits, 2012, 47 (6) :1267-1277.

[7] WANG Q, XU K, REN K. Cooperative secret key generation from phase estimation in narrowband fading channels[J]. IEEE J Sel Areas Commun, 2012, 30 (9) : 1666-1674.

[8] PRLJA A, ANDERSON J B. Reduced-complexity receivers for strongly narrowband intersymbol interference introduced by faster-than-nyquist signaling[J]. IEEE Trans Commun, 2012, 60 (9) : 2591-2601.

[9] ZHENG G, et al. Improving physical layer secrecy using full-duplex jamming receivers [J]. IEEE Trans Signal Process, 2013, 61 (20) :4962-4974.

[10] LI Q, ZHANG Y, LIN J, et al. Full-duplex bidirectional secure communications under perfect and distributionally ambiguous eavesdropper's csi[J]. IEEE Trans Signal Process, 2017, 65 (17) :4684-4697.

[11] LI L, et al. Mimo secret communications against an active eavesdropper [J]. IEEE Trans Inf Forensics Secur, 2017, 12 (10) : 2387-2401.

[12] WU F, ZHANG R, YANG L L, et al. Transmitter precoding-aided spatial modulation for secrecy communications [J] . IEEE Trans Veh Technol, 2016, 65 (1) :467-471.

[13] YE Y F, WU N, GE F, et al. Design of an adaptive precoding/STBC baseband transceiver on a reconfigurable architecture[J]. Journal of Southeast University, 2017, 33 (3) :266-272 (doi: 10. 3969/j. issn. 1003-7985. 2017.03.003) .

[14] TAHA H, ALSUSA E. Secret key exchange and authentication via randomized spatial modulation and phase shifting[J].

IEEE Trans Veh Technol, 2018, 67 (3) :2165-2177.

[15] KIM I M, KIM B H, AHN J K. Ber-based physical layer security with finite codelength:combining strong converse and error amplification[J]. IEEE Trans Commun, 2016, 64 (9) :3844-3857.

[16] QUYEN N X, DUONG T Q, VO N S, et al. Chaotic direct-sequence spreadspectrum with variable symbol period:a technique for enhancing physical layer security [J]. Comput Netw, 2016, 109:4-12.

[17] KALANTARI A, SOLTANALIAN M, MALEKI S, et al. Secure m-psk communication via directional modulation[C]. 2016 IEEE International Conference on Acoustics, Speech and Signal Processing (ICASSP) , IEEE, 2016, 3481-3485.

[18] LIU T Y, LIN S C, HONG Y W P. On the role of artificial noise in training and data transmission for secret communications[J]. IEEE Trans Inf Forensics Secur, 2017, 12 (3) :516-531.

[19] BHOYAR P, DHOK S, DESHMUKH R. Hardware implementation of secure and lightweight simeck32/64 cipher for ieee 802. 15. 4 transceiver[J]. AEU-Int J Electron Commun, 2018, 90:147-154.

[20] HUANG Y K, PANG A C, HUNG H N. A comprehensive analysis of low-power operation for beacon-enabled ieee 802. 15. 4 wireless networks [J] . IEEE Trans Wirel Commun, 2009, 8 (11) .

[21] RASOULI H, KAVIAN Y S, RASHVAND H F. Adca:Adaptive duty cycle algorithm for energy efficient ieee 802. 15. 4 beacon-enabled wireless sensor networks[J]. IEEE Sens J, 2014, 14 (11) :3893-3902.

[22] GRAGOPOULOS I, TSETSINAS I, KARAPISTOLI E, et al. Fp-mac:A distributed mac algorithm for 802. 15. 4-like wireless sensor networks [J]. Ad Hoc Netw, 2008, 6 (6) :953-969.

[23] PESCH D. Duty cycle learning algorithm (dcla) for ieee 802. 15. 4 beacon-enabled wireless sensor networks [J]. Ad Hoc Netw, 2012, 10 (4) :664-679.

[24] THALORE R, SHARMA J, KHURANA M, et al. Qos evaluation of energy-efficient mlmac protocol for wireless sensor networks[J]. AEU-Int J Electron Commun, 2013, 67 (12) : 1048-1053.

[25] CHANDRA A, BISWAS S, GHOSH B, et al. Energy efficient relay placement in dual hop 802. 15. 4 networks[J]. Wirel Personal Commun, 2014, 75 (4) : 1947-1967.

[26] CHEN S N, YANG L X, ZHAO Y J, et al. Impact of mac frame length on energy efficiency in 6lowpan[J]. J China Univ Posts Telecommun, 2013, 20 (4) : 67-72.

[27] MOHAMMADI M S, ZHANG Q, DUTKIEWICZ E. Channel-adaptive mac frame length in wireless body area networks[C]. 2014 International symposium on Wireless Personal Multimedia Communications (WPMC) , IEEE, 2014, 584-588.

[28] FOURTY N, VAN DEN BOSSCHE A, VAL T. An advanced study of energy consumption in an ieee 802. 15. 4 based network:everything but the truth on 802. 15. 4 node lifetime[J]. Comput Commun, 2012, 35 (14) :1759-1767.

[29] CUOMO F, ABBAGNALE A, CIPOLLONE E. Cross-layer network formation for energy-efficient ieee 802. 15. 4/zigbee wireless sensor networks [J]. Ad Hoc Netw, 2013, 11 (2) :672-686.

[30] GAO D Y, ZHANG L J, WANG H C.

Energy saving with node sleep and power control mechanisms for wireless sensor networks[J]. J China Univ Posts Telecommun, 2011, 18 (1) :49-59.

[31] PARK P, DI MARCO P, FISCHIONE C, et al. Modeling and optimization of the ieee 802. 15. 4 protocol for reliable and timely communications[J]. IEEE Trans Parallel Distrib Syst, 2013, 24 (3) : 550-564.

[32] RAO Y, CAO Y M, DENG C, et al. Performance analysis and simulation verification of s-mac for wireless sensor networks[J]. Comput Electric Eng, 2016, 56:468-484.

[33] ARIAS J, ARCEREDILLO E, et al. Ll-mac:A low latency mac protocol for wireless self-organised networks[J]. Microprocess Microsyst, 2008, 32 (4) : 197-209.

[34] MAHMOOD D, KHAN Z, QASIM U, et al. Analyzing and evaluating contention access period of slotted csma/ca for ieee802. 15. 4[J]. Procedia Comput Sci, 2014, 34:204-211.

[35] ZHAN Y, XIA Y, ANWAR M. Gts size adaptation algorithm for ieee 802. 15. 4 wireless networks[J]. Ad Hoc Netw, 2016, 37:486-498.

[36] XIA F, HAO R, LI J, et al. Adaptive gts allocation in ieee 802. 15. 4 for real-time wireless sensor networks[J]. J Syst Architect, 2013, 59 (10) :1231-1242.

[37] SHABANI H, AHMED M M, KHAN S, et al. Smart zigbee/ieee 802. 15. 4 mac for wireless sensor multi-hop mesh networks [C]. 2013 IEEE 7th international Power Engineering and Optimization Conference (PEOCO) , IEEE, 2013, 282-287.

[38] COLLOTTA M, GENTILE L, PAU G, et al. Flexible ieee 802. 15. 4 deadline-aware scheduling for dpcss using priority-based csma-ca[J]. Comput Ind, 2014, 65 (8) : 1181-1192.

[39] LU Z, BAI G W, HANG S, et al. Priority-based ieee 802. 15. 4 csma/ca mechanism for wsns[J]. J China Univ Posts Telecommun, 2013, 20 (1) :47-53.

[40] JUNG K H, LEE H R, LIM W S, et al. An adaptive collision resolution scheme for energy efficient communication in ieee 802. 15. 4 networks[J]. Comput Netw, 2014, 58:39-57.

[41] WANG L, MAO J, FU L, et al. An improvement of ieee 802. 15. 4 mac protocol in high-density wireless sensor networks [C]. 2015 IEEE international conference on information and automation, IEEE, 2015, 1704-1707.

[42] LIU Q, LI P. Backoff algorithm optimization and analysis for ieee 802. 15. 4 wireless sensor networks[C]. 2014 9th international symposium on Communication Systems, Networks & Digital Signal Processing (CSNDSP) , IEEE, 2014, 411-416.

[43] KITSOS P, SKLAVOS N, PAROUSI M, et al. A comparative study of hardware architectures for lightweight block ciphers [J]. Comput Electric Eng, 2012, 38 (1) :148-160.

[44] BEAULIEU R, TREATMAN-CLARK S, SHORS D, et al. The simon and speck lightweight block ciphers[C]. 2015 52nd ACM/EDAC/IEEE Design Automation Conference (DAC) , IEEE, 2015, 1-6.

[45] SHELBY Z, BORMANN C. 6LoWPAN: The wireless embedded Internet[C]. John Wiley & Sons, 2011.

[46] WINTER T. Rpl:Ipv6 routing protocol for low-power and lossy networks[D].

[47] THUBERT P, WATTEYNE T,

PALATTELLA M R, et al. Ietf 6tsch: Combining ipv6 connectivity with industrial performance ［C］. 2013 Seventh international conference on Innovative Mobile and Internet Services in ubiquitous computing (IMIS), IEEE, 2013, 541-546.

[48] XU G, ZHANG Q, LU Y, et al. Passive and wireless near field communication tag sensors for biochemical sensing with smartphone[J]. Sens Actuat B:Chem, 2017, 246:748-755.

[49] VOLPENTESTA A P. A framework for human interaction with mobiquitous services in a smart environment[J]. Comput Hum Behav, 2015, 50:177-185.

[50] ARUNAN T, WON E T. Near field communication (nfc) device and method for selectively securing records in a near field communication data exchange format (ndef) message, uS Patent 9, 032, 211 (May 12 2015).

[51] RODRIGUES H, JOSÉ R, COELHO A, et al. ticketing and couponing solution based on nfc[J]. Sensors, 2014, 14 (8): 13389-13415.

[52] BRIGGS R A. Interactive entertainment using a mobile device with object tagging and/or hyperlinking, uS Patent 9, 480, 913 (Nov. 1 2016).

[53] NGAI E W, MOON K-l K, LAM S S, et al. Social media models, technologies, and applications:an academic review and case study［J］. Ind Manage Data Syst, 2015, 115 (5) :769-802.

[54] GOMEZ C, OLLER J, PARADELLS J. Overview and evaluation of bluetooth low energy:an emerging low-power wireless technology[J]. Sensors, 2012, 12 (9): 11734-11753.

[55] RAY P P, AGARWAL S. Bluetooth 5 and internet of things: Potential and architecture［C］. 2016 International conference on Signal Processing, Communication, Power and Embedded System (SCOPES), IEEE, 2016, 1461-1465.

[56] DI MARCO P, SKILLERMARK P, LARMO A, et al. Performance evaluation of the data transfer modes in bluetooth 5[J]. IEEE Commun Stand Mag, 2017, 1 (2) :92-97.

[57] Z-wave devices and standards[OL]. http://www. z-wavealliance. org/

[58] KNIGHT M. How safe is z-wave? ［wireless standards］[J]. Comput Control Eng, 2006, 17 (6) :18-23.

[59] Enocean devices and standards[OL]. http://www. enoceanalliance. org/en/home/.

[60] PLOENNIGS J, RYSSEL U, KABITZSCH K. Performance analysis of the enocean wireless sensor network protocol［C］. 2010 IEEE conference on Emerging Technologies and Factory Automation (ETFA), IEEE, 2010, 1-9.

[61] KIM A N, HEKLAND F, PETERSEN S, et al. When hart goes wireless:Understanding and implementing the wirelesshart standard［C］. IEEE international conference on Emerging Technologies and Factory Automation, 2008, 899-907.

[62] CHEN D, NIXON M, MOK A. Why wirelesshart[M]. Springer, 2010.

[63] DAS K, HAVINGA P. Evaluation of dectule for robust communication in dense wireless sensor networks[C]. 2012 3rd International conference on the Internet of Things (IOT), IEEE, 2012, 183-190.

[64] LIN H H, SHIH M J, WEI H Y, et al. Deep-sleep:Ieee 802. 11 enhancement for energy-harvesting machine-to-machine

communications[J]. Wirel Netw, 2015, 21 (2) :357-370.

[65] RAJANDEKAR A, SIKDAR B. A survey of mac layer issues and protocols for machine-to-machine communications [J]. IEEE Internet Things J, 2015, 2 (2) :175-186.

[66] DANESHGAR S, DASGUPTA K, THAKKAR C, et al. A 27. 8gb/s 11. 5pj/b 60ghz transceiver in 28nm cmos with polarization mimo[C]. 2018 IEEE International Solid-State Circuits Conference- (ISSCC), IEEE, 2018, 166-168.

[67] SAHA S K, SIDDIQUI T, KOUTSONI-KOLAS D, et al. A detailed look into power consumption of commodity 60 ghz devices[C]. 2017 IEEE 18th International Symposium on A World of Wireless, Mobile and Multimedia Networks (WoW-MoM), IEEE, 2017, 1-10.

[68] JIANG D, DELGROSSI L. IEEE 802. 11 p: Towards an international standard for wireless access in vehicular environments [C]. Vehicular Technology Conference, 2008, VTC Spring 2008, IEEE, 2008, 2036-2040.

[69] Weightless [OL]. http://www. weightless. org/.

[70] WEYN M, ERGEERTS G, BERKVENS R, et al. Dash7 alliance protocol 1. 0:Low-power, mid-range sensor and actuator communication[C]. 2015 IEEE conference on standards for Communications and Networking (CSCN), 2015, 54-59.

[71] OYJ N. Lte evolution for iot connectivity. Nokia Corporation White Paper[R]. 2016, 1-18.

[72] BORMANN C, et al. CoAP: An application protocol for billions of tiny Internet nodes [J]. IEEE Internet Comput., 2012, 16 (2) :62-67.

[73] LERCHE C, et al. Industry adoption of the Internet of Things: A constrained application protocol survey[C]. Proc. IEEE 17th Conf. ETFA, 2012, pp. 1-6.

[74] HUNKELER U, et al. MQTT-S—A publish/subscribe protocol for wireless sensor networks[C]. Proc. 3rd Int. Conf. COMSWARE, 2008, pp. 791-798.

[75] SAINT-ANDRE P. Extensible messaging and presence protocol (XMPP) :Core, Internet Eng. Task Force (IETF), Fremont, CA, USA, Request for Comments:6120, 2011

[76] OASIS Advanced Message Queuing Protocol (AMQP) Version 1. 0 [R]. Adv. Open Std. Inf. Soc. (OASIS), Burlington, MA, USA, 2012.

[77] OASIS Advanced Message Queuing Protocol (AMQP) Version 1. 0 [R]. Adv. Open Std. Inf. Soc. (OASIS), Burlington, MA, USA, 2012.

[78] Data distribution services specification, V1. 2, Object Manage. Group (OMG), Needham, MA, USA, Apr. 2, 2015. [OL]. http://www. omg. org/spec/DDS/1. 2/

[79] ESPOSITO C, et al. Performance assessment of OMG compliant data distribution middleware [C]. Proc. IEEE IPDPS, 2008, 1-8.

[80] CHESHIRE S, KROCHMAL M. Multicast DNS, Internet Eng. Task Force (IETF), Fremont, CA, USA, Request for Comments:6762, 2013.

[81] KROCHMAL M, CHESHIRE S. DNS-based service discovery, Internet Eng. Task Force (IETF), Fremont, CA, USA, Request for Comments:6763, 2013.

[82] VASSEUR J, et al. RPL:The IP routing protocol designed for low power and lossy networks[M]. Internet Protocol for Smart Objects (IPSO) Alliance, San Jose,

CA, USA, 2011.

[83] WINTER T, et al. RPL：IPv6 routing protocol for low-power and lossy networks ［R］. Internet Eng. Task Force (IETF), Fremont, CA, USA, Request for Comments：6550, 2012.

[84] CLAUSEN T, et al. A critical evaluation of the IPv6 routing protocol for low power and lossy networks (RPL) ［C］. Proc. IEEE 7th Int. Conf. WiMob, 2011, 365-372.

[85] PALATTELLA M R, et al. Standardized protocol stack for the Internet of (impor tant) things［J］. IEEE Commun. Surveys Tuts. , 2013, 15 (3) :1389-1406.

[86] KO J, et al. Connecting low-power and lossy networks to the Internet［J］. IEEE Commun. Mag. , 2011, 49 (4) :96-101.

[87] HUI J W, CULLER D E. Extending IP to low-power, wireless personal area networks ［J］. IEEE Internet Comput. , 2008, 12 (4) :37-45.

[88] FRANK R, et al. Bluetooth low energy：An alternative technology for VANET applications ［C］. Proc. 11th Annu. Conf. WONS, 2014, 104-107.

[89] SIEKKINEN M, et al. How low energy is Bluetooth low energy? Comparative measurements with ZigBee/802. 15. 4 ［C］. Proc. IEEE WCNCW, 2012, 232-237.

[90] JONES E C, CHUNG C A. RFID and Auto-ID in Planning and Logistics：A Practical Guide for Military UID Applications［M］. Boca Raton, FL, USA：CRC Press, 2011.

[91] MINOLI D. Building the Internet of Things With IPv6 and MIPv6：The Evolving World of M2M Communications［M］. New York, NY, USA：Wiley, 2013.

[92] BAGCI I, et al. Codo：Confidential data storage for wireless sensor networks［C］ . Proc. IEEE 9th Int. Conf. MASS, 2012, 1-6.

[93] RAZA S, et al. Secure communication for the Internet of Things一 A comparison of link-layer security and IPsec for 6LoWPAN ［J］. Security Commun. Netw. , 2012, 7 (12) :2654-2668.

[94] RAZA S, et al. Securing communication in 6LoWPAN with compressed IPsec［C］. Proc. Int. Conf. DCOSS, 2011, 1-8.

[95] SRIVATSA M, LIU L. Securing publish-subscribe overlay services with EventGuard ［ C ］ . Proc. 12th ACM Conf. Comput. Commun. Security, 2005, 289-298.

[96] CORMAN A B, et al. QUIP：A protocol for securing content in peer-to-peer publish/subscribe overlay networks［C］. Proc. 13th Australasian Conf. Comput. Sci. , 2007, 62:35-40.

[97] RAZA S, et al. Lithe：Lightweight secure CoAP for the Internet of Things［J］. IEEE Sens. J. , 2013, 13 (10) :3711-3720.

[98] MQTT NIST Cyber Security Framework ［ OL ］ . https：//www. oasis-open. org/ committees/download. php/52641/mqtt-nist-cybersecurity-v1. 0-wd02. doc

[99] IEEE Standard for a Convergent Digital Home Network for Heterogeneous Technologies, IEEE Std. 1905. 1-2013, 2013, 1-93.

[100] AMMAR M, RUSSELLO G, CRISPO B. Internet of Things：A survey on the security of IoT frameworks ［ J ］ . Journal of Information Security and Applications, 2018, 38:8-27.

[101] YANG Y, WU L, YIN G, et al. A survey on security and privacy issues in internet-of-things ［ J ］ . IEEE Internet Things J, 2017.

[102] KUMAR J S, PATEL D R. A survey on internet of things：security and privacy is-

sues[J]. Int J Comput Appl, 2014, 90 (11).

[103] VIKAS B. Internet of things (iot): A survey on privacy issues and security 2015.

[104] BORGOHAIN T, KUMAR U, SANYAL S. Survey of security and privacy issues of internet of things. arXiv:150102211 2015.

[105] BOUIJ-PASQUIER I, EL KALAM A A, OUAHMAN A A, et al. A security framework for internet of things [C]. International conference on cryptology and network security. Springer, 2015, 19-31.

[106] FREMANTLE P, SCOTT P. A survey of secure middleware for the internet of things[J]. Peer J Comput Sci, 2017, 3:e114.

[107] Amazon. Aws iot framework[OL]. https://aws. amazon. com/iot.

[108] Amazon. Amazon dynamodb[OL]. https://aws. amazon. com/dynamodb.

[109] Amazon. Amazon s3[OL]. https://aws. amazon. com/s3

[110] Amazon. Amazon machine learning [OL]. https://aws. amazon. com/machine-learning.

[111] Amazon. Components of aws iot framework [OL]. https://aws. amazon. com/iot/how-it-works/.

[112] Amazon. Amazon iot protocols[OL]. http://docs. aws. amazon. com/iot/latest/developerguide/protocols. html.

[113] Amazon. Amazon lambda[OL]. https://aws. amazon. com/lambda.

[114] ARM. Arm mbed iot device platform [OL]. http://www. arm. com/products/iot-solutions/mbed-iot-device-platform.

[115] ARM. mbed os[OL]. https://www. mbed. com/en/platform/mbed-os/.

[116] mbed A. mbed cloud[OL]. https://cloud. mbed. com/.

[117] Microsoft. Tap into the internet of your things with azure iot suite[OL]. https://www. microsoft. com/en-us/cloud-platform/internet-of-things-azure-iot-suite

[118] Azure M. Microsoft azure iot reference architecture [OL]. https://azure. microsoft. com/en-us/updates/microsoft-azure-iot-reference-architecture-available/

[119] Azure M. Azure iot hub[OL]. https://azure. microsoft. com/en-us/services/iot-hub/.

[120] Azure M. Communication protocols[OL]. https://azure. microsoft. com/en-us/documentation/articles/iot-hub-devguide-messaging/#communication-protocols.

[121] Azure M. Azure iot protocol gateway [OL]. https://azure. microsoft. com/en-us/documentation/articles/iot-hub-protocol-gateway/.

[122] Azure M. Azure products[OL]. https://azure. microsoft. com/services/.

[123] Microsoft. Power bi [OL]. https://powerbi. microsoft. com.

[124] Google. Brillo[OL]. https://developers. google. com/brillo/.

[125] Google. Weave [OL]. https://developers. google. com/weave/.

[126] GARGENTA A. Deep dive into android ipc/binder framework [C]. AnDevCon: The Android developer conference, 2012.

[127] Google. Ota updates [OL]. https://source. android. com/devices/tech/ota/.

[128] Ericsson. Open source release of iot app environment calvin [OL]. https://www. ericsson. com/research-blog/cloud/open-source-calvin/

[129] Ericsson. A closer look at calvin[OL]. https://www. ericsson. com/research-blog/cloud/closer-look-calvin/

[130] Apple. The smart home just got smarter ［OL］. http://www. apple. com/ios/ home/.

[131] Apple. About bonjour［OL］. https://developer. apple. com/library/content/ documentation/Cocoa/Conceptual/ NetServices/Introduction. html.

[132] Apple. Icloud［OL］. http://www. apple. com/lae/icloud/

[133] Apple. Tvos［OL］. http://www. apple. com/tvos/.

[134] Alliance O［OL］. Osgi architecture. https:// www. osgi. org/developer/architecture/.

[135] Organization E. Kura framework［OL］. http://www. eclipse. org/kura/.

[136] Organization E. Kura-osgi-based application framework for m2m ser-vice gateways［OL］. http://www. eclipse. org/ proposals/technology. kura/.

[137] Organization E. Kura-a gateway for the internet of things ［OL］. http:// www. eclipse. org/community/eclipse _ newsletter/2014/february/article3. php.

[138] Organization E. Mqtt and coap, iot protocols ［OL］. http:// www. eclipse. org/community/eclipse _ newsletter/2014/february/article2. php.

[139] SmartThings. Smartthings documentation. http:// docs. smartthings. com/en/latest/.

[140] SmartThings. Cloud and lan-connected devices ［OL］. http://docs. smartthings. com/en/latest/cloud-and-lan-connected-device-types-developers-guide/.

[141] SmartThings. Smartthings architecture ［OL］. http://docs. smartthings. com/ en/latest/architecture/index. html.

[142] Cooper D. Internet x. 509 public key infrastructure certificate and certificate revocation list (crl) profile［OL］. https:// tools. ietf. org/html/rfc5280.

[143] Amazon. Iam users, groups, and roles ［OL］. http://docs. aws. amazon. com/iot/ latest/developerguide/iam-users-groups-roles. html.

[144] Amazon. Amazon cognito identities ［OL］. http://docs. aws. amazon. com/iot/latest/ developerguide/cognito-identities. html.

[145] Amazon. Aws identity and access management (iam) ［OL］. https://aws. amazon. com/iam/.

[146] Amazon. Amazon cognito［OL］. https:// aws. amazon. com/cognito/.

[147] Amazon. Signature version 4 signing process ［OL］. http://docs. aws. amazon. com/general/latest/gr/signature-version-4. html.

[148] Amazon. Aws authorization［OL］. http:// docs. aws. amazon. com/iot/latest/developerguide/authorization. html.

[149] mbed A. mbed security［OL］. https:// www. mbed. com/en/technologies/security/

[150] mbed A. mbed uvisor［OL］. https:// www. mbed. com/en/technologies/ security/uvisor/.

[151] mbed A. mbed tls［OL］. https://tls. mbed. org/core-features.

[152] Microsoft. Security development lifecycle ［OL］. https://www. microsoft. com/en-us/sdl/default. aspx.

[153] Microsoft. Operational security assurance ［OL］. https://www. microsoft. com/en-us/SDL/OperationalSecurityAssurance.

[154] Azure M. What is azure active directory ［OL］. https://azure. microsoft. com/en-us/documentation/articles/active-directory-whatis/

[155] Azure M. Documentdb［OL］. https:// azure. microsoft. com/en-us/services/ documentdb/

[156] Android. Hardware-backed keystore［OL］.

https://source. android. com/security/
keystore.

[157] Ericsson. Security in calvin[OL]. https://
github. com/EricssonResearch/calvin-
base/wiki/Security/.

[158] Apple. ios security[OL]. http://www.
apple. com/business/docs/iOS_Security_
Guide. pdf.

[159] BERNSTEIN D J, DUIF N, LANGE T,
et al. High-speed high-security signatures
[J]. J Cryptograph Eng, 2012, 2 (2) :
77-89.

[160] BERNSTEIN D. A state-of-the-art
diffie-hellman function [OL]. https://
cr. yp. to/ecdh. html.

[161] SNOW K Z, MONROSE F, DAVI L,
et al. Just-in-time code reuse: On the ef-
fectiveness of fine-grained address space
layout randomization[C]. Security and
privacy (SP) , 2013 IEEE symposium
on IEEE, 2013, 574-588.

[162] BARKER E, KELSEY J. Recommenda-
tion for random number generation using
deterministic random bit generators[OL]
. https://doi. org/10. 6028/
NIST. SP. 800-90Ar1.

[163] Eurotech. Eurotech[OL]. https://www.
eurotech. com/en/about + eurotech/.

[164] LAWTON G. How to put configurable se-
curity in effect for an iot gateway. http://
www. theserverside. com/tip/How-to-put-
configurable-security-in-effect-for-an-IoT-
gateway.

[165] KAWAGUCHI K. Groovy sandbox[OL].
http://groovy-sandbox. kohsuke. org/.

[166] LI S C, XU L D, ZHAO S S. 5G Internet
of Things: A survey[J]. Journal of Indus-
trial Information Integration, 2018, 10:
1-9.

[167] JAISWAL N, et al. 5g: continuous
evolution leads to quantum shift[OL].

https://www. telecomasia. net/content/
5gcontinuous-evolution-leads-quantum-
shift.

[168] BRIDGERA. 5g promises new horizons for
iot solutions[OL]. ttps://bridgera. com/
5g-promises-new-horizons-for-iot/.

[169] AKPAKWU G A, SILVA B J,
HANCKE G P, et al. A survey on 5g net-
works for the internet of things: communi-
cation technologies and challenges[J]. IEEE
Access, 2017, (99) .

[170] Egham. Gartner says 8. 4 billion con-
nected "things" will be in use in
2017, up 31 percent from 2016[OL].
https://www. gartner. com/newsroom/
id/3598917.

[171] The Internet of all things, Nokia
networks to power internet of things
with 5g connectivity[OL]. https://thein-
ternetofallthings. com/nokia-networks-to-
power-internet-of-things-with-5g-
connectivity-2015-02-19/.

[172] GSA. The road to 5g: Drivers, applica-
tions, requirements and technical devel-
opment, 2015[R]. Arxiv:1512. 03452.

[173] AKYILDIZ I F, LEE A, WANG P, et
al. A roadmap for traffic engineering in
sdn-openflow networks [J]. Comput.
Netw. J. , 2014, 71:1-30.

[174] AKYILDIZ I F, WANG P, LIN S C.
Softair: a software defined networking ar-
chitecture for 5g wireless systems[J]. Com-
put. Netw. , 2015, 85 (C) :1-18.

[175] WU J, ZHANG Z, HONG Y, et al.
Cloud radio access network (c-RAN) : a
primer[J]. IEEE Netw. , 2015, 29 (1) :
35-41.

[176] Project content FP, 2012-2015[OL].
http://cordis. europa. eu/fp7/ict/future-
networks/.

[177] AKYILDIZ I F, NIE S, LIN S C, et al.

5G roadmap: 10 key enabling technologies [J]. Comput. Networks, 2016, 106:17-48.

[178] BLYLER J. Top 5 RF technologies for 5g in the iot [OL]. http://www.mwrf.com/systems/top-5-rf-technologies-5g-iot.

[179] SDX Central. How 5g NFV will enable the 5g future. [OL]. https://www.sdx-central.com/5g/definitions/5g-nfv/.

[180] HASAN M, HOSSAIN E. Random access for machine-to-machine communication in LTE-advanced networks: issues and approaches [J]. IEEE Commun. Mag., 2013, 51:86-93.

[181] GE X, CHENG H, GUIZANI M, et al. 5G wireless backhaul networks: challenges and research advances[J]. IEEE Netw., 2014, 28 (6) :6-11.

[182] PEREIRA C, AGUIAR A. Towards efficient mobile m2m communications: survey and open challenges[J]. Sensors, 2014, 14 (10) :19582-19608.

[183] BIRAL A, CENTENARO M, ZANELLA A, et al. The challenges of m2m massive access in wireless cellular networks[J]. Digital Commun. Networks, 2015, 1 (1) :1-19.

[184] MACH P, BECVAR Z, VANEK T. In-band device-to-device communication in OFDMA cellular networks: a survey and challenges [J]. IEEE Commun. Surv. Tut., 2015, 17 (4) :1885-1922.

[185] TALWAR S, CHOUDHU D, DIMOU K, et al. Enabling Technologies and Architectures for 5G Wireless Kenneth Stewart Intel Corporation, Santa Clara, CA.

[186] NDIAYE M, HANCKE G P, et al. Software defined networking for improved wireless sensor network management: a survey[J]. Sensors, 2017, 17 (5) :

1-32.

[187] MODIEGINYANE K M, LETSWAMOTSE B B, MALEKIAN R, et al. Software defined wireless sensor networks application opportunities for efficient network management: a survey [J]. Comput. Electr. Eng., 2017, 1-14.

[188] ELKHODR M, SHAHRESTANI S, CHEUNG H. The internet of things: new interoperability, management and security challenges[D]. 2016.

[189] ISHAQ I, et al. IETF Standardization in the field of the internet of things (iot) :a survey[J]. J. Sensor Actuator Netw., 2013, 2 (2) :235-287.

[190] GUDIPATI A, PERRY D, LI L E, et al. SoftRAN:software defined radio access network[C]. Proceedings of the Second ACM SIGCOMM Workshop on Hot Topics in Software Defined Networking, ACM, 2013, 25-30.

[191] ZHAO S, YU L, CHENG B. An event-driven service provisioning mechanism for iot (internet of things) system interaction[J]. IEEE Access 4, 2016, (2) : 5038-5051.

[192] GIRSON A. IoT has a security problem-will 5g solve it? [OL]. https://www.wirelessweek.com/article/2017/03/iot-has-security-problemwill-5g-solve-it.

[193] LEI K, ZHONG S, ZHU F, et al. A NDN iot content distribution model with network coding enhanced forwarding strategy for 5g[J]. IEEE Trans. Ind. Inf., 2017, (99) :1-1

[194] MORGADO A, HUQ K M S, MUMTAZ S, et al. A survey of 5g technologies:regulatory, standardization and industrial perspectives [J]. Digital Commun. Netw., 2017.

[195] EJAZ W, IBNKAHLA M. Multi-band spectrum sensing and resource allocation for iot in cognitive 5g networks[J]. IEEE Internet Things J., 2017, (99):1-1.

[196] TANG J, SO D K C, ZHAO N, et al. Energy efficiency optimization with SWIPT in MIMO broadcast channels for internet of things [J]. IEEE Internet Things J., 2017, (99):1-1.

[197] FADEL E, et al. A survey on wireless sensor networks for smart grid[J]. Computer Communications, 2015, 71:22-33.

[198] YIGIT M, et al. Power line communication technologies for smart grid applications:a review of advances and challenges [J]. Comput. Netw., 2014, 70:366-383.

[199] SAUTER T, LOBASHOV M. End-to-end communication architecture for smart grids[J]. IEEE Trans. Ind. Electron., 2011, 58 (4) :1218-1228.

[200] GOLDFISHER S, TANABE S. IEEE 1901 access system:an overview of its uniqueness and motivation[J]. IEEE Commun. Mag., 2010, 48 (10) :150-157.

[201] YANG Q, et al. Communication infrastructures for distributed control of power distribution networks[J]. IEEE Trans. Ind. Inform., 2011, 7 (2):316-327.

[202] KHAN R H, KHAN J Y. A comprehensive review of the application characteristics and traffic requirements of a smart grid communications network[J]. Comput Netw, 2013, 57:825-845.

[203] WANG W, XU Y, KHANNA M. A survey on the communication architectures in smart grid[J]. Comput Netw, 2011, 55:3604-3629.

[204] KUZLU M, et al. Communication network requirements for major smart grid applications in HAN, NAN and WAN[J]. Comput Netw, 2014, 67:74-88.

[205] LIU S, et al. Modeling and distributed gain scheduling strategy for load frequency control in smart grids with communication topology changes[J]. ISA Trans, 2014, 53:454-461.

[206] ANCILLOTTI E, BRUNO R, CONTI M. The role of communication systems in smart grids:architectures, technical solutions and research challenges [J]. Comput Commun, 2013, 36:1665-1697.

[207] APUTRO N, AKKAYA K, ULUDAG S. A survey of routing protocols for smart grid communications[J]. Comput Netw, 2012, 56:2742-2771.

[208] RAHMAN M M, et al. Medium access control for power line communications:an overview of the IEEE 1901 and ITU-TG. Hnstandards [J]. IEEE Commun Mag, 2011, 49:183-191.

[209] BROWN J, KHAN J Y. Key performance aspects of an LTE FDD based smart grid communications network [J]. Comput Commun, 2013, 36:551-561.

[210] XU Y, WANG W. Wireless mesh network in smart grid:modeling and analysis for time critical communications [J]. IEEE Trans Wirel Commun, 2013, 12:3360-3371.

[211] WANG H, et al. Multimedia communications over cognitive radio networks for smart grid applications[J]. IEEE Wirel Commun, 2013, 20:125-132.

[212] NIYATO D, WANG P. Cooperative transmission for meter data collection in smart grid [J]. IEEE Commun Mag,

2012, 50 (4) :90-97.

[213] KULKARNI P, et al. A mesh-radio-based solution for smart metering networks[J]. IEEE Commun Mag, 2012, 50 (7) :86-95.

[214] ABDULRAHAMAN O O, MOHD W M, RAJA M L. Smart grids security challenges: Classification by sources of threats[J]. J. Electr. Syst. Inform. Technol. 2017.

[215] AMIN M. Toward self-healing infrastructure systems [J]. Computer, 2000, 33 (8) :44-53.

[216] LUND H, et al. From electricity smart grids to smart energy systems-a market operation based approach and understanding[J]. Energy, 2012, 42 (1) : 96-102.

[217] AMIN M. Toward self-healing infrastructure systems[J]. Computer, 2000, 33 (8) :44-53.

[218] AMIN S M, WOLLENBERG B F. Toward a smart grid: power delivery for the 21st century[J]. IEEE Power Energy Mag. , 2005, 3 (5) :34-41.

[219] EL-HAWARY M E. The smart grid-state-of-the-art and future trends [J]. Electr. Power Compon. Syst. , 2014, 42 (3-4) :239-250.

[220] GAO J, et al. A survey of communication/networking in Smart Grids [J] . Future Gener. Comput. Syst. , 2012, 28 (2) : 391-404.

[221] KHAN F, et al. A survey of communication technologies for smart grid connectivity[C]. The 2016 International Conference on Computing, Electronic and Electrical Engineering (ICECube), 2016, 256-261.

[222] KHURANA H, et al. Smart-grid security issues[J]. IEEE Secur. Priv. , 2010, 8 (1) :81-85.

[223] KOMNINOS N, et al. Survey in smart grid and smart home security: issues, challenges and countermeasures [J] . IEEE Commun. Surv. Tutor. , 2014, 16 (4) :1933-1954.

[224] LEE A, BREWER T. Smart grid cyber security strategy and requirements[D]. In: Draft Interagency Report NISTIR, 2009, 7628.

[225] SANJAB A, et al. Smart Grid Security: Threats, Challenges, and Solutions. arXiv:1606. 06992, 2016.

[226] YU X, XUE Y. Smart grids: a cyber-physical systems perspective [C] . Proc. IEEE 2016, 104 (5) :1058-1070.

[227] GHANSAH I. Smart grid cyber security potential threats, vulnerabilities and risks [D] . California Energy Commission, PIER Energy-Related Environmental Research Program, CEC-500-2012-047, 2009.

[228] KUZLU M, et al. A comprehensive review of smart grid related standards and protocols[C]. The 5th International Istanbul Smart Grid and Cities Congress and Fair (ICSG), 2017, 12-16.

[229] METKE A R, EKL R L. Security technology for smart grid networks[J]. IEEE Trans. Smart Grid, 2010, 1 (1) : 99-107.

[230] CALDERARO V, et al. Failure identification in smart grids based on Petri net modeling [J] . IEEE Trans. Ind. Electron. , 2011, 58 (10) :4613-4623.

[231] DE SANTIS E, et al. A learning intelligent system for classification and characterization of localized faults in smart grids. The 2017 IEEE Congresson Evolutionary Computation (CEC), 2017,

2669-2676.

[232] SCALA A, et al. Cascade failures and distributed generation in power grids[J]. Int. J. Crit. Infrastruct., 2015, 11 (1):27-35.

[233] RAHNAMAY-NAEINI M. Designing cascade-resilient interdependent networks by optimum allocation of interdependencies [C]. The 2016 International Conference on Computing, Networking and Communications (ICNC), 2016, 1-7.

[234] SHAHIDEHPOUR M, et al. Microgrids for enhancing the power grid resilience in extreme conditions [J]. IEEE Trans. Smart Grid, 2016, (99):1.

[235] PANTELI M, et al. Boosting the power grid resilience to extreme weather events using defensive islanding [J]. IEEE Trans. Smart Grid, 2016, (99):1-10.

[236] FARHANGI H. The path of the smart grid[J]. IEEE Power Energy Mag., 2010, 8 (1):18-28.

[237] SHA K, et al. A secure and efficient framework to read isolated smart grid devices [J]. IEEE Trans. Smart Grid, 2016., (99):1-13.

[238] ANDERSON M. WiMax for smart grids [J]. IEEE Spectr., , 2010, 47 (7):14.

[239] XU Y, et al. Microgrids for service restoration to critical load in a resilient distribution system [J]. IEEE Trans. Smart Grid, 2016, (99):1.

[240] DONG X, et al. Software-defined networking for smart grid resilience: opportunities and challenges[C]. The Proceedings of the 1st ACM Workshop on Cyber-Physical System Security, 2015, 61-68.

[241] YIP S C, et al. A Privacy-Preserving and Cheat-Resilient electricity consumption reporting scheme for smart grids[C]. Paper presented at the International Conference on Computer, Information and Telecommunication Systems (CITS), 2014, 1-5.

[242] STAFF C. Future cyber defenses will defeat cyber attacks on PCs[J]. Commun. ACM, 2016, 59 (8):8-9.

[243] GOEL S, HONG Y. Security Challenges in Smart Grid Implementation Smart Grid Security[M]. Springer, 2015.

[244] MENDEL J. Smart grid cyber security challenges: overview and classification[J]. e-mentor1, 2017, (68):55-66.

[245] CHAKRABORTY A K, SHANIIA N. Advanced metering infrastructure: technology and challenges[C]. The 2016 IEEE/PES Transmission and Distribution Conference and Exposition (T&D), 2016, 1-5.

[246] GREER C, et al. NIST Framework and Roadmap for Smart Grid Interoperability Standards, Release 3.0 [D]. Tech. Rep. NISTSP-1108r3. The National Institute of Standards and Technology, 2014.

[247] KUZLU M, et al. A comprehensive review of smart grid related standards and protocols[C]. The 5th International Istanbul Smart Grid and Cities Congress and Fair (ICSG), 2017, 12-16.

[248] DELGADO-GOMES V, et al. Smart grid security issues. The 9th International Conference on Compatibility and Power Electronics (CPE), 2015, 534-538.

[249] DENNIS D, KEOGH M. The Smart Grid: An Annotated Bibliography of Essential Resources for State Commissions. National Association of Regulatory Utility Commissioners, https://www.smartgrid.gov/files/The Smart Grid Annotated Bibliography Essential Resources fo 200909.pdf.

[250] MCDANIEL P, MCLAUGHLIN S. Security and privacy challenges in the smart grid [J] . IEEE Secur. Priv. , 2009, 7 (3) :75-77.

[251] RAHNAMAY-NAEINI M. Designing cascade-resilient interdependent networks by optimum allocation of interdependencies[C]. The 2016 International Conference on Computing, Networking and Communications (ICNC) , 2016, 1-7.

# 第5章

# 智慧電網中的大數據與物聯網的邊緣運算

當前，傳統電網逐漸過渡到智慧電網，智慧電網產生的資料種類、規模、速度都是傳統電網不能比擬的。智慧電網不但對電網運行產生的資料感興趣，而且對使用者的各類電器產生的用電資料更感興趣，這就需要應用大數據技術來管理、分析甚至調度電網的運行，使電網更加精準地高效運行，同時也能快速地響應使用者需要。

多年來，資料的記憶體、運算以及對網路的管理都是集中式的，但隨著物聯網的發展，資料呈現爆炸式成長，即物聯網的資料呈現大數據的特徵，故需要應用大數據技術來支援物聯網的發展和應用。然而，大數據記憶體與處理實質上是一種集中式的雲端處理，這可能無法滿足時延敏感應用的要求，因為傳輸網路的頻寬並非總是處於穩定的高速狀態；另外，大部分應用並不需要全局資料，而是需要某些區域的或局部的資料，因此這些應用需要在邊緣進行。

本章首先討論智慧電網中的大數據及其分析技術，其次討論物聯網的霧端/邊緣運算及其協議與使能技術。

## 5.1 智慧電網與大數據

大數據越來越受關注，被視為促進現代社會經濟發展的知識「石油」。對於資訊科學而言，大數據通常被定義為龐大而複雜的資料集，使用傳統工具難以記憶體、處理和分析[1,2]。在能源方面，革命性的變化是傳統的單向電網逐漸被智慧電網取代，智慧電網也被稱為「下一代電網」。與傳統電網相比，智慧電網的優勢是多方面的，如自我修復和恢復功能、更好地集成可再生能源、態勢感知和瞬態穩定性等，這要歸功於智慧電表和大數據分析的應用[3]。

### 5.1.1 智慧電網的大數據源及大數據分析帶來的益處

（1）智慧電網的大數據源

智慧電網中的大數據來源多樣，主要有：

1）SCADA　SCADA 系統（Supervisory Control And Data Acquisition，監控和資料採集）每隔 2～4s 採集一個電網運行參數樣本，已廣泛用於發電、輸電、配電和變電站保護中。經過多年的運行，SCADA 系統積累了大量的資料，對電網調度運行起了至關重要的作用。

2）PMU　由於 SCADA 系統的採樣頻率有限，不能觀察到電力系統的瞬態穩定性和振盪。而相量測量單元（Phasor Measurement Unit，PMU）具有更快的採樣頻率，每秒採集 30～60 個樣本，能夠直接產生具有時間戳的電壓/電流幅度及相位[4]。PMU 已在電網中得到了大規模部署。截至 2015 年底，美國部署的 PMU 總數已多達 1380 個，覆蓋了美國近 100％的輸電系統；在中國，截至 2013 年底，國家電網和南方電網已安裝了 1717 個 PMU[5,6]。若以 60Hz 採樣頻率對 100 個 PMU 進行採樣，每天進行 20 次測量，則每天產生的資料量將超過 100GB[7]。

3）AMR　除了 PMU 之外，還部署了每隔 15min 讀取用電資料的 AMR（Advanced Meter Read，高級讀數電表），以取代傳統的每月讀一次用電資料的傳統電表。這就意味著即使每個電表每天讀取 96 個資料，那麼每月也會讀取 2880 個用電資料。而對於大量部署的 AMR 來說，其每天、每月所產生的用電資料將是海量的。

4）其他智慧設備　除了 PMU、AMR 和其他先進測量設備的激增外，智慧電子設備（Intelligent Electronic Device，IED）、數位故障記錄器（Digital Fault Recorder，DFR）、事件序列記錄器（Sequence of Event Recorder，SER）等[8,9]，也為電力系統帶來巨量的用來進行記憶體、規劃、探勘、共享和視覺化的資料。正如文獻［10］所指出的那樣，全球智慧電表的安裝數量將從 2011 年的 1030 萬個增加到 2017 年底的 2990 萬個。

（2）大數據分析帶給智慧電網的益處

眾所周知，大數據為電力企業和電力使用者帶來了許多益處，它們是：

1）可提高電力系統的穩定性和可靠性　安全始終是電網優先考慮的，主要包含兩個方面，即穩定性和可靠性。可進一步從振盪檢測、電壓穩定性、事件檢測和恢復、孤島檢測和恢復、事件後分析等方面對穩定性和可靠性進行較為全面的分析[11]。儘管對上述許多問題已經研究了幾十年，但隨著大數據分析技術的出現，則有可能產生出一些新方法，以此改進傳統的監測和分析方法。正如文獻［12］所述的那樣，風電場的振盪可通過 PMU 檢測到，而傳統的 SCADA 卻無法觀察到，這是在智慧電網中獲得了高密度的資料導致的結果，體現了大數據分析帶來的優勢。

2）提高資產利用率和效率　在實踐中，大數據分析可以提高資產利用率和效率，更好地了解資產的營運特徵和設備或裝置侷限性，更好地驗證和校準模型以及更好地用大數據工具整合可再生資源。例如，文獻［13］中使用智慧電表和

地理資訊系統（GIS）資料來測量電壓，進行變壓器疲勞分析，以此提醒操作員要提前檢修或更換變壓器。此外，文獻［14-16］中還研究了大數據在模型驗證和校準中的用法。

3）更好的客戶體驗和滿意度　近年來，智慧電表已在全球進行了大量的部署[17,18]，實現了輕鬆計費、欺詐檢測、停電預警、智慧即時定價方案、需要響應和高效能源利用等應用。然而，所有上述應用都需要高速採樣頻率的儀表和高級資料分析以及資訊通訊基礎設施的支援，並對所獲取的大數據進行分析才能實現。這樣就使客戶的體驗更好，電力企業獲得的滿意度更高。

## 5.1.2　智慧電網中的大數據應用

### （1）廣度態勢感知（Wide Area Situational Awareness，WASA）

「態勢感知」（Situational Awareness，SA）的概念首先出現在航空領域，完整的 SA 過程有三個步驟，即感知、理解和映射。第一步是感知可能來自傳統 SCADA 系統或新安裝的 IED 和 PMU 的異構資料。第二步是理解感知資料與系統振盪或不穩定性的關係。這一步實際上對資源要求很高，需要很好的資訊來提取知識。最後一步映射意味著通過以上兩個步驟理解系統的未來行為。通過持續和適當的映射，控制操作員有足夠的時間來響應事件，這有助於防止級聯災難。

在廣域態勢感知應用的現實場景中，有兩個問題需要解決：PMU 數量限制與決策演算法帶來的延遲。

由於成本和在電網中部署 PMU 的複雜因素的影響，同步相量感測器的數量是有限的，並且需要被放置在最佳位置。因此，提出了許多最佳 PMU 放置（Optimal PMU Placement，OPP）方法，如混合整數規劃[19]、基於模型的 OPP[20]、零注入減少法[21]、通用演算法[22,23]。Sodhi 等人[24]提出了一個改進的 OPP 框架，採用改進狀態估計、評估電壓/角度穩定性、監測聯絡線振盪和通訊基礎設施的可用性來評估可能的最佳 PMU 放置點。

對於瞬態故障，反應時間通常在 100ms 以內，自動保護裝置在無人情況下採取行動；而對於常發性故障，控制操作員有足夠的時間通過模擬或經驗來了解情況，並採取相應對策進行處理。但是，對於介於兩種情景間的情況，操作員在相對較短的時間內做出決定至關重要。儘管批處理人工智慧可以幫助決策過程，但因其複雜的運算過程所導致的時延，使其即時性無法滿足要求。決策樹可能更適合中等規模的資料處理，而流探勘適合大數據處理決策。

Domingos[25]等人應用 Hoeffding 綁定，提出了一種從資料流構建決策樹的演算法。其中，主樹分類器和基於緩存的分類器可以處理高速資料流，以提高智慧決策性能。流探勘技術不需要模型資訊，但可以在合理精度、處理時間和運算資源上獲得線上狀態估計。

WASA 已得到應用，例如，情景系統 SMDA（ver5.0）被用於廣域監測和事件檢測[26]；NYISO 使用即時和離線資料在儀表板上顯示資訊，警告操作員異常情況，包括電壓降、瞬態振盪、線路跳閘[4]。Peppanen[27] 等人開發了分布式系統狀態估計（Distribution System State Estimation，DSSE）和態勢感知系統，以監測配電系統，該系統採用 3D 圖形使用者介面以增強態勢感知。

（2）狀態估計

目前電力系統狀態估計（Power System State Estimation，PSSE）已成為電力系統自動化的重要組成部分。由於 SCADA 系統的非線性測量，傳統的狀態估計問題採用疊代演算法。其缺點是低效以及對「壞資料」的敏感性。

在大數據和智慧電網的推動下，已經提出並應用了一些狀態估計的新演算法和新技術。例如，文獻［28］提出了對 PMU 測量的時序資料進行線性解耦的估計方法，將問題解耦為用於加速估計處理的兩個獨立的較小問題；基於 PMU 的魯棒狀態估計法（PMU Based Robust State Estimation Method，PRSEM）[29]，採用權重分配函數消除不需要的干擾資料，以便提高演算法魯棒性。實際上，在進行 PSSE 時存在壞資料過濾和大數據的降維兩個主要問題。

壞資料（Bad Data，BD）的原因很多，如計量設備故障和電磁干擾。用於 BD 檢測的最先進技術可以分為預估計和後估計兩類。

預估方法使用歸一化殘差檢驗並重新估計狀態，在這種情況下，BD 是疊代過程的一部分。然而，與 BD 預估計相比，BD 後估計更可靠、更快速且非疊代，更適用於 PSSE 應用中的不良資料檢測。

智慧電網中大數據的降維對於狀態估計至關重要。主成分分析（Principal Component Analysis，PCA）是最常用的降維方法之一，因為它在保存原始資料方面具有良好的性能，且具有快速運算的特性[30]。

（3）事件分類和檢測

電力系統中的干擾有許多類型，如故障、線路跳閘、減載、發電損耗、振盪等。常規事件檢測是基於模型/拓撲的事後分析。在智慧電網中，大量資料和資訊使得用資料驅動方法進行即時事件分類和檢測變得可行。

事件分類是事件檢測和定位的準備。例如，「電壓下降」事件意味著電壓降低超過標稱電壓的 10％（最多 30％）的時間超過 8ms（最多 1min）。這是某種干擾事件的功能規範。所有電壓和頻率事件可以分為振盪或非振盪。但是，這種分層分類僅考慮電力系統中最常發生的事件。

大數據為事件分類和檢測提供了充足的資訊，可以應用機器學習與資料探勘等演算法對事件進行精確的分類和檢測。例如，採用一種全面的無監督聚類方法對 2007 到 2010 年記憶體在新墨西哥州公共服務公司（Public Service Company of New Mexico，PNM）中的 2226 種干擾進行分類[31]。

（4）電廠模型驗證和校準

發電廠模型驗證和校準長期困擾電力企業。電力系統的性能只能通過分階段測試進行，並且需要關閉工廠，因而代價很大。而利用由 PMU、IED、DFR 獲得的海量測量資料，可開發出新的資料驅動方法來驗證電廠模型，同時，所測量的干擾記錄可與模擬進行比較，從而補充基線測試來調整模型。

（5）短期負荷預測

近年來已經提出了基於大數據的短期負荷預測方法[32-34]。這些方法的核心技術除了使用歷史負載資料和環境資料（如溫度、濕度和降雨量資料）之外，還使用基於智慧計量資料的關聯和聚類分析對負載模式進行分類。由於負荷預測模型的湧現，傳統的抽象度量，如平均絕對誤差（Mean Absolute Error，MAE）和均方根誤差（Root Mean Square Error，RMSE），不足以準確地評估預測值和實際值之間的殘差。利用精細的空間和時間粒度資料，可以使用諸如迴歸樹學習[35]和人工神經網路[36]等更複雜的技術來解決該評估問題。

（6）配電網驗證

由於 GIS（地理資訊系統）輸入的地理資料的精度較低，因此需要定期驗證電網連接。而大數據分析有助於驗證智慧電網中的配電網路拓撲結構，特別是對於難以檢查的地下饋線，這是利用電力大數據的典型相關統運演算法的用例。類似的應用（如二次建模[37]、變壓器辨識[38]和電力盜竊[39]）是基於相同的演算法開發的。

（7）大數據驅動需要響應

需要響應管理是在尖峰時段減少負載負擔的有效方式，傳統方法是切斷預定負載，這顯然是不靈活的。在文獻［40］中，太平洋天然氣和電力公司（PG&E）有超過 200,000 個智慧電表，每 24h 收集 66,434,179 個負載資料，用於執行客戶需要響應（DR）目標。需要響應是一個典型的隨機背包問題（Stochastic Knapsack Problem，SKP），在大數據背景下可以採用啟發式演算法和貪婪演算法來求解。

（8）配電系統的參數估計

通常，自動參數估計（Parameter Estimation，PE）由於徑向拓撲複雜和缺乏測量而僅適用於除配電系統之外的輸電系統。然而，隨著智慧電網中感測器的大規模部署，人們提出了配電系統二次網路的新參數估計方法。來自 AMI 和其他感測器的大數據為二次系統實現線路阻抗校準提供了可能性。在實際應用中取得了較好的結果[41]。

（9）系統安全與保護

由於電網中的測控設備或組件與網路互聯，因此，網路攻擊被認為是對智慧

電網最大的威脅因素之一。採用入侵檢測系統（Intrusion Detection System，IDS）是對抗網路攻擊的方法之一。一般來說，IDS 是一種知識密集型的基於主機的系統，因此它在可擴展性和靈活性方面具有侷限性。而將多個資料源考慮在內構建基於規範的混合 IDS 以用於全面的系統監視和保護，則是一個很好的解決方案[42]。

目前，大數據安全和隱私有三個典型的成就：面向大數據的密碼系統、面向大數據的異常檢測以及面向大數據的智慧應用。

當然，大數據分析還有其他應用，如孤島檢測[43]、振盪檢測[44]、即時轉子角度監測[45]等。表 5.1 列出了大數據在全球智慧電網中的一些實際應用。

表 5.1　大數據在全球智慧電網中的實際應用

| 應用 | 軟體名稱 | 開發者 | 描述 | 文獻 |
|------|----------|--------|------|------|
| 態勢感知 | FNET/GridEye | Liu Yilu | 開發各種應用,包括即時事件檢測、位置估計、振盪檢測等 | 文獻[46-48] |
| 泛態勢感知 | SMDA(ver5.0) | Hydro-Quebec | 即時收集廣域相量資料並監測區域間振盪,約覆蓋 735kV 變電站的 25% | 文獻[49] |
| 事件檢測與告警管理 | E-TERRA3.0 | Alstom | 呈現並視覺化干擾,並導航到相關的診斷資訊 | 文獻[50] |
| 電廠模型驗證 | CERTS | BPA 和 CERTS | BPA 工程師在沒有離線發電機的情況下校準哥倫比亞發電站(CGS)模型 | 文獻[51] |
| 振盪檢測與緩解 | GRID-3P 平台 | Electric Power Group | 使用 SCADA 技術無法觀察到振盪,但通過細粒度 PMU 資料可觀察到振盪 | 文獻[4] |
| 可再生能源集成 | DEMS | Siemens | 資料驅動系統,對分布式發電和可再生能源集成到大容量電力系統進行監控、管理 | 文獻[52] |
| 瞬態穩定性和入侵檢測 | WARMAP5000 | NARI Technology | 將即時監測資料與模擬資料相結合,實現廣域瞬態穩定性控制和網路攻擊預防 | 文獻[53] |

# 5.2　智慧電網大數據分析的技術

## 5.2.1　大數據分析的平台

目前許多企業級雲端平台已被用於智慧電網進行大數據分析。其中，Microsoft Azure 是一個靈活的、可互動的平台，託管雲端應用並進行資料處

理[54]。Holm[55]是一個私人性質的家庭能源管理系統，是第一個基於雲端平台 Azure 的應用程式。Google 的 PowerMerer[56]是一個追蹤家庭能源消耗的應用軟體，也是基於雲端平台 GoogleAPP 引擎。InterPSS[56]是基於互聯網技術的開源電力系統仿真的縮寫，旨在為智慧電網中的新應用開發基於雲端資料的仿真平台。文獻 [57] 提出了一種基於雲端運算的大數據資訊管理框架 Smart-Frame，該框架專為智慧電網設計，由頂級、區域級和最終使用者級三個層級組成。該框架在 Eucalyptus 的原型中使用，Eucalyptus 是一種流行的基於開源雲端運算的平台。

另外，其他雲端平台或雲端運算模組也針對智慧電網的應用進行了研究，包括 MapReduce、Chord、Dynamo、Zookeeper、Chubby 等[58-61]。

下面將討論當前智慧電網中最常用的兩個平台。

（1）Hadoop MapReduce 平台

MapReduce 最初由 Google 於 2004 年開發，是大規模資料處理最流行的編程模型。它有幾個實現，如 Hadoop、Mars、Phoenix、Dryad 和 Sector/Sphere。由於其可擴展性、容錯性和自動故障恢復技術，Hadoop 被認為是最有前途的實現。Hadoop 最初由 Doug Cutting 和 Mike Cafarella 於 2005 年開發[62]，廣泛應用於 Google、雅虎、Facebook、YouTube、IBM 和微軟等公司。Hadoop MapReduce 由 MapReduce 和 Hadoop 分布式檔案系統（HDFS）兩個主要部分組成。

由於能源大數據的獨特性，需要對企業級的大數據平台進行改進以滿足電力系統的需要。Zhang 等人[63]提出了一種新的增量 MapReduce，並將其命名為 i2MapReduce，以執行鍵值對級的增量處理，並支援電力系統中更複雜的疊代運算。Xing[64]等人提出了一個名為 Petuum 的平台，用於機器學習，該平台與原型 MapReduce 相比具有較強的通用性。

（2）Apache Spark

大數據處理主要有三種方法，即批處理、流處理和疊代處理。文獻 [65] 指出 Hadoop Map-Reduce 適用於經驗和靜態資料的分析，但不適用於即時和流資料分析。與 Hadoop 相比，Apache Spark 能夠處理線上和流資料。Apache Spark 是一個用於大數據運算的開源框架，最初是在加州大學柏克萊分校的 AMPLab 上開發的。Spark 運行速度比記憶體中的 Hadoop MapReduce 快 100 倍，或者在磁盤上快 10 倍[66]。Spark 框架支援一堆庫，包括結構化查詢語言（SQL）和資料庫，用於機器學習的 MLlib、GraphX 和 Spark 流。

FNET/GridEye[67]是智慧電網中 Spark 實現的典型例子。該系統在美國部署了 150 個頻率擾動記錄器（全球約有 50 套），其架構包括 openPDC，它應用

在即時性要求較高的環境中，如 Apache Spark（能近乎即時運算的性能在分布式集群中進行事後的資料統計和分析）。由於其處理速度快，能對大量的監控資料進行分析，以及所具有的分布式平台特性，因此，FNET/GridEye 系統可以及時發現一些電力系統重大事件。

# 5.2.2　對電能大數據的分析及其關鍵技術

### (1) 對電能大數據的分析

單獨收集的資料是無用的，重要資訊需要從大數據集中提取。辨識資料的內涵和模式的資料探勘被認為是最有用的知識提取技術之一。資料探勘在電力系統中應用較常見，但過去幾十年使用的技術主要基於 SQL 資料庫甚至電子錶格技術。在智慧電網的背景下，需要新的高效演算法和工具來處理大量資料流。

起初，資料探勘方法非常原始，僅有靜態知識和單源探勘方法[68]。它們不適用於包含大量異構和流資料的智慧網格場景。為解決這一問題，提出了多源探勘機制和動態資料探勘方法。Wu 等人[69]首先提出局部模式分析方法，為多源探勘機制奠定了基礎，為資料探勘領域的分治方法鋪平了道路。傳統的集中式資料處理和分析方法效率低、資源要求高且成本高。相反，分布式運算已應用於許多領域，如地理、氣候和環境分析，人類基因組計劃，暗能量調查（DES）等[70]。分布式資料分析是智慧電網中大規模多源資料集探勘的一個很好的選擇，已經有一些文獻在研究這種邊緣資料處理方法[67,71]。

隨著運算能力的顯著提高和硬體成本的降低，人們提出並開發了一些新的資訊提取方法，機器學習就是其中之一。最常用的機器學習演算法有九種，包括 k-means，線性支援向量機（Linear Support Vector Machines，LSVM），邏輯迴歸（Logistic Regression，LR），局部加權線性迴歸（Locally Weighted Linear Regression，LWLR），高斯判別分析（Gaussian Discriminant Analysis，GDA），反向傳播神經網路（Back-Propagation Neural Network，BPNN），期望最大化（Expectation Maximization，EM），樸素貝氏（Naive Bayes，NB）和自變數分析（Independent Variable Analysis，IVA）。每種演算法都有自己的特點，可以在不同的場景中使用。在文獻［72,73］中，一種將混合 $k$ 均值聚類與主成分分析相結合的方法被用於資料降維和估計映射，以估計隱太陽能站點的發電量。在文獻［74］中，提出了一種附加的分位數迴歸來對分解的智慧抄表進行機率預測。它基於愛爾蘭能源監管委員會（CER）安裝的 3639 戶家庭計量表，這也是除傳統的總負荷預測之外的個人智慧電表資料估算的新嘗試。表 5.2 列出了一些在智慧電網應用中的資料分析演算法。

表 5.2 在智慧電網應用中的資料分析演算法

| 演算法 | 應用 | 參考文獻 |
|---|---|---|
| 主成分分析（Principal Component Analysis，PCA） | 降維 | 文獻[75,76] |
| 人工神經網路（ANNs），k-means，模糊 c-均值，用於聚類的擴展分類器系統（Extended Classifier System for clustering，XCSc） | 負荷分類 | 文獻[77-80] |
| 人工神經網路、經驗模式分解、擴展卡爾曼濾波、帶核的極限學習、決策樹 | 短期負荷預測（STLF） | 文獻[74,81-83] |
| 統計關係學習（Statistical Relational Learning，SRL） | 知識圖 | 文獻[84,85] |
| 隨機矩陣理論 | 異常檢測 | 文獻[86,87] |
| 深度神經網路、多視圖學習、矩陣分解 | 跨域資料融合 | 文獻[88,89] |
| Lyapunov 指數 | 轉子角度監測 | 文獻[45] |
| 回放處理，靈敏度分析（Playback Process，Sensitivity Analysis） | 發電單元模型驗證 | 文獻[90] |
| 決策樹（Decision Tree，DT）與隨機預測（Radom Forest，RF） | 故障檢測與分類 | 文獻[91] |
| 加性分位數迴歸 | 個人智慧電表資料估算 | 文獻[74] |
| k 均值聚類和主成分分析 | 估算隱太陽能發電場 | 文獻[72,73] |

（2）對智慧電網大數據分析的關鍵技術

對智慧電網大數據的分析可以揭示其內涵，包括智慧電網系統的、運行的和電能使用者的等多方面的知識、內涵。同時根據所獲得的知識和內涵進行決策，使智慧電網的運行更高效，能滿足使用者的用電需要。然而，應用於電力系統的大數據技術目前處於起步階段，還有很長的路要走。為此，還需要一些智慧電網大數據分析的關鍵技術，包括：

1）多源資料集成和記憶體 傳統的資料分析通常處理來自單個域的資料，因此必須找到多源資料集的融合方法，該方法具有不同的模態、格式和表示。在大數據記憶體方面，儘管 Hadoop 分布式檔案系統（HDFS）等系統似乎是可行的，但仍需要進行定製和修改以適應電網大數據。

2）即時資料處理 對於一些緊急應用，如故障檢測和瞬態振盪檢測，反應時間尺度為 ms。雖然雲端系統能夠提供快速的運算服務，但網路擁塞、複雜的演算法、大量的資料仍然會導致延遲。基於記憶體的資料庫似乎是解決這一問題的可行方法，SAP 開發的基於記憶體的資料庫 HANA 用於處理大量的電度表資料，以便更好地分配潮流[92]。

3）資料壓縮 資料壓縮技術在廣域監控系統（Wide Area Monitoring System，WAMS）中是必不可少的。它應具有自己的特性，以滿足高保真要求。此外，為了在實現高壓縮比（Compression Ratio，CR）的同時檢測瞬態擾動，還需要一些特殊的壓縮方法。

4）大數據視覺化技術 視覺化的圖形和圖表可以為操作員提供電壓和頻率的細化和顯式變化。但是，如何有效地查找和表示多源資料之間的相關性或趨勢是急需解決的關鍵技術。其他關鍵技術包括視覺化演算法、資訊提取與呈現以及圖像合成技術等[93]。

5）資料隱私和安全 傳統的 SCADA 系統將與新的 AMI 和 IT 系統共存。SCADA 系統設計不考慮網路攻擊預防。遺留系統和通過 API 的互操作將網格暴露在危險的場景中，如元資料欺騙、包裝和網路釣魚攻擊[94]。在客戶方面，不斷增加的家用能源智慧電表可以產生不斷成長的個人資訊[95]。由於資料在不同實體之間共享，私人資料泄漏可能是一場災難，並導致級聯問題。

# 5.3 物聯網中的邊緣/霧端運算

物聯網擴展了互聯網，使「萬物互聯」，並為人們提供全方位的資訊服務。一般認為物聯網由三個層次構成，即感知控制層、網路傳輸層與綜合服務層。從本質上來看，物聯網的綜合服務層是資訊彙集、處理、應用的中心。由於物聯網所獲取的資訊（資料）是海量的，因此需要大規模或超大規模的資料中心來記憶體、處理這些海量資料，而雲端運算則是構建這種資料中心的首選技術。

目前的研究已揭示基於服務的邊緣/霧端運算將在物聯網中扮演重要角色，它通過在網路邊緣產生中間服務擴展雲端運算，基於邊緣/霧端運算的物聯網分布式架構增強了雲端到物（Cloud-to-Thing）的服務性能，從而使其適用於關鍵型任務的應用。此外，邊緣/霧端設備的位置接近所產生的資料，使其在資源分配、服務交付和隱私方面表現出了突出性能。從業務角度來看，基於邊緣/霧端運算的物聯網將引領中小企業的蓬勃發展，通過降低資訊服務成本，提高了中小企業的競爭能力。本節將討論邊緣/霧端運算物聯網的概念、架構和在多種行業中的應用。

## 5.3.1 基本概念

本節將介紹一些相關的基本概念，並比較雲端運算、霧端運算、邊緣運算的相似和不同之處。

（1）雲端運算

亞馬遜（Amazon）、Microsoft Azure、Google 雲端平台和 IBM Cloud 等企業均採用通用的雲端運算模式，其大數據分析、決策制定和運算都集中在遠端雲端中資料中心，但這種集中式模型存在許多缺點[96]。而物聯網中機器類型通訊（Machine-Type Communication，MTC）的增加將導致物聯網系統產生巨量的資料流。因

此，使用雲端運算模型管理網路內的流量和擁塞將變得困難。此外，考慮到物聯網終端設備與雲端資料中心之間的距離相對較遠，時延敏感的資料和應用將經歷較長的延遲。另外，由於構建雲端基礎設施的成本巨大，因此中小企業無法負擔起建立雲端基礎設施的成本[97]。儘管 FEC（Fog/Edge Computing，霧端/邊緣運算）的出現為中小企業提供了低成本的服務、更低的延遲和更高的頻寬，但雲端將繼續在 FEC 中起關鍵作用。中小企業可能會受到網路內發生的動態變化的影響，如處理和記憶體容量、頻寬、安全威脅、鏈路停機時間、成本等[97]。

圖 5.1 給出了雲端運算模型以及三種雲端服務。

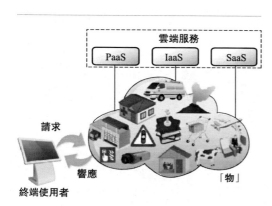

圖 5.1　雲端運算模型

1）平台即服務（Platform as a Service，PaaS）　這是一種基於客戶的雲端運算服務，使客戶可以靈活地開發、運行和管理基於 Web 的應用，而無須經過與開發和啟動應用相關的基礎架構的嚴格要求來進行構建和維護，為客戶提供支援。PaaS 還支援雲端應用程式的整個生命週期管理，包括編碼、測試、部署和維護[98]。Apprenda 就是一個很好的例子，它是 .NET 和 Java 私有雲端 PaaS 的提供商。

2）基礎設施即服務（Infrastructure as a Service，IaaS）　這種服務模型也稱為硬體即服務（Hardware as a Service，HaaS），它是一種雲端運算服務模型，提供運算基礎設施。IaaS 管理運算、記憶體和網路資源，並直接向 PaaS 或使用者提供基本資源服務[98]。通常，IaaS 提供硬體（可能包括軟體）、記憶體、伺服器和資料中心空間或網路服務。Amazon Web Services（AWS）、Cisco Metacloud6（以前稱為 Metapod）、Microsoft Azure、Google Compute Engine（GCE）和 Joyent 等都屬於 IaaS 類別。

3）軟體即服務（Software as a Service，SaaS）　這是一種軟體分發模型，允許客戶端通過 Internet 訪問由第三方提供商託管的應用[99]。如 Twitter、Instagram、Facebook 和 Google 的智慧應用套件（以前稱為 Google Apps）就是典型的 SaaS。

（2）霧端運算（Fog Computing，FC）

霧端運算（FC）的概念最初是由 Bonomi 等人於 2012 年引入的[100]。FC 範例需要將智慧向下移動到區域網路（LAN）級，並在物聯網閘道器處理資料。其引入的主要目的是擴展雲端在網路邊緣提供的服務和功能。這些

功能可以包括對物聯網終端設備的記憶體、處理、資料庫操作、集成、安全性和管理，以利用其接近網路邊緣的能力，具有最小化網路擁塞、最小化端到端延遲，解決連接瓶頸，提高安全性和隱私以及增強可擴展性等優勢。此外，業界聲稱 FC 的出現可以帶來巨大的商機。通過雲端到物的連續統一的運算、記憶體、網路和管理服務的有效分配，可滿足當今對本地內容、資源池和即時處理的應用需要[101]。因此，FC 引起了學術界和工業界的興趣。事實上，FC 不會取代雲端運算，而是通過卸載可以在本地處理的資料或服務請求來對雲端運算進行補充[102]。FC 的仲介角色是部署現有的運算基礎設施，將雲端連接起來，FC 將成為現有和新興技術成功的關鍵，如智慧電網、智慧家居、智慧城市、無線感測器網路、行動醫療保健、製造業和車載網路等。FC 具有的功能與特點包括：

① 地理分散；

② 支援大規模感測器網路和物聯網終端；

③ 相較於雲端運算模型，提供更好的即時響應；

④ 支援異構性和互動性；

⑤ 線上分析以及與雲端進行互動。

（3）邊緣運算（Edge Computing，EC）

顧名思義，邊緣運算是需要在網路邊緣執行的運算。EC 旨在克服與基於雲端運算的模型相關的約束。它充當終端使用者/設備和雲端之間的仲介，為大量物聯網終端設備提供處理和記憶體功能，最大限度地減少遠離雲端的資料中心的運算負荷，增強即時響應，減少延遲[103]。EC 的另一個優點是異構網路中的分布式性質和對設備移動性的支援。目前行動邊緣運算（MEC）領域正在進行重大的研究。根據文獻 [103]，邊緣層可以以三種模式實現，即 MEC、FC 和 CC（Cloudlet Computing）。MEC 是具有在行動網路網路的基站（BS）內處理和記憶體資訊能力的中間節點的部署，實現了無線區域網路（RAN）內的雲端運算功能。Cloudlets 是雲端的較小版本，它提供類似雲端功能的專用設備。文獻 [104] 指出，將面部辨識應用的運算從雲端移動到邊緣，響應時間將從 900ms 減少到 169ms。EC 的功能和特點包括：

① 地理分散；

② 加密資料進一步進入核心網路，提高了安全性；

③ 相較於雲端運算，提供了更好的即時響應；

④ 通過虛擬化，提供了更好的可擴展性；

⑤ 降低了發生通訊擁塞的可能性。

（4）霧端/邊緣運算

值得注意的是，FC 設備不一定位於網路邊緣，而是靠近網路邊緣。邊緣設

備通常駐留在網路邊緣，並且通常是物聯網終端設備的第一接觸點。實質上，FC 設備和 EC 設備都靠近物聯網終端設備，但 EC 設備通常更接近終端設備。在許多系統中，霧端運算和邊緣運算可以互換使用。有人認為 FC 是物聯網 EC 和微資料中心（MDC）範例的一部分[105]。FC 和 EC 都將服務定位在最終使用者附近，但 EC 駐留在邊緣設備中，而 FC 駐留在網路邊緣設備中，通常是遠離邊緣的一個或幾個網路跳段。EC 平台受限於能量和記憶體容量，屬於受限設備類。物聯網應用數量的增加可能導致更高的資源爭用和額外的延遲[106]。實質上，由於靠近物聯網終端設備，EC 的資源爭用大於 FC。此外，EC 更關注「物」域，而霧端運算更側重於基礎架構域。

FEC 支援的特性包括安全性、可擴展性、開放性、自主性、可靠性、敏捷性、層次結構組織和可編程性，這是 FC 和 EC 固有的。因此，整合 FC 和 EC 的動機是基於它們之間的特殊性。

# 5.3.2　霧端/邊緣運算架構

FECIoT（Fog/Edge Computing-based IoT）的目標是釋放當霧端/邊緣運算範例很好地集成到物聯網架構中時可能產生的巨大潛力。本節將討論 FECIoT 架構框架。霧端/邊緣設備可以連接成網格，以提供雲端到物聯網中的負載平衡、彈性、容錯、資料共享和減少通訊負荷[107]。在架構上，要求霧端/邊緣設備具有在物聯網生態系統內垂直和水準通訊的能力。FECIoT 繼承了基本的物聯網架構，並通過利用分布式 FEC 範例以更有效的方式提供所有物聯網需要。如第 1 章所述，物聯網沒有普遍接受的架構，因此 FEC 的架構也沒有廣為接受的架構。本小節將討論三種不同架構。

（1）三層架構

如圖 5.2（a）所示，三層架構包括感知/執行層、網路層以及應用層。

① 感知/執行層　通過使用 RFID，感測器，感測平台（Wireless Identification and Sensing Platform，WISP），執行器等進行感知獲取資料。

② 網路層　該層執行跨不同網路路由的資料傳輸任務。從感知層接收資訊，然後通過因特網將其

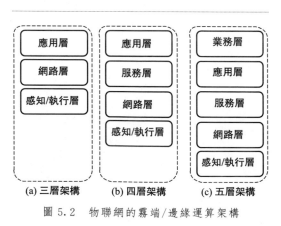

圖 5.2　物聯網的霧端/邊緣運算架構

| (a) 三層架構 | (b) 四層架構 | (c) 五層架構 |
| --- | --- | --- |
| 應用層 | 應用層 | 業務層 |
| 網路層 | 服務層 | 應用層 |
| 感知/執行層 | 網路層 | 服務層 |
| | 感知/執行層 | 網路層 |
| | | 感知/執行層 |

路由到物聯網集線器和其他設備。該層支援運算平台，如雲端運算平台、互聯網閘道器、行動通訊、交換和路由設備等，也支援使用最先進通訊技術，如 5G/LTE、藍牙、WiFi 等。網路層使用閘道器通過異構網路以及多種協議和技術向應用發送資料。

③ 應用層　該層基於接收的資料或來自網路層的請求提供服務（記憶體、處理或分析）。該層中存在多個具有不同需要的物聯網應用，並與中間件功能一起部署。隨著新興的霧端/邊緣部署，多供應商生態系統應用需要無縫遷移和操作，儘管系統是異構的，但應用應該能夠跨越部署的所有級別以最大化其價值。

三層架構看起來很簡單，但是當仔細研究網路和應用層時，會發現將資料服務（資料聚合、資料探勘和分析）嫁接到此架構中的複雜性。因此，產生一個稱為服務層的新層。

（2）四層架構

這種架構也稱為面向服務的架構（service-oriented architecture，SoA）。SoA 是一個應用程式框架，允許企業獨立於其運行的技術系統構建、部署和集成服務。服務層位於應用和網路層之間，以增強物聯網中的資料服務。這種面向服務的體系結構側重於設計協調服務的工作流程，並允許硬體/軟體重用，因為它支援服務的設計、部署和集成，這些服務不依賴於它們運行的技術平台[108]。圖 5.2(b) 給出了四層體系結構，包括感知/執行層、網路層、服務層以及應用層，以下簡要討論服務層。

服務層，顧名思義，提供多種服務。該層也稱為介面或中間件層。服務層可以進一步細分為四個組件[109,110]，即：

① 服務發現　有助於發現所需的服務請求。文獻［111］引入了一個全球服務發現框架，允許使用者將自己的感測器註冊到公共基礎設施中，並通過行動設備發現可用的服務。

② 服務組合　SoA 中的子層，為構建特定應用中的網路對象提供特定的服務組合。服務 Web 也起著至關重要的作用，因為它們允許精確定義介面對象的功能並與它們進行互動[112]。可以通過使用工作流與聯網的對象進行有效的互動，以此來管理服務請求。工作流可以嵌套，因此表示為由單個組件執行的一系列協調操作。

③ 服務管理　為每個對象提供主要的功能要求和管理。服務中的功能可以跨越 QoS 管理等級，並對語義進行管理。此外，可以在運行時部署更新的服務，以滿足應用要求。服務記憶體庫在該子層中執行，以便確定物聯網內的服務對象對。文獻［113］比較了兩種服務管理的替代架構：開放服務閘道器計劃（Open Service Gateway initiative，OSGi）和表示性狀態轉移（REpresentational State

Transfer，REST），發現 OSGi 更簡單，更適合約構感測器網路，而 REST 更複雜，非常適合異構和廣泛分布的物聯網設備/服務。

④ 服務介面　此介面用作連接所有提供的服務的橋接器。介面對於降低業務流程的複雜性是必要的。

應用層位於此架構的頂層，可根據系統的功能向最終使用者提供全面支援。與傳統的三層體系結構不同，應用層不是中間件的一部分，而是指示服務/中間件層。該層通過異構分布式系統和應用上的標準 Web 服務協議與服務組合技術提供互動式介面[114]。這類應用的例子包括智慧家居、智慧交通、智慧工業、智慧醫療等。

（3）五層架構

該模型具有業務前景，並從傳統的應用層中提取，以提供更複雜的服務[115]。五層架構包括感知/執行層、網路層、服務層、應用層以及業務層。

業務層的主要作用是記錄和分析已經在異構系統中發生的所有物聯網操作。執行 PB 級分析的業務層受到合規性和記錄保留策略的約束。機器學習模型通常部署在此層上，以增強營運優化、探勘洞察力、業務規劃。此外，元資料和參考資料管理、業務規則管理以及較低層的操作健康是該層的其他功能。

業務層處理整個物聯網系統，包括應用、業務模型以及使用者機密資訊等。圖 5.2(c)顯示了業務層作為 SoA 中的附加功能。SoA 實際上促進了系統的創建，支援從技術約束中推導出獨立的業務解決方案。

FEC 架構將在重塑網路、伺服器和軟體行業方面起重要作用，它將路由器、交換機、記憶體和應用伺服器融合到 FEC 設備中。此外，分布式 FEC 架構支援新興的 Fog as a Service（FaaS），小型企業也可以參與向終端使用者提供不同規模的私有和公共服務。

## 5.3.3　霧端/邊緣運算提供的服務

FEC 通過互利與互賴的服務對雲端運算提供補充。這種新興架構可以輕鬆執行記憶體、運算、控制和通訊服務，從而最大限度地減少延遲和頻寬需要[116]。FEC 範例實現了服務連續性，性能較高的設備可以在本地為物聯網系統中的低性能設備提供運算、控制甚至資料分析。

例如，感測器被放置在人體上以監測不同身體器官的生理參數，通過收集和分析感測資料，所佩戴的智慧設備可以成為 FEC 設備；又譬如佩戴者可能正在駕駛，因此，通過提供如警報顯示、使用者介面、情況更新等功能，車輛可以作為所佩戴的智慧設備的 FEC 設備；另外，路邊交通控制單元又可以作為移動車輛的 FEC 設備，通過上述一系列 FEC，所感測到的生理資訊可以到

達醫療中心。

　　應注意的是，可以通過部署雲端服務來管理霧端，霧端可以遠端向最終使用者提供雲端服務。物聯網管理系統的設計應使終端使用者能夠調用最合適的服務。文獻［117］引入了一種名為 Offload as a Service（OaaS）的新服務。雖然卸載運算（Offload Computation，OC）領域的研究已經有一段時間了。但卸載運算卻提供了在 CPU、GPU、記憶體、記憶體和電池壽命方面擴展移動資源限制的功能。一般認為，物聯網終端是資源約束的設備，因此，需要將卸載運算技術與霧端/邊緣運算協同。卸載可以定義為將資料/服務傳輸到其他設備，實質上是將運算遷移到更強大和更有資源的運算設備。

　　FECIoT 中的 OaaS 將使眾多的行動設備受益，每個行動設備都具有一些運算能力。這些設備通常未充分利用，具有額外的記憶體容量、空閒 CPU、空閒記憶體等。典型的 FEC 環境由若干 FEC 設備組成，如 PC 終端、因特網閘道器、伺服器和智慧電話/感測器。

　　圖 5.3 給出了 FEC 框架背後的服務邏輯。根據部署，用例和資源可用性，霧端/邊緣應用將彼此不同。此外，FEC 應用由一系列微服務組成。這些服務包括：

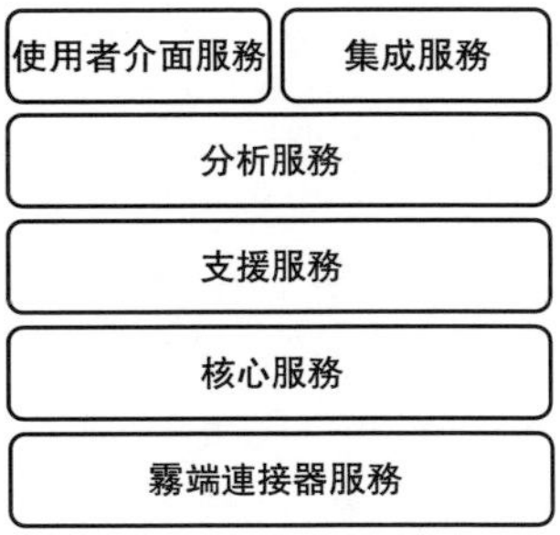

　　1）霧端連接器服務　由一組 API 組成，用所選的邊緣通訊協議使更高層的霧端服務能夠與設備、感測器、執行器和其他平台進行通訊。霧端連接器將物生成的資料和傳遞的資料轉換為統一的資料格式，然後將其傳遞給核心服務。

　　2）核心服務　此服務需要從邊緣收集資料。收集的資料將傳遞給其他更高級的服務和系統。核心服務從較高系統到邊緣設備進行路由請求[118]，還包括從雲端到邊緣設備的命令的接收和轉換以用於執行。

圖 5.3　FEC 應用服務

　　3）支援服務　顧名思義，它需要大範圍的微服務。這可能包括記錄、調度、服務註冊和資料清理。例如，基於安全報告記錄可以是調度處理或擦除所接收的資料。

　　4）分析服務　包括反應和預測功能。反應特徵通常由位於網路邊緣附近的霧端節點表現出來。具有更高處理能力的層次較高位置的霧端節點通常具有更好的認知和預測能力（採用機器學習的方法）。

　　5）集成服務　這些服務允許其他 FEC 設備註冊並確定資料的傳送位置、時間、方式和格式。例如，計程車司機可以通過 REST 請求獲取特定道路內的即時交通資訊，並以加密的 XML 格式發送到特定客戶。

6）使用者介面服務　該服務的主要目標是在 FEC 設備中顯示收集和管理的資料、服務的狀態和操作、分析結果和系統管理。目前人們越來越依賴於 Web 和移動應用，因此需要在使用者介面上增加優先級以改善整體使用者體驗。

# 5.4　物聯網霧端/邊緣運算域內的協議與模擬技術

考慮到物聯網霧端/邊緣運算是一個分布式架構框架，因此，可擴展性、移動性和兼容性仍是跨不同物聯網系統進行異構設備間通訊的重大問題。為了滿足異構性的要求，必須考慮支援資源（包括能量與頻寬）受限設備的技術與協議。IETF 率先標準化了幾種非常適合資源受限的、在物聯網霧端/邊緣運算環境進行通訊的協議，包括低功耗和有損網路路由協議（Routing Protocol for Low Power and Lossy Networks，RPL）、約束應用協議（Constrained Application Protocol，CoAP)[119]。IEEE 和 ITU 也提出了幾種物聯網協議。人們正在研究資源分配協議的設計，從而提高通訊的彈性和穩健性，並降低能耗以滿足受限設備的嚴格能量需要[120]。

圖 5.4 給出了可以在物聯網霧端/邊緣運算域內運行的協議，包括了基本層內的各種協議，即感知/資料鏈路層、網路層、傳輸層、服務層、安全層、業務/管理層和應用層。值得注意的是，一些傳統的因特網協議可用於物聯網域。但是，由於物聯網設備處理能力和通訊能力有限，因此必須定義適應於物聯網的協議和標準。圖 5.5給出了一些可以在物聯網霧端/邊緣運算域內提供獨特功能的使能技術。

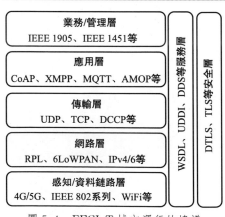

圖 5.4　FECIoT 域內運行的協議

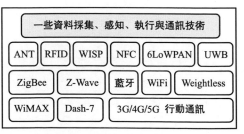

圖 5.5　在 FECIoT 域內提供
獨特功能的一些使能技術

## 5.4.1 物聯網霧端/邊緣運算域內的協議

### (1) 物理層與資料鏈路層

物理層與資料鏈路層使能技術主要包括 RFID、WISP、WSN、條形碼、BLE、NFC、IEEE 802.15.4、IEEE 802.11AH、Z-Wave 和 4G/5G 行動通訊網路。其中，WISP 為無線辨識和感知平台。

### (2) 網路層

網路層使能技術和標準主要包括第 4 章討論的 LoRaWAN、IPv6、6LoWPAN、RPL 和 Sigfox，以及下面簡要介紹的 CORPL、CARP、E-CARP 等。

1) CORPL (Cognitive RPL)　CORPL 是 RPL 協議的擴展，專為認知網路而設計。就像 RPL 一樣，它也使用 DODAG 拓撲與機會轉發技術，以便在節點之間轉發資料包[120]。父節點以及其他節點都維護轉發列表並定期更新列表。基於更新的資訊，使用成本函數法動態地優化轉發器集中的節點[121]。

2) CARP (Channel-Aware Routing Protocol)　CARP（頻道感知路由協議）是一種專為無線感測器網路設計的跨層分布式路由協議。CARP 利用鏈路品質資訊確定跨層中繼節點，如果先前該節點與鄰近節點的傳輸成功，那麼該節點被選為中繼節點[122]。此外，該協議還考慮了用於選擇魯棒鏈路的功率控制機制。該協議可以在物聯網邊緣/霧端運算域內有效部署，因為它支援輕量級資料包[120]。

3) ECARP (Enhanced Channel-Aware Routing Protocol)　ECARP（增強的頻道感知路由協議）是由 Basagni[122]等人設計的 CARP 的增強版。該協議旨在實現無位置和貪婪的逐跳分組轉發策略。ECARP 顯著降低了通訊開銷，可以有效地部署到物聯網邊緣/霧端運算應用中。此外，當要監測的環境相對穩定時，ECARP 中使用的策略會降低能耗[123]。

### (3) 業務/管理層

為了提高不同應用、網路拓撲和技術間的互操作性，需要精心設計業務/管理層標準。下面簡要介紹一些典型的標準。

1) IEEE Std 1905.1a™-2014　在物聯網中，應用、網路拓撲和技術的介面固有的複雜性使其需要有效地部署管理標準來滿足這些要求。IEEE Std 1905.1a 定義了一個抽象層，它支援部署多種家庭網路通用介面[124]。當資料包從任何介面或應用到達時，連接選擇由 IEEE Std 1905.1a 抽象層執行。該抽象層位於第 2 層和第 3 層之間，每個介面都是單獨抽象的，因此可以實現無縫集成。該層還可確保端到端 QoS，為增加網路覆蓋範圍，建立安全連接以及其他網路管理功能（如發現、路徑選擇、自動配置和 QoS 協商）提供平台。該標準可以很容易地部

署到物聯網的邊緣/霧端運算環境中，且具有自安裝、聚合吞吐量、負載平衡以及對多個同步流的支援等功能。

2）IEEE 1451　由於設備標準的異構性，IEEE 1451 標準集開發支援感測器/執行器網路和總線之間互操作性的統一協議，以此來集成不同的標準和協議[125]。這些標準的一個重要特徵是為每個感測器定義感測器電子資料表（TEDS），它們在因特網上以相同的格式傳送，與物理層設備的類型無關。硬體介面支援開放標準介面，如 RS-232/USB、CAN、IEEE 802.11、藍牙和 ZigBee（802.15.4）。它管理幾乎所有智慧感測器，允許互操作性以及與網路的包容性，並使其適應物聯網邊緣/霧端運算框架。

（4）服務

1）WSDL（Web Service Description Language）　WSDL（Web 服務描述語言）標準使用可擴展標記語言（Extensible Markup Language，XML）語法來解決 Web 服務的功能和調用機制。通常，服務包含物理對象的所有資訊，包括功能和非功能組件。實質上，它描述了基於服務提供的抽象模型的 Web 服務。此外，WSDL 是可擴展的，允許描述端點及其消息，而不考慮通訊中使用的格式或協議的類型。WSDL 通常與 SOAP（Simple Object Access Protocol，簡單對象訪問協議）和 XML Schema 一起部署，以通過 Internet 提供 Web 服務。

2）SOAP　簡單對象訪問協議（SOAP）明確地規定了 XML 消息格式。服務請求和響應以基於 XML 的方式封裝。這可能需要調用服務上的方法，其響應來自服務方法，或者錯誤來自服務。SOAP 是一種與傳輸無關的消息傳遞系統，它使用 W3C 的 XML Schema 標準來描述消息有效負載的結構和資料類型。SOAP 請求和響應使用 HTTP、HTTPS 或其他傳輸機制傳播。考慮到資源受限的物聯網，文獻［126］提出了一種將 SOAP 綁定到約束應用協議（CoAP）的策略，從而產生了一種可以在物聯網邊緣/霧端運算框架中輕鬆部署的輕量級協議。因為在高度資源受限的情況下，HTTP 和 UDP 協議綁定可能無法產生所需的網路性能。

（5）安全

1）DTLS　DTLS（Datagram Transport Layer Security，資料報傳輸層安全）可在受約束設備（如記憶體器、安全演算法）和受約束網路（如 PDU、分組丟失）中使用。由於物聯網環境極易受到攻擊，定義可用於安全傳輸多播消息的 DTLS 記錄層，這將需要使用會話密鑰。此外，由於可能的消息碎片化，需要重新傳輸和重新排序，DTLS 握手機制可以有效地用於最小化系統中，以消減其潛在的複雜性。

實際上，DTLS 綁定使 CoAP 安全。在文獻［127］中，使用 DTLS 策略

構建了一種降低受約束設備中拒絕服務攻擊可能性的體系結構。該框架採用了稱為物聯網安全支援提供商（Internet-of-Things Security Support Provider，IoTSSP）的第三方設備和兩個主要機制〔可選握手授權和 DTLS 的新擴展（稱為會話轉移）〕。

2）TLS　TLS（Transport Layer Security，傳輸層安全）被廣泛部署，並駐留在傳輸層和應用層之間。TLS 需要可靠的傳輸，因此，它會在網路中產生額外的開銷。由於 UDP 的輕量級，物聯網應用最適合 UDP 而不是 TCP。與DTLS 一樣，傳輸層安全性（TLS）在憑證和加密演算法選擇方面提供了很大的靈活性。但是，頻寬限制要求 TLS 僅用於安全密鑰交換，並在某些物聯網場景中設置安全資料連接。最近，引入了 GUARD TLS，也稱為 MatrixSSL，它是TLS 和 DTLS 的模組化實現，因其最小的記憶體占用和高效的 RAM 利用率，非常適合物聯網使用。它提供了 C 語言的原始碼，用作精簡和詳細的記錄，易於集成。它是所提出的物聯網邊緣/霧端運算框架的理想選擇。

（6）應用層

應用層協議主要包括第 3 章討論過的 MQTT、CoAP 以及下面將要介紹的XMPP 和 AMQP 等。

1）XMPP　XMPP（Extensible Messaging and Presence Protocol，可擴展消息傳遞與線上協議），也稱為 Jabber，是一種非常適合物聯網邊緣/霧端運算域的 IETF 標準化協議，因為它解決了安全性和互操作性問題。該協議具有高度可擴展性，但它消耗頻寬和處理能力而不保證 QoS[128]。XMPP 支援不同操作系統的伺服器、客戶端和庫的各種開源軟體，並提供可增強性的平台，可顯著節約成本並降低複雜度。實質上，該協議通過有線或無線網路（包括因特網）促進技術不可知和協議無關的資料傳輸。XMPP 協議支援允許雙向通訊的請求/響應模型，並且還支援允許多方向通訊的發布/訂閱模型，如圖 5.6(a) 所示。

2）AMQP　AMQP（Advanced Message Queuing Protocol，高級消息隊列協議）是一種開源標準，支援跨異構設備和異構網路的不同應用間的通訊。該協議最初是為快速 M2M 通訊而開發的。AMQP 完全支援符合標準的客戶端和消息中間件伺服器（代理）之間的功能互操作性，如圖 5.6(b) 所示。AMQP 協議是多通道、協商、異步、安全、便攜、中立和高效的。AMQP 可以分為功能層和傳輸層兩個有用的層。功能層定義了一組代表應用程式執行任務的命令，而傳輸層則在應用程式和伺服器之間傳遞這些方法。AMQP 伺服器具有類似於電子郵件伺服器的功能，每個交換機充當消息傳輸代理，每個消息隊列充當郵箱。Windows Azure Service Bus 使用 AMQP 1.0 來構建應用。AMQP 1.0 定義了便攜式資料表示。可以使用 Java、Python、Ruby 等讀取從 .NET 程式發送到服務總線的消息。

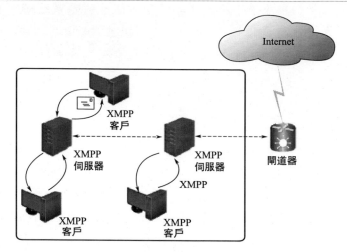

(a) XMPP架構模型

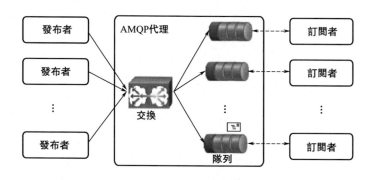

(b) AMQP架構模型

圖 5.6 兩種應用層協議架構模型

## 5.4.2 物聯網霧端/邊緣運算域內的模擬技術

（1）模擬技術

模擬器是系統開發的有力工具。基於模擬的方法為研究和開發人員提供以較低成本收集資料並重複進行實驗的平台，用於驗證假設或某些分析結果。模擬可根據不同的網路場景調整參數。物聯網的霧端/邊緣運算模擬器需要為各種異構場景及其複雜網路的設計提供高精度的運算、可擴展性、可移動性支援。物聯網研究人員可以根據具體需要選擇合適的模擬器。

為了滿足架構的需要，可採用多級模擬器[129]。多級模擬將多個仿真模型組合在一起，每個模型執行一項獨特的任務。多級仿真被認為是支援大規模物聯網

網路仿真，同時保留細節的主要框架。

（2）主要模擬器

在物聯網背景下，可以採用與多級仿真集成的自適應模擬器、基於代理的並行和分布式仿真。FECIoT 框架可以使用不同的仿真工具進行仿真，如網路模擬器（NS-3）[130]、Cooja[131]、NetLogo[132]、IoTSim[133]、iFogSim[134]，CupCarbon[135]，OMNET＋＋[136] 和 QualNet[137]等。以下簡要介紹其中幾個。

1）NetLogo　NetLogo 開發於 1999 年，通常用於對隨時間發展的複雜系統進行建模。該模擬器在 Java 虛擬機上運行，因此可與 Windows、Linux、MAC 等主要操作系統兼容。它是下一代多智慧體建模語言系列。它是完全可編程的，具有使用者友好的語法，支援代理的 Logo 語言的變體、移動代理，並連結代理以形成網路/圖形。

2）Cooja　Cooja 運行在 Contiki（http：//www.contiki-os.org/）上，這是一個物聯網的開源操作系統。Contiki OS 運行在微型低功耗微控制器上，因此可以開發有效利用硬體的應用，同時為各種硬體平台提供標準化的低功耗無線通訊。Contiki 完全支援 IPv6 和 IPv4 標準以及低功耗無線標準，如 6LoWPAN、RPL、CoAP 等。Contiki 應用程式是用標準 C 語言編寫的。Cooja 模擬器是一個靈活的基於 Java 的模擬器，用於模擬 motes/node 網路（取決於功能）運行 Contiki OS。Cooja 支援在網路級、操作系統級和機器代碼指令集級上進行同步模擬。

3）CupCarbon　CupCarbon 是一種典型的無線感測器網路、智慧城市和物聯網模擬器，它是基於多代理和離散事件的。它使用地理位置的概念來模擬和仿真用數位表示的 OpenStreetMap 上的感測器網路。通過利用代理和事件的並行性，模擬器可以更好地優化模擬。該模擬器的關鍵組件包括：

① 多代理仿真環境，允許運行仿真並隨時監控各種事件；

② 用於協調代理移動性的移動仿真；

③ WSN/IoT 仿真器，主要用於模擬感測器事件的 CupCarbon 內核。

該模擬器的一個主要特點是它的 3D 環境有助於在可考慮的高程情況下進行精確部署。該仿真工具非常適合 FECIoT 框架，因為它允許多代理仿真，可用於並行化每個物聯網終端設備的行為，也可用於離散事件仿真和模擬物聯網設備之間的互動。

（3）模擬 FECIoT 網路中通訊的數學方法

霧端/邊緣設備以支援移動性以及來自各種物聯網終端設備的資料和服務請求的即時處理而著稱。例如，智慧型手機、智慧手錶、工業機器人等均可成為霧端設備，並為任何物聯網內的終端設備提供本地控制和應用資料分析。此外，FEC 設備可以充當物聯網生態系統的中繼，以提高網路的恢復能力。在

異構和多層基於霧端的物聯網架構中，可以在不同層和不同供應商處提供各種服務。實際上，某些資料和服務請求的目的地可能遠離源，因此需要關注通過霧端中繼將源和目標連接起來的通訊鏈路。眾所周知，大多數物聯網終端設備採用無線通訊，由於部署稀疏而經常被隔離，使得它們容易產生非視距無線鏈路。因此，有必要將 FEC 設備部署為中繼，以便有效地最小化通訊中斷。因此，可使用單個中繼場景來模擬從源（IoT 終端設備）到目的地（靜態霧端節點）的中斷機率。

## 5.4.3 安全與隱私

安全性對於保障互聯的物聯網設備安全、可靠地運行非常重要。隨著異構終端的廣泛部署與應用，資料機密性、完整性、隱私以及驗證資料源的身分非常重要。與互聯網一樣，物聯網也容易受到各種攻擊，如竊聽、拒絕服務、中間人攻擊、資料和身分盜用等。傳統的互聯網在鏈路層、網路層、傳輸層或應用層上使用某種形式的加密和身分驗證來減輕攻擊，但是，由於物聯網設備的處理能力有限，幾乎不可能部署完整的安全性套件。

FECIoT 有助於克服應用基於雲端運算的現有物聯網架構遇到的一些困難。在安全性方面，可以將 FEC 設備部署為物聯網終端設備的代理。這些代理有助於管理和更新物聯網終端設備的安全憑證。由於物聯網終端的資源和運算的有限性，FEC 節點有助於執行安全功能，如惡意軟體掃描，以可擴展和可信賴的方式監控分布式系統的安全狀態，還能夠在不影響性能的情況下即時檢測威脅。

儘管 FECIoT 具有優點，但是存在與該架構相關的若干安全問題。以下將討論 FECIoT 的一些安全功能以及 FECIoT 中可能存在的安全攻擊。

（1）FECIoT 中的安全功能

安全要求會影響不同的層，具體影響取決於安全要求[138]。FECIoT 中的一些重要安全功能如下。

1）信任（Trust） 在雲端中進行物聯網設備、FEC 設備和基礎設施之間的通訊需要一定程度的信任。此外，為了在 FECIoT 架構中實現信任，設備需要具備足夠的安全性，使其成為可信任的元素。部署可信設備為安全的 FECIoT 生態系統提供了基礎。信任並非僅限於設備之間的通訊，而是涵蓋不同物聯網層和應用。物聯網中的設備易受惡意攻擊，因此，信任通常基於先前的互動來構建。例如，向物聯網終端設備提供服務的 FEC 設備應該能夠根據以前的經驗驗證終端設備所請求服務的真實性，這稱為信譽。同樣，發送資料/請求的物聯網終端設備應該能夠驗證預期的 FEC 設備是否值得信任。因此，在 FECIoT 體系結構中

實施信任需要魯棒的信任模型來確保可靠性和安全性。

一些信任管理模型已經應用於雲端運算領域，使用人工智慧、模糊方法、博弈論和基於貝氏估計的技術[139,140]。然而，這些模型在 FECIoT 框架中可能並不實用，還需要輕量級的信任評估模型。

2）驗證（Authentication） 驗證涉及實體辨識。在設備成為特定物聯網的一部分之前，必須對設備進行身分驗證。但是，當考慮註冊和重新認證階段的複雜性時，物聯網設備的受限的性質使其更具挑戰性。由於物聯網設備的資源有限，使用證書和公鑰基礎結構（Public-Key Infrastructure，PKI）的傳統認證機制並不合適。由於 FEC 設備的分布式特性和接近性，基於 FEC 的認證伺服器將是集中式雲端認證伺服器的更好選擇。FECIoT 架構內的移動性也給物聯網終端設備帶來了驗證問題，因為設備需要向新形成的霧端層進行身分驗證，尤其是當先前連接的 FEC 節點轉換時。因此，在 FECIoT 中設計一個健壯的認證機制很重要。

3）完整性（Integrity） 完整性可確保在資料傳輸過程中不會更改資料或服務請求。只有當預期和授權的實體按發送方式準確接收資料時，才能確保完整性。受損資料可能會導致網路內部嚴重中斷，並進一步損害物聯網應用的運行。文獻［141］提出了一種採樣和簽名方案，提供了減輕網路負擔的機會，其中本地彙集器充當協調器並週期性地發送採樣的分組以進行全局流量分析。該方案能夠提供完整性，並且可以進行修改以適應 FECIoT 框架。文獻［142］採用了博弈論方法來研究緩慢破壞物聯網網路完整性的最佳策略。這種方法可用於設計更好的FECIoT 防禦措施。

4）機密性（Confidentiality） 機密性確保只有授權使用者/設備才能訪問有用資訊或對其進行修改，從而防止未經授權的使用者/設備干擾資料和服務。FECIoT 框架中的資料從物理設備（如感測器和執行器）流到 FEC 設備，然後流向/來自更高層。這增加了網路中的惡意設備訪問此資料的機會。解決訪問控制機制以及設備認證過程是相關的。由於可擴展性問題，確保 FECIoT 域中的機密性非常困難。此外，由於系統內的即時響應，控制對異構資料和服務的訪問是一項複雜的任務。

5）隱私（Privacy） 隱私確保資料僅能被網路中的相應實體/設備訪問。重要的是確保其他使用者/設備不能基於接收的資料擁有某些特定控制，也不能從接收的資料中推斷出其他有用的資訊。

由於物聯網終端設備數量巨大，以及 FECIoT 生態系統內有大量資料流，隱私無法受到破壞。因此，物聯網最終使用者的個人資料應保密並有效記憶體，以便僅由授權使用者/設備嚴格訪問。

一些安全機制可以幫助最小化 FECIoT 中的隱私威脅，它們包括減少 FEC

設備中的資料採集和知識採集，以及通過在導出輔助上下文之後有效地丟棄原始資料來最小化記憶體的資料。但是，這些機制的實現可能要求對系統性能進行一些權衡。

6）可用性（Availability） 可用性是 FECIoT 中非常重要的安全功能。它確保資料和系統資源能被授權使用者/設備使用。大多數物聯網應用都對延遲敏感，因此，系統操作中的任何停機時間都可能對最終使用者產生負面影響。分布式拒絕服務（Distributed denial of service，DDoS）攻擊是一種使合法使用者/設備無法使用資料和服務的攻擊，會導致 Web 服務中斷。

7）訪問控制（Access Control） 訪問控制是確定使用者/設備是否可以訪問系統資源的過程，可以是資料或服務。此過程涉及拒絕或撤銷訪問權限，尤其是對未經授權的使用者/設備。在訪問控制處理之前，必須執行認證。健全的訪問控制技術對於確保 FECIoT 生態系統內的異構設備和應用之間的安全互操作性非常重要。目前，已經使用 Cloud-Things 模型提出了幾種訪問控制機制。許多人利用幾種加密方案的混合來開發有效的資料訪問控制機制。文獻[143] 開發了一種訪問控制系統，該系統能夠將複雜的訪問控制決策卸載到第三方可信方。這種基於簡單通訊協議的設計實現了最小的開銷，因此，它適用於 FECIoT 應用。

（2）FECIoT 中常見的安全攻擊

1）分布式拒絕服務（Distributed Denial of Service，DDoS） FECIoT 架構中最致命的攻擊之一是 DDoS。惡意客戶端和「殭屍網路」加入 DDoS 攻擊的風險仍然是一個值得關注的問題。DDoS 攻擊可能來自物聯網終端設備，例如，多個惡意物聯網設備可能會同時發起大量虛擬服務請求，從而使 FEC 設備無法在處理能力有限的情況下處理同時出現的服務請求。於是，FEC 設備可能變得專注於處理這些惡意服務請求，因此可能無法處理合法的服務請求。值得注意的是，惡意服務請求可能來自已被泄露的合法物聯網終端設備。物聯網設備的大規模部署使所有終端設備難以進行身分驗證。因此，依賴於可信第三方（如在通訊方之間發布憑據的證書頒發機構）可以最大限度地減少 DDoS 攻擊。

由於物聯網的規模較大，嘗試過濾服務請求或欺騙傳入的 IP 分組可能增加複雜性。另一方面，FEC 設備也可用於發起 DDoS 攻擊。隨著大多數運算和處理逐漸遷移到網路邊緣，顛覆性的 FEC 設備可能會在物聯網生態系統中造成嚴重破壞。

2）中間人攻擊（Man-in-the-Middle Attack） 中間人攻擊是一種非常惡意的攻擊，可對 FECIoT 構成嚴重威脅，特別是在隱私領域。攻擊很容易利用這個平台披露敏感資訊，如 FEC 設備的位置和身分。這種攻擊通常是成功的，由於

資源限制，設備無法實現安全通訊協議。儘管現有的工作方法可以克服這種攻擊，但這種攻擊仍然是 FECIoT 面臨的嚴峻挑戰。

3）物理攻擊（Physical Attack） 此類攻擊涉及硬體組件的物理攻擊。這些硬體組件可以是 RFID 標籤、感測器設備、FEC 設備，甚至更集中的基礎設施。

# 5.5 小結

大數據越來越受到關注，被視為當代資訊技術的「石油」。大數據通常意味著龐大而複雜的資料集，使用傳統工具難以記憶體、處理和分析。對於智慧電網而言，大數據具有許多優勢，人們可以從其產生的大數據中探勘出新規律、新知識和新價值，從而更好地滿足使用者的用電需要，更好地響應需要側，更好地調度管理電網。

智慧電網中的大數據來自多方面，如發電廠、輸配電網的 SCADA 系統、用電管理側的抄表資料、電網運行和管理側的資料以及使用者的各種家用電器的用電資料等。

智慧電網所產生的大數據有著巨大的應用潛力，可用於廣度態勢感知、狀態估計、事件分類和檢測、電廠模型驗證和校準、短期負荷預測、配電網驗證、大數據驅動需要響應、配電系統的參數估計和系統安全與保護等領域。

目前許多企業級雲端平台被用於智慧電網，進行大數據分析。對電能進行大數據分析的關鍵技術包括多源資料集成和記憶體、即時資料處理、資料壓縮、大數據視覺化、資料隱私和安全。機器學習、資料探勘中的常用演算法已廣泛應用到了的智慧電網大數據分析中，主要包括 k-means、線性支援向量機、邏輯迴歸、局部加權線性迴歸、高斯判別分析、樸素貝氏等 9 種演算法。

邊緣/霧端運算將是對雲端運算的補充和延展，它在物聯網中扮演重要角色。邊緣/霧端設備的位置接近於所產生的資料，這使其在資源分配、服務交付和隱私方面表現出了突出性能，可以降低企業的資訊服務成本，提高中小企業的競爭能力。

FECIoT 的目標是釋放當霧端/邊緣運算範例很好地集成到物聯網架構中時可能產生的巨大潛力。霧端/邊緣設備可以連接成網格，提供雲端到物聯網中的負載平衡、彈性、容錯、資料共享和減少通訊負荷。FECIoT 繼承了基本的物聯網架構，並通過利用分布式 FEC 範例以更有效的方式提供所有物聯網需要。

# 參考文獻

[1]　OUSSOUS A, et al. Big Data technologies: A survey[J]. J. of King Saud University-Computer and Information Sciences, 2017.

[2]　TU C M, HE X, SHUAI Z K, et al. Big data issues in smart grid- A review[J]. Renewable and Sustainable Energy Reviews, 2017, 79:1099-1107.

[3]　FARHANGI H. The path of the smart grid [J]. Power Energy Mag IEEE, 2010, 8 (1) :18-28.

[4]　DOE. Advancement of synchrophasor technology in ARRA Projects [OL]. https://www. smartgrid. gov/recovery_act/program_publications. html.

[5]　DOE. Summary of the North American synchrophasor initiative (NASPI) activity area [OL]. https://www. naspi. org/documents.

[6]　YUAN J, SHEN J, PAN L, et al. Smart grids in China[J]. Renew Sustain Energy Rev. , 2014, 37 (3) :896-906.

[7]　KLUMP R, AGARWAL P, TATE J E, et al. Lossless compression of synchronized phasor measurements [C]. Proceedings of the IEEE power and energy society general meeting. Minneapolis, MN, USA; Jul. 2010, 1-7.

[8]　DEPURU S S S R, WANG L, DEVABHAKTUNI V. Smart meters for power grid: challenges, issues, advantages and status [J]. Renew Sustain Energy Rev, 2011, 15 (6) :2736-2742.

[9]　KABALCI Y. A survey on smart metering and smart grid communication [J]. Renew Sustain Energy Rev, 2016, 57:302-318.

[10]　ALAHAKOON D, YU X. Smart electricity meter data intelligence for future energy systems: a survey [J]. IEEE Trans Ind Inf, 2016, 12 (1) :425-436.

[11]　SHUAI Z, SUN Y, SHEN Z, et al. Microgrid stability:classification and a review [J]. Renew Sustain Energy Rev. , 2016, 58:167-179.

[12]　Electric Power Group. Wind farm oscillation detection and mitigation [OL]. https://www. smartgrid. gov/recovery _ act/project_information. htm.

[13]　SHORT T A. Advanced metering for phase identification, transformer identification, and secondary modeling[J]. IEEE Trans Smart Grid, 2013, 4 (2) :651-658.

[14]　OVERHOLT P, KOSTEREV D, ETO J, et al. Improving reliability through better models:using synchrophasor data to validate power plant models [J]. IEEE Power Energy Mag, 2014, 12 (3) : 44-51.

[15]　LUAN W, PENG J, MARAS M, et al. Smart meter data analytics for distribution network connectivity verification [J]. IEEE Trans Smart Grid, 2015, 6 (4) , [1-1].

[16]　HAJNOROOZI A A, AMINIFAR F, AYOUBZADEH H. Generating unit model

validation and calibration through synchrophasor measurements[J]. IEEE Trans Smart Grid, 2015, 6 (1) :441-449.

[17] ERLINGHAGEN S, LICHTENSTEIGER B, MARKARD J. Smart meter communication standards in Europe-a comparison[J]. Renew Sustain Energy Rev. , 2015, 43:1249-1262.

[18] ZHOU K, YANG S. Understanding household energy consumption behavior: the contribution of energy big data analytics[J]. Renew Sustain Energy Rev. , 2016, 56:810-819.

[19] AMINIFAR F, FOTUHI-FIRUZABAD M, SHAHIDEHPOUR, et al. A probabilistic multistage PMU placement in electric power systems[J]. IEEE Trans Power Deliv. , 2011, 26 (2) :841-849.

[20] GOPAKUMAR P, CHANDRA G, REDDY M, et al. Optimal placement of PMUs for the smart grid implementation in Indian power grid-a case study[J]. Front Energy, 2013, 7 (3) :358-372.

[21] XU B, ABUR A. Observability analysis and measurement placement for systems with PMUs[C]. Proceedings of the IEEE PES power systems conference and exposition. 2004, 2 (10) :943-946.

[22] HUANG J, WU N, RUSCHMANN M. Data-availability-constrained placement of PMUs and communication links in a power system[J]. IEEE Syst J. , 2014, 8 (2) :483-492.

[23] LI Q, CUI T, WENG Y, et al. An information-theoretic approach to PMU placement in electric power systems[J]. IEEE Trans Smart Grid, 2013, 4 (1) : 446-456.

[24] SODHI R, SRIVASTAVA S C, SINGH S N. Multi-criteria decision-making approach for multistage optimal placement of phasor measurement units[J]. IET Gener. Transm. Distrib. , 2011, 5 (2) : 181-190.

[25] DOMINGOS P, HULTEN G. Mining high-speed data streams[J]. Proceedings of the sixth ACM SIGKDD international conference on Knowledge discovery and data mining, 2000, 71-80.

[26] BASU C, AGRAWAL A, HAZRA J, et al. Understanding events for wide-area situational awareness[C]. Proceedings of the innovative smart grid technologies conference. IEEE, 2014. 1-5.

[27] PEPPANEN J, RENO M J, THAKKAR M, et al. Leveraging AMI data for distribution system model calibration and situational awareness[J]. IEEE Trans Smart Grid, 2015, 6 (4) :2050-2059.

[28] GOL M, ABUR A. A fast decoupled state estimator for systems measured by PMUs[J]. IEEE Trans Power Syst. , 2015, 30 (5) :2766-2771.

[29] ZHAO J, ZHANG G, DAS K, et al. Power system real-time monitoring by using PMU-based robust state estimation method[J]. IEEE Trans Smart Grid, 2015, 7 (1) :1.

[30] XIE L, CHEN Y, KUMAR P R. Dimensionality reduction of synchrophasor data for early event detection: linearized analysis[J]. IEEE Trans Power Syst. , 2014, 29 (6) :2784-2794.

[31] DAHAL O P, BRAHMA S M, CAO H. Comprehensive clustering of disturbance events recorded by phasor measurement units[J]. IEEE Trans Power Deliv. , 2014, 29 (3) : 1390-1397.

[32] KHAN A R, MAHMOOD A, SAFDAR A, et al. Load forecasting, dynamic pricing and DSM in smart grid: a review

[J]. Renew Sustain Energy Rev., 2016, 54:1311-1322.

[33]　SELAKOV A, CVIJETINOVICD, MILOVIC L, et al. Hybrid PSO-SVM method for short-term load forecasting during periods with significant temperature variations in city of Burbank[J]. Appl Soft Comput., 2014, 16 (3) :80-88.

[34]　DEIHIMI A, ORANG O, SHOWKATI H. Short-term electric load and temperature forecasting using wavelet echo state networks with neural reconstruction [J]. Energy, 2013, 57 (3) : 382-401.

[35]　ZHU L, WU Q H, LI M S, et al. Support vector regression-based short-term wind power prediction with false neighbors filtered[C]. Proceedings of the international conference on renewable energy research and applications, IEEE, 2013, 740-744.

[36]　COGOLLO M R, VELASQUEZ J D. Methodological advances in artificial neural networks for time series forecasting [J]. IEEE Lat Am Trans., 2014, 12 (4) :764-771.

[37]　HUANG S C, LU C N, LO Y L. Evaluation of AMI and SCADA data synergy for distribution feeder modeling [J]. IEEE Trans Smart Grid, 2015, 6 (4) :[1-1].

[38]　BERRISFORD A J. A tale of two transformers:an algorithm for estimating distribution secondary electric parameters using smart meter data[D]. 2013, 1-6.

[39]　JOKAR P, ARIANPOO N, LEUNG V C M. Electricity theft detection in AMI using customers' consumption patterns[J]. IEEE Trans Smart Grid, 2016, 7 (1) : 216-226.

[40]　KWAC J, RAJAGOPAL R. Data-driven targeting of customers for demand response[J]. IEEE Trans Smart Grid, 2016, 7 (5) :2199-2207.

[41]　PEPPANEN J, RENO M J, BRODERICK R J, et al. Distribution system model calibration with big data from AMI and PV inverters [J]. IEEE Trans Smart Grid, 2016, 7 (5) :2497-2506.

[42]　PAN S, MORRIS T, ADHIKARI U. Developing a hybrid intrusion detection system using data mining for power systems [J]. IEEE Trans Smart Grid, 2015, 6 (6) :134-143.

[43]　BAYRAK G, KABALCI E. Implementation of a new remote islanding detection method for wind-solar hybrid power plants [J]. Renew Sustain Energy Rev., 2016, 58: 1-15.

[44]　LI C, HIGUMA K, WATANABE M, et al. Monitoring and estimation of interarea power oscillation mode Based on application of CampusWAMS. Turk J Agric-Food Sci Technol, 2008, 3 (1) .

[45]　DASGUPTA S, PARAMASIVAM M, VAIDYA U, et al. PMU-based model-free approach for real-time rotor angle monitoring [J] . IEEE Trans Power Syst., 2015, 30 (5) :2818-2819.

[46]　LIU Y, ZHAN L, ZHANG Y, et al. Wide-area measurement system development at the distribution level:an FNET/GridEye example[J]. IEEE Trans Power Deliv., 2015, 31 (2) .

[47]　CHAI J, LIU Y, GUO J, et al. Wide-area measurement data analytics using FNET/GridEye:a review [C]. Proceedings of the power systems computation conference, 2016, 1-6.

[48]　ZHOU D, GUO J, ZHANG Y, et al. Distributed data analytics platform for wide-area synchrophasor measurement systems[J]. IEEE Trans Smart Grid,

2016, 7 (5) :2397-2405.

[49] KAMWA J, BELAND G, et al. Wide-area monitoring and control at hydroqué bec: past, present and future[J]. Proceedings of the power engineering society general Meeting, 2006.

[50] e-terraphasorpoint 3. 0[OL]. http://www. alstom. com/Global/Grid/Resources/Documents/Automation/NMS/e-terra-phasorpoint％203. 0. pdf.

[51] OVERHOLT P, KOSTEREV D, ETO J, et al. Improving reliability through better models: using synchrophasor data to validate power plant models[J]. IEEE Power Energy Mag, 2014, 12 (3): 44-51.

[52] Siemens[OL]. http://www. engerati. com/resources/efficient-network-integrationrenewable-energy-resources-distribution-level, 2015.

[53] NARI[OL]. http://www. naritech. cn/html/jie166. shtm, 2015.

[54] SINGH M, ALI A. Big data analytics with Microsoft HDInsight in 24h, Sams Teach Yourself: Big Data, Hadoop, and Microsoft Azure for better business intelligence, 2016.

[55] RUSITSCHKA S, EGER K, GERDES C. Smart grid data cloud: a model for utilizing cloud computing in the smart grid domain[C]. Proceedings of the IEEE international conference on smart grid communications, 2010, 483-488.

[56] BIRMAN K P, GANESH L, RENESSE R V, et al. Running smart grid control software on cloud computing architectures [C]. Proceedings of the the workshop on computational needs for the next generation electric grid, 2012.

[57] BAEK J, VU Q H, LIU J K, et al. A secure cloud computing based framework for big data information management of

smart grid [J]. IEEE Trans Cloud Comput., 2015, 3 (2) :233-244.

[58] SIMMHAN Y, PRASANNA V, AMAN S, et al. Cloud-based software platform for big data analytics in smart grids[J]. Comput Sci Eng, 2013, 15 (4) :38-47.

[59] KHAN Mukhtaj. Hadoop performance modeling and job optimization for big data Analytics [M]. London: Brunel University, 2015.

[60] MARKOVIC D S, ZIVKOVIC D, BRANOVIC I, et al. Smart power grid and cloud computing [J]. Renew Sustain Energy Rev., 2013, 24 (1) :566-577.

[61] FANG B, YIN X, TAN Y, et al. The contributions of cloud technologies to smart grid [J]. Renew Sustain Energy Rev., 2016, 59:1326-1331.

[62] Apache Hadoop[OL]. http://hadoop. apache. org/

[63] ZHANG Y, CHEN S, WANG Q, et al. i2MapReduce: incremental MapReduce for mining evolving big data[J]. IEEE Trans Knowl Data Eng., 2015, 27 (7) :1.

[64] XING EP, HO Q, DAI W, et al. Petuum: a new platform for distributed machine learning on big data[J]. Proceedings of the ACM SIGKDD international conference on knowledge discovery and data mining, ACM, 2015, 1-1.

[65] SHYAM R, BHARATHI G H B, SACHIN K S, et al. Apache spark a big data analytics platform for smart grid. 21, 2015, 171-178.

[66] Apache Spark[OL]. http://spark. apache. org/.

[67] ZHOU D, GUO J, ZHANG Y, et al. Distributed data analytics platform for wide-area synchrophasor measurement systems[J]. IEEE Trans Smart Grid,

2016, 7 (5) :2397-2405.

[68] LI D. Machine learning aided decision making and adaptive stochastic control in a hierarchical interactive smart grid[R]. Dissertations & theses- grad-works, 2014.

[69] WU X, ZHU X, WU G Q, et al. Data mining with big data[J]. IEEE Trans Knowl Data Eng., 2014, 26 (1) :97-107.

[70] AL-JARRAH O Y, YOO P D, MUHAIDAT S, et al. Efficient machine learning for big data: a review[J]. Big Data Res, 2015, 2 (3) :87-93.

[71] KHAZAEI J, FAN L, JIANG W, et al. Distributed prony analysis for real-world PMU data[J]. Electr Power Syst Res, 2016, 133:113-120.

[72] SHAKER H, ZAREIPOUR H, WOOD D. A data-driven approach for estimating the power generation of invisible solar sites[J]. IEEE Trans Smart Grid, 2016, 7 (5) :2466-2476.

[73] SHAKER H, ZAREIPOUR H, WOOD D. Estimating power generation of invisible solar sites using publicly available data[J]. IEEE Trans Smart Grid, 2016, 7 (5) :2456-2465.

[74] TAIEB S B, HUSER R, HYNDMAN R J, et al. Forecasting uncertainty in electricity smart meter data by boosting additive quantile regression[J]. IEEE Trans Smart Grid, 2016, 7 (5) :2448-2455.

[75] PARTRIDGE M, CALVO R A. Fast dimensionality reduction and simple PCA [J]. Intell Data Anal, 1998, 2 (1-4) : 203-214.

[76] POEKAEW P, CHAMPRASERT P. Adaptive-PCA: an event-based data aggregation using principal component analysis for WSNs[C]. Proceedings of the international conference on smart sensors and application, IEEE; 2015.

[77] NUCHPRAYOON S. Electricity load classification using K-means clustering algorithm[C]. Proceedings of the Brunei international conference on engineering and technology, IET, 2014, 1-5.

[78] YANG H, ZHANG J, QIU J, et al. A practical pricing approach to smart grid demand response based on load classification [J]. IEEE Trans Smart Grid, 2016, [1-1].

[79] MU F L, LI H Y. Power load classification based on spectral clustering of dual-scale[C]. In: Proceedings of the IEEE international conference on control science and systems engineering. IEEE, 2014.

[80] YE M, LIU Y, XIONG W, et al. Voltage stability research of receiving-end network based on real-time classification load model[C]. Proceedings of the IEEE international conference on mechatronics and automation, 2014, 1866-1870.

[81] CHE J X, WANG J Z. Short-term load forecasting using a kernel-based support vector regression combination model[J]. Appl Energy, 2014, 132 (11) :602-609.

[82] LIU N, TANG Q, ZHANG J, et al. A hybrid forecasting model with parameter optimization for short-term load forecasting of microgrids [J]. Appl Energy, 2014, 129:336-345.

[83] HERNÁNDEZ L, BALADRÓN C, AGUIAR J M, et al. Artificial neural networks for short-term load forecasting in microgrids environment[J]. Energy, 2014, 75 (C) : 252-264.

[84] NICKEL M, MURPHY K, TRESP V, et al. A review of relational machine learning for knowledge graphs[J]. Proc IEEE, 2015, 104 (1) :11-33.

[85] DRUMOND L R, DIAZ-AVILES E,

SCHMIDT-THIEME L, et al. Optimizing multi-relational factorization models for multiple target relations[C]. Proceedings of the ACM international conference, 2014, 191-200.

[86] SCHWEPPE F, WILDES J. Power system static-state estimation, part I, II, III[J]. IEEE Trans Power Appl Syst. 1970, 89 (1) :120-35.

[87] XU X, HE X, AI Q, et al. A correlation analysis method for power systems based on random matrix theory[J]. IEEE Trans Smart Grid, 2015.

[88] YANG Q. Cross-domain data fusion[J]. Computer, 2016, 49 (4), [18-18]

[89] DIOU C, STEPHANOPOULOS G, PANAGIOTOPOULOS P, et al. Large-scale concept detection in multimedia data using small training sets and cross-domain concept fusion[J]. IEEE Trans Circuits Syst Video Technol, 2011, 20 (12) : 1808-1821.

[90] TSAI C C, CHANG-CHIEN L R, CHEN I J, et al. Practical considerations to calibrate generator model parameters using phasor measurements[J]. IEEE Trans Smart Grid, 2016, 1-11

[91] MISHRA D P, SAMANTARAY S R, JOOS G. A combined wavelet and data-mining based intelligent protection scheme for microgrid [J]. IEEE Trans Smart Grid, 2016, 7 (5) :2295-2304.

[92] HANA S. SAP AG, in-memory database, computer appliance [M]. Vertpress, 2012.

[93] KENNEDY S J. Massachusetts Institute of Technology Transforming big data into knowledge:experimental techniques in dynamic visualization [D]. Massachusetts Institute of Technology, 2012.

[94] CUZZOCREA A. Privacy and security of big data:current challenges and future research perspectives[C]. Proceedings of the international workshop on privacy&- secuirty of big data, ACM, 2014, 45-47.

[95] BERTINO E. Big data- security and privacy[C]. Proceedings of the IEEE international congress on big data, IEEE, 2015.

[96] CHIANG M, ZHANG T. Fog and IoT: An Overview of Research Opportuinities[J]. IEEE Internet of Things, 2016, 3 (6) : 854-864.

[97] PAN J, MCELHANNON J. Future Edge Cloud and Edge Computing for Internet of Things Applications [J]. IEEE Internet of Things Journal, 2018, 5 (1) :439-449.

[98] CHEN A, et al. HCOS:A Unified Model and Architecture for Cloud Operating System[J]. ZTE Communications Magazine, 2017, 15 (4) :23-29.

[99] SHI W S, et al. Edge Computing:Vision and Challenges [J]. IEEE Internet of Things Journal, 2016, 3 (5) :637-646.

[100] PAN J, MCELHANNON J. Future Edge Cloud and Edge Computing for Internet of Things Applications[J]. IEEE Internet of Things Journal, 2018, 5 (1) : 439-449.

[101] CHEN S, et al. Fog Computing[J]. IEEE Internet Computing, 2017, 21 (2) :4-6.

[102] BONOMI F, MILITO R, NATARAJAN P, et al. Fog Computing:A Platform for Internet of Things and Analytics. In: Bessis N., Dobre C. (eds) Big Data and Internet of Things:A Roadmap for Smart Environments[R]. Studies in Computational Intelligence, vol 546. Springer, Cham

[103] DOLUI K, DATTA S K. Comparison of edge computing implementations: Fog

computing, cloudlet and mobile edge computing[C]. IEEE Global Internet of Things Summit (GIoTS), Geneva, 2017, 1-6.

[104] GANTI R, YE F, LEI H. Mobile crowdsensing: current state and future challenges [J]. IEEE communications magazine, 2011, 49 (11) :32-39.

[105] AAZAM M, HUH E N. Fog computing: The cloud-IOT/IoE middleware paradigm [J]. IEEE Potentials, 2016, 35 (3) : 40-44.

[106] HU P, et al. Survey on Fog Computing: Architecture, Key Technologies, Applications and Open Issues[J]. Journal of Network and Computer Applications, 2017, 27-42.

[107] Open Fog Consortium, OpenFog reference architecture for fog computing [OL]. https://www. openfogconsortium. org/wp-content/ploads/OpenFog _ Reference _ Architecture _ 2 _ 09 _ 17-FINAL-1. pdf

[108] SWIATEK P, et al. Service Composition in Knowledge-based SOA Systems[J]. New Generation Computing, 2012, 30 (2), 165-188.

[109] GUBBI J, et al. Internet of Things ( IoT ) : A vision, architectural elements, and future directions[J]. Future Generation Computer Systems, 2013, 29 (7) :1645-1660.

[110] SILVA D M, et al. Villalba [ M ] . Wireless Pers Commun, 2016.

[111] JARA A J, et al. Mobile Digcovery: A Global Service Discovery for the Internet of Things[C]. 27 th IEEE International Conference on Advanced Information Networking and Applications Workshops, Barcelona, 2013, 1325-1330.

[112] STELMACH P. Service Composition Scenarios in the Internet of Things Paradigm[C]. DoCEIS 2013. IFIP Advances in Information and Communication Technology, vol, 394.

[113] RYKOWSKI J, et al. Comparison of architectures for service management in IoT and sensor networks by means of OSGi and REST services[C]. 2014 Federated Conference on Computer Science and Information Systems, Warsaw, 2014, 1207-1214.

[114] LIN N, SHI W. The research on Internet of things application architecture based on web [ C ]. 2014 IEEE Workshop on Advanced Research and Technology in Industry Applications (WARTIA), Ottawa, ON, 2014, 184-187.

[115] FREEMAN H, ZHANG T. The emerging era of fog computing and networking[J]. IEEE Communications Magazine, 2016, 54 (6) :4-5.

[116] YANG Y. FA2ST: Fog as a Service Technology[C]. 2017 IEEE 41st Annual Computer Software and Applications Conference ( COMPSAC ), Turin, 2017, 708-708.

[117] TRAN D H, et al. OaaS: offload as a service in fog networks[J]. Computing, 2017, 99:1081.

[118] SHI Y, et al. The fog computing service for healthcare[C]. 2015 2nd IEEE International Symposium on Future Information and Communication Technologies for Ubiquitous HealthCare (Ubi-HealthTech), Beijing, 2015, 1-5.

[119] SHENG Z, et al. A survey on the ietf protocol suite for the internet of things: standards, challenges, and opportunities[J]. IEEE Wireless Com-

munications, 2013, 20 (6) :91-98.

[120] SALMAN T, JAIN R. Networking Protocols and Standards for Internet of Things[M]. Internet of Things and Data Analytics Handbook, John Wiley and Sons, Inc. 2015.

[121] AIJAZ A, et al. CORPL:A Routing Protocol for Cognitive Radio Enabled AMI Networks[J]. IEEE Transactions on Smart Grid, 2015, 6 (1) :477-485.

[122] BASAGNI S, et al. Channel-aware routing for underwater wireless networks[C]. 2012 Oceans-Yeosu, Yeosu, 2012, 1-9.

[123] ZHOU Z, et al. E-CARP:An Energy Efficient Routing Protocol for UWSNs in the Internet of Underwater Things[J]. IEEE Sensors Journal, 2016, 16 (11) : 4072-4082.

[124] IEEE Standard for a Convergent Digital Home Network for Heterogeneous Technologies Amendment 1:Support of New MAC/PHYs and Enhancements [S]. IEEE Std 1905. 1a-2014, 1-52.

[125] WOBSCHALL D. IEEE 1451-a universal transducer protocol standard[C]. 2007 IEEE Autotestcon, Baltimore, MD, 2007, 359-363.

[126] MORITZ G, et al. A Lightweight SOAP over CoAP Transport Binding for Resource Constraint Networks[C]. 2011 IEEE Eighth International Conference on Mobile Ad-Hoc and Sensor Systems, Valencia, 2011, 861-866.

[127] SANTOS G L D, et al. A DTLS-based security architecture for the Internet of Things[C]. 2015 IEEE Symposium on Computers and Communication (ISCC), Larnaca, 2015, 809-815.

[128] YASSEIN M B, et al. Application layer protocols for the Internet of Things:A survey [C] .2016 International Conference on Engineering &. MIS (ICEMIS), Agadir, 2016, 1-4.

[129] D'ANGELO G, et al. Simulation of the Internet of Things [J] .2016 International Conference on High Performance Computing &. Simulation (HPCS), Innsbruck, 2016, 1-8.

[130] ZHAO Y, et al. NS3-based simulation system in heterogeneous wireless network [C] .11th International Conference on Wireless Communications, Networking and Mobile Computing (WiCOM 2015), Shanghai, 2015, 1-6.

[131] OSTERLIND F, et al. Cross-Level Sensor Network Simulation with COOJA[C]. 31st IEEE Conference on Local Computer Networks, Tampa, FL, 2006, 641-648.

[132] MUSCALAGIU I, et al. Large scale multi-agent-based simulation using NetLogo for the multi-robot exploration problem [C] .2013 11th IEEE International Conference on Industrial Informatics (INDIN), Bochum, 2013, 325-330.

[133] ZENG X, et al. IOTSim:a Simulator for Analysing IoT Applications[J]. Journal of System Architecture, Elsevier, 2017, 72 (issue C) :93-107.

[134] GUPTA H, et al. Ifogsim:A toolkit for modeling and simulation of resource management techniques in internet of things, edge and fog computing environments[R]. tech. report CLOUDS-TR-2016-2, Cloud Computing and Distributed Systems Laboratory, Univ. of Melbourne, 2016.

[135] MEHDI K, et al. CupCarbon:a multi-agent and discrete event wireless sensor network design and simulation tool[C]

. Proceedings of the 7th International ICST Conference on Simulation Tools and Techniques（SIMUTools '14）, Brussels, Belgium, Belgium, 2014, 126-131.

[136] XIAN X, et al. Comparison of OMNeT＋＋ and other simulator for WSN simulation［C］. IEEE Conference on Industrial Electronics and Applications （ ICIEA'08 ）, 2008, 1439-1443.

[137] GHAYVAT H, et al. Simulation and evaluation of ZigBee based smart home using Qualnet simulator［C］. 2015 9th International Conference on Sensing Technology （ ICST ）, Auckland, 2015, 536 -542.

[138] BURG A, et al. Wireless Communication and Security Issues for Cyber-Physical Systems and the Internet-of-Things［C］. Proceedings of the IEEE, 2018, 106 (1) :38-60.

[139] SURYANI V, et al. A Survey on Trust in Internet of Things［C］. 2016 8th International Conference on Information Tech-nology and Electrical Engineering （ICITEE）, Yogyakarta, 2016, 1-6.

[140] KIM H, LEE E A. Authentication and Authorization for the Internet of Things ［J］. IT Professional, 2017, 19 (5) : 27-33.

[141] LI X, et al. An IoT Data Communication Framework for Authenticity and Integrity［C］. 2017 IEEE/ACM Second International Conference on Internet-of-Things Design and Implementation （IoTDI）, Pittsburgh, PA, 2017, 159-170.

[142] MARGELIS G, et al. Smart Attacks on the Integrity of the Internet of Things: Avoiding Detection by Employing Game Theory［C］. 2016 IEEE Global Communications Conference （GLOBECOM）, Washington, DC, 2016, 1-6.

[143] FOTIOU N, et al. Access Control for the Internet of Things［C］. 2016 International Workshop on Secure Internet of Things （SIoT）, Heraklion, 2016, 29 -38.

# 第6章

# AMI與DR及其智慧電網中資訊處理的使能技術

除了輸配電自動化以及自動抄表等傳統電網的二次系統外，智慧電網的測控二次系統需要具有更強的功能，即需要對傳統電網的二次系統進行升級，強化二次設備的智慧化，使其適應使用者端的參與以及可再生能源的加入。對此強化使用者端參與的 AMI（Advanced Metering Infrastructure，高級計量基礎設施）與 DR（Demand response，需要響應）應運而生。

另外，傳統電網中的運算、控制和監測是在對發電、輸配電網集中式資訊處理的模式下運行的。而在智慧電網時代，由於使用者更多地參與以及波動性較大的分布式可再生能源對電力系統的日益滲透，使傳統的集中式的資訊處理範例難以應對智慧電網的需要，因此需要從理論和實踐上探討與研究智慧電網資訊處理的新模式，以應對智慧電網對傳統資訊處理模式的挑戰。為此需要從分散運算、自組織感測器網路、主動控制和整體運算框架等方面對智慧電網的資訊處理模式進行研究。

本章首先討論與使用者參與直接相關的高級計量基礎設施，在此基礎上討論應對需要響應問題，最後討論智慧電網中資訊處理的使能技術。

## 6.1 高級計量基礎設施

### 6.1.1 AMI 與智慧電網

能夠以可控的、智慧的方式從電能的生產處向使用者提供電力，同時使用者也參與電能的消費和生產是智慧電網的願景。傳統的電力系統僅將電能從發電廠通過輸配電網路提供給使用者，因此使用者僅是接受電力能源的被動者。而智慧電網卻將使用者從能源消費的被動方轉變為主動方，使用者既可以根據收到的資訊、激勵與抑制因素即時修改電能的消費模式和用電行為，又可以作為分布式能源的提供者向電網提供電能[1-3]。

智慧電網所具有的大多數優勢實際上是基於它能夠提高供電的可靠性和使用者的響應能力，並鼓勵使用者和供電企業做出更高效率的決策。因此，需要側管理（demand side management，DSM），包括在需要方面完成的所有功能，是智慧電網的重要組成部分[4,5]。完全集成的 DSM 需要通訊系統、感測器、自動計量、智慧設備和資訊處理系統。

DSM 通常是指用於管理測量使用者端用電的資訊系統，一般由供電企業實施，使供電企業與使用者雙方都能從 DSM 計劃中受益，這些計劃可以幫助電力市場以更有效的方式營運[6]，從而降低峰值需要和電力現貨價格波動[7]。

事實上，傳統電網向智慧電網演進的過程中採用了大量的資訊通訊技術與物聯網技術，使得電網的營運更為有效、監測和控制更為敏捷，可根據使用者的用電需要與發電成本的波動以及可再生新能源波動即時做出反應[8-10]，即時追蹤供需平衡的變化。

實際上智慧電網是由一系列子系統構成的[11]。每個子系統及其所實現的功能都有助於整體實現智慧電網性能，若將每個子系統作為智慧電網的一層，則每個層的輸出都是下一層的輸入。圖 6.1 描述了這種關係及其每個子系統在智慧電網總體框架中的作用[12]。

AMI 不是一項單一技術，而是一個可配置的基礎設施，集成了許多技術來實現其目標。該基礎設施包括智慧電表和不同層次的通訊網路、電表資料管理系統（Meter Data Management System，MDMS），以及將採集的資料集成到軟體系統的應用平台和介面，其基本構成如圖 6.2 所示，其使用者端配備了先進的智慧電表，可採集即時資料。智慧電表通過常用的通訊網路傳輸收集的資料。支援 AMI 的通訊網多種多樣，如電力線寬頻（或窄頻）通訊網、公用固定或行動通訊網等。所測量的用電資料由 AMI 主機系統接收。隨後，它被發送到管理資料記憶體和分析的 MDMS，並以所需形式向供電企業提供資訊。

由於 AMI 實現了雙向通訊，因此，從供電企業到電表或負載控制設備的命令或價格訊號就得以實現雙向響應[13]。

以下對圖 6.1 所示的智慧電網相關子系統框架給予簡要說明。

① AMI 與負載（使用者）建立連繫，提供有時標（時間戳）的系統資訊。

② ADO（Advanced Distribution Opera-

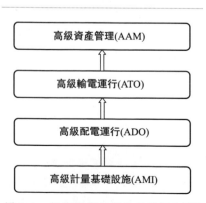

圖 6.1 智慧電網相關子系統框架[12]

tion，高級配電運行）　應用 AMI 來採集配電資訊，應用 AMI 資訊改進配電運行。

　　③ ATO（Advanced Transmission Operation，高級輸電運行）　應用 ADO 資訊來提高輸電量並提高電壓品質，應用 AMI 可使使用者訪問電力市場。

　　④ AAM（Advanced Asset Management，高級資產管理）　應用 AMI、ADO 以及 ATO 資訊，並發出控制訊號來提高電網的運行效率、資產利用率。

## 6.1.2　AMI 的子系統

　　AMI 不僅可以用於電力系統，還可以應用到天然氣、供水、供熱等系統。雖然各種計量系統的結構相似，但它們在某些特徵上仍然不同。如圖 6.2 所示的 AMI 由資料（資訊）管理系統、通訊網路和智慧設備組成。其中智慧設備可以是智慧電表，它通常採集電力饋線資訊（所採集的具體資訊見表 3.5）。

（1）智慧設備

　　智慧設備能夠在所需的時段進行資料採集或測量，這些資料或測量值具有時間戳（時標）。智慧設備與遠端資訊管理系統（或資料中心）通訊，將採集的資訊在特定的時隙傳輸給需要的子系統。由於 AMI 中通訊是雙向的，因此，具有執行功能的智慧設備（或負載控制設備）可以接受遠端命令並執行相應的動作。對使用者而言，智慧設備是將用電資料傳送給使

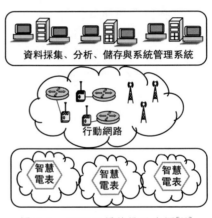

圖 6.2　AMI 三層結構示意圖[11]

用者和供電企業的儀表，智慧設備上的顯示器向使用者展示智慧設備資料，使使用者能夠了解其用電情況。

　　另外，電力、燃氣和水的定價資訊使得負載控制設備（如智慧恆溫器）能夠根據預先設定的使用者指標和指令來調節用量。在分布式能源或記憶體的能源可用的情況下，智慧設備可以根據需要合理分配這些能源。

　　從測量現象的角度來看，智慧電表可分為三類：電、流體和熱。另外，智慧電表還可配置多種感測器來測量濕度、溫度和光線等參數，這些參數將會對用電產生影響。考慮成本和功能，可以根據使用者或系統設計者的需要和願望擴充感測器。

　　智慧電表具有測量和通訊兩個功能，因此每個電表有計量和通訊兩個子系統。計量部分取決於許多因素，包括區域、測量現象、所需精度資料安全等級和

應用，另外還應考慮安全問題，並通過恰當的安全措施確保通訊安全。無論測量的類型或數量如何，智慧電表都應有以下功能[14]：

① 定量測量　應能使用不同的物理的、化學的、統計的原理、定理或規則準確測量對象的參數。

② 控制和校準　雖然根據類型而有所不同，但一般來說，儀表應能夠補償系統中的微小變化。

③ 通訊　發送記憶體的資料和接收操作命令，並能夠對固件進行升級。

④ 電源管理　如果主要電源發生故障，系統應能夠保持其功能。

⑤ 顯示　使用者應該能夠得到儀表資訊，因為此資訊是計費的基礎。還需要顯示器，如果對即時用電不了解，將無法在客戶端進行需要管理。

⑥ 同步　定時同步對於將資料可靠地傳輸到彙集器進行資料分析和計費至關重要。在無線通訊的情況下，定時同步更為關鍵。

基於上述內容，可將智慧電表的主要特點歸納如下：

① 基於時間進行定價。

② 為使用者和供電企業提供用電資料。

③ 淨計量。

④ 故障與停電通知。

⑤ 遠端命令（開/關）操作。

⑥ 根據需要響應目標對負荷進行限制。

⑦ 電能品質監測包括相位、電壓和電流、有功和無功功率及功率因數。

⑧ 偷電檢測。

⑨ 與其他智慧設備通訊。

(2) 通訊網路

智慧電表應該能夠將採集的資訊發送到資訊管理系統（資訊中心），同時接收資訊管理系統操作命令。因此，通訊網路是 AMI 的重要組成部分。考慮每個資訊中心的使用者數量和智慧電表的數量，傳輸大量資料需要高可靠的通訊網路，因此，設計和選擇合適的通訊網路至關重要，需要仔細考慮以下關鍵因素[15]：

① 海量資料。

② 對資料訪問的限制。

③ 敏感資料的機密性。

④ 表達使用者用電的完整資訊。

⑤ 電網狀態。

⑥ 資料的真實性和與目標設備通訊的精確性。

⑦ 成本效益。

⑧ 能夠承載超出 AMI 要求的先進功能。

⑨ 支援將來的擴展。

可用如下的通訊技術構成 AMI 通訊網路：

① 電力線載波（Power Line Carrier，PLC）。

② 電力線上的寬頻通訊（Broadband over Power Lines，BPL）。

③ 銅線或光纖。

④ 行動網路通訊。

⑤ WiMAX。

⑥ 藍牙。

⑦ 通用分組無線業務（GPRS）。

⑧ Internet。

⑨ 衛星。

⑩ 點對點。

⑪ ZigBee。

在 AMI 層，房屋內的設備通過智慧儀表彼此通訊，同時與供電企業的網路進行通訊，該通訊網路可以稱為家庭網路。另外，家庭區域網路（Home Area Network，HAN）與通電企業通訊，形成另一個可稱為公用事業網路的網路。

HAN 將智慧電表、家庭內部的智慧設備、能量記憶體和發電（太陽能、風能等）、電動車輛以及 HID 和控制器連接在一起。由於它們的資料流是瞬時不連續的，因此根據任務的不同，HAN 所需的頻寬從 10 到 100Kbps 不等。由於 HAN 節點間的距離較短，因此低功耗無線技術是 HAN 的首選解決方案。這些技術包括 2.4GHz WiFi、IEEE 802.11 無線網路協議、ZigBee 和 HomePlug[16]。

(3) 資訊（資料）管理系統

在供電企業端，需要一個記憶體和分析資料以用於計費目的的系統。它還應該能夠處理 DR、用電情況並對電網變化和緊急情況做出即時反應。它是一個多模組結構的系統，其主要模組如下：

① 電表資料管理系統（Meter Data Management System，MDMS）。

② 使用者資訊系統（Consumer Information System，CIS），計費系統和供電企業網站。

③ 停電管理系統（Outage Management System，OMS）。

④ 企業資源計劃（Enterprise Resource Planning，ERP），電能品質管理和負荷預測系統。

⑤ 移動勞動力管理（Mobile Workforce Management，MWM）。

⑥ 地理資訊系統（Geographic Information System，GIS）。

⑦ 變壓器負載管理（Transformer Load Management，TLM）。

MDMS 可視為管理系統的中心模組，其中包含與其他模組進行通訊所需的分析工具。它還能對 AMI 資料進行驗證、編輯和估算，以確保在較低層中斷的情況下從使用者到管理模組的資訊流是準確和完整的。在資料採集間隔為 15min 的現有 AMI 中，採集的資料量很大，並且是 TB 級的大數據[17]。管理和分析此類大數據需要特殊工具。創建智慧電網大數據（不一定是電網）的資料來源如下：

① AMI（智慧電表） 以給定的頻率採集用電資料。

② 配電自動化系統 採集用於系統即時控制的資料（如每個感測器每秒最多採集 30 個樣本）[18]。

③ 連接到電網的第三方系統，如儲能、分布式能源或電動汽車。

④ 資產管理 用於中央控制室與電網中的智慧組件間進行通訊，包括更新固件。

不同的供電企業對 MDMS 有不同的定義，並根據其特定的概念設計各自系統。因此，附加功能或應用程式的數量或類型因供電企業而異。所有 MDMS 都應該滿足三個要求：改善並優化電網運行、改進和優化公用設施管理以及實現客戶參與。

資料分析已成為智慧電網研究的焦點。目的是將來自電網內部和外部的所有可用資料，用資料分析和資料探勘技術連繫在一起，並為決策制定提取有用的資訊。

由於採集的資料包含關鍵的個人資訊和商業資訊，因此記憶體設施應該是防災的，並且應該針對所有需要的備份和不同場景的應急計劃進行精心設計。與此相關的費用是巨大的。虛擬化和雲端運算已被建議作為解決此問題的方案。虛擬化允許將所有可用資源合併在一起，以提高效率和投資報酬。但是，它需要額外的技術和複雜性。雲端運算可以訪問不同位置的虛擬資源。但是，它引起了對資料安全性的關注。

## 6.1.3 AMI 的安全

隨著智慧電表的數量呈指數級成長，與智慧電網和 AMI 相關的安全問題日益凸顯。使用者用電的詳細資訊至關重要，因為它可以揭示使用者的生活方式。資訊的傳輸過程以及記憶體轉發過程也可能導致網路安全問題。同樣使用者端收到的價格訊號和執行命令也可能會受到各種攻擊，使使用者的權益受損。另外，對電力基礎設施的物理破壞以及偷電也將使電力企業損失嚴重。因此，本小節將從三個不同方面討論安全問題：終端使用者隱私，對抗外部網路或物理攻擊的安全以及偷電。

（1）終端使用者隱私

通過分析智慧電表的資料，可以進行精確消費，例如，住宅中的人數、入住

時間、家電類型等資訊。

即使不使用複雜的演算法和電腦輔助工具，也可分析出居民的行為。Murrill 等人[19]已經證明，通過僅分析 15min 的累積用電資料，就可以確定住宅中主要設備的使用情況。Molina-Markham 等人[20]已經表明，利用當前的一般統計方案，即使沒有足夠的用電資料，也可以從 AMI 資料中辨識用電模式。

儘管獲取詳細資訊是智慧電網的目標之一，但在未經使用者同意的情況下收集和使用此類詳細資訊，可能會泄露使用者的隱私。

一些國家對 AMI 和智慧電網的資料收集進行了法律討論。例如，加拿大安大略省資訊和隱私專員已經發布了將隱私保護建設成智慧電表資料管理系統的重要功能。該專員試圖解決 SG 和 AMI 涉及的 IT、業務實踐和網路基礎設施三個領域的資訊隱私。人們已經注意到，沒有單一的表述可涵蓋所有這些領域的安全要求，每個領域都有自己的要求、措施和考慮因素[21]。因此，引入以下七個基本原則，進行「設計隱私」（Privacy by Design，PbD），以確保選擇的自由和對個人資訊的個人控制。

① 主動不反應，預防性而非補救性　PbD 方法是主動的而不是反應性的。這意味著 PbD 在隱私侵入事件發生之前進行預防。

② 隱私作為默認設置　將隱私部分設置為系統的默認設置。在這種情況下，使用者不需要激活隱私設置，因為它默認設置在系統中。

③ 將隱私嵌入到設計中　將隱私嵌入到系統的設計和架構中，而不是作為系統附加的單獨實踐或技術。隱私將成為系統不可或缺的一部分，不會影響其整體功能。

④ 全部正和功能，而不是零和功能　PbD 尋求以雙贏的方式提供所有合法利益和目標，而不是通過過時的零和方法進行不必要的權衡。

⑤ 全生命週期的端到端安全保護　在收集第一部分資訊之前，PbD 將嵌入系統，並將在收集的資料的整個生命週期內進行擴展。上述可確保所有資料安全保留，在流程結束時可按所需進行安全銷毀。

⑥ 保持開放性的可見性和透明度　系統組件和操作對使用者和提供者來說是可見且透明的。

⑦ 尊重使用者隱私，以使用者為中心　PbD 要求設計人員和營運商通過提供強大的隱私默認設置、適當的通知和使用者友好的選項來讓客戶滿意。

（2）對抗外部網路或物理攻擊的安全

AMI 中的許多安全要求與典型的 IT 網路相同，但是，有一些獨特的安全要求如下所述：

1）機密性　機密性可以轉化為使用者用電模式的隱私保護，即計量和用電資訊應保密。在 AMI 端，使用者資訊應保密，只有經過授權的系統才能訪問特定的資料集。

2）完整性　雖然 AMI 在供電企業的前端處於安全的物理環境中，但與其他系統的多個介面使其易受攻擊。AMI 中的完整性適用於從儀表到公用設施的傳輸資料以及從公用設施到儀表的控制命令。完整性意味著防止從儀表接收的資料以及發送到儀表的命令發生變化。駭客的目標是破壞系統的完整性，通過假裝是被授權的實體並發出命令來進行攻擊。與機電儀表相比，智慧電表可以抵禦物理或網路攻擊。智慧儀表還應能夠檢測網路攻擊並忽略所有已發布的控制命令，以避免破壞系統的完整性。

3）可用性　可用性問題因系統中傳遞的資訊類型而異。有些資料並不重要，因此，可以在更大的時間間隔內收集它們，並且可以使用估計值而不是實際值。然而，有時重要的是在非常短的時間間隔內採集實際值，如每分鐘採集一次實際值。資料不可用的主要原因是組件故障。組件故障可能是由於物理損壞、軟體問題或人為篡改儀表造成的。通訊故障也可能是不可用的來源。通訊故障的原因有很多，如干擾、切斷電纜、線路老化、頻寬損失、網路流量等。

4）問責制　也稱為不可否認或不否認，問責制意味著接收資料的實體不會拒絕接收，反之亦然，即如果實體沒有收到資料，就不能說他們已經這樣做了。從 AMI 的財務角度以及實際的計量資料和對控制訊號的響應來看，這一點尤其重要。責任要求尤其令人擔憂，因為 AMI 系統的不同組件通常由不同的供應商製造並且由不同的實體（即使用者、服務提供商等）擁有。準確的資訊時間戳以及跨 AMI 網路的時間同步對於問責制也很重要。審計日誌是確保問責制的最常見方式，但是，這些審核日誌本身就容易受到攻擊。在智慧電表中，所有計量值、參數和資費的變化應該是問責制的，因為它們是計費的基礎。

也應該從攻擊者及其動機角度對 AMI 的攻擊進行研究。在設計安全對策時，這一點尤其重要。

很明顯，單一解決方案不足以保護電網。Cleveland[22] 討論了系統安全性的威脅以及一些可用於提高系統安全性的技術和策略。資產安全風險評估、安全合規性報告及安全攻擊訴訟是可用於確保客戶安全的幾種方法。其他安全技術包括：入侵檢測系統（Intrusion Detection System，IDS），具有訪問控制列表（Access Control List，ACL）的防火牆，網路和系統管理（Network and System Management，NSM）或公鑰基礎結構（Public Key Infrastructure，PKI）等。

總之，AMI 中的一些安全約束是[22]：

① 智慧電表必須經過年度等級認證。

② 智慧電表通常安裝在不安全的地方，因此，電表的物理安全性很難實現。

③ AMI 網路的某些部分由諸如 ZigBee、WiFi 或 PLC 的低頻寬技術承擔通訊任務。因此，吞吐量將對安全嘗試產生負面影響，因為無法向所有高頻率通訊的電表發送大型證書。

④ 一些 AMI 網路使用諸如蜂巢式網路的公共通訊服務。與專為特定目的而設計的網路相比，這些網路的安全性有限。

⑤ 整個系統的功能需要許多其他系統才能訪問公用設施端的 AMI 資料。為了在網路上實現統一的安全性，這些系統需要具有協調的安全策略和技術。上述難以實現，因為在許多情況下，不同的系統由不同的實體擁有和運行。

(3) 偷電

從技術上講，偷電可能導致發電機過載，這可能導致過電壓，因為供電企業沒有對實際用電量進行估計。這可能導致發電機組跳閘並停電。由於需要足夠的無功功率以便在饋電線上具有良好的功率因數和平坦的電壓，因此偷電可能使總負載流量計算出錯並使無功補償變得困難。

傳統的機電儀表很少或沒有安全性並且易於操縱。在機電儀表中，可以使用以下方法實現偷電[23]：

① 直接連接配電線。

② 將中性線接地。

③ 將磁鐵安裝到機電儀表上。

④ 通過阻止線圈來阻止線圈旋轉。

⑤ 損壞旋轉線圈，即擊打它。

⑥ 反轉輸入輸出連接。

使用智慧電表可以消除或最小化上述問題。但可以採用其他更複雜的偷電技術，繞開智慧電表。其中，電流互感器（Current Transformer，CT）的篡改就是其中之一。CT 通常用於匹配電網電流額定值與計量負載的儀表額定值。通過篡改 CT 的變比，可以強制電表讀取更少或甚至零電流量。

電子機械儀表中使用的一些竊取技術也適用於智慧電表和 AMI 系統。介入資料可以發生在三個不同階段：資料收集期間；資料記憶體在儀表中；資料通過網路傳輸。傳統機電儀表和智慧電表都可以在收集過程中介入資料。在其他兩個階段干擾資料只能在智慧電表上進行。Mclaughlin 等人[23]創建了一個「攻擊樹」，描繪了可能的竊電方式。不同的竊電方法可以轉化為偽造需要或操縱需要資料。與傳統系統相比，AMI 使用資料記錄器使篡改儀表更加困難。記錄器能夠記錄儀表的停電或逆流。計劃使用反轉或斷開連接技術的攻擊者還需要擦除記憶體在儀表中的記錄事件。但它的移除屬於第二類篡改儀表中記憶體的資料。如果攻擊者訪問智慧電表的記憶體資料，他們將完全控制電表，因為使用時間資費、接收或執行的命令、事件日誌、消耗和時間戳以及固件駐留在那裡。在通常的電力盜竊案中，攻擊者感興趣的點不是儀表中的固件和整個記憶體資料，而是操縱記憶體的總需要和審計日誌，但這需要儀表的密碼。

另一種情況，資料可以在網路傳輸時被更改，包括將錯誤資料注入系統或攔

截基礎設施內的通訊。在基礎設施的每個節點都可以進行這種類型的攻擊。如果攻擊發生在聚合點或回程鏈路上，則一組電表或使用者的資料將受到損害。為此，攻擊者需要插入回程鏈路，或訪問通訊頻道以修改或在儀表和實用程式之間注入錯誤資料。由於 AMI 可以使用加密和身分驗證進行通訊，因此攻擊者需要獲取記憶體在電表中的加密密鑰。如果驗證和加密過程或儀表和實用程式之間的完整性協議未正確完成，攻擊者可以使用欺騙技術將其虛假需要值或事件日誌發送到實用程式端。如果認證過程有故障，但是電表和公用設施之間存在加密通訊，則攻擊者需要在回程上的電表和公用設施之間的節點模擬供電公司的電表，反之亦然，以獲得加密密鑰。這種形式的攻擊被稱為中間人攻擊[23]。

當前，已經開發並引入了不同的技術來估計和定位偷電。這些技術要麼使用智慧電表，要麼獨立工作，這些技術主要有遺傳演算法-支援向量機演算法、電力線阻抗技術和諧波發生器技術[24]。另外，還引入了許多數學方法來檢測偷電，如支援向量機線性、支援向量機-徑向基函數、人工神經網路-多層感知器和最佳路徑森林分類器[25]。

## 6.1.4　AMI 的相關標準和協議

電網內的通訊需要通用語言和相關的標準。對於自動抄表（AMR），常用的通訊協議有 ZigBee、Modbus、M-Bus、DLMS/IEC 62056、IEC 61107 和 ANSI C.12.18。

DLMS/COSEM 是 AMR/AMI 中的通用語言。DLMS 或設備語言消息規範是用於通訊實體抽象建模的通用概念。COSEM 或 Companion Energy Metering 規範根據現有標準制定了與電表進行資料交換的規則。DLMS/COSEM 的作用和功能可定義為：

① 一種對象模型，用於查看儀表的功能，如介面。

② 所有計量資料的辨識系統。

③ 一種消息傳遞方法，用於與模型通訊並將資料轉換為一系列字節。

④ 一種將資訊從計量設備傳遞到資料收集系統的傳輸方法。

DLMS 由 DLMS 使用者協會（DLMS User Association）開發和維護。該協會已由 IEC TC13 WG14 加入，以創建國際版 DLMS 作為 IEC 62056 系列標準。在這項聯合工作中，DLMS 使用者協會為這一新的國際標準提供維護、註冊和一致性測試服務，而 COSEM 包括一套規範，用於定義 DLMS 協議的傳輸和應用層[26]。

DLSM 有四套規範：

① 綠皮書　介紹架構和協議。

② 黃皮書　涵蓋有關一致性測試的所有問題。

③ 藍皮書　描述 COSEM 儀表對象模型和對象辨識系統。

④ 白皮書　包含術語表。

產品符合 DLMS 黃皮書意味著符合 IEC62056 標準。IEC TC13 WG 14 將 DLMS 規範分為以下幾類：

① IEC 62056-21　直接本地資料交換（IEC 61107 的 3d 版本），描述了如何在本地端口（光學或電流環路）上使用 COSEM。

② IEC 62056-42　面向連接的異步資料交換的物理層服務和過程。

③ IEC 62056-46　使用 HDLC 協議的資料鏈路層。

④ IEC 62056-47　IPv4 網路的 COSEM 傳輸層。

⑤ IEC 62056-53　COSEM 應用層。

⑥ IEC 62056-61　對象辨識系統（Object identification system，OBIS）。

⑦ IEC 62056-62　介面類。

# 6.2　需要響應（DR）

## 6.2.1　DR 基本概念與實施 DR 的益處

### (1) DR 基本概念

DR 指的是終端使用者的用電量要根據隨時間變化的電價而變化，或當電力市場批發電價高或系統的可靠性受到危害時，獎勵低用電量的使用者[27,28]。

DR 通過促進與使用者的互動和響應，對電力市場產生短期影響，從而為使用者和供電企業帶來經濟利益。此外，從長遠來看，通過提高電力系統的可靠性，降低峰值需要，從而降低電廠整體成本與投資成本，並推遲對電網升級的需要[29]。

用電的響應通過 DR 程式來處理，DR 程式旨在協調用電與電力系統運行間的關係。DR 通過應用各種類型的 DR 資源來實現，包括分布式發電、可調度負載、儲能和其他可能有助於調節主供電網的資源。DR 程式通常使用誘導機制來減少用電者的需要，限制尖峰需要；然而，當發電量多且需要低時，也能支援增加需要。值得注意的是，由於 DR 可能降低用電者的舒適度，這可能會導致使用者一段時間的不適。

自動化、監測和控制技術是管理能源使用過程和 DR 實施的基礎，但 DR 不會對使用者造成困擾。

當客戶參與 DR 時，有三種可能的方式可以改變他們的用電量[29]：

① 通過負荷削減策略降低用電量；

② 將能耗轉移到不同的時間段；

③ 用現場設備所產生的電能，從而降低對主電網的依賴。

例如，通過調暗照明度、調節空調的溫度等措施，可以實現負荷削減策略。相反，通過預先開啟空調變冷將負載（空調運行）從較高成本時間段轉移到較低成本時間段，可以實現商業或住宅客戶的負荷轉移。工業設施也可以通過使用記憶體技術從低成本的非尖峰能源中受益，以便將一些生產操作推遲到隔夜班次，或者將其生產轉移到其他服務區域的其他工業設施。

得益於智慧電網技術的最新發展[29]，使用者之間的協調可以通過雙向數位通訊自動進行，這為實施 DR 程式奠定了堅實的物理基礎。

文獻 [30] 提出了一種基於激勵的智慧電網用電調度方案，該方案的優化目標是最小化系統的能源成本。其中分析了不同使用者之間共享能源的情景，每個客戶都配備自動用電調度器。調度器部署在智慧儀表（電表）內，並通過電力線連接通訊網路。智慧儀表的互動是自動的，並且運行分布式演算法以便確定每個使用者的最佳用電計劃。通過使用允許整體系統性能改進的博弈論，分析簡單定價機制，向使用者提供合作的激勵。通過考慮定價方案來實現系統範圍優化問題的最佳解決方案。

另外，可將 DR 演算法實現為電網控制中心級的分布管理系統（distribution management system，DMS）的集成功能。

（2）實施 DR 的益處

根據目標、設計和性能以及其他因素，DR 可以在系統運行、市場效率和系統擴展方面獲得利益[27,31]。

1）系統運行　通過實施 DR 計劃，使用者可以對價格訊號做出反應，公平地反映發電和電網的實際營運成本，可以在系統營運中獲得相應的成本下降。例如，可以避免高發電成本時的一部分需要或轉移到發電成本較低時段。

由於 DR 實施計劃，電網營運商和配電公司可以獲得發電成本以及延遲的輸電和配電成本的優惠。在發電或配電中斷的情況下，電網營運商在短時間內執行 DR，可以通過減少關鍵時刻的電力需要來幫助電力系統恢復到應急前的水準。DR 通過促進供需的即時平衡，緩解由間歇性再生能源的可變和不確定輸出引起的問題[32]。在停電的情況下，DR 對即時平衡和補充供電的貢獻將涉及一定水準的短期供電可靠性以及減少營運所需的備用容量[33]。此外，DR 可以減少線損[34]，有助於緩解電網限制或避免發生意外情況時供電中斷[35]。DR 計劃還可以為電網系統營運商提供輔助服務，如電壓支援、有功和無功功率平衡、頻率調節和功率因數校正[36]。

2）市場效率　一般認為，需要方積極地參與市場可能會帶來巨大的好處。特別是[37-42]：

① 消費者可通過將負荷從高價格時段轉移到價格較低的時段來降低電力成本；

② 由於需要的變化，總體負荷曲線變平，因此降低了產生電能的總成本；

③ 如果這種成本的降低轉化為價格的下降，那麼不會因價格變動而改變需要，使使用者（消費者）的利益受損；

④ 發電公司行使市場力量的能力得到緩解。

由市場驅動的 DR 計劃的實施，在自由化環境中可以實現市場效率的顯著提升。這些計劃通常以時變關稅的形式進行，並允許需要方積極參與市場。事實上，DR 可能會降低市場上所有交易能源的批發市場價格。在缺乏發電量和高批發價期間的價格響應，能夠降低高批發和零售價格及其波動性以及極端系統事件的影響[43,44]。通過根據價格訊號調整需要，使用者可以在特定時間按比例用電，使得其效用最大化[45]。批發市場價格下降帶來的效益取決於市場交易的電能總量。其他短期利益包括當客戶由垂直整合的供電公司提供服務時避免可變的供電成本。需要狀況的扁平化也意味著價格下降，它表示從發電到消費者的財富轉移。需要彈性的改善還可以限制價格飆升的程度和數量，並減輕發電商在批發電力市場中行使市場力量的能力[46]。在有組織的市場中，在需要高和供電不足的時期，實際上產生了更昂貴的電力，從而決定將市場清算價格提高到較高水準。價格反應機制允許在市場清算價格上漲時減少需要，從而避免供電商行使市場力量，增加市場供電商數量，減少集中度並使共謀更加困難。DR 還可以允許供電企業、零售商和使用者對沖價格波動和系統緊急情況的風險。相反，更具彈性的需要將降低發電公司的利潤[47,48]。

3）系統擴展　如前所述，DR 可能會修改客戶負載模式，這可能會導致峰值與基本負載容量的混合發生變化。DR 還可以減少特定區域的局部峰值和系統峰值，從而取代構建額外的發電、輸電或配電容量基礎設施的需要。在本地層面，電網的大小是針對峰值預期需要而定的，因此，局部峰值的減少允許在指定的可靠性水準上不增強電網，或長期來看可以避免由於增加電網可靠性而增加的投資成本。另一方面，在系統層面，需要模式的平滑意味著推遲在峰值單位中安裝新的容量，並推遲對容量儲備的新投資，以達到預期的可靠性[49]。

## 6.2.2　DR 中的使用者分類及使用者域的概念模型

### （1）使用者分類

根據美國國家標準與技術研究院（NIST）的智慧電網概念模型，兩類實體〔使用者與 DRP（Demand Response Provider，需要響應提供商）〕可以與公用事業❶/ISO 進行互動以達到 DR 的目的[50]。雖然使用者是電能消費的實體，且參與 DR 計劃可能是自願的或強制性的，但 DRP 是公用事業/ISO 和客戶之間的仲

---

❶　公用事業：此處是指提供公共服務的供電企業。

介，並提供與 DR 相關的一系列服務。許多情況下，使用者需要來自公用事業公司的技術和財務支援，以便為 DR 安裝自動化設備，這些設備能夠自動響應公用事業發送的訊號[51]。

根據設施內的用電量，使用者可分為以下幾類：

① 大型工商企業（C&I）；

② 小型工商企業（C&I）；

③ 住宅；

④ 單個插電式電動車（Plug-in Electric Vehicle，PEV）；

⑤ PEV 車隊。

大型工商企業客戶通常在其設施內擁有最先進的控制負載的技術（通常與工業使用者的製造和過程控制相關），可能參與電力市場的批發或零售。

在商業設施內部，主要負載通常是用於管理設施的負載，如供暖、通風、空調（HVAC）系統和照明。

大多數工業使用者和具有用於緊急備份或輔助電源的現場發電設備的某些大型商業客戶可以將這種發電用於 DR。此外，一些工業設施，如紙漿和紙張製造，具有自主的、離散的生產過程，在必要時，可以轉移到一天的其他時間或不同的日子。

住宅客戶的特徵是相對較小且有限的負載類型，並且實際上沒有動力進行大量投資來管理其用電。他們通常只參與零售電力市場，主要參與直接負荷控制計劃。所採用的 AMI 等新標準和技術允許市場上的低成本設備加入。用於樓宇自動化系統的新標準和技術還允許智慧家居為智慧電網提供技術支援。

小型工商企業客戶多種多樣，在某些情況下，看起來像是住宅客戶，而在其他情況下看起來更像是大型工商企業客戶。

PEV 代表了現有配電系統的重要新負荷，它們的擴散將支援負荷轉移。然而，應該正確地加強配電系統，以避免它們在 DR 實施中使電壓產生波動，因為電能品質下降可能對公用設施和使用者用電設備造成損害。

（2）使用者域的概念模型

NIST 智慧電網互操作性標準[50]的臨時路線圖提出了智慧電網的概念模型，如圖 6.3 所示。概念模型被設想為一種工具，允許各級監管機構評估實現公共政策目標的最佳策略以及商業目標，鼓勵投資發展國家電力系統和建立清潔能源經濟。NIST 從智慧電網要求的不同角色的角度推薦了這個模型。該模型代表了配置智慧電網標準化工作的電氣系統的各個部分的參考。該概念模型將智慧電網劃分為七個域。每個域及其子域包括智慧電網角色和應用。參與者包括確定行動和交換實現應用所需資訊的設備、系統或程式。而應用代表域中一個或多個角色必須實現的任務。例如，智慧電表、太陽能發電機和控制系統代表行動者，相應的應用可以是家庭自動化、太陽能發電、能量記憶體和能源管理。

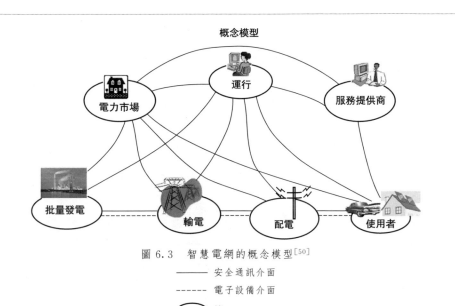

概念模型

圖 6.3　智慧電網的概念模型[50]

————　安全通訊介面

------　電子設備介面

⬭　域

　　表 6.1 提供了智慧電網域的修訂視圖，以便完全支援 DR 業務模型。使用者域中的參與者能夠管理他們的能源使用和產生[52]。一些參與者還提供使用者與其他域之間的控制和資訊流。供電企業的計量表以及諸如能量管理系統（EMS）之類的其他通訊閘道器通常被認為是使用者域的邊界。

表 6.1　完全支援 DR 業務模型的智慧電網域

| 域名 | 域描述 |
| --- | --- |
| 客戶 | 任何消費燃氣和/或電力服務的實體。電力的消費者。客戶包括小型到大型工商業客戶和住宅客戶 |
| 市場 | 電力市場是一種實現電力購買和銷售的系統,利用供需來設定價格 |
| 服務提供商 | 向零售或最終使用者提供電力服務的實體 |
| 運行 | 管理發電、市場、輸電、配電和用電 |
| 發電 | 生產用於工業、住宅和農村的大容量電力。它還包括電力記憶體和分布式能源 |
| 輸電 | 電力傳輸是電能的大量轉移,是向消費者提供電力的過程 |
| 配電 | 配電是向最終使用者提供電力的階段。配電系統的網路從輸電系統傳輸電力並將其傳遞給消費者 |
| 微電網 | 用於分布式能源資源管理並交付的本地電網 |

　　使用者域通常分為家庭、商業/建築和工業的子域。對這些子域的能量需要通常設定為低於 20kW 的家庭需要、20～200kW 的商業/建築物和 200kW 的工

業需要。各個子域中存在各種參與者和應用；每個子域中始終包含電表（或儀表）參與者和 EMS。

　　EMS 代表使用者域的主要服務介面，可以位於電表（或儀表）或獨立閘道器中。使用者用電域連接到配電域，並與配電、發電、營運、市場和服務提供商域通訊。AMI 或其他通訊手段（如因特網）允許 EMS 與其他域通訊。EMS 使用歸屬區域網路或其他區域網路來與使用者駐地內的設備進行通訊。每個客戶可能存在多個 EMS，因此可能存在多個通訊路徑。EMS 代表了應用的切入點，如遠端負載控制、客戶使用的家庭顯示器、非能源計量表的讀數、分布式發電的監控和控制以及與樓宇管理系統和企業的集成。EMS 可以為網路安全目的提供審計/記錄。一些參與者還提供使用者與其他域之間的控制和資訊流，如圖 6.4 所示。

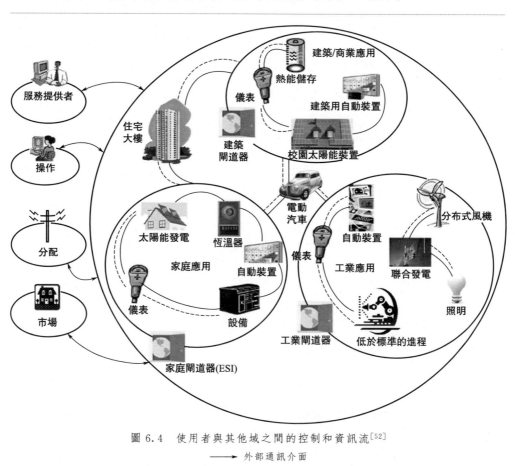

圖 6.4　使用者與其他域之間的控制和資訊流[52]

　　　→　外部通訊介面
　　　──　安全通訊介面
　　　-----　電子設備介面
　　　⬭　域

## 6.2.3　DR 計劃

　　為了激勵使用者，DR 計劃應該增加客戶對 DR 帶來的益處的理解，並提高他們使用控制技術（如智慧恆溫器和電力資訊）參與 DR 計劃的能力。鼓勵客戶參與 DR 計劃的主要原因包括幫助省錢、避免停電以及責任感。此外，供電企業還應提供一整套協調服務，以鼓勵客戶參與不同的階段計劃並採用不同的技術。

　　可以根據各種標準對各種類型的 DR 計劃進行分類，表 6.2 總結了文獻 [53] 中提出的一些分類，文獻 [54] 中也對 DR 進行了分類。儘管如此，DR 計劃也可以根據需要減少的一方大致分為三類[53]，如表 6.3 所示。

**表 6.2　根據各種標準對 DR 計劃分類**

| 分類標準 | 雙重性（Dualities） | |
|---|---|---|
| 目的 | 可靠性 | 經濟性 |
| 觸發因子 | 基於緊急狀況 | 基於價格 |
| 訊號起源 | 系統主導 | 市場主導 |
| 訊號類型 | 負荷響應 | 價格響應 |
| 動機方法 | 激勵型 | 基於時間的費率 |
| 控制 | 直接負荷控制 | 被動負荷控制 |
| 系統/市場結構 | 垂直整合的監管系統 | 自由市場 |
| 促銷和融資 | 監管機構 | 市場代理 |
| 針對的客戶 | 高壓（大型工業和商企業） | 低壓（小型商用） |
| 自動響應 | 手動響應（無使能技術） | 自動響應（使用 AMI 和/或其他智慧設備） |

**表 6.3　根據需要減少的一方對 DR 計劃分類**

| 基於費率或價格 | 激勵或基於事件 | 降低需要的投標 |
|---|---|---|
| TOU（使用時間費率）：固定價格塊費率，按時間不同而定 | 直接負載控制：客戶可以獲得獎勵，允許公用事業對某些設備進行一定程度的控制 | 需要出價/回購計劃：當批發市場價格高時，客戶提供出價以此減少負荷 |
| CPP（Critical Peak Pricing，臨界峰值定價）：包含由供電公司觸發的預先指定的超高費率並且在有限時間內生效的費率 | 緊急需要響應計劃：客戶在需要時可以獲得降載的獎勵，以確保可靠性 | |
| RTP（real-time pricing，即時定價）：響應批發市場價格而連續變化（通常是每小時）的費率 | 容量市場計劃：客戶接受獎勵，把降載作為系統的替代容量 | |

| 基於費率或價格 | 激勵或基於事件 | 降低需要的投標 |
|---|---|---|
| | 可中斷/可用:客戶可以根據要求同意降載的折扣率 | |
| | 輔助服務市場計劃:客戶接收電網營運商的付款,以便在需要支援電網運行時降載(即輔助服務) | |

1) 基於費率或價格的 DR 計劃　在此計劃類型中,DR 是通過批准的公用事業關稅或放鬆管制市場的合約約定來實施的,根據這些關係,電價隨時間變化,以激勵客戶調整消費模式。電價可能在預設的時間內有所不同,或者可能根據日、周和年以及現有保留邊際動態變化。使用者將在尖峰時段支付高價格,在非尖峰時段支付低價格。價格可以每天或每小時或即時提前一天確定,使用者將對電價波動作出反應。此類中的計劃範例如表 6.3 所示。許多供電公司向客戶提供某種類型的基於價格的 DR 關稅;但是,基於價格的 DR 僅占現有 DR 計劃總數的一小部分。

2) 激勵或基於事件的 DR 計劃　此類 DR 計劃獎勵使用者根據要求減少用電負荷或為計劃管理員提供對客戶用電設備某種程度的控制。將自願需要減少請求或強制命令形式的一組需要減少訊號由公用設施或 DR 服務提供商 (聚合器) 發送給參與客戶。可以響應各種觸發條件來調用激勵或事件驅動的 DR。

3) 降低需要的投標　參與此類計劃的客戶啟動並向供電公司或聚合器發送減少需要的投標。投標通常包括可用的減少需要能力和要求的價格。該計劃主要是刺激大客戶以他們願意的價格來減少負荷,或者承認他們願意以公布的價格減少負荷量。

查看各種 DR 計劃的另一種方法是區分市場 DR (即即時定價、價格訊號和激勵) 和物理 DR (即電網管理和緊急訊號)。雖然市場 DR 由經濟性激活,但物理 DR 依賴於可靠性要求。旨在提高系統可靠性的 DR 通常通過基於緊急情況、系統引導、負載響應和基於激勵的直接負載控制計劃來實現。另一方面,旨在降低系統成本的 DR 通常通過基於價格、市場主導、價格響應 (使用基於時間的費率) 和被動負載控制計劃來實現。

# 6.2.4　DR 的使能智慧技術

## (1) DR 的使能智慧技術

使能技術的創新和進步可以提高電力企業的經濟和社會效益,並大大提高現有 DR 計劃可實現的目標[55]。事實上,集成電子電路、控制系統以及資訊和通訊技術的發展顯著改善了計量和 DR 技術的功能。一些關鍵要素的組合和相互作

用決定了使用者設施的用電能效和 DR 的能力。特別是，創新的使能技術和系統集成對於促進電網效率的提高和 DR 的更好協調具有決定性作用。使能技術包括但不限於以下技術：

① 需要縮減的優化策略　滿足與能源價格或緊急事件相關的多重目標功能；

② 雙向通訊，時段計量　允許供電公司向使用者顯示實際的用電模式；

③ 通訊設備　用於通知使用者削減負荷；

④ 能源資訊工具　允許近乎即時地訪問負載資料，進行削減負載後的性能評估，並通知操作員考慮削減潛在負載；

⑤ 能量管理控制系統　用於 DR 優化負載控制器和建築物能量管理控制系統；

⑥ 現場發電設備　用於緊急備用或滿足主要設施電力需要。

一些創新的智慧技術，如智慧電表，是大多數 DR 計劃的關鍵。而自動響應技術，能夠實現用電和峰值負載的遠端控制，是 DR 實施的物質基礎，它分為控制設備、監控系統和通訊系統三大類，以下重點討論控制設備和監控系統。

(2) DR 控制設備

負載控制設備是獨立的，並且集成到大型設施的 EMS 中，包括負載控制開關和智慧恆溫器等技術。負載控制開關用於遠端控制特定的終端使用者的負載，如壓縮機或電動機，並通過通訊系統連接到公用設施。智慧恆溫器由供電公司和/或客戶遠端控制，並允許通過軟控制而不是使用硬控制來設置恆溫器的溫度變化點。

1) 用於建築物與家庭能量管理的智慧技術　客戶和配電網間的互動可以通過家庭內的主動 DR 系統來提供。這些設備包括簡單設備和本地 EMS，用來實現能源管理和與能源分銷商和零售商的雙向通訊。EMS 通過接收市場和系統訊號，可以根據使用者的喜好管理負載、供暖、通風和空調（Heating, Ventilation and Air Conditioning，HVAC）系統、儲能和本地發電機組。

智慧家居技術的發展，使洗衣機、熱水器、烘乾機、洗碗機、冰箱等可自動響應價格，提高可靠性。

2) 工業和商業使用者的備用發電機和儲能器　通過使用備用發電機，工業和商業客戶可以採用簡單且合適的方案從電網中減少負荷，從而降低用電費用。事實上，他們可以從設備中獲得額外的經濟價值，同時保持其正常營運。然而，當使用備用發電機進行 DR 時，汙染物排放是一個很大的問題。由於有限的排放許可，主要用於應急備用發電，備用發電機每年的運行時間有限。

能量記憶體單元也可以用在房屋和建築物能量管理中，以便增加一些關鍵應用的負載管理功能和安全級別。此外，來自本地發電的剩餘電力可用於為 PEV 充電並在緊急或高價格情況下使用。

（3）監控系統

監控系統包括智慧電表、AMI、能量管理系統和能源資訊系統。由於智慧電表、AMI 已在前面的章節中進行了較為詳細的討論，因此，以下簡要討論能量管理系統和能源資訊系統。

1）能量管理系統　能量管理系統（Energy Management System，EMS）允許通過一系列感測器、開關、控制和演算法來監控、分析和控制建築系統和設備。

負載控制策略、控制響應驗證以及負載模型的開發和更新都需要監控單個負載和設備。通常為住宅使用者開發的某種類型的負載控制策略實際上可能需要單獨的監控能力。在這些情況下，需要在終端使用者的設施內部署適當的基礎設施，以便將來自各個設備的資訊傳送到控制中心。

EMS 主要用於通過節約能源和/或降低峰值需要來提高建築物能源性能，也可以執行自動 DR 功能。

2）能源資訊系統　能源資訊系統（Energy Information System，EIS）可以作為公用設施和現有 EMS 之間雙向通訊的門戶，也可獨立於 EMS 運行。與 EMS 類似，設施安裝 EIS 系統主要用於能量資訊和負載管理，而不是用於在 DR 中起作用。它們主要用於收集資料並向終端使用者和供電企業提供與系統性能相關的可用資訊。但是，如果具有自動響應功能，他們還可以為使用者提供通知功能。這些進一步的功能主要基於監控和記錄即時能源使用資料，用於計費分析和報告，允許接收有關 DR 事件的警報或提供通知和分析功能。此外，他們還允許對供電企業請求的事件或支援進行自動響應，以便檢測錯誤，分析響應事件所做的操作變更的影響並做出決策。

# 6.3　智慧電網中資訊處理的使能技術

## 6.3.1　智慧電網中資訊處理技術面臨的挑戰

### （1）配電網的資產優化所面臨的挑戰

傳統上在規劃和營運配電網時，基本的假設是基於系統「無源性」，這導致了輸電到配電網的功率流是單向的假設。因此，主要的電網投資旨在增加輸電網的互聯，並提高輸電組件的傳輸能力，以便可靠且有效地支援長距離的電力傳送。在這種情況下，配電系統通常很少被認為是電力系統基礎設施的策略資產，而且這些年來其規劃和營運標準尚未做出適當調整[56,57]。

當前，許多挑戰影響配電系統，其中包括對分布式能源的最佳協調的需要，為可再生能源發電的大規模擴張而努力；通過資源充足性的平衡、可靠性，在經濟性和環境友好的原則下，定義適當的規劃和營運策略，優化電網資產以滿足不斷成長的需要[58]。

智慧電網是解決上述這些複雜問題的一個非常有前景的發展方向[59]，因為它可以使配電網具有彈性、自組織和自我修復[60,61]。

(2) 資料異構性的挑戰

智慧電網的主幹是普世運算和異構實體（如軟體框架、遠端處理單元和智慧感測器）的能力，它們共享和交換資料，並根據嚴格的時間限制進行合作以生成可操作的資訊，由特定的應用領域應用[62]。

在這種背景下，現有的能源和配電管理系統的現代化、通常基於低可擴展運算範例、有限的可互操作介面、異構資訊技術和傳統專有平台，是未來智慧電網面臨的主要技術挑戰[63]。為了解決這個問題，高性能運算系統需要重新審視與可擴展性、適應性、靈活性和技術演變相關的架構需要、設計標準和假設[64,65]。資料異構性是傳統配電系統運行中的一個主要問題，這是因為測量系統的部署不太可能隨著時間的推移而使用相同的硬體和軟體架構[66]。

(3) 大數據帶來的挑戰

大數據管理代表了另一個需要解決的相關問題，因為智慧電網中的現場感測器數量預計將成長若干個數量級[67]，這需要及時處理相應的資料流，以便在有用的時間內提取可操作的資訊[68]。在解決這一複雜問題時，智慧電網營運商必須正確地表示和管理影響測量資料的內在不確定性，以便充分了解資訊環境，從而評估相應內容的置信度[69]。

此外，即使用於測量資料流分析的複雜數學模型可用，也需要處理許多問題，包括通訊網路擁塞、複雜性增加的優化問題、大數據不確定性的管理，集中式運算系統的脆弱性。在解決這些問題時，在資料豐富但資訊有限的領域中，將分散、自組織、主動和整體運算框架的概念用於決策支援，是最相關的研究挑戰之一。這些範例的採用允許改進電網運行過程，在傳統的基於預定義的電力系統狀態上，提供知識發現和進行資料探勘時獲得的一組資訊服務，在有用的時間內向營運商提供最有用的資訊[70]。

許多重要的智慧電網應用可以從這些資訊服務的部署中受益，包括智慧電網優化模型、線上電壓控制、線上安全分析、同步廣域測量、普適電網監控、即時資訊共享、能源價格預測和可再生能源功率預測。

## 6.3.2 智慧電網優化模型

(1) 智慧電網優化模型

智慧電網優化工具旨在根據經濟或技術標準確定最佳電網運行狀態，而不違反系統和組件運行限制。獨立於特定應用領域，可以通過解決式(6.1) 的約束非線性多目標規劃問題來解決該問題：

$$
\begin{cases}
\min\limits_{x,u} f_i(x,u) & i=1,\cdots,p \\
\text{s.t.} \quad g_j(x,u)=0 & j=1,\cdots,n \\
\quad\quad h_k(x,u)\leqslant0 & k=1,\cdots,m
\end{cases}
\tag{6.1}
$$

其中，$x$ 是因變數向量；$u$ 是決策變數向量；$f_i$ 是第 $i$ 個標量目標函數；$g_j$ 是 $j$ 個等式約束；$h_k$ 是 $k$ 個不等式約束。

決策變數取決於特定的智慧電網應用，包括可編程發電機產生的有功功率、電網控制器的設定點、可控負載的狀態。

因變數包括負載總線上的電壓幅值和角度、發電總線上產生的電壓角和無功功率以及鬆弛總線上產生的有功和無功功率。

不等式約束包括每條電力線的最大傳輸能力，每個決策和因變數的允許界限，而等式約束表示負荷流方程。

目標函數可以量化技術和經濟原則，包括發電成本、電力系統損失、監管成本等。由於這些功能通常描述競爭目標，因此應在目標函數間進行適當權衡[71]。

(2) 智慧電網優化模型的解法概述

為了解決電力系統中的優化問題，提出了許多演算法，包括非線性規劃、二次規劃[72,73] 和線性規劃。這些求解演算法形式化問題的最佳性條件，即 Karush-Kuhn-Tucker 條件，並通過使用牛頓疊代演算法求解相應的非線性方程組。

這些演算法在智慧電網優化中的應用存在較大的侷限性[74,75]，主要源於：它們無法解決大規模問題；管理多重和異構約束的弱點；降低運算全局最佳解的能力；難以解決病態問題。

為了克服這些限制，採用了元啟發式技術，包括遺傳、進化演算法和一般的生物啟發技術。元啟發式技術已被公認為一個非常有前途的研究方向[76,77]。雖然這些運算範例的應用允許智慧電網營運商改進解的空間探索，並大幅降低收斂於局部最小值的機率，但元啟發式演算法的嚴格收斂和效率分析仍然幾乎未解決，需要進一步研究[78]。

例如，在解決無功功率調度問題時，可以採用粒子群優化（Particle Swarm

Optimization，PSO）技術。但是 PSO 中粒子運動的數學公式、模型的內部參數的某些值可以導致收斂，而其他值將導致分歧。

　　所有先前描述的用於智慧電網優化的解決方案技術可以被歸類為「集中式解決方案」，因為它們需要中央設施的可用性來收集和處理電網資料。

　　最近，關於未來配電網中這種等級解決方案範式的充分性的爭論已經開始。在這方面，許多文獻推測這種運算範式可能不適合解決智慧電網中的優化問題，其中對即時電網優化的需要和影響電力系統運行的大的不確定性導致需要更具彈性、更靈活的運算範式[79]。

　　而採用分布式、合作式和自組織的多智慧體優化範例代表了一個非常有前途的研究方向[80]。特別是，許多文獻強調了多智慧體和合作範式在解決關鍵智慧電網優化問題中所起的關鍵作用，如分布式能源的最佳管理[81]、經濟調度[82]和需要側管理[83]。這些文獻表明，分散和自組織運算框架可以通過減輕意外事件的影響，提高智慧電網在外部干擾和/或組件故障時保持運行的能力，明顯地改善智慧電網性能[84]。此外，如果設計和部署得當，這些運算框架的特點是穩定的，並具有自我修復的特性。

## 6.3.3　線上電壓控制

　　線上電壓控制代表智慧電網中需要解決的相關問題，其中分布式能源和可再生能源大量擴散到現有配電網中，會干擾電網的電壓，並增加控制電網的複雜性。因此，需要根據「被動假設」[85]設計線上控制系統。

　　特別地，注入具有固定功率因數的有功功率的可再生發電機影響注入總線處的電壓幅度，使發電曲線產生波動。如果管理不當，這個問題可能限制可再生發電機注入的最大功率，限制它們的充分利用[86]。

　　此外，可再生發電機和配備有電力電子介面的分布式能源（可被視為可控無功發電機）應與其他電壓控制器協調，以提高整體電網電壓品質。

　　因此，智慧電網電壓控制要求週期性地解決多目標數學規劃問題，這可以被認為是式(6.1)中形式化的一般問題的特定實例。

　　在這種情況下，決策變數包括電壓控制器的設定點、電力變壓器的有載分接開關的狀態以及由分配的能量資源產生的無功功率。

　　通常在解決該問題時考慮的目標函數可以描述技術和經濟標準，包括平均電壓偏差、網損和調節成本。由於這些功能是相互矛盾的，因此需要確定適當的權衡。

　　傳統上通過非線性編程方法解決線上電壓調節問題，該方法依賴集中式運算設備的可用性，該集中式運算設備針對當前電網狀態辨識電壓控制器的最佳資

產，其最小化標量。通過適當地組合所有控制目標獲得成本函數。

在智慧電網電壓控制中部署這些解決方案範式的缺點主要源於標量成本函數無法正確表示電壓控制問題的固有多標準特徵，並且在空間上對解進行窮舉試探，即所謂的凸性問題優化[87]。

為了解決這些關鍵問題，在智慧電網文獻中提出了更有效的電壓控制問題形式化解決方案[88]。這些改進方案首先通過逼近非支配解集合，然後根據固定的選擇標準選擇最終的問題解決方案來描述電壓控制問題的多目標性質。這是通過部署標準的非線性優化技術（即目標達成）或更先進的啟發解決方案（即進化演算法和基於模糊的進化演算法[89]）來實現的。

最佳電壓調節可採用分散式和集中式兩種方法。應該注意的是，集中式方法，在最小化目標函數方面更高效，但也需要詳細的電網模型，並假設可獲得所有資訊。

雖然可以採用基於多目標的解決方案範例解決智慧電網電壓控制中的有效性問題，但是這些技術在即時環境中的部署可能會帶來一些運算問題。這激發了對更有效的線上智慧電網電壓控制解決方案範式的研究，即通過減少調用嚴格的、複雜的解決方案演算法來提高解決方案過程的效率[90,91]。在解決這個問題時，案例庫推理和機器學習的融合被認為是最有效的解決策略。這種方法的基本原理是，在實際運行場景中，演算法經常用於解決電力系統狀態的多目標問題，這與先前解決的問題非常相似。因此，基於運算智慧的演算法可以用於從歷史資訊中「學習」如何解決控制問題。

最近，一些文獻概念化了新穎的先進分散運算框架，這些框架基於高度普世運算、智慧和合作的電壓控制器[92,93]。線上智慧電網電壓控制中採用協同控制器有望改善分布式處理單元之間的任務分配，從而大大減少處理資源，並有助於提高電壓的效率和可靠性，使控制過程變得簡單。

# 6.3.4　線上安全分析

線上安全評估是智慧電網中的另一個相關問題，其中不可靠的配電系統可能影響共享電網資源的大量使用者和電網營運商。

整個過程需要定期求解靜態和動態電力系統狀態方程，旨在估計可能的意外事件的後果。應該根據嚴格的時間限制獲得這種複雜運算過程的結果，以便智慧電網營運商能夠正確規劃旨在消除或減輕關鍵突發事件影響的預防和糾正措施。這種時間限制的要求，促進了旨在正確選擇最可靠的突發事件處理方法的發展，減少了應急分析過程的運算時間[94]。

為了解決電網狀態穩定性問題，已經探索了許多基於軟運算的應急篩選和排

序方法[95]。一旦知道當前的電力系統操作點，這些技術就採用基於機器學習的範例來辨識最可能的突發事件。

就降低應急分析的複雜性而言，一些文獻提出採用基於神經網路的運算範例來降低評估過程的複雜性[96]。

由於電力系統複雜性的增加將會影響運算性能，因此需要不斷升級硬體資源。在這種複雜情形中，線上智慧電網應急分析的運算負擔可能會動態上升，因此需要部署更具可擴展性的運算範例。

為了解決這個問題，文獻中提出的最先進的解決方案是基於網格運算。這種模式可以通過部署互聯網上互聯廣泛的、動態可重新配置的合作資源網路來支援密集的電力系統運算[97]。根據普適運算網格的概念，智慧網格運算的未來運算範例應該在多個異構網路上進行互動，與異構運算資源合作，從超級電腦到普及感測器網路。

# 6.3.5　廣域監控、保護和控制

廣域監測保護和控制系統（Wide-Area Monitoring Protection and Control System，WAMPAC）基於時間同步感測器網路，即相量測量單元，將它們安裝在智慧電網中的特定位置，以採集一組相量和頻率資訊[98,99]。

典型的 WAMPAC 架構部署在一組互動式組件上，包括 PMU、資料集中器、應用工具和廣域通訊網路。

典型的 WAMPAC 應用可能包括拓撲和狀態估計、最佳分布式資源管理、智慧恢復技術和主動警告服務[100]。

現場經驗表明，通過支援智慧電網營運商實施先進的保護方案和自適應控制策略，WAMPAC 在智慧電網中的普遍採用可以減少大規模干擾的發生。

儘管有這些潛在的好處，WAMPAC 在配電系統中的發展仍處於起步階段，許多問題尚待解決。尤其是設計全面且高度靈活的 WAMPAC 架構，能夠抵禦可能危及其運行的內部和外部干擾。特別是，傳統的分層 WMAPAC 架構具有的缺點可能會影響其在未來智慧電網中的部署。更具體地說，預計電網資料採集和交換的合理增加約為 4 個數量級，這可能導致集中式 WAMPAC 架構迅速飽和[101]。

此外，時間 PMU 同步採用 GPS 弱功率訊號，使 WAMPAC 極易受到射頻干擾。

為了解決這些問題，可採用分布式運算架構並通過合理部署普及和自組織運算框架來實現，這些框架旨在允許 PMU 合作，並與變電站的所有電源組件在同一個等級中[102,103]。

## 6.3.6　電力市場預測

電價預測是電網的基本功能，因為市場動態會影響智慧電網營運商的行為，如發電公司、交易商和負載服務實體，尤其是在高波動性電力市場中。發電公司可以使用價格預測模型，通過改進競價和定價遠期衍生合約來最大化其利潤，對沖市場風險[104]。負載服務實體可以使用這些資料來降低價格波動風險，方法是在服務負載與短期或長期合作的電力或從現貨市場購買電力之間進行決策。智慧電網營運商可以使用預測資料來預測可能影響發電機組調度和配電網電力需要的價格變化。大客戶可以使用預測資料來量化市場波動，並通過長期雙邊合約管理相應的風險。

在該領域中，傳統上採用基於生產成本模型或統計方法的預測演算法。基於生產成本模型的預測框架分析系統過去的運行方式，處理歷史資訊，如發電機組和電網的電氣特性。這些預測方法基於計量經濟模型，旨在通過發現歷史關係並推斷與預測消費者的行為。然而，這些預測演算法的調整需要許多詳細資訊，包括市場競價、發電資料、電網資料和燃料價格。為了打破這些偏限，基於自迴歸整合移動平均線（Autoregressive Integrated Moving Average，ARIMA）的統運演算法被廣泛應用[105]，它易於實施，並且在短期預測方案中表現出可接受的性能。另一方面，由於電價是非平穩的，特別是對於波動的價格，具有非恆定的均值和方差以及顯著的異常值，它們的表現傾向於在更長的預測觀察中下降。這是由於市場參與者的複雜競價行為受到各種複雜驅動因素的強烈影響。為克服這一困難，已提出採用非線性學習技術，包括前饋神經網路、神經模糊網路、遞歸神經網路和混合技術[106-108]，其中結合了不同的預測技術，如 ARIMA 和人工神經網路（ANN）混合方法。

基於統計和非線性學習模型的互補和共生特徵，提出了預測模型[108]。因此，監督學習技術與自適應架構中的基於統計的預測器合併，其優於單獨使用的各個組件的預測準確度。

## 6.3.7　自適應風電預測

智慧電網的一個關鍵問題是如何通過減輕對系統運行和控制的負面影響來支援配電網中大規模擴散的風力發電機。特別是，間歇和非可編程發電機大規模集成到電網中會產生多種副作用來影響線電流和母線電壓幅度[109]。因此，有效預測注入的風電概況是一個需要解決的相關問題，因為它可以支援智慧電網營運商獲得有關電力市場動態的策略資訊，以及規劃有效的基於預測的維護計劃。風力預報也可能有助於限制電力削減的發生或持續時間[110]。

　　風力預報通常通過採用數值天氣預報（Numerical Weather Prediction，NWP）來解決[111]。這些氣候模型通過求解固定空間網格上的動態大氣方程，預測大面積上幾個氣候變數的剖面。然而，這些預測模型的空間解析度通常為幾km²（即 7.6km×7.6km），這可能不適合準確描述複雜區域中的局部風力。此外，它們需要非常大的運算資源和複雜、耗時的解決方案演算法，這使得它們在真實的網格操作場景中難以部署。

　　因此，許多研究工作集中在提出預測演算法上，該演算法通過統計黑盒模型處理本地測量資料，以獲得更高的空間解析度和更低的運算負擔。為此目的，文獻中提出了許多基於上述 ARIMA 的學習技術，在短期情景中具有可接受的性能（提前 1～3h）。然而，它們的表現在中期預測視野中有所不同，因為風廓線是非平穩的、極不穩定的，並且具有非恆定的均值、方差和顯著的異常值[112]。

　　為克服這一偏限，提出了向非線性學習技術應用的轉變，包括前饋神經網路和神經模糊網路[113]。

　　最近，已經提出了基於物理建模和非線性學習技術的集成的高級技術，稱為半實物建模演算法，用於風力預測[114,115]。通過將來自領域專家的物理知識與測量提供的經驗證據相結合，可以保持氣候模型和黑箱建模技術的最佳效果。

# 6.4　小結

　　智慧電網的測控二次系統需要對傳統電網的二次系統進行升級，強化二次設備的智慧化，使其適應使用者端的參與以及可再生能源的加入。對此強化使用者端參與的 AMI 得到應用。

　　在智慧電網時代，由於使用者更多地參與以及波動性較大的分布式可再生能源對電力系統的日益滲透，使得傳統的集中式的資訊處理範例難以應對智慧電網的需要，因此需要從理論和實踐上探討與研究智慧電網資訊處理的新模式，以應對智慧電網對傳統資訊處理模式的挑戰。為此需要從分散運算、自組織感測器網路、主動控制和整體運算框架等方面對智慧電網的資訊處理模式進行研究。

　　本章首先討論與使用者參與直接相關的高級計量基礎設施，在此基礎上討論應對需要響應問題，最後討論智慧電網中資訊處理的使能技術。

　　AMI 是一個可配置的基礎設施，它集成了許多技術。AMI 包括智慧電表以及不同層次的通訊網路、MDMS，以及將採集的資料集成到軟體系統的應用平台和介面，管理資料記憶體和分析的 MDMS 所需形式向供電企業提供資訊。

　　隨著智慧電表廣泛應用，與智慧電網和 AMI 相關的安全問題也日益凸顯。

AMI 資訊在傳輸過程以及記憶體轉發過程可能導致網路安全問題，同樣使用者端也可能會受到各種攻擊，使得使用者的權益受損。另外，對電力基礎設置的物理破壞以及偷電也將使電力企業損失嚴重。

DR 指的是終端使用者的用電量與隨時間變化的電價而變，或當電力市場批發電價高或系統的靠性受到危害時，獎勵低用電量的使用者。

DR 通過促進與使用者的互動和響應，產生對電力市場的短期影響，從而為使用者和供電企業帶來經濟利益。從長遠來看，通過提高電力系統的可靠性，降低峰值需要，從而降低了電廠整體成本與投資成本，並推遲對電網升級的需要。

為了激勵使用者，DR 計劃應該增加客戶對 DR 帶來的益處的理解，並提高他們使用控制技術參與 DR 計劃的能力。鼓勵客戶參與 DR 計劃的主要原因包括幫助省錢、避免停電以及責任感。此外，供電企業還應提供一整套協調服務，以鼓勵客戶參與不同的階段計劃和採用不同的技術。

智慧電網的運算，將從傳統的集中式運算向分散的、自組織的、主動的整體運算範式轉變，其意義旨在支援資料豐富但資訊有限的環境中的快速決策，並通過一組用於知識發現和資料探勘的資訊服務來增強智慧電網運行。許多重要的智慧電網應用可以從這些資訊服務的部署中受益，包括智慧電網優化、線上電壓控制、線上安全分析、同步廣域測量、普適電網監控、即時資訊共享、能源價格預測和可再生能源預測等。

# 參考文獻

[1]　SIANO P. Demand response and smart grids — A survey[J]. Renewable and Sustainable Energy Reviews, 2014, 30: 461-478.

[2]　The Modern Grid Initiative. Version 2.0, conducted by the National Energy Technology Laboratory for the US Department of Energy Office of Electricity Delivery and Energy Reliability, January 2007[OL]. http://www.netl.doe.gov/moderngrid/resources.html.

[3]　EPRI's IntelliGridSM Initiative[OL]. http://intelligrid.epri.com.

[4]　ZHONG J, KANG C, LIU K. Demand side management in China[C]. Proceedings of the 2010 IEEE power and energy society general meeting. Institute of Electrical and Electronics Engineers, Minneapolis, MN, 2010.

[5]　SAFFRE F, GEDGEIN R. Demand-side management for the smart grid.[C]. Proceedings of the 2010 IEEEIFIP network operations and management symposium workshops, 2010, 300-303.

[6]　HYUNG S O, THOMAS R J. Demand-side bidding agents: modeling and simulation[J]. IEEE Trans Power Syst, 2008, 23

(3) :1050-1056.

[7] NGUYEN D T. Demand response for domestic and small business consumers:a new challenge[C]. Proceedings of the 2010 IEEE transmission and distribution conference and exposition. Institute of Electrical and Electronics Engineers, New Orleans, LA, 2010.

[8] WONG V W S, et al. Autonomous demand-side management based on game-theoretic energy consumption scheduling for the future smart grid[J]. IEEE Trans Smart Grid 2010, 1 (3) :320-331.

[9] RAMANATHAN B, VITTAL V. A framework for evaluation of advanced direct load control with minimum disruption[J]. IEEE Trans Power Syst, 2008, 23 (4) : 1681-1688.

[10] MASTERS G M. Renewable and efficient electric power systems[M]. Hoboken, NJ:Wiley, 2004.

[11] MOHASSEL R R, FUNG A, MOHAMMADI F, et al. A survey on Advanced Metering Infrastructure [J]. Electrical Power and Energy Systems, 2014, 63: 473-484.

[12] National Energy Technology Laboratory for the U. S. Department of Energy. Advanced metering infrastructure, NETL modern grid strategy, 2008.

[13] Electric Power Research Institute (EPRI) . Advanced metering infrastructure (AMI) , 2007

[14] Silicon Laboratories, Inc. Smart metering brings intelligence and connectivity to utilities, green energy and natural resource management. Rev. 1. 0 [OL] . http://www. silabs. com/Support%20Documents/TechnicalDocs/Designing-Low-Power-Metering-Applications. pdf.

[15] DEPURU S S S R, WANG L, DEVABHAKTUNI V. Smart meters for power grid: challenges, issues, advantages and status[J]. Renewable and sustainable energy reviews, 2011, 2736-2742.

[16] US Department of Energy. Communications requirements of smart grid technologies, October 5, 2010.

[17] DEIGN J, SALAZAR C M. Data management and analytics for utilities[R]. FC Business Intelligence Ltd. , 2013.

[18] ANDERSON D, ZHAO C, HAUSER C, et al. A virtual smart grid[J]. IEEE power &. energy magazine, 2011, 13 (11) :49-57

[19] MURRILL B J, LIU E C, THOMPSON I I, et al. Smart Meter Data:Privacy and Cyber security [R] . Congressional Research Service, 2012.

[20] MOLINA-MARKHAM A, SHENOY P, FU K, et al. Private memoirs of a smart meter, 2010.

[21] Information and Privacy Commissioner of Ontario, Canada. Building Privacy into Ontario's Smart Meter Data Management System:A Control Framework, 2012.

[22] CLEVELAND F M. Cyber security issues for advanced metering infrastructure (AMI) [C]. IEEE power and energy society general meeting:conversion and delivery of electrical energy in the 21st century, 2008, 1-6.

[23] MCLAUGHLIN S, PODKUIKO D, McDaniel P. Energy theft in the advanced metering infrastructure[C]. Critical information infrastructures security. Lecture notes in computer science, 2010, 6027: 176-187.

[24] BANDIM C J, ALVES J E R, PINTO A V, et al. Identification of energy theft and tampered meters using a central observer meter: a mathematical approach [C] . Proceedings of the IEEE PES transmission

and distribution conference and exposition, Rio de Janeiro, Brazil; September, 2003, 163-168.

[25] ANAS M, JAVAID N, MAHMOOD A, et al. Minimizing electricity theft using smart meters in AMI[R]. 2012

[26] DLMS User Association[OL]. http://www. dlms. com.

[27] DOE Report. Benefits of demand response in electricity markets and recommendations for achieving them, 2006.

[28] CHIU A, IPAKCHI A, CHUANG A, et al. Framework for integrated demand response (DR) and distributed energy resources (DER) models, 2009[OL]. http://www. neopanora. com/.

[29] VOJDANI A. Smart integration[J]. IEEE Power Energy Mag, 2008, 6 (6) : 72-79.

[30] RAMANATHAN B, VITTAL V. A framework for evaluation of advanced direct load control with minimum disruption[J]. IEEE Trans Power Syst, 2008, 23 (4) :1681-1688.

[31] TANG R, Wang S W, LI H X. Game theory based interactive demand side management responding to dynamic pricing in price-based demand response of smart grids [J]. Applied Energy, 2019, 250 (9) :118-130.

[32] ZIBELMAN A, KRAPELS E N. Deployment of demand response as a real-time resource in organized markets[J]. Electr J, 2008, 21 (5) :51-56.

[33] EARLE R, KAHN E P, MACAN E. Measuring the capacity impacts of demand response[J]. Electr J, 2009, 22 (6) : 47-58.

[34] SHAW R, ATTREE M, JACKSON T, et al. The value of reducing distribution losses by domestic load-shifting: a network

perspective[J[. Energy Policy, 2009, 37: 3159-3167.

[35] AFFONSO C M, DA SILVA L C P, FREITAS W. Demand-side management to improve power security [ C ] . Proceedings of the transmission and distribution conference and exhibition, 2005/ 2006 IEEE PES, May 2006.

[36] CROSSLEY D. Assessment and development of network-driven demand-side management measures [R]. IEA Demand Side Management Programme, Task XV, Research Report No. 2. Energy Futures Australia Pty Ltd. , NSW, Australia; 2008.

[37] GYUK I, KULKARNI P, SAYER J, et al. The united states of storage electric energy storage [J] . IEEE Power Energy Mag, 2005, 3 (2) :31-39.

[38] CHUA-LIANG S, DANIEL K. Quantifying the effect of demand response on electricity markets[J]. IEEE Trans Power Syst, 2009, 24 (3) :1199-11207.

[39] GOLDMAN C, et al. Customer strategies for responding to day-ahead market hourly electricity pricing[M. Berkeley, CA: Lawrence Berkeley National Laboratory, 2005.

[40] KIRSCHEN D S. Demand-side view of electricity markets[J]. IEEE Trans Power Syst, 2003, 18 (2) :520-527.

[41] RASSENTI S, SMITH V, WILSON B. Controlling market power and prices pikes in electricity networks: demand-side bidding[J]. Proc Natl Acad Sci, 2003, 100 (5) :2998-3003.

[42] BORENSTEIN S, BUSHNELL J, WOLAK F. Measuring market in efficiencies in California's restructured whole sale electricity market[J]. Am Econ Rev, 2002. 92 (5) :1376-1405.

[43] PLMA. Demand response: principles for

regulatory guidance[R]. Peak Load Management Alliance, 2002.

[44] VIOLETTE D, FREEMAN R, NEIL C. Valuation and market analyses. Volume I:overview. Prepared for International Energy Agency, Demand Side Programme, 2006.

[45] PLMA. Demand response: principles for regulatory guidance[R]. Peak Load Management Alliance, 2002.

[46] KIRSCHEN D. Demand-side view of electricity markets [C]. Proceedings of the IEEE transactions on power systems, 2008, 2:520-527.

[47] STOFT S. Power system economics: designing markets for electricity[M]. New York:Wiley-Interscience, 2002.

[48] SU C L. Optimal demand-side participation in day-ahead electricity markets[D]. Manchester:University of Manchester, 2007.

[49] ZHANG Q, LI J. Demand response in electricity markets: a review [C]. Proceedings of the 9th international conference on European energy market (EEM) . 2012, 1-8.

[50] National Institute of Standards and Technology (NIST) Framework and roadmap for smart grid interoperability standards, release1.0: January 2010 [OL]. http://www. nist. gov/publicaffairs/releases/upload/smartgridintero perability final. pdf.

[51] Assessment of Demand Response and Advanced Metering Staff Report Docket AD06-2-000; August 2006.

[52] The Modern Grid Initiative. Version 2.0, conducted by the National Energy Technology Laboratory for the US Department of Energy Office of Electricity Delivery and Energy Reliability, January 2007[OL]. http://www. netl. doe. gov/

moderngrid/resources. html.

[53] ADELA C, PEDRO L. The economic impact of demand-response programs on power systems. A survey of the state of the art [M]. Handbook of networks in power systems I energy systems, 2012, 281-301.

[54] PALENSKY P, DIETRICH D. Demand side management: demand response, intelligent energy systems, and smart loads [J]. IEEE Trans Ind Inf, 2011, 7 (3) : 381-388.

[55] JAMSHID A, MOHAMMAD-IMAN A. Demand response in smart electricity grids equipped with renewable energy sources:a review[J]. Renewable Sustainable Energy Rev, 2013, 18:64-72.

[56] VACCARO A, PISICA I, LAI L L, et al. A review of enabling methodologies for information processing in smart grids[J]. Electrical Power and Energy Systems, 2019, 107:516-522.

[57] MADANI V, KING R L. Strategies to meet grid challenges for safety and reliability[J]. Int J Reliab Saf, 2008, 2:1-2.

[58] LI F, QIAO W, SUN H, et al. Smart transmission grid: vision and framework [J]. IEEE Trans Smart Grid, 2010, 1 (2) :168-177.

[59] YANG Q, BARRIA J A, GREEN T C. Communication infrastructures for distributed control of power distribution networks[J]. IEEE Trans Ind Inf, 2011, 7 (2) :316-327.

[60] PALENSKY P, DIETRICH D. Demand side management: demand response, intelligent energy systems, and smart loads [J]. IEEE Trans Ind Inf, 2011, 7 (3) : 381-388.

[61] YANG Q, GREEN T C, BARRIA J A. Communication infrastructures for distrib-

uted control of power distribution networks[J]. IEEE Trans Ind Inf, 2011, 7 (2) :316-327.

[62] GUNGOR V C, LU B, HANCKE G P. Opportunities and challenges of wireless sensor networks in smart grid[J]. IEEE Trans Ind Electron, 2010, 57 (10) : 3557-3564.

[63] SABBAH A I, EL-MOUGY A, IBNKAHLA M. A survey of networking challenges and routing protocols in smart grids[J]. IEEE Trans Ind Inf, 2014, 10 (1) :210-221.

[64] ALBANO M, FERREIRA L L, PINHO L M. Convergence of smart grid ICT architectures for the last mile[J]. IEEE Trans Ind Inf, 2015, 11 (1) :187-197.

[65] LI W L, FERDOWSI M, STEVIC M, et al. Cosimulation for smart grid communications[J]. IEEE Trans Ind Inf, 2014, 10 (4) :2374-2384.

[66] ANDERSON K, DU J, NARAYAN A, et al. GridSpice: a distributed simulation platform for the smart grid[J]. IEEE Trans Ind Inf, 2014, 10 (4) :2354-2363.

[67] LOIA V, TERZIJA V, VACCARO A, et al. An affine arithmetic based consensus protocol for smart grids computing in the presence of data uncertainties[J]. IEEE Trans Ind Electron, 2015, 62 (5) :2973-2982.

[68] FAN C I, HUANG S Y, LAI Y L. Privacy-enhanced data aggregation scheme against internal attackers in smart grid[J] . IEEE Trans Ind Inf, 2014, 10 (1) : 666-675.

[69] VACCARO A, LOIA V, FORMATO G, et al. A self organizing architecture for decentralized smart microgrids synchronization, control and monitoring[J]. IEEE Trans Ind Inf, 2015, 11 (1) :

289-298.

[70] KHAN M, ASHTON P M, LI M Z, et al. Parallel detrended fluctuation analysis for fast event detection on massive PMU data[J]. Smart Grid, IEEE Trans, 2015, 6 (1) :360-368.

[71] TORELLI F, VACCARO A, XIE N. A novel optimal power flow formulation based on the Lyapunov theory[J]. IEEE Trans Power Syst, 2013, 28 (4) : 4405-4415.

[72] XU Y, ZHANG W, LIU W. Distributed dynamic programming-based approach for economic dispatch in smart grids [J]. IEEE Trans Ind Inf, 2015, 11 (1) : 166-175.

[73] DE ANGELIS F, BOARO M, FUSELLI D, et al. Optimal home energy management under dynamic electrical and thermal constraints[J]. IEEE Trans Ind Inf, 2013, 9 (3) :518-527.

[74] FRANK S, REBENNACK S. Optimal power flow: a bibliographic survey, part i formulations and deterministic methods [J]. Energy Syst, 2012, 3 (3) : 221-258.

[75] LOIA V, VACCARO A, VAISAKH K. A self-organizing architecture based on cooperative fuzzy agents for smart grid voltage control[J]. IEEE Trans Ind Inf, 2013, 9 (3) :1415-1422.

[76] SIANO P, CECATI C, HAO Y, et al. Real time operation of smart grids via FCN networks and optimal power flow[J] . IEEE Trans Ind Inf, 2012, 8 (4) : 944-952.

[77] DI SILVESTRE M L, GRADITI G, SANSEVERINO E R. A generalized framework for optimal sizing of distributed energy resources in micro-grids using an indicator-based swarm approach

[J]. IEEE Trans Ind Inf, 2013, 10 (1) : 152-162.

[78] ZHAO J, WEN F, DONG Z Y, et al. Optimal dispatch of electric vehicles and wind power using enhanced particle swarm optimization［J］. IEEE Trans Ind Inf, 2012, 8 (4) :889-899.

[79] MUDUMBAI R, DASGUPTA S, CHO B B. Distributed control for optimal economic dispatch of power generators: the heterogenous case［C］. 2011 50th IEEE conference on decision and control and european control conference (CDC-ECC), Orlando, FL, USA, 2011, 12 -15.

[80] LAI L L, CHAN S W, LEE P K, et al. Challenges to implementing distributed generation in area electric power system ［C］. Proc of the 2011 IEEE international conference on systems, man, and cybernetics (SMC), October 9-11, Anchorage, Alaska; 2011, 797-801.

[81] CAO Y C, YU W W, REN W, et al. An overview of recent progress in the study of distributed multi-agent coordination［J］. IEEE Trans Ind Inf, 2012, 9 (1) : 427-438.

[82] ZHANG W, XU Y, LIU W, et al. Distributed online optimal energy management for smart grids［J］. IEEE Trans Ind Inf, 2015, 11 (3) :717-727.

[83] SAFDARIAN A, FOTUHI-FIRUZABAD M, LEHTONEN M. A distributed algorithm for managing residential demand response in smart grids［J］. IEEE Trans Ind Inf, 2014, 10 (4) : 1551-1563.

[84] RAHBARI-ASR N, CHOW M Y. Cooperative distributed demand management for community charging of PHEV/PEVs based on KKT conditions and consensus

networks[J]. IEEE Trans Ind Inf, 2014, 10 (3) :1907-1916.

[85] ETHERDEN N, VYATKIN V, BOLLEN M. Virtual power plant for grid services using IEC 61850［R］. IEEE Trans Ind Inf, 2015.

[86] ROSTAMI M A, KAVOUSI-FARD A, NIKNAM T. Expected cost minimization of smart grids with plug-in hybrid electric vehicles using optimal distribution feeder reconfiguration［J］. IEEE Trans Ind Inf, 2015, 11 (2) :388-397.

[87] MA H M, CHEN S F, ZHANG Y H. Knowledge-based learning for emergency voltage control ［C］. ICICIP, 2015: 241-245.

[88] VACCARO A, ZOBAA A F. Voltage regulation in active power networks by distributed and cooperative meta-heuristic optimizers ［J］. Elsevier-Electric Power Syst Res., 2013, 99:9-17.

[89] MENDES A, BOLAND N, GUINEY P, et al. Switch and tap-changer reconfiguration of distribution networks using evolutionary algorithms ［J］. IEEE Trans Power Syst., 2013, 28 (1) : 85-92.

[90] FARAG H E, EL-SAADANY E F. Voltage regulation in distribution feeders with high DG penetration:from traditional to smart[C]. Proc. of 2011 IEEE Power and Energy Society General Meeting, 1-8.

[91] SHENGA G, JIANGA X, DUANA D, et al. Framework and implementation of secondary voltage regulation strategy based on multi-agent technology[J]. Int J Electr Power Energy Syst., 2009, 31 (1) :67-77.

[92] BIDRAM A, DAVOUDI A, LEWIS F L. A multiobjective distributed control framework for islanded AC microgrids[J]

. IEEE Trans Ind Inf, 2014, 10 (3) ：1785-1798.

[93] MA H M, CHAN K W, LIU M B. An intelligent control scheme to support voltage of smart power systems[J]. IEEE Trans Ind Inf, 2013, 9 (3) :1405-1414.

[94] NAVARRO J, ZABALLOS A, et al. The information system of INTEGRIS: INTelligent electrical GRId Sensor communications[J]. IEEE Trans Ind Inf., 2013, 9 (3) :1548-1560.

[95] XU Y, YANG D Z, XU Z, et al. An intelligent dynamic security assessment framework for power systems with wind power[J]. IEEE Trans Ind., 2012, 8 (4) :995-1003.

[96] KUCUKTEZAN C F, GENC V M I. Dynamic security assessment of a power system based on probabilistic neural networks[C]. 2010 IEEE PES innovative smart grid technologies conference Europe (ISGT Europe), 2010, 1-6.

[97] EROL-KANTARCI M, MOUFTAH H T. Energy-efficient information and communication infrastructures in the smart grid:a survey on interactions and open issues [J]. Commun Surv Tutorials, IEEE, 2015, 17 (1) :179-197.

[98] DAS S, SINGH S T. Application of compressive sampling in synchrophasor data communication in WAMS[J]. IEEE Trans Ind Inf., 2014, 10 (1) :450-460.

[99] GHOSH D, GHOSE T, MOHANTA D K. Communication feasibility analysis for smart grid with phasor measurement units [J]. IEEE Trans Ind Inf, 2013, 9 (3) : 1486-1496.

[100] TERZIJA V, VALVERDE G, CAI D Y, et al. Wide area monitoring, protection and control of future electric power networks[J] . Proc IEEE, 2011, 99 (1) .

[101] TERZIJA V, CAI D, VALVERDE G, et al. Flexible wide area monitoring, protection and control applications in future power[C]. The 10th institution of engineering and technology conference on developments in power system protection DPSP.

[102] MORENO-MUNOZ A, PALLARES-LOPEZ V, et al. Embedding synchronized measurement technology for smart grid development [J]. IEEE Trans Ind Inf, 2013, 9 (1) : 52-61.

[103] FORMATO G, LOIA V, PACIELLO V, et al. A decentralized and self organizing architecture for wide area synchronized monitoring of smart grids[J]. J High Speed Netw-IOS Press, 2013, 19 (3) : 165-179.

[104] ZAREIPOUR H, CANIZARES C A, Bhattacharya K, et al. Application of public-domain market information to forecast ontario's wholesale electricity prices [J]. IEEE Trans Power Syst., 2006, 21 (4) :1707-1717.

[105] AREEKUL P, et al. A hybrid ARIMA and neural network model for short-term price forecasting in deregulated market [J]. IEEE Trans Power Syst, 2010, 25 (1) :524-530.

[106] HONG Y Y, LEE C F. A neuro-fuzzy price forecasting approach in deregulated electricity markets [J]. Electr Power Syst Res., 2005, 73 (2) :151-157.

[107] AGGARWAL S K, SAINI L M, KUMAR A. Electricity price forecasting in Ontario electricity market using wavelet transform in artificial neural network based model [J]. Int J Control Autom Syst., 2008, 6 (5) :639-650.

[108] MANDAL P, SENJYU T, URASAKI

N, et al. Price forecasting for day-ahead electricity market using recursive neural network ［C］. Proc IEEE power engineering society general meeting, Tampa, FL, 2007, 1-8.

[109] LERNER J, GRUNDMEYER M, GARVERT M. The role of wind forecasting in the successful integration and management of an intermittent energy source［J］. Energy Central Topic Centers Wind Power, 2009, 3 (8) :1-6.

[110] QU G N, MEI J, HE D W. Short-term wind power forecasting based on numerical weather prediction adjustment ［C］. 2013 11th IEEE international conference on industrial informatics, 2013, 453-457.

[111] TERCIYANLI E, DEMIRCI T, KUCUK D, et al. Enhanced nationwide wind-electric power monitoring and forecast system［J］. IEEE Trans Ind Inf., 2014, 10 (2) :1171-1184.

[112] PALOMARES-SALAS J C, DE LA RO-SA J J G, RAMIRO J G, et al. Com-parison of models for wind speed forecasting［C］. International conference on computational science-ICCS, Baton Rouge, Louisiana (USA) , 2009.

[113] KATSIGIANNIS Y A, TSIKALAKIS A G, GEORGILAKIS P S, et al. Improved wind power forecasting using a combined neuro-fuzzy and artificial neural network model［M］. Lecture Notes in Computer Science, Adv in Art Intell. Heraklion: Springer Berlin/Heidelberg Publisher, 2006.

[114] VACCARO A, BONTEMPI G, BEN T S, et al. Adaptive local learning techniques for multiple-step-ahead wind energy forecasting［J］. Elsevier-Electric Power Syst Res., 2012, 83 (2) : 129-135.

[115] OZKAN M B, KARAGOZ P. A novel wind power forecast model: statistical hybrid wind power forecast technique (SH-WIP) [J]. IEEE Trans Ind Inf, 2015, 11 (2) :375-387.

# 可再生能源與微電網

隨著經濟的高速發展和巨大的能源消費，包括中國在內的各國正面臨著日益成長的能源供需與環境保護兩方面的挑戰。近期研究預測，2015－2040 年，能源消費將從 663 萬億噸標準煤增加到 736 萬億噸標準煤[1]，預計二氧化碳年排放量將從 31.2 億噸增加到 455 億噸。

1978－2014 年，中國的總能源產量從 6.277 億噸標準煤增加到 36 億噸標準煤，年成長率為 4.83％。同期的能源消費成長率為 5.58％，2014 年達到 42.6 億噸標準煤，成長了 7.45 倍[2]。截至 2014 年年底，中國占全球能源消費的 23％，淨能源消費成長的 61％。中國現在是世界上最大的能源消費和二氧化碳排放國。[3]。減少二氧化碳排放的前所未有的壓力給中國帶來了巨大的挑戰[4]。

面對如此大供需與環境壓力，迫切需要採用新的技術，充分利用可再生能源，改變現有的能源結構以緩解能源供需與環境的雙重壓力。智慧電網的出現，尤其是作為其主要組成部分的微電網的出現，以及微電網中以可再生能源為主的新電源的出現使得緩解雙重壓力變為可能。

本章首先介紹中國的可再生能源的現狀與發展趨勢，其次討論 AD/DC 微電網，最後討論優化運行問題。

## 7.1 中國的可再生能源與減排

隨著能源需要不斷地成長，中國政府解決能源短缺和環境惡化的壓力日益增加，主要原因是過度依賴化石能源。煤炭目前占據了中國能源供給的絕大部分，約占總供給量的 70％，而且還將繼續在中國的經濟發展中起核心作用[5,6]。

然而，以煤為基礎的能源生產和消費能源系統面臨著許多重大問題，如資源短缺、能源效率低、排放和環境破壞嚴重以及缺乏有效的系統管理。鑒於中國目前的能源狀況，應該改變能源消費結構。

中國擁有豐富的可再生能源儲備，目前尚未得到充分開發，這為可再生能源的發展提供了巨大機會[7,8]。

儘管中國在這方面做出了巨大努力，風能和太陽能發展取得了很大進展，但可再生能源在中國整體能源結構中的比例還遠低於世界平均水準[9]。2007 年 9

月，中國政府宣布計劃將整個能源結構中可再生能源的比例從 2006 年的 8％增加到 2020 年的 15％[10]。由於能源困境，中國優化能源消費結構、推進可再生能源滿足可持續發展的需要，是一個漫長的旅程。

可再生能源正在穩步地成為全球能源結構的重要組成部分，特別是在電力部門。根據「2015 年世界能源展望」（國際能源機構，IEA），2015 年全球可再生能源在電力的份額為 22％，預計到 2035 年將增加到 31％[11]。在可再生能源發展的中長期計劃中，2010－2020 年可再生能源發展的關鍵領域被定義為水能、生物能源、風能、太陽能和其他可再生能源，也包括地熱能和海洋能[12]。近年來，可再生能源的利用在中國受到關注。可再生能源比 2014 年成長 15.1％。中國可再生能源目前占全球總量的 16.7％，比十年前高了 1.2％[13]。根據「十三五」規劃（2015－2020 年），到 2020 年，非化石燃料能源應占一次能源消費總量的 15％。在中國，2014 年電網風電、太陽能和水力發電總量分別為 9657 萬 kW、2496 萬 kW 和 30486 萬 kW。近年來中國可再生能源發電量實現了快速成長。2013 年可再生能源發電總量幾乎是 2005 年的三倍。眾所周知，可再生能源資源豐富，但利用它們涉及一些特殊的技術、經濟和環境問題。以下部分將簡要介紹中國可再生能源的發展現狀。

## 7.1.1　水電

中國擁有地球上最為豐富的水力資源，理論上的總水電潛力為 694GW。2005 年 11 月完成的第四次全國水文資源調查表明，技術上可開發的裝機容量和年平均發電量估計分別約為 542GW 和 2470 億 kW·h，而經濟可開發的裝機容量和年平均發電量為 402GW 和 1750 億 kW·h[14,15]。

過去 60 年中國水電發展迅猛[16]。2014 年，中國已安裝水力發電裝機容量 304.86GW，年發電量 1370.18 億 kW·h，占全國總發電量的 22.25％。值得一提的是，三峽大壩的電力輸出為 843.7 億 kW·h。水電在總裝機容量中的份額從 1949 年的 8.8％上升到 2014 年的 22.24％，而裝機容量占全球水力的 25％。按計劃，安裝的水電容量將達到 3.5 億 kW·h 的電力，這表明中國具有開發水電的巨大潛力[17]。

中國在安裝和發電容量方面位居世界第一，擁有水力發電能力，可節省 3.13 億噸標準煤氣並減排 6 億噸二氧化碳排放量。

## 7.1.2　風電

中國氣象局組織的第三次全國風能資源調查顯示，中國的風能潛力相當可觀，可開發的風能潛力在陸上為 600～1000GW，海上為 400～500GW。中國風

能產業擁有豐富的資源，在 2004－2014 年經歷了快速成長（見圖 7.1）[18]。截至 2015 年底，風能累計裝機容量達到 180.4GW。2015 年新增裝機容量達到 30.5GW，約占全球新風車的 48.4％，均位居世界第一。

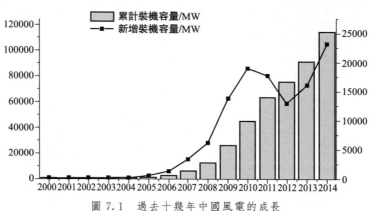

圖 7.1　過去十幾年中國風電的成長

儘管近期中國風電成長速度很快，但分布不均衡，與經濟發展不相符。累計裝機容量的 28％以上集中在甘肅省和內蒙古自治區，但它們僅占中國總用電量的 6.78％，而經濟較為發達，人口高度集中的浙江、福建和廣東省僅占風能累計裝機容量的 4.7％，但占總用電量的 20.5％。

## 7.1.3　太陽能

眾所周知，中國位於東亞東北部，北緯 4°～53°，東經 73°～135°，面積 960 萬 km²[19]。豐富的太陽能區域占比超過 67％，年輻射量超過 5000MJ/m²，日照時間超過 2200h[20]。中國的許多地區，如西藏、新疆、青海、甘肅、寧夏和內蒙古，可以生產大量的太陽能電能，年太陽輻射超過 1750kWh/m²[21]。由於有著豐富太陽能資源，中國自 2004 年以來的太陽能太陽能產業成長迅速，平均每年成長超過 100％。自 2007 年以來，中國在太陽能（PV）電池生產方面一直保持世界第一。

2009 年 3 月以來，特別是在 2011－2015 年期間，政府實施了一系列激勵措施，包括對太陽能太陽能裝置的直接補貼、國家 FIT 計劃等[22]。為應對這些激勵措施，中國國內太陽能市場穩步成長，其累計裝機容量從 2009 年的 300MW 增加到 2010 年的 800MW，然後到 2015 年底已飆升至 4380MW[23]。

截至 2015 年底，中國的太陽能太陽能（PV）累計裝機容量已達到 43.18GW，其中固定太陽能發電量為 37.12GW，分布式太陽能發電裝機容量為 6.06GW，2010 年產能將從 0.9GW 增加 48 倍。2015 年新安裝的太陽能產能達

到 15.13GW，占全球的四分之一以上。2009 年中國太陽能裝機容量僅占全球總裝機容量的 1.24％，而後者成長近 12 倍，2014 年，約占 14.9％。

## 7.1.4 生物能

生物質是一種靈活的原料，能夠通過化學和生物過程轉化為固體、液體和氣體燃料[24]。據估計，到 2050 年，生物燃料量將占世界一次能源消耗量的 15％～50％[25]。

可用於能源的可持續生物質資源分為五類：農業殘留物、森林殘餘物、剩餘退化土地上的生物量生產、有機廢物和其他[26]。

作為一個農業大國，中國擁有豐富的生物質資源。全國每年可獲得的農業殘留量相當於 4.4 億噸標準煤[27]。每年可用的森林殘留量相當於 3.5 億噸標準煤，全國每年可用糞便量相當於 2800 萬噸標準煤。中國城市生活垃圾的年可用量為 1200 萬噸標準煤。此外，截至 2014 年底，安裝的生物質能力僅達到 1423 萬千瓦時，平均部分為 949 萬千瓦。基於豐富的生物質資源，中國的生物質發電產業發展迅速。

受益於自然狀態和政府政策，中國具有巨大的生物質能源發展潛力。從長遠來看，2010－2050 年中國生物質能源的潛力將得到巨大的釋放[28]。

## 7.1.5 其他可再生能源

其他可再生能源，如海洋可再生能源，包括潮汐能、海流能、波浪能、海洋熱能和鹽度梯度能，目前正在研究中，但很少用於商業發電，原因是成本高、效率低、可靠性差、穩定性差、規模小[29,30]。據估計，中國可用海洋能資源總儲量可達 1000GW，具有很大的開發潛力。

中國地熱資源豐富，分布廣泛，理論總能量占世界的 7.9％[31]。截至 2010 年底，中國地熱供熱面積超過 1.4 億平方米，地熱發電量快速成長。中國最大的地熱發電站位於西藏羊八井，年產能 25MW，年產量 $10^8$ kW·h 的電力[31]。

## 7.1.6 中國可再生能源發展的前景

根據中國政府中長期規劃，潔淨煤技術將主導煤炭消費，而水電和風電總裝機容量將分別達到 300GW 和 150GW。

由於煤炭消費中清潔煤技術占據主導地位，2030 年後煤炭消費量將保持穩定。核能和可再生能源總量在 2030 年將占 19％，在 2050 年將占一次能源消耗的 29％。可再生能源，特別是風能和太陽能，比以往任何時候成長速度都要快。

未來風電將保持快速成長，預計到 2030 年將達到 300GW。同時，在不久的將來，太陽能太陽能發電有望在中國廣泛使用，相關技術變得更便宜、更成熟。到 2030 年，太陽能太陽能裝機容量預計將達到 200GW。這極大地改變了中國的能源混合，並轉變為低碳和可持續能源系統。

對中國而言，應對快速經濟成長與高二氧化碳排放之間的尖銳衝突的唯一途徑是向低碳和可持續能源系統過渡，特別是可再生能源的發展。中國潛在的可再生能源總量很大，將可再生能源納入中國未來的能源系統至關重要。可以預計，未來中國的可再生能源將得到更大的發展，並為低碳經濟做出更多貢獻。

# 7.2　智慧電網與微電網的集成

可再生能源作為傳統能源的替代能源已被廣泛接受。目標是在滿足用電需要的同時保持電網穩定性以及可再生能源的高滲透率。通過可再生能源與電力系統之間的集成與協調，記憶體可再生能源的能源記憶體系統可以通過提供諸如調峰等輔助服務來提高微電網應用的可靠性、安全性和彈性。

將可再生能源集成到電力系統中將產生巨大的社會、經濟和環境效益，並可最大限度地減少傳統發電廠的溫室氣體排放[32]。然而，包括太陽能發電在內的可再生能源的隨機性與間歇性給電網帶來了嚴重的壓力，導致供電不穩定[33]。更確切地說，間歇性的可再生能源能源可能無法保證電源的連續性和可靠性。除了上述集成所產生的挑戰外，還給電力系統帶來了巨大的營運挑戰[34]。當本地可再生能源的發電量超過本地負載需要時，將發生反向潮流。反向潮流會引起配電網中電壓上升，造成供電品質下降。因此，電網應該能夠通過調整發電量、控制用電或使用記憶體系統來響應這種集成。

除此之外，可再生能源發電機組作為新的分布式發電機組的集成，包括傳輸層面的大規模、分布層面的中等規模和商業或住宅建築的小規模，可能對這些資源的調度能力和控制能力以及電力系統的運行提出了挑戰[35]。

## 7.2.1　微電網與混合 AC/DC 微電網

眾所周知，第一個電網是孤立式直流微電網，主要由直流發電機組成。然而，由於諸如難以產生所需電壓和傳輸損耗等若干原因，形成了當前的電力網。集中控制是當前電力網的常用運行方法。由於負荷成長對發電和輸電有投資要求，但政府缺乏對這些領域的投資，因此這種控制方法存在重大缺陷。此外，由於效率需要提高，尤其是在工業領域，並非所有行業都能跟上技術進步，集中控制方法已經失去

了它的普及性。因此，為了降低具有上述缺點的當前電力網的運行和維護成本，微電網回到了它在電網應有的位置，且扮演著越來越重要的角色。

目前已針對不同類型的微電網提出了幾種類型的微電網配置[36,37]，主要分為三大類。

（1）DC（直流）微電網

DC 微電網主要由直流負荷和電源組成。這種類型的微電網的優點是能量記憶體系統集成，由於較少的 AC-DC-AC 轉換而具有較高的總效率並且消除了分布式發電機（DG）同步。然而，由於所產生的 DC 功率不能長距離傳輸，因此隨著時間的推移它失去了普及性。並且由於大多數家用電器（如電視、印表機、微波爐等）都是直流供電，因此直流微電網正在迴歸能源供應鏈。隨著 PV（太陽能）和 FC（fuel cell，燃料電池）作為具有 DC 輸出功率的電源，利用 DC 電源來提供 DC 負荷比以往更有意義。

（2）AC（交流）微電網

該系統多年來一直主導著直流系統，因為它可以通過低頻變壓器輕鬆修改電壓水準，並便於處理故障和保護。而且，交流電源易於傳輸，大多數工業設備需要交流電源供電。近年來，諸如 WT（Wind Turbine，風力渦輪機），潮汐，沼氣和波浪渦輪機等 AC 可再生能源已與 AC 微電網集成。然而，交流微電網控制的主要挑戰是 DG（分布式發電）同步問題和無功功率控制，這可能增加傳輸系統的損耗。此外，由於 AC 可再生能源對氣候和地理變化敏感，因此利用上述可再生能源的微電網的頻率控制是一項具有挑戰性的任務。

（3）混合 AC/DC 微電網

這種配置結合了交流和直流微電網的優點，有助於將交流和直流負荷與相應的電源集成。這是利用智慧電網和當前網路的合適方法。電壓變換、經濟可行性和諧波控制是這種配置的其他優點。儘管具有上述優點，但混合 AC/DC 微電網也具有一些小的缺點，如保護問題和單元之間的複雜協調，但可以使用優化的運行技術來解決。因此，混合 AC/DC 微電網是研究操作問題和挑戰的合適案例，因為它對其他類型的微電網具有整體優勢。

混合 AC/DC 微電網有兩種主要的工作模式：

① 並網模式　在此模式下，微電網連接到電網，所有發電機組都在最大工作點運行。有兩種類型的網格連接模式。第一種模式為並網系統的優先級是滿足本地需要。在這種模式下，產生的剩餘能量可以注入微電網，任何短缺都可以由主電網提供。第二種並網模式為並網微電網的唯一責任是聚合產生的電力並將其提供給主電網。在這種模式下，運行微電網最重要的方面是電網造成微電網大電池的作用。因此，它可以涵蓋所有季節性負荷變化。然而，由於需要介面將微電

網連接到主電網，因此該模式下的總成本更高。在故障期間或根據運行優先級，系統也可以在孤島模式下運行。

② 孤島模式　在這種模式下，與電網的連接被切斷，能量記憶體系統起著相當大的作用，儘管這會給系統帶來額外的營運成本。否則，無法記憶體多餘的能量。此模式更適用於偏遠地區，主要出於季節性目的，因為本地負荷是此運行模式的唯一優先級。由於 PV（太陽能）是最具較好 CP 值的 RES（可再生能源），它們構成了大部分孤島式微電網的容量。對於 AC 孤島微電網，不僅是轉換器主要關注多個 AC-DC-AC 轉換，而且它還可用作頻率和電壓參考。

本節我們主要討論混合 AC/DC 微電網。

## 7.2.2　混合 AC/DC 的組件及其模型

如圖 7.2 所示，混合 AC/DC 微電網由以下主要部分組成。

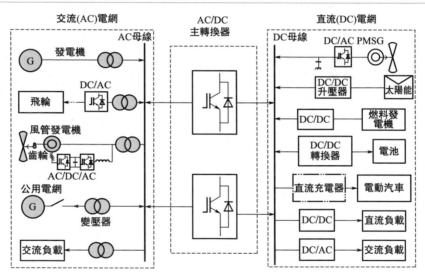

圖 7.2　混合 AC/DC 微電網一般示意圖

### (1) 負荷

可由混合 AC/DC 微電網饋電的負荷分為熱負荷和電氣負荷兩大類。

通常，需要在住宅設備中提供熱負荷和電氣負荷的組合。但是，混合 AC/DC 微電網的使用沒有限制。根據其高集成能力，微電網還用於商業、機構、工業、農村、遠端和軍事應用。如文獻［38］中所述，主要對兩種負荷進行研究。第一種通過多次測量辨識載荷，第二種根據載荷的構成部分對載荷進行建模❶。

---

❶　模型中的符號及其意義請參見附錄。

這兩種類別也稱為靜態和動態建模。因此，負載（如電流、阻抗和功率）的特性為固定值。此外，負載基於以下類別之一建模：

恆功率（最常見）：

$$P_{spec} + \mathrm{j}\, Q_{spec} \tag{7.1}$$

恆電流：

$$\frac{(P_{spec} + \mathrm{j}\, Q_{spec})}{|V|} \tag{7.2}$$

恆阻抗：

$$\frac{(P_{spec} + \mathrm{j}\, Q_{spec})}{|V|^2} \tag{7.3}$$

在文獻［39-43］中，已經研究了微電網的建模、控制、實施、利用和靈敏度分析受到恆定功率負荷約束。恆定電流、恆定阻抗、電流和功率的組合，稱為 ZIP 模型[44,45]。

(2) 可再生能源

1) 太陽能（PV）　太陽能面板的功能基於半導體的 PN 結層中的原子的摻雜，其形成暴露於太陽輻照度的面板。太陽能電池主要分為單晶矽、多晶矽、非晶三類[46]。

為了模擬太陽能電池在不同模擬中的行為的影響，使用物理模型。如圖 7.3 所示，可以推斷出四種主要類型的 PV 模型：

① 理想模型[47]　存在 $D_1$、$I_L$；
② 簡單模型[48]　存在 $D_1$、$I_L$ 和 $R_S$；
③ 標準模型[49]　存在 $D_1$、$I_L$、$R_S$、$R_{SH}$；
④ 帶兩個二極管的標準型號[50]　存在 $D_1$、$D_2$、$I_L$、$R_S$、$R_{SH}$。

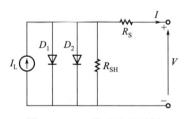

圖 7.3　PV 模型的原理圖

太陽能陣列的數學建模如公式(7.4) 所示。PV 的輸出能量取決於其面積，取決於材料和 PV 板類型及板的效率在 PV 的輸出能量中起的作用。此外，在運算 PV 輸出能量時，必須考慮年度太陽輻射和性能比。使用式(7.4) 可以在任何所需的時段運算輸出功率。

$$E_{PV} = A_{PV} \times r_{PV} \times H_{PV} \times PR \tag{7.4}$$

表 7.1 為太陽能系統最常見的兩種 MPPT 追蹤法的比較。

表 7.1　最常見的兩種 MPPT 追蹤法的比較[46]

| 序號 | 方法描述 | 優點 | 缺點 |
|---|---|---|---|
| 1 | 擾動和觀察演算法(P&O):比較功率和電壓及其偏差,並改變電壓以獲得最大功率 | 簡單,流行 | 在 V 非常高/非常低的情況下不準確,比 ICM 慢,無全局最佳點 |
| 2 | 增量推導法(ICM):比較電壓和電流並改變電壓以獲得最大功率 | 速度,比 P&O 法精度高,振盪少,快速追蹤電壓變換 | 複雜度高,代價高,找不到全局最佳點 |

2) 風力渦輪機 (Wind Turbine，WT)　根據 WT 的環境和經濟效益,它們被認為是傳統電力資源的可靠替代之一。風力渦輪機系統中主要使用的發電機類型在表 7.2 中進行了比較[51]。

表 7.2　風力渦輪機的比較

| 序號 | 類型 | 年代 | 額定功率 | 特色 |
|---|---|---|---|---|
| 1 | 恆速鼠籠式感應發電機(CSSCIG) | 1998 年 | <1.5MW | 價格低廉,堅固耐用,自啟動 |
| 2 | 雙饋感應發電機(DFIG) | 1996—2000 年 | ～1.5MW | 靈活性,電能品質保證,相對便宜 |
| 3 | 無刷發電機 | 始於 2005 年 | >1.5MW | 可變速度,增強的容錯能力 |
| 4 | 無齒輪發電機 | 始於 1991 年 | >1.5MW | 齒輪箱故障排除,低速高扭矩,昂貴和沉重 |

風力渦輪機有兩種主要的控制方法,如表 7.3 所示[52]。

表 7.3　風力渦輪機兩種控制方法的比較

| 序號 | 方法描述 | 優點 | 缺點 |
|---|---|---|---|
| 1 | 集中式(集中轉換器):兩級分層控制器,本地用於檢查參考電源訊號;控制用於控制電力生產 | 風力渦輪機和電網分離 | 損失多變速模式 |
| 2 | 分散式(單獨控制) | 每臺風力發電機都處於最佳速度 | 協調和頻率變化問題 |

集中式方法中,有一個主中心,控制風電場的所有參考值、速度和電流[53]。而分散式方法中,每個風力渦輪機都作為一個獨立的單元,擁有自己的轉換器[54]。

在風力渦輪機的實施過程中還必須控制和考慮幾個參數,如電壓和頻率控制、有功功率控制、保護和通訊等。在配電網路和微電網中對風力渦輪機的優化分配一般使用元啟發式優化分配演算法[55,56]。

如果考慮風力渦輪機的動態,建模將成為一項艱巨的任務。還需要動態建模來檢查系統的穩定性及其控制能力。風力渦輪機的一般構成如圖 7.4 所示。WT

的輸出功率是渦輪機的性能係數、空氣密度、渦輪機的掃掠區域以及當然風速的
函數，管理 WT 規律的公式如式（7.5）所示[57]。

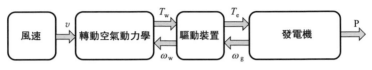

$$\text{圖 7.4　風力渦輪機的一般構成}$$

$$P_m = c_p(\lambda, \beta)(\rho A/2)V_{wind}^3 \tag{7.5}$$

式（7.5）中的每個值都可在式（7.6）中看到，它們使用式（7.7）和式（7.8）
的值為其提供係數。文獻［57］中提供了不同 $\beta$ 值的 $c_p$-$\lambda$ 特徵。

$$P_{m\_pu} = k_p c_{p\_pu} V_{wind\_pu}^3 \tag{7.6}$$

$$c_p(\lambda, \beta) = c_1(c_2/\lambda_b - c_3\beta - c_4)e^{-c_5/\lambda_b} + c_6\lambda \tag{7.7}$$

$$1/\lambda_b = 1/\lambda + 0.08\beta - 0.035/\beta^3 + 1 \tag{7.8}$$

3）能量記憶體系統（Energy storage system，ESS）　由於 RES 利用率和分
布式發電量的上升，ESS 已成為混合 AC/DC 微電網不可分割的組成部分。儘管
ESS 在混合 AC/DC 微電網中的滲透率正在增加，但可以推斷，電池技術的進步
會使 2020 年的成本更低、效率更高。

三種最常見的電池充電功能的數學建模如式（7.9）～式（7.11）所示[58-60]。

鉛酸：

$$f(it, i^*, i_{bat}, Exp) = E_0 - K(Q/Q-it) \times i^* - K(Q/Q-it) \times it + \\ \text{Laplace}^{-1}[Exp(s)/sel(s) \times 1/s] \tag{7.9}$$

鋰離子：

$$f(it, i^*, i_{bat}, Exp) = E_0 - K(Q/Q-it) \times i^* - K(Q/Q-it) \times it + \\ AA \times Exp(-B \times it) \tag{7.10}$$

鎳鎘：

$$f(it, i^*, i_{bat}, Exp) = E_0 - K(Q/|it|-0.1Q) \times i^* - K(Q/Q-it) \times \\ it + \text{Laplace}^{-1}[Exp(s)/sel(s) \times 1/s] \tag{7.11}$$

還有一些其他常用的儲能組件可以集成到混合 AC/DC 微電網中。兩個主要重
要組成部分是超級電容器和飛輪[61]。與電池相反，超級電容器將能量記憶體在電
極的外層（而不是電化學溶液）中，使充電/放電更快、壽命更長、功率密度更高。
此外，飛輪很可能是歷史上最古老的儲能方法之一，它將動能轉換為具有可變速
度、功率密度和長壽命的飛輪的旋轉能量。

表 7.4 列出了 ESS 組件的主要特徵[62]。

表 7.4　ESS 組件的主要特徵

| 技術類型 | | 功率密度 /W・kg$^{-1}$ | 能量密度 /W・h・kg$^{-1}$ | 單位額定功率的總成本 /歐元・kW$^{-1}$ | 充/放電 時間 | 生命週期 | |
|---|---|---|---|---|---|---|---|
| | | | | | | 年 | 循環次數 |
| 電池 | 鉛酸 | 75～300 | 30～50 | 3254 | s/h | 5～15 | 2000～4500 |
| | 鋰 | 50～2000 | 150～350 | 2746 | m/h | 5～15 | 1500～4500 |
| 超級電容 | | 800～1200 | 1～5 | 247 | ms/m | 5～8 | 50,000 |
| 飛輪 | | 1000 | 5～100 | 1446 | ms/m | 15～20 | 20,000～100,000 |

4）變流器　由於混合 AC/DC 微電網對環境和運行條件有依賴性，它們通常與分布式發電機組相連。混合 AC/DC 微電網可以以並網或孤島模式運行。在並網模式中，電壓和頻率穩定性在很大程度上可以由公用電網保證，但是在系統決定移動到孤島模式時出現故障等意外事件的情況下，則電壓、頻率和其他電能品質因素必須通過轉換來控制。在這種情況下，轉換器不僅在 AC-DC 或 DC-AC 轉換中起重要作用，而且還可以用作互連單元。如文獻 [63] 所述，功率共享的控制主要通過交流和直流子電網的垂直控制來執行。如文獻 [64] 所述，完全控制的三相整流器已用於連接 AC 和 DC 微電網。此外，在優選控制電壓的情況下，在整流器上實現脈衝寬度調變（PWM）控制。

除了耦合 AC 或 DC 側的主轉換器之外，還有一些其他轉換器可以促進混合 AC/DC 微電網的實現。其中之一是太陽能系統的升壓轉換器[65]。由於混合 AC/DC 微電網的輸出功率對輻照度和溫度有依賴性，最大功率點追蹤（Maximum Power Point Tracking，MPPT）系統的實施是必不可少的，並且升壓轉換器的集成將通過調節輸出電壓促進其實現。

作為能量記憶體系統的一部分，另一個轉換器是電池組的雙向 DC/DC 轉換器。由 PWM 方法控制的降壓/升壓轉換器連接到主 DC 總線以及電池，以控制其充電電流、放電深度（depth of discharge，DoD）、追蹤充電狀態等。

混合 AC/DC 微電網中使用的其他轉換器之一是背靠背 AC/DC/AC 轉換器，其與風力渦輪機的 DFIG 一起使用。該轉換器有控制定子上的有功功率和無功功率、穩定 DC 鏈路電壓兩個主要目標。

5）微型渦輪機（MT）　為了滿足大負荷的要求並具有可靠的環境友好型 RES，由燃氣輪機、永磁同步電機（PMSM）、逆變器和整流器（稱為 MT）組成的單元被用於微電網中。該單元既可以在並網模式和孤島模式下使用，也可以在這兩個模式間輕鬆轉換，文獻 [66] 描述了近年來 MT 的普及。MT 受歡迎是因其輸出功率範圍為 25～500kW 以及相對較小的尺寸。它們根據主要部件的布局配置分為單軸組和雙軸組。單軸配置更常見，因為它具有更高的轉速且更容易

實施。可靠性（特別是在故障期間）、熱量和功率的集成以及實施便利性是 MT 的主要優點之一[67]。

6）燃料電池（Fuel Cell，FC）　微電網中最有效和環保的組件之一是燃料電池（FC）。FC 由於其內部發生化學反應而產生低 DC 電壓。消除旋轉部件使其成為可靠和有效的資源。燃料電池由四個主要部分組成：空氣流動系統、氫氣流動系統、冷卻和加濕。FC 基於使用的電解質分類。

7）傳統能源　傳統能源是石油、天然氣和煤炭等能源。由於化石燃料資源是有限的，因此它們被歸類為不可再生能源。儘管已經為提高內燃機或其他機械和設備的效率做出了努力，但這些資源仍然汙染環境。雖然存在這些事實，但混合 AC/DC 微電網必須始終與傳統資源集成，因為它們充當了高度依賴不可預測的地理現象的系統的備份。

# 7.3　微電網的優化運行問題

本節討論微電網的優化問題。由於現有的微電網是以混合 AC/DC 結構為主的，因此僅對該模式進行討論。下面先討論微電網的優化運行模型，其次簡要介紹解優化模型的方法。

## 7.3.1　微電網的優化運行模型

混合 AC/DC 微電網的運行主要圍繞環境、經濟與技術三大類目標。混合 AC/DC 微電網在需要和供給方面的整合中起著聚合作用。因此，必須從供需兩方分析環境、經濟和技術問題。

混合 AC/DC 微電網成功運行的一般目的是改善「社會福祉」。由於沒有衡量這種模糊概念的標準，因此將定義成本和排放優化並將其視為「社會福祉」。為了更好地理解上述問題，考慮配電系統、微觀來源和最終使用者，並以此為約束條件，且應在考慮二氧化碳、二氧化硫和氮氧化物等溫室氣體的排放問題的基礎上對其進行建模[68]。

（1）技術指標

在開始討論問題的形式化和運行方法之前，必須了解幾個標準：SAIFI、SAIDI、ENS、電壓偏差。

SAIFI 是系統平均中斷頻率的指數；SAIDI 是系統平均中斷持續時間的指數。定義此類指數的主要原因之一是清楚地了解維修和維護期間的系統可用性。文獻[69,70] 的作者研究了這些指數，以此來分析所提出的系統可靠性。

評估微電網可靠性的另一個標準是 ENS 指數，表示未供應的能量值，可用

作微電網設計和運行的閾值，特別是考慮初級設計中的峰值負荷和分布式發電機在微電網中所處的位置[71]。

另一個指標是電壓偏差[72,73]。電壓偏差是非常重要的，因為它用於帶有/不帶微電網的有源配電網路的經典閉環控制。它不僅用作指標，而且在某些情況下也被用來改善單位的使用壽命、降低維修成本、提高電能品質等。

（2）經濟指標

除了分析微電網的任何單元所定義的成本函數之外，可以從兩個觀點來考察成本定義：基於成本的方法和基於價格的方法。在基於成本的方法中，調度單元的成本函數存在非線性項，導致每個單元的獨立性和簡化性受控。文獻［74］描述的基於價格的方法中，定價方法具有動態性質，並且將根據零售商、分銷公司（Dis. Cos）的電網要求、時間、負荷等進行變化。其中，發電公司（Gen. Cos）起重要作用。

成本和收入的目標函數是從微電網運行中獲得的，這種情況的主要約束因素是雙方的物理限制和功率平衡限制。

（3）環境因素

從技術上講，目標函數主要關注損失和成本最小化，考慮除電網電壓和負載之外的所有經濟性約束。最後，從環境的角度來看，目標函數主要限於成本和排放最小化，並且約束仍然與經濟區的約束相同。

如上所述，混合 AC/DC 微電網的運行可以被建模為單/多目標優化問題。考慮技術、環境和需要方面的約束，這個問題通常是 RES 和分布式發電的運行和維護成本的最小化。還可將上述問題進行組合，同時考慮電網和微電源的約束[75]。

成本和排放最小化目標函數的決策變數向量 $\boldsymbol{X}$ 的模型如式(7.12)～式(7.21)所示：

$$\boldsymbol{X} = [P_g, U_g] \tag{7.12}$$

$$\boldsymbol{P}_g = [P_{Grid}, P_{Bat}, P_{FC}, P_{MT}] \tag{7.13}$$

請注意，由於能源政策規定從可再生能源獲得最大功率，因此決策變數向量中省略了風力渦輪機和太陽能發電的功率。其中，$U_g \in \{0,1\}$，表示 FC/MT 機組的運行/停止狀態；$P_g$ 表示發電機組的發電功率（kW）。同樣下面的 $P_X$ 表示 $\boldsymbol{X}$ 的發電功率。

$$\boldsymbol{U}_g = [U_{FC}, U_{MT}] \tag{7.14}$$

$$\begin{aligned} \boldsymbol{U}_g = [&u^1_{FC_1}, u^2_{FC_1}, \cdots, u^T_{FC_1}, \cdots, u^1_{FC_i}, u^2_{FC_i}, \cdots, u^T_{FC_i}, \\ &u^1_{MT_1}, u^2_{MT_1}, \cdots, u^T_{MT_1}, \cdots, u^1_{MT_j}, u^2_{MT_j}, \cdots, u^T_{MT_j}] \end{aligned} \tag{7.15}$$

$\boldsymbol{g} = \{1, \cdots, N_{WT}\}, \boldsymbol{h} = \{1, \cdots, N_{PV}\}, \boldsymbol{i} = \{1, \cdots, N_{FC}\}, \boldsymbol{j} = \{1, \cdots, N_{MT}\}$ 以及 $T = 24$。

$$P_{Grid} = [P_{Grid}^1, P_{Grid}^2, \cdots, P_{Grid}^T] \tag{7.16}$$

$$P_{FC} = [P_{FC_1}, P_{FC_2}, \cdots, P_{FC_i}] \tag{7.17}$$

$$P_{FC_i} = [P_{FC_i}^1, P_{FC_i}^2, \cdots, P_{FC_i}^T] \tag{7.18}$$

$$P_{MT} = [P_{MT_1}, P_{MT_2}, \cdots, P_{MT_j}] \tag{7.19}$$

其中，$P_{MT_j} = [P_{MT_j}^1, P_{MT_j}^2, \cdots, P_{MT_j}^T]$。

$$P_{Bat} = [P_{Bat_1}, P_{Bat_2}, \cdots, P_{Bat_k}] \tag{7.20}$$

其中，$k = [1, \cdots, N_{Bat}]$。

$$P_{Bat_k} = [P_{Bat_k}^1, P_{Bat_k}^2, \cdots, P_{Bat_k}^T] \tag{7.21}$$

成本最小化目標函數的定義如式(7.22)所示。

$$f_1(x) = \sum_{i=1}^T Cos\,t^i$$
$$= \min \sum_{i=1}^T (Cost_{Grid}^i + Cost_{WT}^i + Cost_{PV}^i + Cost_{Bat}^i + Cost_{FC}^i + Cost_{MT}^i) \tag{7.22}$$

排放最小化目標函數的定義如式(7.23)所示。儘管 RES 沒有向環境添加排放，但在 WT 和 PV 製造過程中產生的排放也是汙染物，並且也必須考慮。

$$f_2(x) = \sum_{t=1}^T Emission^t$$
$$= \min \left[ \left( \sum_{g=1}^{N_{WT}} P_{WT_g}^t Emission_{WT}^t \right) + \left( \sum_{h=1}^{N_{PV}} P_{PV_h}^t Emission_{PV}^t \right) + \right.$$
$$\sum_{t=1}^T \left( \sum_{i=1}^{N_{FC}} u_{FC_i}^t \times P_{FC_i}^t \times Emission_{FC}^t \right) +$$
$$\left( \sum_{j=1}^{N_{MT}} u_{MT_j}^t \times P_{MT_j}^t \times Emission_{MT}^t \right) +$$
$$\left. \left( \sum_{k=1}^{N_{Bat}} P_{Bat_k}^t \times Emission_{Bat}^t \right) + P_{Grid}^t \times Emission_{Grid}^t \right] \tag{7.23}$$

式(7.24)～式(7.29)描述了每 kg・$MW^{-1}$ 的汙染物排放，並且是 $CO_2$，$SO_2$ 和 $NO_X$ 排放的總和。請注意，WT 和 PV 裝置引起的排放是在這些裝置的生產過程中產生的排放。因此，式(7.23)式中使用的值是平均時間加權值。

$$Emission_{Grid}^t = CO_{2Grid}^t + SO_{2Grid}^t + NO_{XGrid}^t \tag{7.24}$$

$$Emission_{WT}^t = CO_{2WT}^t + SO_{2WT}^t + NO_{XWT}^t \tag{7.25}$$

$$Emission_{PV}^t = CO_{2PV}^t + SO_{2PV}^t + NO_{XPV}^t \tag{7.26}$$

$$Emission_{Bat}^t = CO_{2Bat}^t + SO_{2Bat}^t + NO_{XBat}^t \tag{7.27}$$

$$Emission_{FC}^t = CO_{2FC}^t + SO_{2FC}^t + NO_{XFC}^t \tag{7.28}$$

$$Emission_{MT} = CO_{2MT} + SO_{2MT} + NO_{XMT} \tag{7.29}$$

主要現有約束如式(7.30)～式(7.48) 所示：

負荷平衡約束

$$\sum_{g=1}^{N_{WG}} P_{WT_g}^t + \sum_{h=1}^{N_{PV}} P_{PV_h}^t + \sum_{l=1}^{N_{FC}} u_l^t P_{FC_l}^t + \sum_{j=1}^{N_{MT}} u_j^t P_{MT_j}^t + \sum_{k=1}^{N_{Bat}} P_{Bat_k}^t + P_{Grid}^t = \sum_{l=1}^{N_l} P_l^t \tag{7.30}$$

其中，$l = \{1, \cdots, N_l\}$。

實功率約束

$$P_{Grid\,min}^t \leqslant P_{Grid}^t \leqslant P_{Grid\,max}^t \tag{7.31}$$

$$P_{Bat\,min}^t \leqslant P_{Bat}^t \leqslant P_{Bat\,max}^t \tag{7.32}$$

$$u_l^t P_{FC\,min}^t \leqslant P_{FC}^t \leqslant u_l^t P_{FC\,max}^t \tag{7.33}$$

$$u_j^t P_{MT\,min}^t \leqslant P_{MT}^t \leqslant u_j^t P_{MT\,max}^t \tag{7.34}$$

$$P_{MT\,max/FC\,max}^t = \min\{P_{MT\,max/FC\,max}, P_{MT_j/FC_i}^{t-1} + (UpRampRate)_{j/l}\} \tag{7.35}$$

$$P_{MT\,min/FC\,min}^t = \min\{P_{MT\,min/FC\,min}, P_{MT_j/FC_i}^{t-1} + (DownRampRate)_{j/l}\} \tag{7.36}$$

電池能量平衡

$$E_{Bat}^t = E_{Bat}^{initial} + \sum_{t=1}^{T} (U_{charge}^t \times P_{c\_Bat}^t \times \eta_c - U_{discharge}^t \times P_{Dch\_Bat}^t \times \eta_d) \tag{7.37}$$

電網 （Grid）

$$Cost_{Grid}^t = C_{Grid} \times P_{Grid}^t \tag{7.38}$$

風力 （Wind Power）[76]

$$Cost_{WT_g}^t = a_i + b_i + P_{WT_g}^t \tag{7.39}$$

其中，$a_i$ 和 $b_i$ 為

$$a_i = \frac{CC \times Cap \times ARB}{Lifetime \times 365 \times 24 \times LF} \tag{7.40}$$

$$b_i = RE_{fuel} + OM \tag{7.41}$$

$$Cost_{WT} = \sum_{g=1}^{N_{WT}} Cost_{WT_g} \tag{7.42}$$

或，如電網成本部分所述，可以通過將單位電力中的單位成本乘以式(7.43) 來運算：

$$Cost_{WT}^t = C_{WT} \times P_{WT_g}^t \tag{7.43}$$

太陽能[77]

$$Cost_{PV_h}^t = a_i + b_i \times P_{PV_h}^t \tag{7.44}$$

上述的 $a_i$ 和 $b_i$ 與式(7.40) 和式(7.41) 相同。

$$Cost_{PV_h}^t = C_{PV} \times P_{PV_h}^t \tag{7.45}$$

電池

$$Cost_{Bat_k} = a_i + b_i \times P_{Bat_k} + Cost_{Bat_{deg}} \tag{7.46}$$

$$Cost_{Bat} = \sum_{k=1}^{N_{Bat}} Cost_{Bat_k} \tag{7.47}$$

$$Cost_{Bat_k} = C_{Bat} \times P_{Bat_k} \tag{7.48}$$

還有其他成本約束函數，其形式相同，在此不再贅述。

考慮混合 AC/DC 微電網的運行可以通過單/多目標優化問題建模的事實，可以從各種觀點分析微電網的優化運行。

## 7.3.2 微電網的優化運行模型解的概述

對 7.3.1 節建立的微電網運行優化模型求解較困難，很難求出解析解，一般只能求得數值解。常用啟發式演算法和元啟發式演算法求解數值解。

本節將回顧一些最常用和最有效的解決方案，它們都是啟發式演算法和元啟發式演算法的變體。

文獻［78］提出了一種基於隨機/魯棒方法的交直流微電網競標優化的混合策略。該方法的主要目的是優化電池充電/放電狀態、電力成本的採購與銷售、響應負載和可調度資源的調度。這是一個 3 階段混合整數線性規劃（Mixed Integer Linear Programing，MILP）問題。與隨機解決方案方法相比，所提出的方法對不確定性執行力強。非線性目標函數也可以轉換為混合整數線性形式。因此，在 WT/PV/FC/MT DG/BESS/響應負載系統上實施所提出的方法之後，混合微電網的運行狀態得到了顯著改善。

文獻［79］中討論了 WT/BESS 系統的功率管理優化，預測了風和負載曲線，並且使用動態編程方法建立了系統的優化運行。預測在兩個不同的時域中執行。首先，使用宏觀動態編程來執行長期預測。該預測基於風速和市場價格。然後使用微尺度動態編程修改所獲得的調度。

文獻［80］中提出了由 WT/FC/P/MT/熱和電負載和資源組成的系統。使用帝國主義競爭（IC）和蒙特卡羅（MC）演算法的組合建立最佳運行。考慮到技術、經濟和環境的限制，該問題以非線性系統為模型。IC 演算法由兩個主要群體組成：殖民地群體和帝國主義群體。主要目標是盡量減少排放成本、運行維護成本、單位安裝成本和電力互動的總和。

微電網受到各種不確定性的約束。環境的不確定性是由天氣條件和微電網的地理狀況引起的，受太陽和風的影響。經濟不確定性主要是由燃料價格和負荷波動引起的。因此，需要開發幾種方法來提高不確定性建模的精度。有時不確定性不是用機率密度函數（PDF）建模的，例如，文獻［81］中試圖使用 MILP 方法解決微電網的優化運行問題，因為微電網受到不確定性的影響。並使用拉丁超立方抽樣方法對不確定參數進行了建模。此方法生成離散場景，然後將它們簡化為有限數量

的場景。在文獻［82］中，分析層次處理（Analytical Hierarchical Process，AHP）已被用於研究微電網的最佳運行。該方法主要用於多目標優化問題，以對微電網運行中的不同可能性進行分類。這意味著 AHP 方法將現實世界資料的不同標準值進行分配，在此基礎上進行環境、經濟或財務觀點以及微電網的運行。文獻［83］分析了交流/直流微電網優化運行中隨機規劃方法的實施，特別注重成本效率和安全運行。將此問題分解為主問題和子問題。主問題側重於成本最小化，而子問題則負責短期營運成本最小化和系統彈性改進。同樣，在文獻［84］中，已經根據不確定性證明了用於微電網即時營銷的新方法。文獻指出，即時市場價格是微電網規劃問題的主要不確定因素。因此，主要問題集中在解決主要優化投資問題，然後在子問題中分析運行方面。在子問題中，檢查最壞情況下對不確定性的最佳運行，並且如果在解域中答案是不可行的，則最佳性切割減小了問題域以增加收斂機率。

還有一些眾所周知的方法用來模擬必須在微電網中處理的不確定性，即是蒙特卡羅（Monte Carlo，MC）方法，點估計方法（Point Estimate Method，POEM），基於場景的方法，機會約束方法和無味轉換方法（Unscented Transformation，UT）。這些方法的主要區別在於生成的採樣點、精度和運行時間。事實證明 MC 方法是準確的，因為它為輸入不確定參數產生了大量的採樣點，因此，輸出分布變得更準確。

# 7.4　小結

經濟的高速發展對能源提出了巨大需要，同時大量能源的消費帶來了巨大的環境問題。世界各國都面臨著日益成長的能源供需與環境保護兩方面的挑戰。

面對如此大的供需與環境壓力，迫切需要採用新的技術，充分利用可再生能源，改變現有的能源結構以緩解對能源供需與環境的雙重壓力。智慧電網的出現，尤其是作為其主要組成部分的微電網的出現，以及微電網中以可再生能源為主的新電源的出現使緩解雙重壓力變為可能。

預計可再生能源將在今後的十幾年中的能源消費份額中逐步提高，2030 年將達到 19％，2050 年將達到 29％。可再生能源，特別是風能和太陽能，比以往任何時候都快速成長。

對於中國而言，應對快速經濟成長與高二氧化碳排放之間的尖銳衝突的唯一途徑是向低碳和可持續能源系統過渡，特別是可再生能源的發展。中國潛在的可再生能源總量很大，將可再生能源納入中國未來的能源系統至關重要。可以預計，未來中國的可再生能源將得到更大的發展，並為低碳經濟做出更多貢獻。

智慧電網與傳統電網的顯著區別是將以可再生能源為核心的微電網引入了電

力系統。目標是在滿足用電需要的同時保持電網穩定性以及可再生能源的高滲透率。通過可再生能源與電力系統之間的集成與協調，記憶體可再生能源的能源記憶體系統可以通過提供諸如調峰等輔助服務來提高微電網應用的可靠性、安全性和彈性。

　　將可再生能源集成到電力系統中將產生巨大的社會、經濟和環境效益，並最大限度地減少傳統發電廠的溫室氣體排放。然而包括太陽能發電在內的可再生能源的隨機性與間歇性給電網帶來了嚴重的壓力，導致供電不穩定。另外可再生能源的集成給電力系統帶來了巨大的營運挑戰，尤其是反向潮流會在配電網中引起電壓上升，造成供電品質下降。因此，電網應該能夠通過調整發電量，控制用電或使用記憶體系統來響應這種集成。

　　本章首先介紹了中國的可再生能源的現狀與發展趨勢，其次討論了 AD/CD 微電網，最後討論了優化運行問題。

## 參考文獻

[1]　U. S. Energy Information Administration. International Energy Outlook 2017［OL］. www. eia. gov/forecasts/ieo/pdf/0484 (2016). pdf.

[2]　National Bureau of Statistics of China. China energy statistical yearbook-2015 ［M］. Beijing: China Statistic Press, 2015.

[3]　China's targets and achievements in emission reduction［OL］. http://www. china. org. cn.

[4]　ZENG N, DING Y, PAN J, et al. Climate change—the Chinese challenge［J］. Science 2008, 319: 730-731.

[5]　ZHANG D H, WANG J Q, LIN Y G, et al. Present situation and future prospect of renewable energy in China［J］. Renewable and Sustainable Energy Reviews, 2017, 76: 865-871.

[6]　CHAI Q, ZHANG X. Technologies and policies for the transition to a sustainable energy system in China［J］. Energy, 2010,

35: 3995-4002.

[7]　MATHIESEN B V, LUND H, KARLSSON K. 100% renewable energy systems, climate mitigation and economic growth［J］. Appl Energy, 2011; 88: 488-501.

[8]　LIU W, LUND H, MATHIESEN B V, et al. Potential of renewable energy systems in China［J］. Appl Energy, 2011, 88: 518-525.

[9]　MA H, OXLEY L, GIBSON J, et al. A survey of China's renewable energy economy［J］. Renew Sustain Energy Rev, 2010, 14: 438-445.

[10]　NDRC. Medium and long-term development plan for renewable energy 2007.

[11]　IEA. World energy outlook 2013. 2013.

[12]　WANG S, YUAN P, LI D, et al. An overview of ocean renewable energy in China［J］. Renew Sustain Energy

Rev, 2011, 15: 91-111

[13] BP. BP statistical review of China[M]. London: BP, 2016.

[14] HUANG H, YAN Z. Present situation and future prospect of hydropower in China[J]. Renew Sustain Energy Rev, 2009, 13: 1652-1656.

[15] CHANG X, LIU X, ZHOU W. Hydropower in China at present and its further development [J]. Energy, 2010, 35: 4400-4406.

[16] Ministry of Water Resources, 2014. Statistic Bulletin on China Water Activities. 2015.

[17] NIU X. The practice and challenges of Chinese hydropower[M]. Renming Changjiang, 2015.

[18] China Wind Energy Association. 2009.

[19] LIU L Q, WANG Z X, ZHANG H Q, et al. Solar energy development in China: a review[J]. Renew Sustain Energy Rev, 2010, 14: 301-311.

[20] National Development and Reform Commission (NDRC) [R]. China renewable energy development report, 2006.

[21] LI J F, WANG S C, ZHANG M J, et al. China solar PV report. 2007.

[22] ZHANG S, HE Y. Analysis on the development and policy of solar PV power in China[J]. Renew Sustain Energy Rev, 2013, 21: 393-401.

[23] National Energy Administration. Statistical Data of PV Generation in 2015 [R]. 2016.

[24] ZHAO Z Y, YAN H. Assessment of the biomass power generation industry in China [J]. Renew Energy, 2012, 37: 53-60.

[25] KUMAR A, KUMAR K, KAUSHIK N, et al. Renewable energy in Indi-a: current status and future potentials[J]. Renew Sustain Energy Rev, 2010, 14: 2434-2442.

[26] ZHOU X, WANG F, HU H, et al. Assessment of sustainable biomass resource for energy use in China[J]. Biomass-Bioenergy, 2011, 35: 1-11.

[27] China National Renewable Energy Center. China renewable energy industry development report 2015[R]. 2015.

[28] Report 2009-Series of renewable energy. China Economic Information Network. 2010.

[29] ZHANG D, LI W, LIN Y. Wave energy in China: current status and perspectives[J]. Renew Energy, 2009, 34: 2089-2092.

[30] LIU T, XU G, CAI P, et al. Development forecast of renewable energy power generation in China and its influence on the GHG control strategy of the country[J]. Renew Energy, 2011, 36: 1284-1292.

[31] KON L Z. Development trend of geothermal energy resource in China[J]. Coal Technol, 2006, 7: 067.

[32] BENEDEK J, SEBESTYÉN T T, BARTÓK B. Evaluation of renewable energy sources in peripheral areas and renewable energy-based rural development [J]. Renew. Sustain Energy Rev., 2018, 90: 516-535

[33] NOTTON G, NIVET M L, VOYANT C, et al. Intermittent and stochastic character of renewable energy sources: Consequences, cost of intermittence and benefit of forecasting[J]. Renew. Sustain Energy Rev., 2018, 87: 96-105.

[34]   BOUHOURAS A S, SGOURAS K I, GKAIDATZIS P A, et al. Optimal active and reactive nodal power requirements towards loss minimization under reverse power flow constraint defining DG type[J] . Int. J. Electr. Power Energy Syst. , 2016, 78: 445-454.

[35]   Edvard. Smart grid deployment, what we've done so far 2012 [OL] . https: // electrical-engineering-portal. com/smart-gr. https: //e-lectrical-engineeringportal. com/ smart-grid-deployment-what-weve-done-so-far.

[36]   ELSAYED A T, MOHAMED A A, MOHAMMED O A. DC microgrids and distribution systems: an overview[J] . Electr Power Syst Res, 2015, 119: 407-417.

[37]   PLANAS E, ANDREU J, GARATE J I, et al. AC and DC technology in microgrids: a review[J]. Renew Sustain Energy Rev, 2015, 43: 726-749.

[38]   SHANG X, LI Z, JI T, et al. Online area load modeling in power systems using enhanced reinforcement learning [J] . Energies, 2017, 10: 1852.

[39]   ACEVEDO S S, MOLINAS M. Assessing the validity of a propose stability analysis method in a three phase system with constant power load[C]. 2012 3rd IEEE int symp power electron distrib gener syst, IEEE 2012, 41-45.

[40]   XU Q, HU X, WANG P, et al. Design and stability analysis for an autonomous DC microgrid with constant power load[C]. 2016 IEEE appl

power electron conf expo 2016, 3409-3415.

[41]   CUPELLI M, MOGHIMI M, RICCO-BONO A, et al. A comparison between synergetic control and feedback linearization for stabilizing MVDC microgrids with constant power load[C]. IEEE PES innov smart grid technol conf Eur, 2015.

[42]   GRAINGER B M, et al. Modern controller approaches for stabilizing constant power loads within a DC microgrid while considering system delays[C]. 2016 IEEE 7th int symp power electron distrib gener syst. 2016.

[43]   CUPELLI M, et al. Case study of voltage control for MVDC microgrids with constant power loads-comparison between centralized and decentralized control strategies[C] . Proc 18th mediterr electrotech conf intell effic technol serv citizen. MELECON 2016 2016.

[44]   HOSSAN M S, MARUF H M M, CHOWDHURY B. Comparison of the ZIP load model and the exponential load model for CVR factor evaluation[C]. IEEE power energy soc gen meet 2018, 1-5.

[45]   HATIPOGLU K, et al. Investigating effect of voltage changes on static ZIP load model in a microgrid environment [C] . 2012 North am power symp IEEE 2012, 1-5.

[46]   BAYEH C, MOUBAYED N. A general review on photovoltaic, modeling, simulation and economic study to build 100 MW power plant in Lebanon[J]. Br J Appl Sci Technol, 2015, 11: 1-21.

[47] MAHMOUD Y, EL-SAADANY E. Accuracy improvement of the ideal PV model[J]. IEEE Trans Sustain Energy, 2015, 6: 909-911.

[48] JAZAYERI M, UYSAL S, JAZAYERI K. A simple MATLAB/Simulink simulation for PV modules based on one-diode model［C］. 2013 High capacit opt networks emerging/enabling technol IEEE. 2013, 44-50.

[49] ABDULKADIR M, SAMOSIR A S, YATIM A H M. Modeling and simulation based approach of photovoltaic system in Simulink model[J]. ARPN J Eng Appl Sci, 2012, 7: 616-623.

[50] ALRAHIM S N M A, et al. Single-diode model and two-diode model of PV modules: a comparison［C］. Proc 2013 IEEE int conf control syst comput eng. ICCSCE 2013 IEEE, 2013, 210-214.

[51] POLINDER H. Overview of and trends in wind turbine generator systems［C］. IEEE power energy soc gen meet IEEE, 2011, 1-8.

[52] MARTINEZ J. Modelling and control of wind turbines 2007［OL］. doi: 10. 1007/978-3-642-41080.

[53] YANG H, et al. Study of the collector-line-current-protection setting in centralized accessed double-fed wind farms[C]. power energy soc gen meet IEEE, 2016, 1-5.

[54] PRIETO-ARAUJO E, et al. Decentralized control of a nine-phase permanent magnet generator for offshore wind turbines［J］. IEEE Trans Energy Convers, 2015, 30: 1103-1112.

[55] SIANO P, MOKRYANI G. Evaluating the benefits of optimal allocation of wind turbines for distribution network operators［J］. IEEE Syst J 2015, 9: 629-638.

[56] MOKRYANI G, SIANO P, PICCOLO A. Optimal allocation of wind turbines in microgrids by using genetic algorithm[J]. J Ambient Intell Humaniz Comput, 2013, 4: 613-619.

[57] HEIER S. Grid integration of wind energy, 2014［OL］. http://doi. org/10. 1002/ 9781118703274.

[58] TREMBLAY O. Experimental validation of a battery dynamic model for EV applications experimental validation of a battery dynamic model for EV applications[J]. World Electr Veh J, 2015, 3: 289-298.

[59] ZHU C, LI X, SONG L, et al. Development of a theoretically based thermal model for lithium ion battery pack[J]. J Power Sources, 2013, 223: 155-164.

[60] SAW L H, SOMASUNDARAM K, YE Y, et al. Electro-thermal analysis of Lithium Iron Phosphate battery for electric vehicles［J］. J Power Sources, 2014, 249: 231-238.

[61] MOUSAVI G S M, et al. A comprehensive review of Flywheel Energy Storage System technology［J］. Renew Sustain Energy Rev, 2017, 67: 477-490.

[62] FRALEONI-MORGERA A, LUGHI V. Overview of Small Scale Electric Energy Storage Systems suitable for dedicated coupling with Renewable Micro Sources[C]. 2015 Int conf renew energy res appl. ICRERA 2015, 1481-1485.

[63] LOH P C, LI D, CHAI Y K, et al. Au-

tonomous control of interlinking converter with energy storage in hybrid AC-DC microgrid［J］. IEEE Trans Ind Appl, 2013, 49: 1374-1382.

[64] MOHAMED A, et al. Bi-directional AC-DC, DC-AC converter for power sharing of hybrid AC, DC systems［C］. 2011 IEEE power energy soc gen meet IEEE. 2011, 1-8.

[65] ZENG H, ZHAO H, YANG Q. Coordinated energy management in autonomous hybrid AC/DC microgrids［C］. POWERCON 2014 Int conf power syst technol towar green, effic smart power syst proc, 2014, 3186-3193.

[66] BRACCO S, DELFINO F. A mathematical model for the dynamic simulation of low size cogeneration gas turbines within smart microgrids ［J］. Energy, 2017, 119: 710-723.

[67] BRACCO S, et al. On the integration of solar PV and storage batteries within a microgrid ［C］. 2019 IEEE International Conference on Environment and Electrical Engineering and 2019 IEEE Industrial and Commerical Power Systems Europe.

[68] MOUSAVI G S M, FARAJI F, MAJAZI A, et al. A comprehensive review of Flywheel Energy Storage System technology［J］. Renew Sustain Energy Rev, 2016.

[69] BAE I S, KIM J O. Reliability evaluation of customers in a microgrid［J］. IEEE Trans Power Syst, 2008, 23: 1416-1422.

[70] BUQUE C, CHOWDHURY S. Distributed generation and microgrids for improving electrical grid resilience: review of the Mozambican scenario ［C］. IEEE power energy soc gen meet, 2016.

[71] TAUTIVA C, CADENA A, RODRIGUEZ F. Optimal placement of distributed generation on distribution networks［C］. Univ Power Eng Conf ( UPEC ), 2009 Proc 44th int 2009, 1-5.

[72] DE BRABANDERE K, et al. Control of microgrids［C］. 2007 IEEE power eng soc gen meet IEEE, 2007, 1-7.

[73] SHAFIEE Q, et al. Distributed secondary control for islanded microgrids. 2014; A novel approach［J］. Power Electron IEEE Trans, 2014, 29: 1018-1031.

[74] VIVEKANANTHAN C, et al. Real-time price based home energy management scheduler［J］. IEEE Trans Power Syst, 2015, 30: 2149-2159.

[75] KIM B G, et al. Dynamic pricing and energy consumption scheduling with reinforcement learning［J］. IEEE Trans Smart Grid, 2016, 7: 2187-2198.

[76] KHOOBAN M H, KAVOUSI-FARD A, NIKNAM T. Intelligent stochastic framework to solve the reconfiguration problem from the reliability view［J］. IET Sci Meas Technol, 2014, 8: 245-259.

[77] KOUTROULIS E, et al. Methodology for optimal sizing of stand-alone photovoltaic/wind-generator systems using genetic algorithms ［J］. Sol Energy, 2006, 80: 1072-1088.

[78]　LIU G, XU Y, TOMSOVIC K. Bidding strategy for microgrid in day-ahead market based on hybrid stochastic/robust optimization［J］. IEEE Trans Smart Grid, 2016, 7: 227-237.

[79]　ZHANG L, LI Y. Optimal energy management of hybrid power system with two-scale dynamic programming［C］. IEEE/PES Power Syst Conf Expo 2011, 2011: 1-8.

[80]　NAJAFI-RAVADANEGH S, NIKMEHR N. Optimal operation of distributed generations in microgrids under uncertainties in load and renewable power generation using heuristic algorithm［J］. IET Renew Power Gener, 2015, 9: 982-990.

[81]　MOSHI G G, BOVO C, BERIZZI A, et al. Optimization of integrated design and operation of microgrids under uncertainty［C］. Power Syst Comput Conf. 2016, 1-7.

[82]　MOUSAVI-SEYEDI S S, et al. AHP-based prioritization of microgrid generation plans considering resource uncertainties［C］. Smart Grid Conf. 2013, 63-68.

[83]　KHAYATIAN A, BARATI M, LIM G J. Market-based and resilient coordinated Microgrid planning under uncertainty[C]. Proc IEEE power eng soc transm distrib conf. , 2016-July.

[84]　KHODAEI A, BAHRAMIRAD S, SHAHIDEHPOUR M. Microgrid planning under uncertainty［J］. IEEE Trans Power Syst 2015, 30: 2417-2425.

第 7 章中所用符號的含義

$A$——渦輪機掃掠的面積，$m^2$；

$A_{PV}$——太陽能板的總面積，$m^2$；

$AA$——電池的指數電壓，V；

$ARB$——年收益率，美元/年；

$B$——電池的指數容量，$(A \cdot h)^{-1}$；

$B_{Err}$——電池能量的運算值與實際值的差，$kW \cdot h$；

$c_1 \, to \, c_5$——係數模型$c_p$；

$C_{Bat}$——電池增量成本，美元/千瓦時；

$C_{FC}$——燃料電池的增量成本，美元/千瓦時；

$C_{Grid}$——電網增量成本，美元/千瓦時；

$C_{MT}$——微型渦輪機增量成本，美元/千瓦時；

$c_p$——風機性能係數；

$C_{PV}$——增量成本（其中 PV 代表太陽能），美元/千瓦時；

$C_{WT}$——風機增量成本，美元/千瓦時；

$C_{ap}$——容量，kW；

$CC$——資本成本，美元/千瓦時；

$CC_{Bat}$——電池資本成本，美元；

$Cost_{Bat}$——電池運行的總成本，美元；

$Cost_{FC}$——燃料電池運行的總成本，美元；

$Cost_{Grid}$——電網運行的總成本，美元；

$Cost_{MT}$——微型渦輪機運行的總成本，美元；

$Cost_{PV}$——太陽能運行的總成本，美元；

$Cost_{WT}$——風機運行的總成本，美元；

$DC^t$——$t$ 小時的放電容量，$A \cdot h$；

$E_0$——電池模型的恆定電壓，V；

$E_B$——電池能量，$kW \cdot h$；

$E_{Bat}^t$——$t$ 小時的電池能量，$kW \cdot h$；

$E_{Bat}^{initial}$——$t$ 小時的電池的初始能量，$kW \cdot h$；

$E_{b.v}$——$t$ 小時的電動汽車行駛能量，$kW \cdot h$；

$P_{bch\_Bat}$——$t$ 小時的電池放電功率，$kW$；

$P_{FC}$——$t$ 小時的燃料電池產生的功率，$kW$；

$P_{FC_{min}}, P_{FC_{max}}$——$t$ 小時的電網功率的最小值與最大值，$kW$；

$P_{Grid}$——$t$ 小時電網產生的功率，$kW$；

$P_{Grid_{min}}, P_{Grid_{max}}$——$t$ 小時的電網最小和最大功率值，$kW$；

$P_T$——$t$ 小時的總負荷，$kW$；

$P_m$——風機單元輸出的機械功率，$MW$；

$P_{m\_pu}$——單位 $P_m$（一）；

$P_{MT}$——$t$ 小時微型風機產生的功率，$kW$；

$P_{MT_{min}}, P_{MT_{max}}$——$t$ 小時微型風機產生的最小、最大功率值，$kW$；

$P_{PV}$——$t$ 小時太陽能產生的功率，$kW$；

$P_{spec}$——有功功率，$W$；

$P_{WT}$——$t$ 小時風機產生的功率，$kW$；

$PR$——太陽能板性能比，$PR \in [0.5, 0.9]$；

$Q$——最大電池容量，$A \cdot h$；

$Q_{spec}$——無功功率，$var$；

$R_a$——電樞電阻，$\Omega$；

$r_{PV}$——太陽能板效率，$\%$；

$Emission_{Bat}$——$t$ 小時電池排放的總量，$kg \cdot MW^{-1}$；

$Emission_{FC}$——$t$ 小時燃料電池排放的總量，$kg \cdot MW^{-1}$；

$Emission_{Grid}$——$t$ 小時電網排放的總量，$kg \cdot MW^{-1}$；

$Emission_{MT}$——$t$ 小時微型風機排放的總量，$kg \cdot MW^{-1}$；

$Emission_{PV}$——$t$ 小時太陽能排放的總量，$kg \cdot MW^{-1}$；

$Emission_{WT}$——$t$ 小時風機排放的總量，$kg \cdot MW^{-1}$；

$Exp(s)$——電池在指數區間的動態特性，$V$；

$H_{PV}$——斜太陽能板所接收的年平均輻射量，$kW \cdot h/m^2$；

$i^*$——動態電流頻率，$A$；

$i_{bat}$——電池電流，$A$；

$I_d$——電樞電流，$A$；

$it$——被提取的電池容量，$A \cdot h$；

$k_p$——PI 控制器的增益比；

$k_I$——PI 控制器的總增益；

$k_m$——電機接線常數；

$k_p$——功率增益；

$K$——極化電阻，$\Omega$；

$L_H$——高壓側電感值，H；

$LF$——負載因子；

$LT$——生命週期，年；

$m$——放電週期次數；

$N_{WT/MT/FC/PV}$——單元個數；

$OM$——運行與維護成本，美元/千瓦時；

$p$，$K$——電池係數；

$P_g$——發電機組功率，kW；

$P^t_{Bat}$——$t$ 小時的電池出力，kW；

$P^t_{Bat\,min}$，$P^t_{Bat\,max}$——$t$ 小時的電池功率的最小、最大值，kW；

$P^t_{c\_Bat}$——$t$ 小時的電池充電功率，kW；

$S_{LK}$——復功率；

$sel(s)$——電池充電模式 $sel(s)\in\{-1,0,1\}$；

$U^t_{charge}$——電池的充電狀態

$U^t_{discharge}$——電池的放電狀態

$U^t_v$——$t$ 小時的電動汽車充/放電狀態

$U_g$——風機/微型風機組的開/關狀態，$U_g\in\{0,1\}$

$V$——電壓，V；

$V_d$——電機電壓，V；

$V_H$——高壓側電壓，V；

$V_L$——低壓側電壓，V；

$V_{wind}$——風速，m/s；

$\boldsymbol{X}$——決策變數向量；

$\beta$——槳葉角，度；

$\eta$——燃料電池的電效率，%；

$\eta_c$，$\eta_d$——充放電效率，%；

$\lambda$——轉子葉片葉尖速度與風速之比；

$\lambda_b$——從$c_p$導出的$\lambda$基值-$\lambda$的特性；

$\rho$——空氣密度，kg/m$^3$；

$\omega_d$——電樞轉速，Rad/s。

# 物聯網與智慧電網關鍵技術

作　者：曾憲武，包淑萍

發 行 人：黃振庭

出 版 者：崧燁文化事業有限公司

發 行 者：崧燁文化事業有限公司

E-mail：sonbookservice@gmail.com

粉 絲 頁：https://www.facebook.com/sonbookss/

網　址：https://sonbook.net/

地　址：台北市中正區重慶南路一段六十一號八樓 815 室

Rm. 815, 8F., No.61, Sec. 1, Chongqing S. Rd., Zhongzheng Dist., Taipei City 100, Taiwan

電　話：(02)2370-3310

傳　真：(02)2388-1990

印　刷：京峯數位服務有限公司

律師顧問：廣華律師事務所 張珮琦律師

---版權聲明---

定　價：700 元

發行日期：2024 年 04 月第一版

◎本書以 POD 印製

## 國家圖書館出版品預行編目資料

物聯網與智慧電網關鍵技術 / 曾憲武，包淑萍 著 . -- 第一版 . -- 臺北市：崧燁文化事業有限公司，2024.04

面；　公分

POD 版

ISBN 978-626-394-139-7( 平裝 )

1.CST: 物聯網 2.CST: 電力系統 3.CST: 電網路

448.7　　113003430

電子書購買

臉書

爽讀 APP